Ehrenfried Conta Gromberg

Handbuch Sozial-Marketing

Strategie, Praxis, Trends –
durch zielgerichtete
Kommunikation zum Erfolg

Cornelsen

Verlagsredaktion: Annette Preuß
Technische Umsetzung: Typeart, Grevenbroich
Umschlaggestaltung: Gabriele Matzenauer, Berlin
Titelfoto: ©Strandperle Medien Services

Informationen über Cornelsen Fachbücher und Zusatzangebote:
www.cornelsen-berufskompetenz.de

1. Auflage

© 2006 Cornelsen Verlag Scriptor GmbH & Co. KG, Berlin

Druck: CS-Druck CornelsenStürtz, Berlin

ISBN-13:   978-3-589-23663-3
ISBN-10:   3-589-23663-9

 Inhalt gedruckt auf säurefreiem Papier,
umweltfreundlich hergestwelt aus chlorfrei gebleichten Faserstoffen.

Inhalt

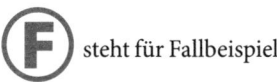 steht für Fallbeispiel

Bildnachweis:
S. 13: Material aus der Kampagne „Ein Haus für Anne und Klaus". Lebenshilfe Castrop-Rauxel, Datteln,
Oer-Erkenschwick, Waltrop. Fotografie: Marie Terese Nießalla. Grafik: Ehrenfried Conta Gromberg.
Nähere Informationen: www.anneundklaus.info
S. 107: Material der Teekampagne. Alle Rechte bei der PROJEKTWERKSTATT, Gesellschaft für kreative Ökonomie mbH.
Nähere Informationen www.teekampagne.de
S. 187: Material zur Einweihung des Hauses der Zeit. Bestattungshaus Bauermann. Grafik: Ehrenfried Conta Gromberg.
Nähere Information: www.hausderzeit.de
S. 309: Material der Patriotischen Gesellschaft von 1765, Hamburg. Alle Rechte bei der Patriotischen Gesellschaft.
Nähere Informationen: www.patriotische-gesellschaft.de

Geleitwort

Mit diesem Buch legt Ehrenfried Conta Gromberg eine umfassende
Darstellung der Entwicklung des Marketingansatzes in sozialen Organisationen vor und gibt damit sein praktisches Wissen und seine reich-
haltige Erfahrung als Berater weiter. Er spannt einen weiten Bogen von den
Grundlagen des **Sozialmarketings** über zentrale strategische Aspekte bis
zur Umsetzung und legt dabei den Schwerpunkt auf die Kommunikation.

Auch im Sozialmarketing geht es darum, vom Markt her zu denken
und die eigenen Leistungen aus der Kundenperspektive zu betrachten.
Ehrenfried Conta Gromberg kommt immer wieder auf **Fundraising** zu
sprechen, eine der Königsdisziplinen im Sozialmarketing, die ohne Beziehungsmarketing nicht erfolgreich umzusetzen ist. Die Erfahrungen des
Autors bestätigen:

> Wenn Spender auch als Kunden der Organisation wahrgenommen
> werden, wird deutlich, dass für diese Kundengruppe zusätzlich
> spezifische (Dienst-)Leistungen zu erbringen sind – neben den
> Angeboten für Patienten oder Klienten.

Spenden und Sponsoring stellen nur zwei der vielfältigen Einnahmequellen für soziale Organisationen dar, und sie können schwindende öffentliche Fördermittel nicht vollständig ersetzen. Zukünftig werden soziale
Organisationen ihre Finanzierungsstrategien neu ausrichten müssen.
Die Herausforderung besteht darin, **passgenaue Leistungen für die
unterschiedlichen Marktpartner** – Klienten, Spender, Sponsoren – zu
entwickeln. Das von Ehrenfried Conta Gromberg vorgelegte Handbuch
liefert hierzu eine Reihe von Anregungen.

Das Handbuch Sozialmarketing ist das Werk eines Praktikers für Praktiker. Es ist umsetzungsorientiert und sehr gut lesbar mit zahlreichen
anschaulichen Beispielfällen und hilfreichen Tipps aus der Praxis. Ehrenfried Conta Gromberg versteht es, die Freude an Kreativität und neuen
Ideen zu wecken. Der Leser erhält viele Impulse für die eigene Arbeit.

Berlin, Januar 2006   *Prof. Dr. Bettina Hohn*

*Frau Prof. Dr. Bettina Hohn ist Professorin für Public Management an der Fachhoch-
schule für Verwaltung und Recht in Berlin mit den Schwerpunkten Nonprofit Management, Marketing und Fundraising. Sie ist Mitherausgeberin des Arbeitshandbuches
Finanzen für den sozialen Bereich.*

Vorwort

Deutschlands soziale Szene wird immer vielfältiger. Sozialmarketing entwickelte sich in den letzten Jahren in großen Schritten und wird für den Erfolg einer Organisation in Zukunft noch wichtiger werden.

Das vorliegende Buch verfolgt **vier Ziele**:

1) **Einen Überblick geben**: Dieses Buch stellt Grundlagen dar. Einsteiger können einen schnellen Überblick gewinnen, Fortgeschrittene ihren Wissensstand überprüfen.
2) **Strategisches Denken vermitteln**: In der Planung großer und kleiner Organisationen fehlen oft strategische Überlegungen. Dieses Buch entwirft ein „big picture": Treten Sie noch einmal zurück. Sehen Sie sich das Bild aus der Ferne an. Anfänger können daraus eine eigene strategische Kompetenz entwickeln und Fortgeschrittene die eigene Praxis hinterfragen.
3) **Die kreative Praxis der Kommunikation vermitteln**: Kommunikation kann Freude machen. Tipps und Fallbeispiele sollen helfen, bei eigenen Aufgaben praktische Lösungen zu finden. Lesen Sie dieses Buch mit einem Stift und einem Block in der Hand. Geben Sie kreativen Impulsen eine Chance.
4) **Trends aufzeigen**: Wir stehen in einer Informationsrevolution. Was für eine Rolle spielen die neuen Medien? Das Buch gibt Kriterien zur eigenen Meinungsbildung.

Zugunsten der oben genannten Ziele wurde auf umfassende statistische Darstellungen verzichtet. Diese finden Sie in entsprechender Literatur. Wenn aus Ihrem Bereich kein Fallbeispiel genannt wird, bitte ich um Verständnis. Wo ich Hamburg und norddeutsche Organisationen positiv erwähnen konnte, habe ich dies als Hamburger getan – auch dafür bitte ich um Nachsicht.

Ich wünsche Ihnen einen frischen Blick für soziales Marketing.

Ihr Ehrenfried Conta Gromberg   *Jesteburg, bei Hamburg, Januar 2006*

P.S.: Kostenloser Aktualisierungs-Service per E-Mail: Sie können sich auf www.spendwerk.de in den Aktualisierungs-Service für das Handbuch eintragen. Ab dann erhalten Sie von mir kostenlos per E-Mail Updates. Wenn Sie Anmerkungen zum Inhalt des Buches, Beispiele oder Korrekturen haben, ist dies ebenfalls über die Internetseite möglich.

Zum Autor

Ehrenfried Conta Gromberg

Ehrenfried Conta Gromberg studierte in Hamburg Theologie und arbeitet seit über zehn Jahren als selbstständiger Berater und Kreativer in seiner eigenen Agentur für Strategie und Sozialmarketing am Rande von Hamburg. Zu seinen Kunden gehören Non-Profit-Organisationen, kirchliche Einrichtungen und andere unternehmerisch handelnde Firmen im sozialen Bereich.

2000 war er Initiator des Internet-Start-up sosocial.de, dem Versuch, ein bundesweites Charity-Auktionshaus neben eBay zu platzieren.

2001 übernahm er für eine andere New Economy Holding die Geschäftsführung der Spendwerk GmbH, eine Telefonproduktionsgesellschaft mit der Aufgabe, Spenden-Hotlines für den sozialen Bereich zu testen.

2003 kaufte er die Spendwerk GmbH auf, positionierte die Firma um und arbeitet seitdem schwerpunktmäßig in der strategischen und kreativen Beratung.

Insgesamt interessiert er sich für alle alternativen Marketing- und Kreativtechniken, nicht nur im sozialen Bereich, und arbeitet als Coach und im Workshop- und Seminarbereich.

Kontakt: ecg@spendwerk.de
                  www.spendwerk.de

Danksagung

Dank allen, die durch Rat und Beiträge dieses Buch unterstützt haben:

Olav Bouman, Christian Budde, Tony Elischer, Kai Fischer, Brigitte Frommeyer, Prof. Dr. Bettina Hohn, Derek Humphries, Michael Jahnke, Dr. Anke van Kempen, Barbara Lohfink, Lothar Peitz, Dr. Ulrich Reiter, Andreas Saß, Uwe Schulz, Christian Schwarm, Veronika Steinrücke, Mark Zumbühl.

Renate Bachmann danke ich für ihre altbewährte Projektassistenz, meiner Frau Brigitte für ihre Unterstützung und unermüdliches Korrekturlesen.

TEIL A

Grundlagen des Sozialmarketings

„Wir planen nicht einfach Wohnungen.
Wir suchen ein Wohnumfeld, in dem Anne und Klaus willkommen sind."

Christoph Haßel-Puhl
Geschäftsführer Lebenshilfe Castrop-Rauxel, Datteln, Oer-Erkenschwick, Waltrop

Anne und Klaus können ihr Haus vielleicht nicht immer zeichnen

Aber sie wissen ganz genau, wie es aussehen soll

Dieses Bild stammt aus einem Wohnprojekt der Lebenshilfe in Waltrop

90 Euro im Monat

Was fördern Sie mit einer Wohnpatenschaft?

Die Lebenshilfe e.V. schafft Wohnprojekte, in denen Selbstbestimmung normal ist. Mit der jeweils erforderlichen Assistenz und in einer Qualität, die sich sehen lassen kann. Wir orientieren uns dabei an den individuellen Bedürfnissen und Interessen der Bewohner. Denn der Auszug aus dem Elternhaus in

Lebenshilfe für Menschen mit geistiger Behinderung

Hier kommt

Das Haus von Anne und Klaus

Lebenshilfe für Menschen mit geistiger Behinderung

Lebenshilfe für Menschen mit geistiger Behinderung
in Castrop-Rauxel, Datteln, Oer-Erkenschwick, Waltrop

Deutsche Post
Entgelt bezahlt
45731 Waltrop

1   Einführung

1.1   Sozialmarketing in Deutschland

Deutschland ist nach den USA und England das im Sozialmarketing **höchstentwickelte Land der Welt**. Bei der Vereinsdichte stehen wir an der Spitze der Welt, bei Stiftungsneugründungen liegen wir in Europa an erster Stelle und bei Katastrophen ist die Solidarität der Deutschen verlässlich und bekannt. Eine ganze Reihe von internationalen Organisationen (z.B. Greenpeace) haben ihre stärkste Spenderbasis in Deutschland. Selbst kleinste soziale Einrichtungen kennen die Grundregeln der Öffentlichkeitsarbeit und achten auf ihre Darstellung.

Deutschland ist zugleich ein soziales Entwicklungsland. Viele Deutsche haben eine Vollkasko-Mentalität und beginnen erst langsam wieder zu ahnen, dass **Gemeinwohl eine gemeinsame Aufgabe** ist. Gepaart ist dies mit Ernüchterung. Der Politik wird nicht mehr getraut, die Bürokratie hat in Deutschland verzerrte Ausmaße angenommen und die Wohlfahrtssysteme werden rückgebaut.

Unabhängig von welchem Punkt im gesellschaftlichen System Sie starten – ob in einer Non Profit Organisation oder in einer Behörde, ob in einer kleinen Einrichtung oder in einem großen Konzern –, **Sozialmarketing** bleibt in Deutschland eine **Herausforderung**. Neue Lösungen müssen geschaffen werden. Dies könnte die Zeit der sozialen Unternehmer sein, der „Sozialkapitäne", die selbst das Steuer ergreifen, unabhängig davon, wie groß ihre soziale Vision ist.

1.1.1   Die Aufgabe sozialer Organisationen

Im Kern geht es bei sozialen Lösungen darum, die Bedingungen für das Leben zu verbessern. Vielen ist nicht bewusst, wie viele Bereiche in Deutschland durch die Arbeit sozialer Organisationen bereits geprägt sind. Deutlich wird dies im Vergleich mit Ländern ohne soziale Netzwerke. Es ist erstaunlich, was soziale Organisationen zu leisten vermögen und wie vielfältig die Tätigkeitsfelder sind. Hier drei Beispiele als Einstimmung auf das Thema:

Erfinden wir das Dorf neu

Zwischen Hamburg und Ahrensburg haben sich einige Menschen in den Kopf gesetzt etwas wiederzuerfinden, was es eigentlich seit Jahrhunderten selbstverständlich gab: das Dorf.

Unter dem Namen Allmende wurde ein Verein gegründet, um in heutiger Form eine **angemessene Lebensgemeinschaft** aufzubauen, die den Vorteilen des Dorfes wieder nahekommt – ohne eine Agrargemeinschaft zu sein. „Allmende" bezeichnete früher gemeinsam von einer Dorfgemeinschaft bewirtschaftete Flächen.

Wieder eine Gemeinschaft zu werden, ist das Ziel der rund 300 Menschen der Allmende. Sie siedeln auf einem 6,5 Hektar großen Grundstück und arbeiten zum Teil auch dort.

3,5 Millionen Euro waren notwendig, um das Grundstück im Juni 2004 zu erwerben. Selbst genutzte **Wohnfläche sind Eigentum** des jeweiligen Käufers, **alle anderen Flächen sind Gemeinschaftseigentum**, wie die Sporthalle, ein Kindergarten und gemeinsame Außenflächen.

Zum Projekt gehören neben der nachbarschaftsorientierten Gemeinschaft eine umweltfreundliche Energieversorgung, ökologische Baustandards, Regenwassernutzung, naturnahe Geländegestaltung, Jugendförderung, Sozialfonds für wirtschaftliche Notfälle in der Siedlung, kulturelle Angebote und vieles mehr.

Gemeinsame
Willensbildung

Der Verein berät – wie früher in einer Dorfgemeinschaft – in allen gemeinschaftlichen Belangen und bringt sie zur Abstimmung.

Bei jedem Essen zahlen sie drauf

Was bedeutet es, 3 Millionen Essen warm auf den Tisch zu stellen, konkurrenzlos günstig zu sein und dabei das kritischste Publikum der Welt zu haben?

Beispiel für ein
Versorgungsprojekt

Die Studentenwerke in Deutschland meistern dies täglich. Insgesamt 61 Studentenwerke betreiben für mehr als 300 Hochschulen **über 700 Mensen und Cafeterien** – eine vielen Menschen nicht bekannte soziale Arbeit.

Die Studentenwerke fördern Studenten und tragen damit aktiv zur **Chancengleichheit in der Bildung** bei. Diese Hilfe ist ganz praktisch. Neben Beratung, Förderprogrammen und Wohnangeboten ist ein Grundanliegen eine abwechslungsreiche, gesunde Ernährung zum günstigen Preis. Ohne die subventionierten Mahlzeiten müssten hunderttausende Studierende jeden Tag tiefer in die Tasche greifen.

Dass die Studentenwerke dabei mitten im Leben stehen, zeigen jüngste Entwicklungen, wie „Mensarien", eine Mischform aus klassischer Mensa und Cafeteria, Internetcafés oder das wachsende Angebot von Bio-Food. Egal ob warmes Menü, Pasta, Baguettes, Salate, Desserts, frische Säfte oder Kaffee, die Studentenwerke bekommen sofort mit, ob die Mischung stimmt. *„Die Zahlen und Rückmeldungen zeigen, dass wir mit unserem Angebot richtig liegen ..."*, so Dr. Anke van Kempen, Pressesprecherin des Studentenwerks München auf die Anfrage, wie die Verpflegung ankommt. *„Im vergangenen Jahr haben wir in unseren Mensen und Cafeterien in München, Freising und Rosenheim mehr als 2,6 Millionen Essen ausgegeben. Besonders unsere Aktionswochen mit Biogerichten oder internationalen Spezialitäten sind sehr beliebt."*

Fast 200.000 Sitzplätze stellen die Deutschen Studentenwerke zur Verfügung. Das Deutsche Studentenwerk (DSW) verzeichnete für das Jahr 2003 im Arbeitsbereich Gastronomie einen Umsatz von insgesamt rund 288 Millionen Euro. Dabei arbeiten die Verpflegungsbetriebe sämtlich **unter Deckung**. Ausgeglichen wird die Differenz zwischen tatsächlichen

Komplizierte
Mischkalkulation

Kosten und Einnahmen im Bereich Verpflegung durch eine komplizierte **Mischkalkulation**. Beim Studentenwerk München beispielsweise können nur 44,75 % der Kosten durch Verkaufserträge abgedeckt werden. Nicht weiter verwunderlich, wenn man weiß, dass ein Essen für Studierende schon ab 80 Cent zu haben ist. Die fehlenden Gelder werden in anderen Bereichen wie der Vermietung von Wohnungen erwirtschaftet oder durch öffentliche Zuschüsse ausgeglichen.

Die meisten der 61 Studentenwerke haben die Rechtsform einer öffentlichen Anstalt und sind gemeinnützig. Der Rest ist entsprechend als Verein oder Stiftung aufgestellt. Gemeinsamer Dachverband ist das Deutsche Studentenwerk.

Beispiel für einen
Rettungsdienst

Frau über Bord

Wenn ein Schiff in Nord- oder Ostsee sinkt und ein Seenotkreuzer ausläuft, um nach Überlebenden zu suchen, bekommen alle Beteiligten die entscheidenden Informationen über das Suchgebiet aus der **Seenotleitung** (Maritime Rescue Coordination Centre) der Deutschen Gesellschaft zur Rettung Schiffbrüchiger (DGzRS) in Bremen.

Nicht nur Piloten von mitsuchenden Hubschraubern der Marine, sondern auch alle anderen beteiligten Schiffe und Flugzeuge verlassen sich auf die Berechnungen der hochgradig spezialisierten Profis der DGzRS. Niemand in Deutschland hat in der Leitung von Suchaktionen auf See so viel Erfahrung wie die Bremer Seenotretter.

Wie entscheidend ein **strenger Suchplan** sein kann, zeigt die Geschichte von Kerstin Bruns, einer deutschen Schiffsoffizierin, die am 25. Juni 2004 im Indischen Ozean bei Sturm von Bord ihres Containerschiffes in die See gerissen wurde. 21 Stunden lang suchten mehrere Schiffe bei Sturm und Dunkelheit nach der Frau. Die Seenotleitung in Bremen koordinierte die Suche mit einem Computerprogramm, in das alle wichtigen Daten wie Wetter und Position aller Schiffe eingehen. Am folgenden Morgen konnte Kerstin Bruns gesichtet und von ihrem eigenen Schiff an Bord geholt werden. Sie fährt inzwischen wieder zur See.

Hohes Engagement durch
Spenden finanziert

Bezahlt wird die Seenotleitung und die Flotte der eigenen Seenotkreuzer von Spendengeldern. Der Staat zahlt keinen Cent dazu. Dies gehört zur strengen Tradition der Seenotretter. Die Deutsche Gesellschaft zur Rettung Schiffbrüchiger lebt ausschließlich von Spenden.

Die Bilanz des Vereins kann sich sehen lassen: **Über 1.200 Menschen sind im Jahr 2004** von der DGzRS aus Seenot **gerettet** oder anderer Gefahr befreit worden. Hilfe brachten die Seenotretter bei 2.547 Einsätzen in Nord- und Ostsee. Dabei wurden 368 Menschen aus Seenot gerettet, 837 Personen aus kritischen Gefahrensituationen befreit, 343 Kranke und Verletzte von Seeschiffen, Inseln oder Halligen zum Festland transportiert. Dazu kamen 883 andere Hilfeleistungen für Wasserfahrzeuge aller Art. 67-mal wurden Schiffe vor dem Totalverlust bewahrt.

Seit Bestehen der DGzRS wurden 72.000 Menschenleben gerettet. Dies entspricht ungefähr der Einwohnerzahl der Stadt Gießen.

Die Aufgaben und Vielfalt wachsen

Die drei Beispiele zeigen die Vielfalt sozialer Arbeit. Die Aufgaben, die Initiativen, Stiftungen, Vereine und Organisationen übernehmen, wachsen.

> Soziale Organisationen werden häufig neben Staat und freier Wirtschaft als „dritte Kraft" in der Gesellschaft bezeichnet.

Aber der dritte Sektor bleibt nicht länger unter sich. **Die Mitspieler im sozialen Markt nehmen zu.** Profitorientierte Firmen steigen in soziale und ökologische Projekte ein. Der Staat gibt Aufgaben in „private Hand". Soziale Organisationen werden Kooperations- oder Wirtschaftspartner. Damit wird das Sozialmarketing komplexer.

Der dritte Sektor bleibt nicht länger unter sich

1.1.2   Was ist Sozialmarketing?

Deutschland ist sozial dicht erschlossen. Immer mehr Organisationen werben um Bekanntheit, Geld oder um Teilnahme an Programmen. Gleich ob Tierschutzheim, Schauspielhaus, Elterninitiative, Charity-Aktion eines Fernsehsenders, Selbsthilfegruppe, Jugendhaus, Universitätsklinikum oder die bundesweite Hilfsmarke „Deutsches Rotes Kreuz" – jeder muss sich positionieren. Wer es nicht tut, hat ein leeres Haus oder leere Kassen.

Jeder muss sich positionieren

Sozialmarketing steht dabei zunächst grundsätzlich vor den gleichen Aufgaben wie normales Marketing.

DIE VIER BEREICHE DES KLASSISCHEN MARKETINGS

- Produkt (Angebot): Was biete ich an?
- Preis: Was kostet mich das Angebot?
- Kommunikation: Wie wird das Angebot bekannt?
- Distribution: Wie (einfach) kann auf das Angebot eingegangen werden?

Kommerzielles Marketing

Marketing hat immer ein Ziel: den Erfolg. In kommerziellen Firmen ist ein Indikator für Erfolg der erzielte Gewinn. Was bleibt unterm Strich nach allen Aktivitäten an Geld übrig?

Marketing sucht den Erfolg

> Kommerzielles Marketing hat die Aufgabe, Firmen und deren Produkte zum Erfolg zu bringen.

Marketing schafft
das Produkt

Wird das Produkt einer Firma zu wenig verkauft, hat das Marketing versagt. Denn das Marketing hat das Produkt nicht nur beworben, sondern es auch geschaffen. Vor der Herstellung des Produktes wird Marktforschung betrieben.

Das Produkt wird an den **Bedürfnissen der Kunden** ausgerichtet, gestaltet, mit einem **Namen** und einem **Preis** versehen. Dann werden **Vertriebswege** geschaffen, und erst wenn dies alles fertig ist, beginnt die eigentliche **Kommunikationsarbeit**.

Bei einer erfolgreichen Arbeit steht am Ende ein gelungenes Produkt, das in ausreichend hoher Stückzahl verkauft wird. Marketing hat Verantwortung für die gesamte Organisation.

Wann ist ein Golf alt?

Volkswagen kann nicht sagen: „Der alte Golf war gut. Wir verkaufen ihn, solange es geht. Wenn er nicht mehr zeitgemäß ist, schließen wir die Tore." Volkswagen hat die Verantwortung, rechtzeitig einen neuen Golf oder andere Produkte zu entwickeln. Sonst wird VW in Zukunft nicht wettbewerbsfähig sein.

Bei der Neuentwicklung steht von Anfang an die Frage im Mittelpunkt: Wird dieses Produkt vom Markt angenommen? Dass Siemens Mitte 2005 seine gesamte Handysparte an den taiwanischen Hersteller BenQ abgeben musste, lag daran, dass der deutsche Vorzeigegroßkonzern unter anderem zu spät auf **Kundenwünsche** wie das Klapp-Handy reagierte. Selbst ein Konzern wie Siemens scheitert, wenn er nicht auf die Kunden hört.

> Eine falsche Produktpolitik kann nicht durch verstärkte Werbung korrigiert werden.

Marketing steuert das
gesamte System

Modernes Marketing ist mehr als Kommunikation. Marketing bringt die Bedürfnisse verschiedener Gruppen zusammen. Wenn eine Firma merkt, dass im Markt neue Anforderungen entstehen, reagiert das gesamte System. Die Firma richtet sich neu aus.

Sozialmarketing

Sozialmarketing hat eigene
Aufgaben und Strategien

Sozialmarketing ist inzwischen eine eigene Disziplin. Auf den ersten Blick gleichen sich Methoden des kommerziellen und des sozialen Marketings. Aber die Summe der Einzelteile ist im Sozialmarketing mehr als nur die Übernahme von Agenturwissen aus dem kommerziellen Marketing.

Sozialmarketing **basiert auf klassischen Formen des Marketings** wie z.B. Kommunikation, Design, Werbung, Direktmarketing, Öffentlichkeitsarbeit (PR), Produktdefinition, Produktentwicklung, Marktforschung oder Controlling.

Letztlich spiegelt sich jede Facette und jede Veränderung des normalen Marketings im Sozialmarketing wider. Aber die **Aufgaben und die Strategien sind andere**.

> ## DEFINITION SOZIALMARKETING
>
> Sozialmarketing umfasst alle Planungen und Aktionen, die dafür sorgen, dass eine soziale Organisation, ein soziales Angebot, Produkt oder eine soziale Aktion einzelnen Menschen oder der Öffentlichkeit bekannt wird und Erfolg hat.
>
> Dabei greift Sozialmarketing wie im klassischen Marketing in die Produktentwicklung, die Preisgestaltung, die Kommunikation und die Verteilung ein. Erfolgreiches Sozialmarketing sorgt für einen optimalen Austausch zwischen den verschiedenen Handlungsgruppen.

Unterschied zum kommerziellen Marketing

Sozialmarketing hat das gleiche Ziel wie kommerzielles Marketing: den Erfolg. Aber der Erfolg wird anders definiert. Die **Erwirtschaftung von Geld** ist wichtig, aber nur ein **Zwischenziel**, um das eigentliche Ziel, die Durchsetzung eines sozialen Anliegens zu erreichen. Daher geht Sozialmarketing auch Wege, auf denen das Ziel ohne den Mittler Geld erreicht wird. Wird Geld erwirtschaftet, wirkt es anders.

Sozialmarketing will ebenfalls den Erfolg

1.1.3   Schwerpunkte dieses Buches

Soziales Marketing will soziale Organisationen oder soziale Anliegen zum Erfolg bringen. Nun kann gestritten werden, welche Gebiete des Marketings dafür am wichtigsten sind. Dieses Buch setzt den Schwerpunkt auf zwei Bereiche: das Produkt und die Kommunikation. Die These dazu lautet, dass der **soziale Markt** ebenso **empfindlich** auf ein falsches Produkt regiert wie der kommerzielle Sektor.

Schwerpunkte des Buches sind Produkt und Kommunikation

Folgende Fragen stehen im Mittelpunkt:
* Wie entwickelt eine Organisation das passende Produkt?
* Wie findet sie die zum Produkt passende Kommunikation?
* Wie bauen sich Kundenbeziehungen auf?

Sozialmarketing beginnt bereits vor der Entwicklung der Kampagnen, Produkte und Angebote bei der Aufstellung der Organisation, bis hin zur richtigen Wahl der Rechtsform. Daher greift Sozialmarketing – wie in der freien Marktwirtschaft das kommerzielle Marketing – nicht nur in die Verteilung, sondern auch in die **Entwicklung der sozialen Angebote** ein. Dafür braucht es **Wissen um das gesamte Marktumfeld** und – nicht zuletzt – über den Kunden.

Dies ist keine Theorie für große Organisationen. „Welche Aktion, welches Angebot, welches Produkt würde wirklich etwas verändern?", diese Frage ist für jede Organisation entscheidend. Das Marketing eines Kindergartens und das einer weltweit operierenden Gesellschaft unterscheiden sich im Grunde nur in den Dimensionen.

Marketing ist für kleine und große Organisationen wichtig

1.2   In welchem Umfeld steht Sozialmarketing?

Es reicht nicht mehr, einfach eine Lösung für ein Problem zu haben. Menschen müssen eine Lösung auch abnehmen – sonst fehlen die Umsatzzahlen und damit die Wirtschaftlichkeit. Hier stehen **sozialen Projekte im Wettstreit** um Bekanntheit, Zeit, Geld und Einfluss.

1.2.1   Immer mehr Teilnehmer im sozialen Markt

Die Zeit der Monopolinstitutionen ist endgültig vorbei

Der freie soziale Wettbewerb ist historisch gesehen eine junge Entwicklung. Die Vergangenheit war von Monopolinstiutionen geprägt. Heute sitzt keine Organisation mehr per Definition in der ersten Reihe. Jeder muss sich seine **Position selbst erkämpfen**. Auch die letzten staatlichen Einrichtungen wie Polizei, Schulen, Universitäten, Müllabfuhr oder Arbeitsagenturen müssen sich ihren öffentlichen Ruf erarbeiten. *„Kollege gesucht!"* steht hinten auf dem Aufkleber des Streifenwagens. *„Fleischer machte Kühlschrank im Garten kalt"* lautet die Headline gegen wilde Mülldeponien seitlich auf dem Müllwagen.

Gleichzeitig gehen in Deutschland immer mehr Organisationen parallel auf Sendung. Inzwischen hat fast jede kleinere Kommune einen Öffentlichkeitsreferenten. In den USA ist die Eigendarstellung von öffentlichen Ämtern, Bildungseinrichtungen, Krankenhäusern, Kirchen und Museen schon lange Standard. Deutschland folgt hier Schritt für Schritt. Gerade neue Stiftungen und Vereine stehen erst einmal vor der Aufgabe, sich bekannt zu machen.

> Jede Institution muss sich der unternehmerischen Verantwortung stellen und kann nicht gleichgültig bleiben, wenn ein Angebot nicht angenommen wird.

Vermischung von gemeinnützigen und privatwirtschaftlichen Kräften

Im sozialen Markt handeln zudem zunehmend unterschiedliche Teilnehmer. Bei vielen Aufgaben kommt es zu einer **Vermischung privater und gemeinnütziger Kräfte**. Beispielsweise haben viele kirchliche Diakonissenhäuser den Betrieb des eigentlichen Krankenhauses schon lange privaten Betreibern übergeben.

Dabei ist nicht gesagt, dass die gemeinnützige Marke den besseren Ruf haben muss. Dies hängt von der Leistung des Anbieters ab. Mit zunehmender Tendenz gehen öffentliche Hand und privates Kapital gemeinsame Wege.

Erste Privatisierung einer deutschen Universitätsklinik

2005 wird in Hessen zum ersten Mal in der deutschen Geschichte eine der 25 deutschen Universitätskliniken privatisiert. Das Universitätsklinikum Marburg/Gießen steht zum Verkauf. Zwar bleiben die Gebäude und Grundstücke über Erbpachtverträge in der Hand des Landes Hessen, der gesamte Betrieb geht jedoch an eine private Gesellschaft.

In Zukunft wird es bei vielen sozialen Themen private Investoren geben.

Erste Privatisierung einer deutschen Vollzugsanstalt

Im November 2004 überraschte eine Meldung der APA und dpa: Der englische private Gefängnisbetreiber Serco übernimmt demnach 2006 die erste Haftanstalt in Deutschland im osthessischen Hünfeld. Das Privatunternehmen soll das Personal für Reinigung, Wartung, Küche und die medizinische Versorgung stellen. Der eigentliche Vollzug geschieht durch Beamte. Durch die Vergabe an einen privaten Betreiber erhofft man sich Einsparungen in Höhe von 15 % der Betriebskosten. Das entspräche bei 500 Plätzen 660.000 Euro im Jahr.

Die Privatisierung von Gefängnissen ist in den USA bereits ein eigener Markt.

1.2.2 Immer mehr Informationen

Nicht nur die Zahl der Teilnehmer im sozialen Markt nimmt zu. Das Medienumfeld wächst insgesamt seit 1945 beschleunigt. In der Nachkriegszeit löst der Fernseher das Radio als Leitmedium ab. **Deutschland** schwingt sich zur **Fernsehnation** auf. Für eine kurze Zeit ist es möglich, fast alle Deutschen über einige wenige Fernsehkanäle zu erreichen.

Die Medien entwickeln sich immer schneller

Eine Geburt der Fernsehnation

1981 noch konnte Karlheinz Böhm in der ZDF-Sendung „Wetten, dass ...?" mit einer Wette, dass „nicht jeder dritte Zuschauer eine Mark für Menschen in der Sahelzone spendet" den Startimpuls für die Äthiopien-Hilfsorganisation „Menschen für Menschen" geben.

Mit dem Aufkommen der Privatsender endete die Alleinstellung der öffentlich-rechtlichen Fernsehanstalten. 1984 starten SAT.1 und RTL als erste deutsche Privatsender. Über Kabel oder Satellit wurde dann das Fenster zu internationalen Sendern geöffnet. Inzwischen können in vielen Haushalten über 300 Sender empfangen werden. Nach oben ist keine Grenze in Sicht.

Wie sieht wohl ein Wohnzimmer aus, in dem in Zukunft vielleicht zwischen 1.000 Fernsehsendern und 500 Radiosendern gewählt werden kann?

Erstaunlich ist, dass **neue Medien die alten nicht verdrängen**. Das Fernsehen verdrängt das Radio nicht: Während es 1991 erst 100 private Radiosender in Deutschland gab, wurden 2003 laut Auswärtigem Amt bereits fast 300 Sender gezählt. Der eine oder andere Zeitschriftentitel verschwindet, nicht aber die Zeit, die der normale Erwachsene sich durchschnittlich mit einer Tageszeitung beschäftigt.

Wie viele Medien passen in einen Tag?

Die neuen Medien quetschen sich zusätzlich in den Tag hinein. Der **Medienkonsum wächst** und wächst, und die Frage ist zu stellen, wie viel ein normaler Mensch überhaupt verarbeiten kann. Auch das **Internet** nimmt den anderen Medien bisher wenig Aufmerksamkeit.

MEDIENKONSUM IN DEUTSCHLAND (STAND 2005)

Der durchschnittliche Medienkonsum eines Erwachsenen in Deutschland:
- Fernsehen: über 3 Stunden pro Tag
- Hörfunk: über 3 Stunden pro Tag
- Tageszeitungen: 30 Minuten pro Tag
- Tonträger: 18 Minuten pro Tag
- Bücher: 15 Minuten pro Tag
- Internet: 15 Minuten pro Tag
- Zeitschriften: 11 Minuten pro Tag
- Video: etwas weniger als 1 Film pro Woche

Diese Zahlen sind eine eigene Zusammenstellung und beruhen auf verschiedenen Quellen, u.a. auf „Das Lesebarometer – Lesen und Mediennutzung in Deutschland" (von Claudia Langen und Ulrike Bentlage), S. 35, und diversen MA-Daten. Der Übersicht halber wurden die Daten vereinfacht.

Bekannt ist, dass viele Medien konsumiert werden. Helfen solche Zahlen aber weiter? Was sagen sie aus? Was ist mit Menschen, die am Wochenende vier Videos sehen? Was ist mit denen, die nie eine Tageszeitung lesen? Wer hört am Tag sechs Stunden Radio, sieht dafür aber kein Fernsehen? Und wer ist jeden Tag genau 15 Minuten im Netz? Eine solche durchschnittliche Online-Nutzung pro Tag gibt es nicht, denn wenn ein Online-Nutzer ins Netz geht, surft er in der Regel bis zu 2 Stunden (ARD/ZDF-Online-Studie 2004, S. 360). Der Onliner ist also nicht jeden Tag „unterwegs". Es sei denn, er ruft seine E-Mails regelmäßig ab.

Durchschnittszahlen lügen immer

Den Durchschnittsdeutschen gibt es nicht. Durchschnittswerte sind eine **grobe Orientierung**. Klar wird an solchen Zahlen nur, dass der durchschnittliche Deutsche mehr als versorgt ist:
- Er sieht mehr Bilder, als je Menschen vorher pro Tag gesehen haben.
- Er hört mehr Musik, als je Menschen vorher gehört haben.
- Er liest nach wie vor viel.

Eines ist sicher: Wenn ein Mensch etwas von einer sozialen Organisation sieht, heißt dies noch lange nicht, dass er diese bemerkt oder dadurch sein Verhalten ändert.

1.2.3   Immer mehr Werte

Will eine Organisation Unterstützer finden oder Verhalten ändern, sucht sie Menschen mit gleichen Werten. Wo befinden sich aber die Werte?

Welche Werte befinden sich in den Köpfen?

Seit der Säkularisierung wirken in Europa verschiedene Werteströme nebeneinander. Familie, Staat, Kirche und Schule haben spätestens nach dem Zweiten Weltkrieg an Bedeutung verloren.

Der Wohlfahrtsstaat und die soziale Marktwirtschaft bilden **mehr eine technische als eine weltanschauliche Klammer**. Die Folgen sind für das Sozialmarketing relevant: Wir wissen nicht, welche Werte sich in den Köpfen befinden.

Die Wertelandkarte Deutschlands ist restlos fragmentiert. Ob ein in Berlin aufgewachsener Jugendlicher türkischer Abstammung christlich, rechtsradikal, islamisch oder einfach nur wie Robbie Williams denkt, muss man ihn selbst fragen. Vermutlich rechnet er sich keinem der genannten Lager zu. Die Werte im Kopf sind endgültig von der Hautfarbe, Konfessionszugehörigkeit, dem Wohnort, der Bildung und auch den Eltern abgekoppelt.

Die Wertelandkarte ist restlos fragmentiert

Wenn keine festen Wertegemeinschaften bestehen, sind **Zielgruppen nicht eindeutig anzusprechen**. Einfache Gleichsetzungen stimmen nicht:

- Wer ist konservativer: junge oder alte Menschen?
- Wer gibt mehr Geld für soziale Anliegen: der Porsche-Fahrer oder der Passat-Fahrer?

Verbrauchertypologien der Marktforschung helfen hier nur begrenzt. Der Konsumstil sagt nicht, wie jemand sich sozial verhält.

„Wo sind die Menschen, die meine Werte teilen?" wird zur Schlüsselfragen des Sozialmarketings. Dies kann verlängert werden zu der Frage: **Wo sind die Institutionen, die Werte bilden?** Politiker versuchen oft, diese Aufgabe an die Familien, Schulen, Kirchen, und Sportvereine zu delegieren. Sie übersehen dabei, dass es keine festen großen Institutionen mehr gibt. Hier müssen soziale marketingorientierte Organisationen anders denken. Sie leben in sich ständig verändernden Netzwerken (Märkten) und bewegen sich in einer fragmentierten Welt. Dies ist unumkehrbar.

Wer steht für welche Werte?

> In verschiedenen Lebenszyklen sammeln sich verschiedene Menschen, um verschiedene Werte für eine bestimmte Zeitstrecke über verschiedene Austauschformen zu teilen.

Soziale Organisationen schaffen **Katalysatoren**, an denen sich für bestimmte Zeitstrecken Wertegemeinschaften sammeln. Einige werden eine Dorfgemeinschaft wiedererfinden, einige kaufen nur über einen Warenkatalog Produkte ein, andere treffen sich zum internationalen Austausch auf einem Festival.

Wer eine zu schwammige Vorstellung hat, was für eine Gemeinschaft er schaffen will, wird in der Praxis scheitern. Wer eine **Wertegemeinschaft** schaffen will – und das ist eine gute Umschreibung für eine soziale Organisation oder ein soziales Projekt –, muss sich überlegen, wie diese Gemeinschaft an welchem Ort oder über welches Medium für welche Zeitspanne zusammengehalten werden soll.

Soziale Organisationen sind Wertegemeinschaften

1.3   Grundlegende Begriffe im Sozialmarketing

Wer betreibt Sozialmarketing? Eine erste grobe Unterteilung lautet:
- Soziale Organisationen, die stark Fundraising betreiben
- Soziale Organisationen, die wenig Fundraising betreiben
- Kommerzielle Unternehmen mit sozialen Zielen
- Kommerzielle Unternehmen in Teilbereichen

Viele Bücher sprechen nur über Fundraising

Die klassische Literatur im Sozialmarketing wendet sich fast ausschließlich an Non-Profit-Organisationen, die starkes Fundraising betreiben. Dies ist verständlich, da Fundraising ein wichtiger Bereich des Sozialmarketings ist. Das vorliegende Handbuch wird seinen Schwerpunkt ebenfalls auf diese Organisationen legen, die anderen Bereiche aber gleichfalls behandeln, da viele Anforderungen heute das **Zusammenspiel verschiedener Wirtschaftsformen** verlangt.

1.3.1   Zuordnung anderer Begriffe wie „Social Marketing"

Das Wort Sozialmarketing oder „Social Marketing" wird an vielen Stellen verwandt. Einige Fragestellungen anderer Fachgebiete werden in diesem Buch aber nur indirekt behandelt. Dazu gehört:

Regional- und Kulturmarketing sind Spezialformen des Sozialmarketings

- **Kommunal-, Städte- oder Regionalmarketing**: Beim Aufbau des Marketings für eine Region oder eine Stadt gibt es ähnliche Vorgehensweisen. Die Darstellung würde die Grenzen dieses Buches sprengen.
- **Kulturmarketing**: Kultur- oder Bildungsmarketing gehört zum Sozialmarketing, kann mit allen Techniken dieses Buches arbeiten, hat darüber hinaus aber noch zusätzliche Schwerpunkte. Wir verweisen z.B. auf das Handbuch Kulturmarketing von Michaela Reimann und Susanne Rockweiler.
- **Absatzorientiertes Marketing großer Firmen**: Kommerzielle Firmen nutzen mitunter die soziale Ansprache, um den Absatz von Produkten zu erhöhen. Ein Beispiel war der Verkauf von Krombacher Bier mit der Information, dass jeder Kauf ein Stück Regenwald rettet: „Handeln und genießen" (Partner war der WWF). Konsumgüterkampagnen sind nicht Gegenstand dieses Buches. Wenn von Unternehmen gesprochen wird, die Sozialmarketing betreiben, sind darunter Firmen zu verstehen, die aktiv soziale oder ökologische Ziele verfolgen.

1.3.2   Zuordnung von Sozialmarketing und Fundraising

Zuwendungen sind für fast alle Organisationen lebensnotwendig

Spenden und andere Zuwendungen zu gewinnen, ist für viele soziale Projekte lebensnotwendig. Der Begriff Fundraising hat sich in Deutschland inzwischen durchgesetzt und alternative Bezeichnungen wie Spendenmarketing ersetzt.

Es gibt keine wirklich brauchbare Übersetzung von „Fundraising". **„Fund"** steht im Englischen für Geldmittel, **„to raise"** ist das Verb für „sammeln". „Mittelgewinnung" würde es fachlich treffen, klingt aber nicht richtig gut. Fundraising und die dazu passenden Berufsbezeichnungen Fundraiserin oder Fundraiser hören sich einfach besser an. Es gibt verschiedene Bestrebungen in Deutschland das Berufsbild des Fundraisers zu etablieren.

Die Bezeichnung Fundraiser existiert nicht nur im sozialen Bereich. Im Bereich der Finanzen oder des Projektmanagements sind Fundraiser die Spezialisten, die notwendige Gelder (Funds) für Projekte zusammentragen.

DEFINITION FUNDRAISING

Unter Fundraising versteht dieses Buch den Bereich der steuerbefreiten Mittelgewinnung für gemeinnützige Organisationen: die Anfrage von Spenden, Legaten, Zustiftungen und Unterstützung aller Art bis hin zum Volunteering (der Hilfe durch unbezahlte Freiwillige).

Die Entgegennahme von steuerbefreiten Zuwendungen ist ausschließlich gemeinnützigen Organisationen vorbehalten. Sie wird von der so genannten Abgabenordnung geregelt. Gemeinnützige Organisationen übernehmen **für die Allgemeinheit wichtige Aufgaben** und bekommen dafür vom Staat eine Steuerbefreiung.

Nur gemeinnützige Organisationen sind steuerbefreit

Sie können also um Zuwendungen werben und müssen für diese eingenommenen (geschenkten) Mittel keine Steuern abführen. Dafür dürfen die gemeinnützigen Organisationen die ihnen anvertrauten Gelder nur für die entsprechenden sozialen Zwecke einsetzen.

Davon zu unterscheiden sind soziale Unternehmen, die eigenwirtschaftlich arbeiten. Diese wirtschaften klassisch und zahlen Steuern. Sie können Teilbereiche von gemeinnützigen Organisationen sein (so genannte Zweckbetriebe oder Wirtschaftsbetriebe) oder eigenständig stehen.

Fundraising ist nicht gleichzusetzen mit Sozialmarketing.

Fundraising ist ein Teilbereich des Sozialmarketings. Bei weitem nicht alle Mittel stammen im sozialen Bereich aus dem Fundraising. Der **überwiegende Teil** der Mittel stammt (noch) aus **öffentlicher Hand**. Organisationen, die sich zu 100 % aus Zuwendungen finanzieren – wie z.B. die Deutsche Gesellschaft zur Rettung Schiffbrüchiger –, sind eher selten.

Fundraising ist nur ein Teilbereich des Sozialmarketings

Es gibt eine Reihe von Organisationen, die mit so gut wie keinem Fundraising bestehen. Als Beispiele seien das deutsche Studentenwerk (DSW) und pro familia genannt. Beide Organisationen besetzen in Deutschland aktiv soziale Themen, betreiben aber so gut wie kein Fundraising. Sie erwirtschaften ihre Einnahmen in Mischkalkulationen und erhalten meist für Leistungen staatliches Geld.

Die staatlichen Mittel sind jedoch rückläufig. Die entstehenden Lücken werden nicht alleine mit Spenden aufgefüllt werden können. Daher fasst **Sozialmarketing alle Formen neuer Finanzierung** ins Auge. Dazu gehören alle Formen von Wirtschaftsbetrieben, Merchandising oder Sponsoring, die in der strengen Abgrenzung nicht zum Fundraising gehören.

1.3.3   Der Deutsche Fundraising Verband

Der Deutsche Fundraising Verband legt das Wort Sozialmarketing ab

Die Frage, wo Sozialmarketing aufhört und Fundraising anfängt, ist alt. Als die Non-Profit-Öffentlichkeitsarbeiter und Fundraiser sich 1993 in einem **Dachverband** zusammenschlossen, hieß dieser zunächst „Bundesverband Sozialmarketing", kurz bsm. Die entsprechende Internetseite lautete entsprechend www.sozialmarketing.de. zehn Jahre später, 2003, wurde der Verband umbenannt in „Deutscher Fundraising Verband e.V." Die dazugehörige Internetseite findet sich nun unter www.fundraisingverband.de.

Die Umbenennung erfolgte, weil eine **klare Interessenvertretung des Fundraisings gewünscht** war. Der gemeinsame Kongress wurde schon frühzeitig als „Deutscher Fundraising Kongress" betitelt.

Diese Umbenennung wirft die Frage auf, wo andere Themen des Sozialmarketings Platz haben. Dies wird dieses Buch nicht klären. Eindeutig ist, dass **Fundraising und Sozialmarketing wie zwei Geschwister** zusammengehören. Sinnvoll ist, dass in einer Organisation, die hauptsächlich von Spenden lebt, die Fundraiser das Sozialmarketing steuern. Fundraiser sollten aber sehen, dass es mehr Bereiche des Sozialmarketings gibt und es legitim und wichtig ist, auch über neue Finanzierungsformen zu arbeiten.

1999 wurde die **Fundraising Akademie** gegründet. Träger sind das Gemeinschaftswerk der Evangelischen Publizistik (GEP), der Deutsche Fundraising Verband und der Deutsche Spendenrat.

Das Ausbildungsangebot wächst

Die Fundraising Akademie ist eine gemeinnützige GmbH und hat ihren Sitz in Frankfurt im Gebäude des GEP. Die Fundraising Akademie bietet die erste reine **Fundraising-Ausbildung** in Deutschland. Der Abschluss Fundraiser/in (FA) ist vom Deutschen Fundraising Verband und dem Deutschen Spendenrat anerkannt.

An verschiedenen Hochschulen gibt es Teilstudiengänge mit unterschiedlichen Schwerpunkten im Bereich des Non-Profit-Managements und des Sozialmarketings. Hier ist Fundraising teilweise in die Ausbildung integriert.

1.3.4   Grundlegende Themen des Sozialmarketings

Sozialmarketing ist grundlegend und schafft das Fundament, auf dem sozial Handelnde ihre Kommunikation aufbauen. Einige Organisationen betreiben auf diesem Fundament Fundraising, andere nicht.

Organisation   Produkt   Kunde

Markenführung	Produktführung	Kommunikation
Name	Name, Definition	Neugewinnung
Image	Leistung, Emotion	Information
Bekanntheit	Preis, Distribution	Betreuung

Abbildung 1

Jede sozial handelnde Organisation – auch eine spendensammelnde – hat letztlich ein Angebot (Produkt) mit einem Preis. Es kostet immer etwas, wenn ein Interessent auf ein soziales Angebot eingeht. Die gezahlte Währung ist nicht immer Geld, es kann sich auch um Zeit, Kompetenz, Beziehungen oder Emotionen handeln.

Jeder hat ein Produkt mit einem Preis

1.3.5 Unterscheidung Profit und Non Profit

Das Feld der Teilnehmer im sozialen Marketing wird breiter. Neben **Non-Profit-Organisationen**, meist kurz NPOs bezeichnet, stehen Firmen aus der freien Marktwirtschaft.

Ziel einer NPO ist es, möglichst viele Gelder für einen sozialen Zweck zu sammeln

Der Hauptunterschied zwischen einer NPO und einem kommerziellen Unternehmen ist der **Umgang mit Gewinn**:

- Eine profitorientierte Firma gibt Gewinn in private Hand.
- Eine NPO führt auch Gelder zusammen – über Spenden, Fördermittel, Stiftungsmittel, Leistungsentgelte oder Wirtschaftsbetriebe. Das Geld wird dann aber zur Erreichung eines sozialen Zieles ausgegeben. Je höher der Gewinn einer NPO, umso mehr Geld kommt dem sozialen Zweck zu. Sonderfall ist, wenn eine Profit-Firma einer NPO gehört. Dann fließt der Gewinn dieser Profit-Firma wieder über die soziale Organisation an ein entsprechendes Ziel.

KENNZEICHEN EINER NON-PROFIT-ORGANISATION

- Gehört keiner Privatperson
- Wird eigenständig verwaltet
  (ist also nicht im Besitz einer Firma oder einer Familie)
- Führt erwirtschaftete Gelder einem sozialen Zweck zu
- Führt gespendete Gelder einem sozialen Zweck zu
- Hat in der Regel den Status der Gemeinnützigkeit
- Kann auch eine Behörde sein
- Kann also unabhängig oder staatlich gesteuert sein

In Deutschland ist die Gemeinnützigkeit für die Entgegennahme von Spenden zwingend erforderlich. Ist eine NPO nicht gemeinnützig, hat sie infolgedessen andere Einnahmequellen.

Zusätzlich wird der Begriff **Non-Government-Organisation** (NGO) gebraucht. Diese Bezeichnung soll die Unabhängigkeit einer Organisation von staatlichem Einfluss herausheben.

> ## ZUSÄTZLICHE KENNZEICHEN EINER NON-GOVERNMENT-ORGANISATION
>
> - Organisatorisch unabhängig vom Staat oder einem Landeshaushalt
> - Leitungsgremien werden nicht von Behörden ernannt
> - Eigenständig verwaltet (greift nicht auf staatliche Strukturen zurück)
> - Kann international tätig sein, muss dies aber nicht
> - Kann Beraterstatus in internationalen Gremien haben, muss dies aber nicht

NPOs sind nicht die einzigen sozial Handelnden

Die Unterscheidung NPO/NGO ist für das Sozialmarketing nur begrenzt relevant. Die wichtige Trennlinie verläuft zwischen den Non Profits und den Profits. **Was sagt diese Trennlinie aus?**

Falsch denkt, wer davon ausgeht, dass Firmen aus der privaten Marktwirtschaft nicht sozial handeln (können). Auch freie Wirtschaftsunternehmen verfolgen zum Teil soziale und ökologische Ziele und betreiben in der Kommunikation Sozialmarketing. Voraussetzung ist, dass sie ein **echtes soziales Anliegen** fördern oder mit einem entsprechend starken sozialen Horizont arbeiten. Die soziale Ausrichtung kann ein Teilbereich der Geschäftstätigkeit oder das Hauptgeschäftsfeld sein. Hier wird häufig auch von **Sozialwirtschaft** gesprochen.

> ## FIRMEN DER SOZIALWIRTSCHAFT
>
> - Profitcenter (Töchter) von sozialen Organisationen, die als Unternehmen agieren
> - Firmen mit einer sozialen Zielsetzung
> - Firmen, die ausschließlich in einem sozialen Bereich tätig sind
> - Trägerfirmen, z.B. aus dem Gesundheitsbereich

Geld zu verdienen ist nicht unethisch

Töchter von gemeinnützigen Organisationen sind streng genommen dem Lager der NPOs zuzurechnen, da der Gewinn in letzter Instanz einem gemeinnützigen Zweck zufließt. Bei anderen Unternehmenstypen fließt **Gewinn in private Hand**. Dass Geld in private Hand gelangt, ist nicht unmoralisch oder unethisch. Die Frage ist, wie die private Hand mit der damit **verbundenen Verantwortung** umgeht. In Deutschland gab und gibt es eine lange Tradition verantwortlicher Unternehmer.

Grundlegend wird zwischen einer NPO und einer kommerziellen Firma des freien Marktes unterschieden. Inhaltlich wird es immer zu Abgrenzungsproblemen kommen. Ist der Hersteller von Windanlagen eine ökologische Institution oder ein Industrieunternehmen wie jedes andere auch? Ist ein privater Krankenhausbetreiber schon sozial, nur weil er auf einem sozialen Feld arbeitet?

Dieses Buch vertritt den Ansatz, dass dies ganz auf den Einzelfall ankommt. **Entscheidend ist die Ausrichtung der Firma**: Will das Unternehmen alle Geschäftsprozesse an sozialen oder ökologischen Zielen ausrichten oder nicht? Zu welchem Zweck wurde das Unternehmen aufgebaut?

In diesem Zusammenhang fallen häufig die Begriffe **Ökoprofit** und **Socialprofit**. Dahinter steht der Gedanke, dass eine Gewinnorientierung für soziale und ökologische Prozesse förderlich ist. Nur ein unternehmerisch stabil funktionierendes System motiviert Menschen und kann nachhaltig innovativ sein.

Liquidität ist Voraussetzung für Innovation

> Es kommt nicht auf die Rechtsform an, ob eine Handlung sozial oder ökologisch ist. Entscheidend ist die Motivation, Zielrichtung, Auswirkung und Nachhaltigkeit der Handlung und wie mit dem Gewinn der Firma umgegangen wird.

Ein einmaliges soziales Verhalten führt nicht dazu, dass eine Firma sich sozial nennen kann. Es gilt die **Mindestanforderung**:

Kriterien für soziales Handeln

- Das Engagement muss **nachhaltig** sein,
- das Engagement muss **glaubwürdig** sein,
- der Gewinn muss **verantwortungsbewusst** verwaltet werden.

Für Konzerne sind diese Anforderungen schwer zu erfüllen. Auf dem freien Kapitalmarkt gehandelt, können sie die Nachhaltigkeit der Handlung und den verantwortungsvollen Umgang mit dem Gewinn nicht garantieren. Die Aktiengesellschaft ist aber nicht an sich unsozial, wie der Trend zur kleinen Aktiengesellschaft bei sozialen Organisationen zeigt.

Auf dem freien Markt gibt es verschiedene Formen von **Firmen mit sozialen Zielen**:

- Firmen, die im Gesamtgeschäftsziel eine soziale Verantwortung übernehmen: z.B ein Reiseveranstalter, der explizit nur alternative Reisen anbietet.
- Firmen, die in normalen Geschäftsfeldern versuchen sozial zu handeln: Solche Firmen optimieren soziale und ökologische Geschäftsprozesse (Sozialverträglichkeit / ökologische Bilanz). Als Beispiel sei der Fensterhersteller GEALAN oder der Schuhhersteller Birkenstock genannt, die in Produktionsabläufen hohe Standards setzen und auch dokumentieren. Firmen zeigen ein soziales Anliegen, wenn sie diesen Aspekt ihrer Identität immer wieder kommunizieren und damit das öffentliche Bewusstsein verändern.

Firmen mit sozialer
Verantwortung

- Abteilungen in Konzernen, die ökologische oder soziale Verantwortung tragen: In einigen Konzernen und mittelständischen Firmen gibt es zum Teil intensive Bemühungen, der gesellschaftlichen und ökologischen Verantwortung gerecht zu werden. Der Bereich des Umweltmanagements soll hier mit dem B.A.U.M e.V. als ein Beispiel genannt werden. Der B.A.U.M e.V. mit Sitz in Hamburg vertritt eine ganze Reihe von Firmen, die ihre Prozesse ökologisch optimieren.
- Inhabergeführte Firmen mit einer sozialen Vision: Eine Sonderklasse nehmen Firmen ein, die inhabergeführt soziale Anliegen vertreten. Hier setzt sich der Inhaber der Firma persönlich konsequent für eine soziale Ausrichtung seines Betriebes ein. Dies ist keine NPO, da der Besitz in privater Hand bleibt. Die Qualität der Arbeit kann aber sehr hochwertig sein.

1.4   Formen sozialer Organisationen

1.4.1   Die Teilnehmer am sozialen Markt

Sozial ist,
wer sozial handelt

Wenn Sozialmarketing einem sozialen Anliegen zum Erfolg verhilft, ist es zunächst unwesentlich, wer dem sozialen Ziel hilft. Sozialmarketing kann nach dieser Definition von einer einzelnen Person, einer Industriefirma, einer Gemeindeverwaltung, einem Fernsehsender oder einer gemeinnützigen Organisation betrieben werden.

> Das Kennzeichen von Sozialmarketing ist, dass durchdacht und strukturiert zur Erreichung eines sozialen Zieles vorgegangen wird.

Die Teilnehmer haben
einen unterschiedlichen
Sitz in der Gesellschaft

Auch unser Staat und seine Ministerien betreiben demnach Sozialmarketing – zumindestens sollten sie es tun. Bei sozialen Aufgaben wirken so gut wie immer verschiedene Kräfte zusammen. Bei der Oderflut 1997 und dem Elbehochwasser 2002 fand die Solidarität ganz verschiedene Wege: Bundeswehr, Behörden, Hilfswerke, viele private Initiativen und auch die schnelle Reaktion von Unternehmen bündelten Kräfte, um der Notsituation gerecht zu werden.

TEILNEHMER AM SOZIALEN GESCHEHEN

- Gemeinnützige Organisationen (Vereine, Stiftungen, gGmbHs, eGs, gAGs)
- Staatliche oder halbstaatliche Organisationen (Behörden, öffentliche Anstalten)
- Religiöse Gruppen und Kirchen (e.V.s oder K.d.ö.Rs)
- Medien (Radio- und Fernsehsender, Verlage, Wochenblätter, Internetportale)

- Firmen mit sozialen Dienstleistungen oder Produkten (z.B. ambulante Pflegedienste, Buchverlage, Ausrüster, Bestatter etc.)
- auf soziale Kunden spezialisierte Banken und Versicherungen
- Unternehmen, die soziale Anliegen direkt übernehmen (Ausrichtung aller Geschäftsprozesse an sozialen oder ökologischen Zielen; Fair Trade, alternative Energieerzeuger etc.)
- Unternehmen, die indirekt soziale Verantwortung übernehmen (Übernahme von sozialen Zielen in das Mission Statement. Das Schlagwort hierzu ist Corporate Social Responsibility.)

1.4.2 Die einzelnen Rechtsformen

Folgende Rechtsformen finden wir im sozialen Geschehen:

- Privatpersonen = private Spender, Mäzene oder Stifter
- Gemeinnützige Organisationen = Vereine, Stiftungen, gGmbHs, eGs, gAGs
- Firmen = GmbHs, GbRs, AGs (alle nach HGB zugelassenen Rechtsformen)
- Staatliche Organisationen = Kommunen, Ministerien, Förderprogramme

Die Teilnehmer haben unterschiedliche Rechtsformen

Privatpersonen

Privatpersonen stellen einen wichtigen Teil des finanziellen und zeitlichen Rückgrats des dritten Sektors. Sie unterstützen ein Anliegen durch **Geld, Zeit und Einfluss**. Gibt eine Privatperson Geld an eine gemeinnützige Einrichtung, wirkt der Geldbetrag steuermindernd. Wie hoch der Betrag ist, der geltend gemacht werden kann, hängt davon ab, ob das Geld einem Verein oder einer Stiftung zufloss, und auch davon, was für einem Zweck die Organisation gewidmet ist.

Der private Mensch ist im Sozialmarketing einer der **Kunden**. Er beauftragt durch seine Spende eine Organisation etwas zu tun. Er wird Teilhaber der sozialen Aktion. Der private Mensch ist aber auch zunehmend klassischer **Verbraucher**, der für eine „soziale" Leistung zahlt.

Privatperson ist Kunde und Verbraucher zugleich

Die Rechtsform gemeinnütziger Organisationen

Zentrale Akteure auf der sozialen Bühne sind gemeinnützige Organisationen. Sie sind Initiatoren vieler Projekte. Dabei ist die Größe und die Rechtsform gemeinnütziger Organisationen sehr unterschiedlich.

Einer der größten Arbeitgeber in Deutschland

Die Bodelschwinghschen Anstalten Bethel erzielten als größtes diakonisches Werk der Welt im Verbund verschiedener Stiftungen 2003 Gesamterträge von insgesamt über 700 Millionen Euro und beschäftigten in Voll- und Teilzeit etwa 13.000 Menschen. 70 % des Haushaltes entfielen dabei allein auf Personalkosten.

Es versteht sich von selbst, dass der Haushalt der Bodelschwinghschen Anstalten komplizierter aussieht als der Jahresabschluss eines örtlichen Tennisvereins, der mit 120 Mitgliedern eine gemeinsamen Tennisanlage erhält. Im Haushalt des Tennisvereines kommen z.B. keine Personalkosten vor, da alle Arbeiten einschließlich des Vorstandes ehrenamtlich erfolgen.

Die Rechtsform sagt nichts über die Größe aus

Die Rechtsform sagt nichts über die Größe einer Organisation aus. Es gibt große Vereine und kleine Stiftungen und umgekehrt. Der **Verein** ist die **vorherrschende Form**. Der 2004 neu gegründete Bundesverband deutscher Vereine & Verbände e.V. (www.bdvv.de) spricht von **über 500.000 Vereinen in Deutschland**. Damit stehen wir weltweit bei der Vereinsdichte an der Spitze.

Neben den Verein treten im gemeinnützigen Bereich zunehmend andere Rechtsformen wie die Stiftung, die gemeinnützige GmbH oder – in jüngster Zeit immer häufiger – die kleine Aktiengesellschaft. Gerade die Stiftung erlebt in den letzten Jahren eine Renaissance. In großen Werken treffen wir meist Mischformen an. Wie bei einer Holding sind dort verschiedene Rechtsformen kombiniert.

Unabhängig von der Rechtsform nennen Praktiker als Faustformel **200.000 gemeinnützige Organisationen**, die eine relevante wirtschaftliche Größe haben, 2.000 Organisationen, die bundesweit aktiv sind, und ca. 200, die eine starke bundesweite Bekanntheit haben. Neben den gemeinnützigen Organisationen arbeitet eine nicht näher bekannte Anzahl von Teilnehmern mit einer gewerblichen Rechtsform im sozialen Markt. Hier über wiegt die GmbH als Rechtsform.

Es ist nicht möglich, den sozialen Markt genau abzugrenzen

So oder so: Niemand überschaut die Szene vollständig, und immer mehr Teilnehmer treten mit professionellem sozialen Marketing in den sozialen Markt ein.

Der Verein
Deutschland ist das Land der Vereine. Sieben Personen reichen aus, um einen Verein zu gründen. Sie geben sich eine Vereinssatzung, bestimmen ein Ziel, und die Mitgliederversammlung des Vereins ist ab sofort das höchste Entscheidungsgremium.

Ein Verein hat folgende **Vorteile**:
* schnell und mit wenig Bürokratie zu gründen
* unkompliziert
* demokratische Form
* für große und kleine Aufgaben geeignet
* anerkannte und praxisbewährte Form
* bei allen schnellen und kleinen Aufgaben vorzuziehen
* auch für mittlere und große Organisationen geeignet

Aber es gibt auch Nachteile: Ein Verein kann an Grenzen kommen, wenn er falsch aufgestellt wurde. Oder anders gesagt:

Obwohl bewährt, hat der Verein auch Schwachstellen

Ein Verein ist so gut wie seine Mitglieder und sein aktueller Vorstand.

Der Verein steht und fällt mit der **Mitgliederversammlung**. Diese kann den Vorstand überstimmen. Da der gemeinnützige Verein für die Aufnahme von Mitgliedern offen sein muss, kann ein Verein „feindlich übernommen werden". Es muss nur eine ausreichend große Anzahl von Menschen in den Verein eintreten und auf der Mitgliederversammlung das Ruder übernehmen. Dies ist des Öfteren geschehen, also nicht nur Theorie.

„Feindliche Übernahme" ist möglich

Auch sonst wird das Tagesgeschehen von **Mehrheitsverhältnissen** geprägt. Aus diesem Grunde ist der Verein nichts für Menschen, die ein langlaufendes Vermächtnis hinterlassen wollen. Hier ist die Stiftung vorzuziehen.

Weiter ist die **Haftung der Vorstandsmitglieder** bei nicht ordnungsgemäßer Amtsführung zu beachten: Vorstandsmitglieder haften gesamtschuldnerisch, teilweise auch mit ihrem Privatvermögen, wenn einer der Vorstände grob fahrlässig Pflichten vernachlässigt, betrügt oder einen außenstehenden Dritten schädigt.

Die gesamtschuldnerische Haftung ist das erste Problem. Zum Zweiten fallen in die Haftung auch viele Vorgänge, die einem Laien vielleicht nicht bekannt sind, wie zum Beispiel die grob fahrlässige Nichtzahlung von Steuern, die zu späte Stellung eines Insolvenzantrages oder das Vergessen der Streu- und Kehrpflicht vor dem Vereinsgebäude. Hier kann Unwissen zu schwierigen Situationen führen. Daher ist jedem Vereinsvorstand zu raten, sich mit einer ordnungsgemäßen Vereinsführung vertraut zu machen.

Gemeinnützigkeit eines Vereines

Nicht jeder Verein ist automatisch gemeinnützig. Der größte Verein der Welt und gleichzeitig die Institution, der die Deutschen mit Abstand am meisten vertrauen, ist der ADAC. Der ADAC ist ein steuerpflichtiger Verein.

Nicht jeder Verein ist gemeinnützig

Ein Verein ist nur dann gemeinnützig, wenn er
- den entsprechenden **Antrag** beim zuständigen Finanzamt einreicht,
- laut Satzung und faktisch entsprechende **Ziele** verfolgt
- und vom Finanzamt **als gemeinnützig anerkannt** wird.

Mustersatzungen

An vielen Stellen findet man **Mustersatzungen für Vereine.** Einige Teile der Satzung sind gesetzlich vorgeschrieben, andere können frei gewählt werden. Hier ergibt es Sinn, sich bei einer Gründung umzusehen, zu vergleichen und ggf. den Rat eines Fachmannes einzuholen.

Die Stiftung

„Die Dynamik des Stiftungswesens ist ein Lichtblick für ein Land, dem es an Dynamik mangelt." (Dr. Hans Fleisch, Bundesverband Deutscher Stiftungen am 10. März 2005 in Berlin anlässlich der 5. Neuauflage des Verzeichnisses Deutscher Stiftungen)

*Stiftungen:
uralt und quicklebendig*

Spätestens seit der Reform des Stiftungsrechtes 1998 erlebt Deutschland eine Gründungswelle neuer Stiftungen. 2001 war das sensationelle Ergebnis von etwa 1.000 Stiftungsneugründungen in einem Jahr zu verzeichnen. Hamburg ist mit derzeit fast 900 Stiftungen in Deutschland die Stadt mit den meisten Stiftungen.

War die Stiftung früher die Ausnahme, da zur Gründung große Vermögenswerte notwendig waren, haben heute auch normale Bürger und Vereine durch **Bürgerstiftungen und Treuhandstiftungen** die Möglichkeit, das soziale Geschehen mitzuprägen.

MERKMALE EINER STIFTUNG

Eine Stiftung ist eine soziale Organisation ohne Mitglieder. Der Stifter legt einen Vermögenswert bei Gründung in die Stiftung ein und legt in der Stiftungssatzung fest, für welchen Zweck dieses Vermögen in der Zukunft arbeiten soll. Ab dann wird dieses Vermögen für immer eine eigene Rechtsperson mit eigenem Willen. Selbst der Stifter kann nach Anerkennung der Stiftung den Stiftungszweck so gut wie nicht mehr verändern oder gar die Stiftung auflösen.

Die personale „Pflichtausstattung" einer Stiftung besteht aus einer einzigen Person, dem Vorstand. Weitere Vorstände, Beiräte, Stiftungsräte oder Kuratorien sind Möglichkeiten, aber nicht vorgeschrieben. Im Extremfall kann eine Stiftung also aus einem Vermögen und einer einzigen Person bestehen. In der Regel hat eine Stiftung einen Stiftungsrat neben dem Vorstand. Der Stiftungsrat übernimmt dann als Kontrollinstanz die Aufsicht über die Arbeit des Vorstandes.

Der Gründungsstifter wird auch Anstifter genannt. Wer nach Gründung weiteres Vermögen in die Stiftung einbringt, ist ein Zustifter. Der oder die Anstifter bestimmen den Stiftungswillen. Die späteren Zustifter können dies nicht. Der Anstifter kann eine einzige Person, eine Personengruppe oder eine Rechtsperson (also auch ein Verein) sein. Ist eine Stiftung gegründet, gehört sie niemandem mehr. Sie ruht in sich selbst.

*Der Anstifter bestimmt
den Stiftungswillen*

In der Regel schüttet eine Stiftung ab Gründung 3–5 % ihres Kapitals pro Jahr als **Zinsertrag an den Stiftungszweck** aus. Die Erträge sind derzeit mit etwa 3 % sehr niedrig (Stand 2005). Um die Kaufkraft zu erhalten, darf die Stiftung aus den Zinserträgen weitere Rücklagen bilden. Sie soll ihren Zweck auch in Zukunft umsetzen können. Zukunft ist dabei wörtlich gemeint. Es gibt Stiftungen, die seit über 800 Jahren für den festgelegten Zweck Erträge ausschütten.

Eine Stiftung hat einen eigenen Willen, der nicht mehr verändert werden kann. Das heißt nicht, dass Stiftungen statisch sind. Der Stiftungsvorstand kann mit den ausgeschütteten Geldern eine vielgestaltige und aktuelle Arbeit betreiben. Voraussetzung ist eine Stiftungssatzung, die eine flexible Arbeit ermöglicht. *(Nähere Informationen finden Sie im Internet auf der Seite des Bundesverbandes Deutscher Stiftungen: www.stiftungen.org.)*

Die Stiftungssatzung sollte eine flexible Arbeit ermöglichen

Tendenzen bei der Stiftungsneugründung

Stiftungen werden im Sozialmarketing immer wichtiger. Aber die Entwicklung darf nicht überschätzt werden. Das Gesamtvermögen aller deutschen Stiftungen wird vom Bundesverband Deutscher Stiftungen auf knapp 60 Mrd. Euro geschätzt (Stand März 2005). Die deutsche Staatsverschuldung beträgt ca. 1.400 Mrd. Euro (Stand 2005). Daher ist die Kraft der Stiftungen im Vergleich zu den Problemen des Landes gering. Viele neue Stiftungen starten mit zu wenig Kapital und können früher oder später in Probleme geraten.

Insgesamt verändert sich das Stiftungsgeschehen. Die Bertelsmann Stiftung untersuchte 2005 die **Motive der Neugründungen**. Das Ergebnis der Studie wurde publiziert in: „Stiften in Deutschland" von Karsten Timmer, eine Publikation der Bertelsmann Stiftung (April 2005). Die Studie zeigt Tendenzen im Unterschied zu früheren Jahren:

- Die neuen Möglichkeiten der Treuhandstiftung werden selten von neuen Stiftern genutzt. Vielmehr gründen viele Organisationen Stiftungen mit wenig Kapital, um **spezifische Formen des Fundraisings** wie Erbschaftsmarketing und Großspender-Fundraising zu **betreiben**. Dabei wird kein bedeutendes neues Kapital in die Stiftung eingelegt.
- Die „echten" neuen Stifter gibt es. Sie unterscheiden sich ebenfalls von früheren Stiftern: Wurden vor zehn Jahren noch acht von zehn Stiftungen aufgrund einer testamentarischen Verfügung errichtet, sind es heute nur noch zwei, das Verhältnis hat sich genau umgedreht. Acht von zehn Stiftern gründen heute schon zu Lebzeiten und **wollen in ihrer Stiftung mitarbeiten** und in der Gesellschaft etwas aktiv gestalten.

Die neuen Stifter wollen aktiv mitwirken

Als **Vorteile einer Stiftung** sind zu nennen:
- Einmal gegründet ist eine Stiftung rechtlich stabil.
- In eine Stiftung können verschiedene Vermögenswerte als Kapitalstock eingebracht werden, z.B. auch Aktien, Kunstwerke oder Immobilien.
- Sie hat eine Langzeitwirkung.
- Steuerlich ist die Stiftung für Spender besser gestellt als der Verein.
- Schon eine einzelne Person kann eine Stiftung gründen.
- Der oder die Stifter bestimmen auf Dauer das Ziel der Stiftung.
- Stiftungen können sehr professionell verwaltet werden.
- Bei langanhaltenden großen Zielen ist die Stiftung von Vorteil.
- Viele Menschen empfinden eine Stiftung als „gewichtiger" als einen Verein.

Den Vorteilen stehen folgende **Nachteile einer Stiftung** gegenüber:

- Eine Stiftung benötigt viel Kapital, um nennenswerte Beträge auszuschütten, empfohlen werden mindestens 150.000 Euro oder andere relevante Werte.
- 3 % Zinsertrag ist eine geringe Rendite.
- Fehlt Kapital, ist die Stiftung auf aktuelle Spenden angewiesen.
- Sie ist nicht demokratisch (sie bewahrt den Stifterwillen).
- Eine Stiftung kann nicht mehr aufgelöst werden.
- Einmal festgelegt ist eine Zieländerung so gut wie nicht mehr möglich.
- Falsch aufgestellt kann der Stiftungszweck in Zukunft an Aktualität verlieren.

Operative Stiftungen und Förderstiftungen

Operative Stiftungen brauchen Geld

Operativ tätige Stiftungen betreiben selbst Projekte und kehren die eigenen Gelder an eigene Projekte aus. Etwa ein Drittel der deutschen Stiftungen sind operativ tätig.

In der Regel suchen diese Stiftungen selbst Geld, da sie an der Vergrößerung ihrer Arbeit interessiert sind. Zum Beispiel gründet ein Verein eine eigene Stiftung und setzt als Förderzweck die Unterstützung des Vereines ein. Die Stiftung selbst ruht nach Gründung in sich und kann vom Verein nicht mehr verändert werden. Die Gelder werden dem Verein ausgeschüttet und er kann sie gemäß seines Vereinszweckes verwenden.

Förderstiftungen geben Geld

Förderstiftungen verteilen ihre Erträge an Projekte oder Personen, die durch die Geldzuwendung ausgezeichnet oder unterstützt werden sollen. Bei einer Förderstiftung können sich andere Organisationen oder Projekte bewerben. Dies geschieht in der Regel schriftlich.

Sonderformen der Stiftung

Zwei Formen der Stiftung beleben die Stiftungslandschaft: die Bürgerstiftungen und die Treuhandstiftungen. In beiden Fällen kann mit wenig Kapital an einem Stiftungswillen teilgenommen werden oder sogar eine eigene kleine Stiftung entstehen.

Neue Bürger braucht das Land

Bürgerstiftungen gibt es in Deutschland erst seit 1996. Die erste Bürgerstiftung in Deutschland war die „Stadt Stiftung Gütersloh". Vorbild der Bürgerstiftungen sind die Community Foundations in den USA, die dort das Rückgrat des sozialen Bürgerengagements bilden.

Bürgerstiftungen verkörpern in besonderer Form den Willen von Bürgern, sich **für ihre Stadt oder ihre Kommune zu engagieren**. Die Bertelsmann Stiftung gründete gemeinsam mit der Charles Stewart Mott Foundation 1999 das „Transatlantic Community Foundation Network" (TCFN). Hier werden deutsche, europäische und nordamerikanische Bürgerstiftungen vernetzt.

Bei der Bürgerstiftung gründet von Anfang an eine **Personengruppe**. Das notwendige **Stiftungskapital (50.000 Euro)** wird auf die Personen gestückelt. Gibt es z.B. 100 Anstifter, legen diese jeweils 500 Euro ein. Die Anstifter legen zusammen den **Stiftungswillen** fest. Ab dann ist die Bürgerstiftung offen für Zustiftungen mit kleineren und größeren Beträgen.

Die Zustifter können den Stiftungswillen nicht mehr beeinflussen. Die Satzung wird aber so weit gefasst, dass so gut wie alle sozialen Zwecke vor Ort gefördert werden können. Durch kleinere **Sammelfonds** können Zustifter ihre Gelder gezielt für einen Unterzweck anlegen (z.B. Kultur, Altenhilfe, Denkmalschutz, Jugendarbeit).

Zustifter können den Stiftungswillen nicht mehr beeinflussen

Die meisten Bürgerstiftungen haben neben dem **Vorstand** und dem **Stiftungsrat** (dem Aufsichtsorgan) als drittes Organ den **Stifterrat**. Hier treffen sich Gründungs- und Zustifter zum Austausch und um über die Arbeit der Stiftung informiert zu werden. Anders als im Verein die Mitgliedsversammlung hat der Stifterrat aber kein Mitspracherecht.

Der Wille der Stiftung bleibt in der Satzung festgelegt und die Stiftung ruht in sich selbst. Die Bürgerstiftung ist insbesondere bei lokalen Aufgaben ein bewährtes Modell. *(Nähere Informationen: www.die-deutschen-buergerstiftungen.de)*

Bürgerstiftungen sind Gemeinschaften

Vorteile einer Bürgerstiftung:
- Das Stiftungskapital wird auf viele Anstifter verteilt,
- es kommt zu einem Gemeinschaftsprozess.

Treuhandstiftungen funktionieren anders als Bürgerstiftungen: Hier gibt es eine bestehende **„Mutter-Stiftung"** (die Trägerstiftung), die kleinen eigenen **„Mini-Stiftungen"** (den Treuhandstiftungen) Unterschlupf gewährt.

Treuhandstiftungen sind die Küken einer Henne

Streng genommen sind die Unterstiftungen keine eigenen Rechtspersonen oder Stiftungen. Es sind zugestiftete Vermögen zur Trägerstiftung. Diesen Zustiftungen wird vertraglich von der Mutter aber ein **eigener Wille** eingeräumt, und zwar mit gleicher Qualität, als wenn die Treuhandstiftung eine eigene Stiftung wäre.

Die Trägerstiftung richtet für die Treuhandstiftung ein **eigenes Depot und Konto** ein und führt einen eigenen Jahresabschluss und Steuererklärung durch. Daher sind Treuhandstiftungen in sich **autarke Stiftungen, die von einer anderen Stiftung verwaltet werden**. Im Treuhandvertrag wird geregelt, wofür die Gelder verwendet werden.

Einzige Voraussetzung: Die Trägerstiftung kann nur solche Stiftungen treuhänderisch verwalten, die auch zu ihrem Stiftungszweck passen.

Vorteile der Treuhandstiftung:
- Für die Verwaltung fällt keine Arbeit an, diese übernimmt die Treuhandstiftung;

- es ist mit geringem Kapital die Errichtung einer Stiftung möglich;
- die Treuhandstiftung ist eine Stiftung mit eigenem Willen;
- dieser Wille kann bei Gründung selbst festgelegt werden;
- es kann ein eigener Name vergeben werden.

Die gemeinnützige GmbH

Für wirtschaftliche Abläufe die optimale Form

Auch eine GmbH kann gemeinnützig sein. Dies will vielen nicht in den Kopf. Dabei handelt es sich um eine einfache Konstruktion. Wenn eine Gesellschaft mit begrenzter Haftung gemeinnützige Ziele verfolgt, kann sie die **Gemeinnützigkeit beantragen**. Wird diese vom Finanzamt anerkannt, kann sie wie andere gemeinnützige Organisationen Spenden entgegennehmen.

Dieser Vorgang ist allerdings **unumkehrbar**. Aus einer gemeinnützigen GmbH kann keine kommerzielle GmbH werden. Das Vermögen der gemeinnützigen GmbH darf nicht mehr in private Hand gelangen. Auch im laufenden Betrieb ist dies so:

> Die Gesellschaft darf keinen Gewinn an private Personen oder Firmen ausschütten.

Es darf zwar private oder kommerzielle Gesellschafter geben, diese dürfen aber keinen Gewinn entnehmen. Der **Gewinn** der gGmbH muss **an eine andere gemeinnützige Organisation** gehen (die z.B. Gesellschafter ist) oder für die Umsetzung der eigenen gemeinnützigen Ziele eingesetzt werden. Das Vermögen der gGmbH muss bei Auflösung einer anderen gemeinnützigen Organisation übertragen werden.

Die gGmbH spielt überall dort eine Rolle, wo eine schlanke Geschäftsleitung gewollt ist oder eine Muttergesellschaft die volle Kontrolle über einen Teilbereich behalten will.

Die gGmbH ist das **ideale Medium für professionelle Kooperationen**. Verschiedene Organisationen können als Gesellschafter Teile einer gGmbH halten. Dabei sind sogar Mischungen aus gemeinnützigen Organisationen, Profit-Firmen und Privatpersonen als Gesellschafter möglich. Von daher ist die gGmbH ein innovatives Instrument, um gemeinsam ein soziales Ziel zu verfolgen.

Vorteile der gGmbH:

- Es gibt eine Haftungsbegrenzung;
- der Geschäftsführer kann schnell und eigenständig handeln;
- sie kann im Gegensatz zu einer Stiftung auch wieder aufgelöst werden;
- sichere Rechtsprechung;
- sie erhält im normalen Geschäftsverkehr mehr Vertrauen als ein Verein;
- es können verschiedene Mitgesellschafter eingebunden werden.

Nachteile einer gGmbH:
- Benötigt Stammkapital von 25.000 Euro oder andere Vermögenswerte;
- aufwendigere Buchführung als der Verein;
- sie benötigt einen Geschäftsführer;
- Gesellschafterwechsel müssen notariell erfolgen;
- Satzungsänderungen müssen notariell erfolgen;
- der Unterhalt ist insgesamt teurer als der eines Vereins;
- diese Form ist Spendern nicht so geläufig wie ein Verein.

Weitere Rechtsformen

Für gemeinnützige Organisationen gibt es weitere Formen wie die einge-tragene Genossenschaft (eG), die Körperschaft des öffentlichen Rechtes (KdöR) oder die Aktiengesellschaft. Auf diese Formen soll nicht eingegan-gen werden, da sie sehr speziell sind.

Auf die Rechtsformen profitorientierter Firmen wie GmbH, AG, OHGs oder Kommanditgesellschaften wird ebenfalls nicht eingegangen. Hier gibt es genügend Literatur in der Betriebswirtschaft.

1.4.3 Kleines Organisationsdiagramm

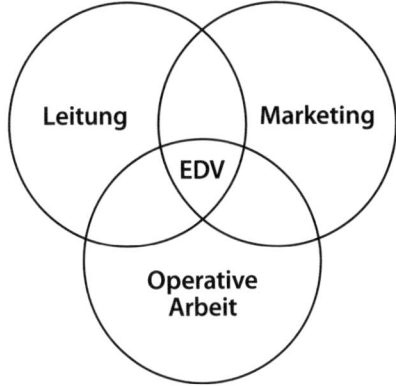

Abbildung 2

Eine Organisation arbeitet in drei Bereichen, das sind:
- **Leitung** der Organisation: Geschäftsführung, Verwaltung, Repräsen-tation
- **Marketing**: Produktentwicklung, Öffentlichkeitsarbeit, Fundraising
- **operativer Bereich**: Durchführung der sozialen Projekte

Eine Ausnahme sind Fördervereine, die keinen operativen Bereich haben, sondern eingenommene Gelder komplett an eine andere, operativ tätige Organisation weitergeben.

Dieses klassische Kleeblatt wird etwas verschoben, wenn eine Aufgabe der Organisation die Information der Öffentlichkeit ist. Dann ist ein Teil

Marketing ist einer der drei Funktionsbereiche einer Organisation

der Öffentlichkeitsarbeit auch operative Aufgabe. Es ist zu raten, die Information der Öffentlichkeit als Aufgabe in der Satzung zu verankern.

1.5 Soziale Mischkalkulation

Die reine Spenden-organisation ist die Ausnahme

So gut wie keine gemeinnützige Organisation lebt ausschließlich von Spenden, hier laufen **Einnahmen aus verschiedenen Bereichen** auf:

- Spenden und andere **Zuwendungen** (der so genannte ideelle Bereich)
- Einnahmen aus der **Vermögensverwaltung** (Vermietung, Verpachtung)
- Einnahmen aus **Wirtschaftsbetrieben** (Produktverkauf, Dienstleistung)
- **Leistungsbezüge** bei staatlichen Versorgungsaufträgen

Dies hat Auswirkungen auf das Marketing: **Unterschiedliche Einnahmebereiche** brauchen **unterschiedliches Marketing**. Eine Spendenkampagne für den Regenwald hat eine andere Dynamik als der Verkauf einer Biografie über den Gründer der Organisation.

Dazu kommt der gravierende Unterschied zwischen Bereichen, mit denen eine Organisation in den Wettbewerb gehen kann, und Bereichen, die das nicht dürfen.

1.5.1 Wirtschaftliche Einnahmen und Wettbewerbsverbot

Soziale Organisationen stehen in freiem Wettbewerb. Dieser Wettbewerb ist bei anerkannter Gemeinnützigkeit gesetzlich genau geregelt. Unterscheiden Sie dabei **zwei Bereiche**:

- **Freier Meinungswettbewerb**:

Meinungswettbewerb

Sozialmarketing ist ein freier Wettbewerb um Meinung, Gelder und Anerkennung. Soziale Organisationen haben unterschiedlichen Erfolg, eine Organisation wird beachtet, eine andere Organisation nicht. Hier stehen alle sozialen Organisationen im Spiel der freien Kräfte. Es gewinnt die bessere, schnellere, stärkere oder vertrauenswürdigere Organisation. Als Beschränkungen gelten nur die selbstauferlegten Regeln des Fair Play. Ein Grundsatz des Deutschen Fundraising-Verbandes ist es z.B., dass keine soziale Organisation eine andere öffentlich diskriminiert.

- **Ausschluss vom wirtschaftlichen Wettbewerb**:

Wettbewerbsverbot

Anders ist dies im Nebeneinander mit freien Wirtschaftsbetrieben. Zwischen freien Unternehmen und gemeinnützigen Organisationen ist kein Wettbewerb erlaubt. Eine soziale Organisation schafft Werte für die Allgemeinheit. Um dies zu fördern, wird die Organisation steuerbegünstigt. Dafür muss die Organisation bei der Finanzbehörde den Status der Gemeinnützigkeit beantragen. Wird diese anerkannt, spart die Organisation Steuern und kann dadurch günstiger arbeiten. Dies darf eine Organisation nicht nutzen, um Leistungen günstiger als der allgemeine Wettbewerb anzubieten. Die gemeinnützige Organisation unterliegt einem wirtschaftlichen Wettbewerbsverbot.

> Ein normaler Marketingexperte ist es gewohnt, mit anderen Firmen in den direkten Wettbewerb zu treten. Im sozialen Marketing kann eine solche Strategie die Gemeinnützigkeit kosten.

Eine ausführliche Auflistung wirtschaftlicher Leistungen finden Sie in der Abgabenordnung und entsprechenden Kommentaren. Streng genommen kann jede gemeinnützige Tätigkeit irgendwann in den wirtschaftlichen Wettbewerb geraten.

Beispiele für wirtschaftliche Tätigkeiten

- Gastronomie wie Kantinen, Bewirtung auf Festen
- Veranstaltung von Events, Konzerten und Basaren
- Eintrittsgelder für ein Zentrum
- Essen auf Rädern
- Gästebeherbergung
- Verkauf von Büchern (Verlag)

Da ökologische und soziale Aufgaben zunehmend auch von privaten Betreibern übernommen werden, wächst die Gefahr einer wirtschaftlichen Auseinandersetzung.

Jeder wirtschaftliche Bereich muss auf Steuerpflicht geprüft werden

Wer sich hier nicht genau auskennt, läuft mit seinem Marketing in die falsche Richtung. Wie entscheidend dies ist, soll an einem Fallbeispiel durchgespielt werden.

Fallbeispiel: Gästebetrieb in einem Tagungshaus

Eine Kirchengemeinde bekommt ein altes Bauernhaus angeboten. Es ist schön gelegen und bietet ideale Voraussetzungen für Urlaub auf dem Land. Mehrere Personen aus der Kirchengemeinde gründen einen Sozialverein, um finanziell schwächer gestellten Familien günstigen Urlaub zu ermöglichen (Fachbezeichnung: Familienerholung) und das Haus kirchlichen Gruppen als Tagungshaus zu öffnen.

Start mit großem Engagement

Mit viel Engagement wird das Haus erworben, selbst renoviert und für den Gästebetrieb hergerichtet. Pro Übernachtung werden Gästepauschalen erhoben. Diese sind steuerbefreit, weil Familienerholung gemäß § 52 ff der Abgabenordnung förderungswürdig ist.

Die Hoteliers und Pensionsbesitzer der Region freuen sich nicht über das neue Tagungsheim, da hier Familien zu wesentlich günstigeren Preisen als bei ihnen übernachten können. Dagegen können sie aber keinen Einspruch erheben, denn dieses soziale Angebot ist vom Staat gewollt.

Da das Haus keine Vollbelegung erreicht, gerät der Verein in Versuchung, leere Betten vereinzelt normalen Urlaubern anzubieten. Bekannte der Vereinsmitglieder nutzen zunächst diese Möglichkeit.

Es wird zur festen Praxis, einen Teil frei zu belegen. Da der Verein dies „nicht so eng sieht", werden die privaten Pauschalen mit gemeinnützigen Einnahmen in einen Topf geworfen.

Erfreut über das Geld, geht der Verein noch einen Schritt weiter und bietet in Zeitungen per Anzeige die Möglichkeit von Einzelübernachtungen an. Hiermit geht der Wettbewerb nicht mehr an den sozialen, sondern an den freien Markt. Die Pensionsbesitzer der Umgebung nutzen dies zum Einspruch und klagen gegen den Verein.

Verlust der gesamten Arbeit

Da der Verein soziale Betten in größerem Stil mit normalen Urlaubern belegt und dies nicht in seinen Büchern ausgewiesen hat, wird ihm im Nachhinein die Gemeinnützigkeit für mehrere Jahre aberkannt: Jetzt muss der Verein seinen **gesamten Betrieb** (auch den eigentlich sozial motivierten) dieser Jahre **nachversteuern**.

Dies kann er nicht. Der Verein geht in die **Insolvenz**, das Haus muss veräußert werden, um die entstandenen Steuerschulden zu begleichen. Die aufwändigen freiwilligen Leistungen (z.B. für die Renovierung) der Vereinsmitglieder gehen verloren. Dies ist ein schlechtes Ende für ein Projekt, das mit viel gutem Willen begonnen wurde.

Was hätte das Haus gedurft?

Das Problem war eine unsaubere Vermischung

Das Tagungshaus durfte Marketing betreiben, aber nicht für Bereiche, die dem Wettbewerbsverbot unterlagen. Außerdem versäumte es der Verein, die gemeinnützige Tätigkeit sauber von der gewerblichen zu trennen. Anzeigen, die um einzelne Feriengäste werben, wurden hier im Zusammenspiel mit diesem Fehler zum Fallstrick.

Schön wäre es, wenn in der Praxis genau aufgezeigt werden könnte, wo ein wirtschaftlicher Betrieb beginnt und wo er aufhört. Aber es werden von Finanzamt zu Finanzamt andere Grenzen gezogen. Um die Problematik deutlich zu machen, gehen wir die Frage einmal am Gästebetrieb der sozialen Familienerholungsstätte (wie zuvor geschildert) durch.

Was begünstigt der Staat im Falle des Tagungshauses?

Der Staat begünstigt derzeit (Stand 2005) folgende Unterbringungen:
- **Familienerholung** für alle sozialen Gruppen unabhängig vom Einkommen, wenn die Unterbringung für mindestens fünf Tage erfolgt. Ausgeschlossen ist also ein „Kurzurlaub" am Wochenende von z.B. drei Tagen. Familienerholung ist ein staatliches Ziel und wird gefördert. Ein Wochenendausflug ist per Gesetz keine Familienerholung.

Jede NPO muss die Abgrenzungskriterien kennen

- **Gruppenunterbringungen** (zeitlich frei, also auch unter fünf Tagen), wenn diese Gruppen einen sozialen Hintergrund haben, es sich also um eine Behindertengruppe, eine Gruppe kirchlicher Amtsträger, einen Sportverein oder andere als gemeinnützig anerkannte Gruppen handelt. Das Tagungshaus muss darauf achten, dass der Reiseanlass der

Gruppe auch der Vereinssatzung der Gruppe selbst entspricht. Führt eine Gruppe einen Reise durch, deren Anlass nicht ihrer Satzung entspricht, sind die Übernachtungen vom Tagungshaus zu versteuern.

Was begünstigt der Staat im Falle des Tagungshauses nicht?

Übernachtungen für nur eine Nacht sind nicht steuerbegünstigt. Dies wäre ein Hotelbetrieb. Bei Einzelübernachtungen wird grundsätzlich davon ausgegangen, dass dies eine wirtschaftlich steuerpflichtige Tätigkeit ist.

Grenzfälle im Falle des Tagungshauses

Fast immer gerät eine soziale Organisation in Grenzbereiche, bei denen sie nicht genau weiß, ob die Tätigkeit eine zu versteuernde oder eine steuerbefreite Leistung ist. Hier nur ein Beispiel aus dem Alltag eines Tagungshauses:

Nicht alles lässt sich sauber abgrenzen

Obdachloser oder Reisender?

Eine Einzelunterbringung wäre in einem als gemeinnützig anerkannten Tagungshaus doch möglich, wenn die Einzelperson sozial in Not ist oder die Einzelunterbringung mit dem Status der Person in der Gemeinnützigkeit verankert ist, es sich also um einen Menschen mit einer Behinderung oder um eine bedürftige Person (z.B. Obdachloser) handelt.

Bei dem Gast mit der Behinderung ist der Fall noch recht einfach. Dieser kann durch einen Behindertenausweis nachweisen, dass er berechtigt ist, die begünstigte Leistung in Anspruch zu nehmen. Wie sieht es aber bei dem Obdachlosen aus? Muss der Obdachlose sich als Obdachloser ausweisen? Was ist, wenn der Obdachlose keinen Obdachlosenausweis hat? Muss der Rezeptionist den Obdachlosen untersuchen, um herauszufinden, ob er nicht doch ein normaler Reisender ist, der sich nur als Obdachloser ausgibt?

Was ist die beste Vorgehensweise für eine gemeinnützige Organisation?

Die vorgehend besprochenen Beispiele zeigen, wie fein die Grenzlinien im sozialen Geschehen gezogen sind. Jede Organisation hat hier anderen Klärungsbedarf. So geraten ambulante soziale Pflegedienste regelmäßig in Abgrenzungsprobleme zu privaten Pflegediensten: Wen dürfen sie pflegen? Auch bei Essen auf Rädern darf ein sozialer Dienst nicht einfach jemandem Essen vorbeibringen, sonst würde er mit kommerziellen Anbietern in Konkurrenz treten.

ABSTIMMUNG MIT FINANZAMT IST WICHTIG

Sie sollen die Grenzen zur wirtschaftlichen Tätigkeit genau mit dem zuständigen Finanzamt abstimmen und die Fälle, die nicht der Abgabenordnung entsprechen, versteuern.

Dies nicht zu tun, kann sonst später große Probleme bereiten, da Steuernachzahlungen rückwirkend bis zu zehn Jahren geltend gemacht werden

Keine Angst vor Steuern können. Hat sich eine Organisation falsch verhalten, ist sie kaum in der Lage, rückwirkend entsprechende Summen aufzubringen.

Falls ein Risikobereich nicht vollends geklärt werden kann, können **Teilbereiche durch eine gGmbH abgesichert** werden. So kann ein Steuerfiasko nicht die gesamte Organisation gefährden.

Grenzfälle können durchaus geregelt werden. Um im Beispiel zu bleiben:

- Das Tagungshaus hätte z.B. in einzelnen Fällen normale Gäste aufnehmen dürfen. Dann würde dem Gast wie in einem Hotel eine normale Rechnung mit Mehrwertsteuer ausgestellt.
- Der Verein hätte diese Sonderübernachtungen in der Buchhaltung getrennt auszuweisen.
- Die eingenommene Umsatzsteuer wäre dem Finanzamt abzuführen. Dafür dürfte der Verein in diesem Bereich die Vorsteuer geltend machen.
- Der Anteil dieser „normalen" Übernachtungen darf aber nicht unverhältnismäßig hoch sein. Wie hoch, sollte man mit dem Finanzamt vorher klären und diese Klärung schriftlich fixieren. Angenommen es wären 10 % als zulässig vereinbart, hätte die Rezeption eine klare Richtlinie, wie viele Freunde nebenbei übernachten können.

Einige Organisationen wünschen keine Sondergeschäftsbereiche, weil ihnen der Aufwand zur Abgrenzung zu groß ist. Bei kleinen Organisationen ist das verständlich. Bei großen lohnt es sich, die wirtschaftlichen Möglichkeiten auszuschöpfen.

Auswirkungen des Wettbewerbsverbotes auf das Marketing

Das Marketing sauber auf die Vorgaben abstimmen Eine gemeinnützige Organisation kann mit ihrem sozialen Anliegen in die Öffentlichkeit treten. Sie darf jedoch nicht automatisch gleichzeitig für einen wirtschaftlichen Sonderbereich werben.

Um bei dem Beispiel zu bleiben: Das Tagungshaus hätte nach Absprache mit dem Finanzamt also ggf. etwa 10 % Sonderübernachtungen parallel laufen lassen dürfen, es hätte aber keine Anzeige dafür schalten dürfen.

Der Text einer Anzeige hätte sich nur auf den als gemeinnützig anerkannten Teil beziehen dürfen, z.B.: „*Staatlich geförderte Familienerholung ist bei uns möglich. Für alle Familien, die länger als 5 Tage bleiben, gibt es bei uns folgendes Angebot.*" So eingeleitet hätten dann die günstigen Preise des Hauses genannt werden dürfen.

BELEGE GUT DOKUMENTIEREN

Dokumentieren Sie strittige gemeinnützige Leistungen nicht nur mit Belegen, sondern erklären Sie Ihre Entscheidung. Im Zweifelsfall müssen Sie den Nachweis erbringen, dass Sie richtig gehandelt haben.

Im Fall eines Tagungshauses sollte notiert werden, welche Gruppe vor Ort, was der Anlass der Gruppenfahrt und was die Art der Gemeinnützigkeit ist. Angenommen es kommt zu einem Grenzfall (ein Obdachloser ohne Ausweis wird beherbergt), dokumentieren Sie den Vorgang ebenfalls und notieren Sie, warum Sie zur Entscheidung gekommen sind, so zu handeln. Ein Buchprüfer prüft die Belege nicht nur nach formalen Kriterien, sondern auch nach Plausibilität.

1.5.2 Spenden, Fundraising, Sponsoring

Zu besseren Abgrenzung finden Sie im Folgenden eine Erklärung der wichtigsten Begriffe.

Mitglieder und Förderer

Mitglieder eines Vereines zahlen meist einen monatlichen Mitgliedsbeitrag. Damit bilden sie das verlässliche Rückgrat der eingehenden Finanzen. Die **Mitglieder nutzen** im Gegenzug die **Angebote** des Vereines (z.B. bei einem Sportverein). Das **Fördermitglied** fördert hingegen durch seinen Mitgliedsbeitrag ein **soziales Anliegen** und erwartet im Gegenzug **keine Leistung** vom Verein. Fördermitglieder sind nicht unbedingt auch gleichzeitig Vereinsmitglieder.

Mitglieder sind das Rückgrat einer Organisation

Vereinsmitglieder sind auf der Mitgliederversammlung stimmberechtigt – Fördermitglieder nicht unbedingt. **Mitgliedsbeiträge** sind wie Spenden **steuerbefreit**. Voraussetzung ist, dass der Verein als **gemeinnützig** anerkannt ist.

Spender

Spender ist entweder eine Privatperson oder eine Firma. Spender „schenken" Geld an eine Organisation und bekommen dafür nichts. Ein Spender darf **keine Gegenleistung** für seine Spende bekommen, die über eine Danksagung hinausgeht. Der Spender möchte das Geld einem sozialen Zweck zuführen. Der Spender kann seine Spende steuerlich im begrenzten Rahmen steuerlich geltend machen.

Spender sind Idealisten

Mäzen (Großspender)

Beim Mäzen handelt es sich in der Regel um eine Privatperson, die in größerem Umfang durch eine **Großspende oder eine kontinuierliche Förderung** eine Organisation fördert. Für dieses „geschenkte" Geld bekommt der Mäzen nichts. Er hat meist ein gutes Verhältnis zur Organisation und gestaltet deswegen die **Verwendung der Mittel** mit.

Mäzene sind Liebhaber

Häufig wird der Mäzen bei der Namensgebung von Gebäuden berücksichtigt, dies ist kein Sponsoring. Die Erwähnung des Namens des Mäzens gilt als Danksagung. Angenommen eine Organisation würde den Mäzen im eigenen Pflegeheim später betreuen, wäre dies auch keine Gegenleistung, sondern eine Danksagung.

Die **Berücksichtigung der Wünsche** des Mäzens ist guter Stil, aber eine freiwillige Leistung der Organisation. Nebenabsprachen sollten daraufhin überprüft werden, ob der Charakter der Spende gefährdet wird, sonst kann aus einer Großspende eine zu versteuernde Einnahme werden.

Der Mäzen kann seine Spende steuerlich geltend machen, aber nur in der Höhe, die gemäß Abgabenordnung festgelegt ist. Diese ist bei einer Stiftung höher als bei einem Verein, daher führt ein Mäzen seine Vermögenswerte meist über eine Stiftung der Organisation zu.

Die Verwendung und Nebenabreden können in einem **Vertrag** festgehalten werden, dies ist dann eine **Zweckbindung**. So kann ein Künstler seine Kunstwerke einem Museum vermachen und im Vertrag wird festgelegt, wie die Kunstwerke in Zukunft präsentiert werden.

Kooperationen

Partner machen einen stärker

Die interessanteste Form im Sozialmarketing ist die unspektakulärste. Es wird viel zu viel über Sponsoring geredet, die Kooperation ist **der einfachere und realistischere Weg**.

Am bekanntesten sind Medienkooperationen, sie bieten einem Sender oder einem Verlag ein gutes Thema, gute Bilder oder prominente Gesprächspartner. Oder man kooperiert bei einem Event: Ein Gastronom übernimmt die Bewirtung auf eigene Rechnung.

> Viele Aufgaben können Partner übernehmen. Die soziale Organisation spart dadurch Geld und Personal.

Social Partnership

Verbindliche Zuwendung

Hin und wieder wird eine feste Kooperation als „Social Partnership" bezeichnet. Hier werden häufig Modelle im Unternehmen eingeführt, die bewirken, dass **kontinuierlich Geld oder andere Leistungen** an eine feste soziale Organisation fließt. Zum Beispiel treten die Mitarbeiter eines Unternehmens bei der Lohnauszahlung den Abrundungsbetrag ihres Gehaltes an eine soziale Organisation ab.

Spargroschen für die gute Sache

Ein Beispiel ist die Partnerschaft zwischen der Postbank und der Aktion Mensch. Hier flossen beim Gewinnsparen bestimmte Boni an die Aktion Mensch.

Die Partner kommunizieren die Kooperation, sie ist aber kein Sponsoring und auf Seiten der Unternehmen kein Bestandteil ihrer klassischen Marketingmaßnahmen.

Corporate Citizenship

Wenn ein Unternehmen sich als Mitbürger einer Gesellschaft versteht, sich für die allgemeinen Belange interessiert und sich sozial engagiert, bezeichnet man dies als Corporate Citizenship. In Deutschland ist diese Diskussion recht jung. Ab den 80er-Jahren des letzten Jahrhunderts kamen die Impulse vor allem aus den USA und aus England nach Deutschland.

Das Gemeinwohl als Unternehmen fördern

Corporate Citizenship unterscheidet zwischen **Corporate Giving** – der Bereitstellung von Geldmitteln – und **Corporate Volunteering** – dem Ausleihen von Personal an soziale Organisationen. Gefördert werden Belange aus der Bildung, dem Sport oder der sozialen Arbeit, z.B. finanziert ein Unternehmen einen Lehrstuhl an einer Universität. Dieses Engagement ist nicht mit Sponsoring zu verwechseln. Die oben genannten Social Partnerships sind in der Regel Corporate Citizenships.

Corporate Social Responsibility

Hierbei handelt es sich um ein sehr junges Schlagwort, das die Integration sozialer, ökonomischer und ökologischer Ziele in die Unternehmensphilosophie umschreibt. Dabei gibt das Unternehmen nicht nur – wie beim Corporate Citizenship – Geld und Mittel an soziale Zwecke, sondern stellt sich selbst im Unternehmen „verantwortlich" auf. Dazu gehören auch Aspekte wie Familienfreundlichkeit, Arbeitssicherheit, Wertediskussionen, Integration von Minderheiten etc.

Als Unternehmen insgesamt verantwortlich handeln

Auf EU-Ebene verstärken sich die Bestrebungen CSR zu stärken, es entstehen Standards für das Reporting. Soziale Organisationen können diesen Trend nutzen, um hier Kooperationen anzufragen. *(Nähere Informationen: www.csrgermany.de)*

Public Private Partnership

Unter Public Private Partnership ist ein gänzlich anderer Vorgang zu verstehen: Ein **privater Investor finanziert** an Stelle des Bundes oder eines Landes einen **öffentlichen Bereich**. Dies kann der Bau einer Straße oder einer Schule, die Übernahme eines Krankenhauses oder der Betrieb einer Justizvollzugsanstalt sein. Der Investor hat den Anspruch, später aus Gebühren oder anderen Zahlungen seine **Investitionen zurückzuerwirtschaften**.

Investieren um Geld zu verdienen

Die Politik setzt in Zukunft stark auf Public Private Partnership, da die Kassen leer sind. Heikel ist die Abgrenzung zwischen hoheitlichen Aufgaben des Bundes und den Interessen der neuen Betreiber. Bleibt z.B. die Freiheit der Forschung einer Universität gewahrt, wenn der Betreiber der Universitätsklinik eine Trägergesellschaft ist? Dies wird kontrovers diskutiert.

Social Private Partnership

Dieser Begriff ist bisher nicht üblich, er würde aber folgerichtig beschreiben, was in vielen Fällen schon Praxis ist: Eine Organisation hat nicht genügend Geld für den Betrieb eines Teilbereiches ihrer Arbeit, sie bittet deshalb einen privaten Investor, diesen Bereich für sie zu bewirtschaften. Dies kann eine Betreibergesellschaft im Gesundheitswesen sein, wie dies

An die übergeben, die investieren können

in der Diakonie häufig passiert, der Betrieb eines Natur-Erlebniszentrums im Umweltschutz oder der Bau eines Museums im Kulturbereich.

Sponsoring

Sponsoring ist ein Geschäft mit Gegenleistung

Sponsoring kommt ursprünglich aus dem kommerziellen Marketing, insbesondere dem Sportmarketing. Sponsoring ist eine **Marketingmaßnahme zwischen zwei Partnern mit genau festgelegten Zielen und einer entsprechenden Erfolgskontrolle.** Nur ein verschwindend geringer Teil der Sponsoringgelder gehen in soziale Anliegen, Sportsponsoring ist ein hartes Geschäft mit hohen Summen.

Sponsoring spielt sozial eine viel kleinere Rolle, als dies die häufige Nennung dieses Begriffes im Sozialmarketing vermuten lässt. Im Sozialmarketing will der Sponsor den Namen einer sozialen Organisation bei eigenen Werbemaßnahmen nutzen und seine Marke aufwerten. Entweder nutzt er die soziale Marke in seiner eigenen Werbung oder sein Markenname wird als Sponsornennung im Marketing der sozialen Organisation geführt. Die Firma möchte in beiden Fällen vom guten Ruf der Organisation profitieren. Auf Seiten der **Firma** ist Sponsoring eine **Werbeausgabe** und wird ganz normal als Ausgabe voll abgesetzt.

Aufseiten der **Organisation** hängt die Behandlung der einlaufenden Gelder davon ab, in welcher Form das Sponsoring erfolgte:

- Besteht die Leistung lediglich darin, den Namen und das Logo zu zeigen (unabhängig davon ob es das Logo des Unternehmens aufseiten der Organisation oder das Logo der Organisation aufseiten des Unternehmens ist), liegt in der Regel eine nicht zu versteuernde Einnahme im ideellen Bereich vor.
- Werden das Logo und der Name aber besonders hervorgehoben, werden individuellere Vereinbarungen getroffen oder wirkt die Organisation aktiv bei den Werbemaßnahmen mit, liegt eine wirtschaftliche Einnahme vor, die entsprechend versteuert werden muss.

Bei größeren Organisationen lohnt sich die Überlegung, alle Sponsoringmaßnahmen an eine ausgelagerte Service-GmbH zu verpachten. Die Service-GmbH übernimmt die Abwicklung und versteuert entsprechend. Die Pachteinnahmen fallen dann unter die Vermögensverwaltung und müssen aufseiten der sozialen Organisation nicht versteuert werden.

Lizenzvergaben/Merchandising

Lizenzen: Die smarte Form des Sponsorings

Hat eine Organisation einen bekannten Namen, kann sie diesen aktiv vermarkten. Dazu gibt es unterschiedliche Modelle.

Vergabe von Signets für die Produkte externer Firmen

Der Lizenznehmer darf ein Logo oder Siegel der Organisation auf seinen Produkten führen und muss dafür in der Regel ökologische Standards erfüllen. Am bekanntesten dürfte in Deutschland die Lizenzierung des **Pandabären des WWF** sein. Einnahmen aus diesem Bereich gehören in der Regel in die **Vermögensverwaltung**. Die professionellste Ausformung dieses Gedankens ist Social Franchising.

Eigenproduktionen mit dem eigenen Label

Sei es die Holzaktentasche von Greenpeace oder die Weihnachtskarten von UNICEF: Es gibt viele Möglichkeiten, über Verkauf Gelder zu erwirtschaften. Bei Merchandising-Einnahmen ist immer die Rechtsform zu klären. Häufig ist es notwendig, dafür eine kommerzielle GmbH zu gründen, die sich im Besitz der gemeinnützigen „Mutter" befindet.

Bei Merchandising-Einnahmen immer die Rechtsform klären

1.5.3 Der Begriff Social Sponsoring im Sozialmarketing

Sponsoring ist im kommerziellen Marketing streng definiert. Im Sozialmarketing taucht der Begriff in drei Ausformungen auf. Wir unterscheiden:

Jeder spricht darüber, meist jedoch sehr ungenau

*   Abdruck des Logos
*   Kleinanzeigen über einen Zwischenmakler
*   echte Sponsoringverträge (strategisches Sponsoring)

Abdruck des Logos

Häufig führt ein Vorstand den Satz im Munde: *„Für unsere Veranstaltung fragen wir Sponsoren an."* Das bedeutet: Der Vorstand möchte Geld und ist bereit, das Logo von Firmen auf Prospekten und Plakaten abzudrucken.

Diese Form der Zusammenarbeit hat für die Firmen einen begrenzten Wert. Wenn Sie so auf Unternehmer zugehen, muss Ihnen klar sein, dass es sich so gut wie immer um Gefälligkeitstaten der Unternehmen handelt. Die Firmen haben in der Regel nichts von der Nennung des Namens auf Ihrer Veranstaltung. Auf einem Straßenfest befindet sich z.B. nicht die Zielgruppe eines international tätigen Maschinenbauers. Versuchen Sie nicht, einen Marketingleiter von einem Wert zu überzeugen, den es für ihn nicht gibt.

In der Praxis ist diese Form des „Sponsorings" einfach: Sie bekommen Geld und zeigen dafür eine Reihe von Logos auf ihren Kommunikationsmitteln. Daneben steht z.B. „Diese Veranstaltung wurde unterstützt von …" Der reine Abdruck des Logos einer Firma löst auf Seite der Organisation nicht unbedingt eine zu versteuernde Einnahme aus.

Logo für Geld

LINK LÖST WIRTSCHAFTLICHE EINNAHME AUS

Achtung: Wird das Logo des Sponsors im Internet gezeigt, so ist dies als Danksagung zu sehen und löst in der Regel keine Versteuerung aus.
Ist das Logo hingegen mit einem Link auf die Seite des Sponsors versehen, geht das Finanzamt sofort von einer wirtschaftlichen Einnahme aus. Ab dann müssen alle Gelder aus der Vereinbarung versteuert werden.

Kleinanzeigen über einen Zwischenmakler

Des Weiteren wird der Begriff „Social Sponsoring" häufig für den Verkauf kleinflächiger Anzeigen genutzt: Hier wird nicht allein das Logo, sondern eine **frei zu gestaltende Fläche an Firmen** vergeben. Die Werbeflächen befinden sich z.B. in einer Zeitung, auf einem Terminkalender oder außen auf Kleinbussen.

Das **Schema** dieser Aktionen ist im Kern immer gleich:
* Die soziale Organisation verpachtet Werbefläche an einen gewerblichen Zwischenmakler.
* Die Agentur oder Firma sucht auf eigene Rechnung nach Werbekunden für den Kleinbus, die Zeitung etc.
* Die Anzeigenkunden bekommen eine Rechnung mit Mehrwertsteuer von der Agentur.
* Die Agentur führt am Ende der Aktion einen vorher fest vereinbarten Pachtzins an die soziale Organisation ab.
* Das Geld fließt bei der sozialen Organisation in den Bereich der Vermögensverwaltung und löst dort keinen eigenen Wirtschaftsbetrieb aus.

Aber Vorsicht: Es lauern Gefahren:

Imageschaden durch
falsche Partner

* **Gefahr durch falsche Partner**: Die Zusammenarbeit mit einem Zwischenmakler ist nur sinnvoll, wenn diese Agentur feinfühlig vorgeht. Arbeiten Sie mit falschen Partnern zusammen, dann tut z.B. die Agentur so, als wenn das Geld der Anzeige direkt dem sozialen Zweck zukommt (was nicht stimmt) und „presst" Anzeigen. Dann erleidet Ihr Image einen Schaden. Dies ist **soziales Anti-Marketing**.
* **Gefahr bei Selbstvermarktung**: Immer wieder vermarkten Organisationen Anzeigen einfach selbst. Die eingenommenen Gelder werden dann eventuell wie Spenden verbucht. Das ist jedoch falsch. Wenn die Organisation die Anzeigen selbst akquiriert, eröffnet sie einen wirtschaftlichen Geschäftsbetrieb, und dieser muss versteuert werden.

Echte Sponsoringverträge

Vertrag zwischen
zwei Partnern

Hier geht ein Unternehmen eine **strategische Werbepartnerschaft** mit einer sozialen Organisation ein. Sie erkennen ein echtes Sponsoring daran, dass Unternehmen und Organisation aufeinander zukommen, beide klare Ziele haben und dann in einer Vertragsverhandlung klären, was wer bei der Zusammenarbeit leistet.

Die Einnahmen aus einem solchen Sponsoring sind wirtschaftliche Einnahmen aufseiten der Organisation.

1.5.4   Welche Gelder will ich im Einnahme-Mix haben?

Strategie beginnt mit der Frage, auf welchen Einnahmequellen Sie Ihre Arbeit aufbauen wollen.

Besteht Ihre Organisation schon länger, ist diese Frage teilweise beantwortet. Stellen Sie in einer Einnahmenanalyse den eigenen Mix fest. Kennen Sie Ihren Einnahme-Mix, so müssen Sie entscheiden, welche Anteile Sie erhöhen oder verringern wollen. Der Rückgang bisher fester staatlicher Mittel führt meistens zur Notwendigkeit, den **privat finanzierten Bereich** zu **erweitern**. Ob dies alleine aus Spenden erfolgen kann, ist in Frage zu stellen. Gehen Sie alle möglichen Einnahmearten durch und versuchen Sie eine **möglichst breite Aufstellung** zu finden.

Möglichst breiter Einnahme-Mix

Stehen Sie vor der Neugründung einer Organisation, ist die Frage nach dem Einnahme-Mix gründlich zu stellen. Eine reine Spendenorganisation ist nur ein möglicher Weg. In Zukunft werden **Mischformen** meist bessere Ergebnisse erzielen. Eine Stiftung kann zum Beispiel gGmbHs und kommerzielle GmbHs als Töchter parallel gründen. Dadurch können mehr Marktsegmente bedient werden.

CHECKLISTE:
ABSICHERUNG EINER FINANZIERUNG

- Mehr Mitgliedsbeiträge über neue Mitglieder
- Mehr Spenden über neue Spender
- Fördermittel von Bund, Ländern oder EU
- Neue Stiftungsmittel von Förderstiftungen
- Einnahme aus Wirtschaftsbetrieben
- Nebenbetriebe an wirtschaftliche Nutzer abtreten
- Gründung eigener Profit-Töchter
- Einnahmen aus Merchandising/Lizenzen/Sponsoring
- Kosten durch Kooperationen senken
- Kosten durch Strukturreformen senken
- Personalkosten durch Volunteering reduzieren
- Kosten durch gezielte Sachspenden reduzieren

1.6   Grundlagen des Erfolges im Sozialmarketing

Der Erfolg im Sozialmarketing hängt von drei Faktoren ab:
- der richtigen Führung (gute Leiterschaft)
- der attraktiven Kontinuität (Kreativität und richtige Produkte)
- der digitalen Kompetenz (Datenbanken und digitaler Workflow)

1.6.1   Die richtige Führung

Die Fundraisingspezialisten der University of Indiana sind in einem Punkt eindeutig: Sie beginnen keine Beratung in einer Organisation, wenn diese nicht richtig aufgestellt ist. Sie widmen dem Punkt „Institutional Readiness" ein hohes Augenmerk. Gemeint ist damit die **Fähigkeit einer**

Institutional Readiness

Organisation, professionell mit Ideen, Mitteln und Menschen umgehen zu können.

Wichtigster Impulsgeber ist dabei die Leiterschaft: Ohne Leiter, die den Prozess wollen, beginnen „die Indianer" nicht. Zunächst müssen die Leiter zeigen (Commitment), dass sie wirklich mit der Organisation vorankommen wollen. **Grundlegende Entscheidungen** können im Marketing **nicht delegiert** werden.

 CHECKLISTE:
KENNZEICHEN GUTER FÜHRUNGSKRÄFTE

- Sie möchten den Erfolg der Organisation und haben eine Vision
- Sie leben selbst die Ziele der Organisation und können dafür begeistern
- Sie sind bereit, Führung zu übernehmen
- Sie gehen selbst voran und steuern Eigenes zur Lösung bei
- Sie bauen gute Team- und Projektleiter auf
- Sie schaffen ein Klima, in dem Mitarbeiter kreativ werden wollen
- Sie geben Mitarbeitern die richtige Position und Aufgabe
- Sie ermuntern zu Risiken und erlauben Fehler
- Sie sehen sich nicht als Verwalter, sondern als kreativer Häuptling
- Sie befreien sich, wenn nötig, von althergebrachten Handlungsmustern
- Sie achten darauf, dass die kreative Energie ihre Organisation nicht verlässt
- Sie bauen rechtzeitig ihren (kreativen) Nachfolger auf

Kreativität ist Chefsache

Kreativität gehört immer auf die Führungsebene. „Design ist Chefsache" ist beispielsweise ein Merksatz aus der normalen Industrie und belegt den Wandel im Denken. Damit ist nicht gemeint, dass der Chef von Braun selbst die Form eines neuen Elektrogerätes bestimmt. Aber er muss um die Wichtigkeit der Kreativität wissen und den kreativen Prozess stimulieren.

Die Leitung muss ein Bild der Organisation vor Augen haben und alle Aktivitäten mit diesem inneren Bild abgleichen.

Die kreative Qualität ist inzwischen der kritischste Faktor im Erfolg.

In welche der beiden Organisationstypen würden Sie sich einordnen?
- **Visionsorientiert**: Diese Organisationen wollen etwas verändern und bringen ihr Anliegen (kreativ) in die Öffentlichkeit. Dazu gehören Bürgerinitiativen, Umweltschutzorganisationen und „Watch Dogs" wie amnesty international.
- **Versorgungsorientiert**: Diese Organisationen haben einen Versorgungsauftrag, zum Beispiel die Pflege alter Menschen oder die Betreuung von Kindern in einer Tagesstätte.

Wenn Sie meinen, dass nur visionäre Organisationen Kreativität benötigen, haben Sie die falsche Führungseinstellung. Würden Sie Ihr Kind in einen unkreativen Kindergarten schicken? Möchten Sie Ihre Großeltern in einem Heim wissen, in dem es jeden Tag immer die gleichen fantasielosen Abläufe gibt? In einer versorgenden Organisation ist es häufig schwerer, Ansatzpunkte für kreative Leistungen zu finden. Aber genau hier besteht die Möglichkeit, sich zu unterscheiden. Fragen Sie sich:

- Was kann mit den vorhandenen Mitteln besser getan werden?
- Woher kann ich neue Mittel bekommen, um besser zu werden?

Diese Fragen sind unangenehm und schaffen immer Mehrarbeit. Daher werden solche Fragen in einer nichtkreativen Organisation auch nicht gestellt. Um ein gutes Angebot (Produkt) zu schaffen, brauchen Sie ein **gutes Klima** und vor allem **kreative Menschen.** Kreative Mitarbeiter entstehen nur unter einer Leitung, die auch kreative Mitarbeiter will. *Kreativität verursacht immer Arbeit*

Eine **gute Leitung** ist daher ein **Schlüsselfaktor** für den nachhaltigen Aufbau einer guten Organisation und eines guten Marketings. Gutes Marketing ist das gute Zusammenspiel von Menschen, die eine Sache voranbringen, und erst in zweiter Linie Technik. Daher gehört die **Motivation der Mitarbeiter** immer zum sozialen Marketing.

1.6.2   Attraktive Kontinuität

Vertrauen baut sich auf, wenn Menschen wiederholt Gutes mit einer Organisation erleben. Dafür muss sich eine Organisation anstrengen.

Attraktivität ist wiederholbar. Sonst war sie nur Zufall.

Die entscheidenden Fragen lauten:
- Was ist das positive Erlebnis?
- Wie kann das positive Erlebnis wiederholt werden?

Es ist schwer, eine gleichbleibende Attraktivität zu erzeugen. Ein einziger schlecht gestimmter Mitarbeiter am Telefon zerstört in wenigen Sekunden den positiven Eindruck, den die Organisation über Jahre aufgebaut hat. In puncto Qualität gibt es keine Ausreden. Eine Feuerwehr muss schnell am Brandort eintreffen, sonst ist sie keine gute Feuerwehr. *Es gibt keine Ausreden*

Qualitätsmanagement in Hotels

Gute Hotels achten darauf, dass in jedem Detail des Services eine gleich bleibende Qualität vorhanden ist. Es wird nicht dem Zufall überlassen, ob ein Zimmer, das ein neuer Gast betritt, sauber ist. Damit Service nicht nur „eine Vision" bleibt, wird jeden Tag kontrolliert, ob jeder Vorgang auch richtig ausgeführt wurde. Die Fehlerquoten werden ständig mit den Mitarbeitern besprochen.

Wie sollte es ohne Kontrolle zu einem **Qualitätsbewusstsein** kommen? In der Güterproduktion werden Fehlerquoten pro Stückzahl gemessen. Jede

Jede Reklamation ist teuer   Reklamation ist teuer. Ebenso gibt es Standards im Gesundheitswesen: Kein Patient wäre zufrieden, wenn ein OP-Team die Wunde nach dem Zufallsprinzip vernäht; es wird vor der Naht nachgezählt, ob alle Klammern und Bestecke aus dem Körper genommen wurden.

Interessanterweise kennen **soziale Organisationen** im Marketing **selten Qualitätsstandards**:

- Kontrolle der Kontaktzahlen? Selten schriftlich fixiert.
- Dauer von Produktinnovationszyklen? Unbekannt.
- Kriterien für einen Qualitätsruf und eine gleich bleibende Attraktivität? Nicht festgelegt.

Einer der größten und am besten organisierten Konzerne der Welt, Procter & Gamble, hat in seinen internen Managementregeln einen einfachen Satz geprägt: *„Sobald du ein Produkt verbessert hast, verbessere es wieder."* *(Charles L. Decker: Das Beste ist nie gut genug. Die 99 Erfolgsregeln von Procter & Gamble. S. 50)*

> Ist ein Qualitätsstandard erreicht, kann damit im Marketing geworben werden

Qualität entsteht nur durch Kontrolle   Kennzahlen einer Organisation über Qualität sind attraktiv. Wenn eine erstaunlich hohe Zahl Ihrer Klienten einen Beruf findet, nicht mehr rückfällig wird, glücklicher ist, aus dem Kreislauf der Armut entkommt, gesund bleibt, wieder sehen kann etc., dann sollten Sie dies als Argument nutzen. Wenn Sie eine **hohe Qualität** in Ihren Prozessen erreicht haben, sollten Sie dies **kommunizieren**.

CHECKLISTE:
QUALITÄT IN EINER SOZIALEN ORGANISATION

Bei Spendern/Förderern
- Erhält der Förderer regelmäßig spannende und relevante Informationen?
- Erhält der Förderer Belege über die ordentliche Ausführung seines Auftrags?
- In welcher Qualität wurde sein Auftrag ausgeführt?
- Wie viel Prozent der Gelder bewirken was?
- Erfolgsquoten, Erfolgsgeschichten, Statistiken
- Wie viele emotional gute Erlebnisse hat der Förderer mit Ihnen pro Jahr?

Bei Kunden/Klienten
- Wurde der Klient optimal versorgt?
- Wurde zügig gehandelt/geliefert?
- War die Leistung fachgerecht?
- War die Umgebung der Leistung emotional positiv?

1.6.3 Digitale Kompetenz

Qualität kann heute nicht mehr mit einer Zettelwirtschaft erreicht werden. Um eine effektive Leitung und eine gleichbleibende Attraktivität zu erzielen, benötigen Sie digitale Kompetenz. Dazu bedarf es zweier Dinge:

- **Gute datenbankgestützte Prozesse**: Ohne eine gute Datenbank versickern Informationen und laufen Prozesse ineffektiv. Die Datenbank und das dahinterliegende Projektmanagement ist das Herz einer modernen sozialen Organisation. Ohne sie ist auch kein Direktmarketing möglich.

Kompetenz, Daten selbst zu schaffen und zu bewegen

- **Gute digitale Produktionsbasis für das Marketing**: Um kostengünstig zu produzieren, bedarf es richtiger Vorbereitung. Low-Budget-Marketing ist möglich, wenn Teile des Marketings selbst erstellt und vor der Übergabe an externe Dienstleister entsprechend vorbereitet werden. Dies umfasst:
  - Texterstellung
  - Digitale Bildkompetenz (Qualität der weitergegebenen Bilder)
  - Redaktionelle Kompetenz für den Online-Auftritt
  - Digitale Archive (Bild, Text, Daten)

2 Wer bin ich als Organisation?

Marketing braucht Grundlagen. Hier dürfen Sie niemals mit Details beginnen. Sie starten immer mit dem großen Bild, dem „big picture". Sehen Sie Ihre Organisation wie ein Lebewesen. Schauen Sie sich zu Beginn nicht die Einzelteile an, sondern die Persönlichkeit. Konzentrieren Sie sich auf die grundlegenden Wesenszüge. Fragen Sie sich:

Starten Sie immer mit dem „big picture"

- Was für einen Charakter hat Ihre Organisation?
- Was für ein Gesicht?
- Welche Farbe hätte das Fell / das Haar?
- Wie würde sie sich bewegen?
- Was für ein Wesen hätte sie?
- Welchen Namen würde dieses Wesen tragen?

Gute Marketingkonzepte schaffen Wesen mit einer Persönlichkeit.

Zwei Wesen aus der gleichen Familie

Ist der New Beetle von VW ein Wesen? Lächelt der Beetle Sie an? Ist es ein gelungenes Fun-Auto? Ja. Hier haben Auto-Designer nicht nur ein Auto, sondern ein Wesen geschaffen. Ihnen ist die Wiedergeburt des alten Käfers gelungen. Ein perfektes Beispiel des so genannten Retrodesigns (etwas Altes neu erfinden). Ein solches Auto braucht eine Headline wie „Welcome Sunshine". Schauen Sie sich dagegen das Luxusauto Phaeton an. Es hat die Persönlichkeit einer mit Chromleisten versehenen Aktentasche. Angenommen Sie hätten vor, ein Luxusauto zu kaufen: Würden Sie diesen VW wollen? Wenn Sie für ähnliche Summen einen Porsche, einen Mercedes oder Maserati bekommen? Hier hat eine ganze Chefetage des größten Autobauers der Welt das Wesen der eigenen Firma nicht verstanden. Ergebnis: Fatal schlechte Verkaufszahlen.

Marketing schafft Wesen

Achten Sie also unbedingt auf die Frage nach dem Wesen. Die Nichtakzeptanz rührt beim Phaeton nicht aus einer schlechten Qualität – technisch ist er ein Meisterwerk. Der Wagen wurde nicht angenommen, weil das Wesen nicht gewollt wurde.

Sie werden einwenden: Das ist bei einem Produkt möglich, nicht aber bei einer sozialen Organisation. Einem Auto kann man ein Gesicht geben, einer Organisation nicht. Weit gefehlt – Sie können und Sie müssen sogar.

> Gutes Marketing besteht darin, sich ein unverwechselbares Gesicht zu geben.

Ist das Konzept stimmig, zieht es die richtigen Menschen an. Dies funktioniert nicht nur bei großen Organisationen. Es ist mehr eine **Frage des Willens, des Mutes und der Konsequenz** als eine Frage des Geldes.

2.1 Die Ziele einer Organisation

In welchem Bereich sind Sie tätig? Zwar fließen bei vielen Projekten verschiedene Aspekte ineinander, trotzdem starten Sie mit grundlegenden Zielen in Ihre Arbeit. Irgendetwas wollen Sie erreichen, verbessern oder verändern. Dies ist **Ihr Markenkern oder der Kern Ihrer Persönlichkeit.**

Worin sind Sie gut?

In Ihrer Grunddisziplin gilt es, gut und anerkannt zu sein. Vermeiden Sie es, ein Mischkonzern zu werden. Ein sozialer Mischkonzern führt unter einem einzigen Markennamen unterschiedlichste soziale Themen.

Wofür steht das DRK?

Das DRK steht für Katastrophenhilfe, Erste Hilfe, Blutspende, Völkerrecht, Sozialarbeit, Suchdienst, Bergwacht, Krankentransport, Altenpflege, um nur einige der Aufgabengebiete zu nennen. Die Liste ist dann noch in international und lokal zu unterscheiden. Wenn Sie auf der Straße fragen: „Wofür steht das Rote Kreuz?" Würden alle den gleichen Schwerpunkt nennen? Wohl kaum.

Hier sind kleine und mittlere Organisationen im Vorteil. Sie können ihren Markenkern klein halten.

Schaffen Sie einzelne Marken

Falls Sie in der Gefahr stehen, ein Mischkonzern zu werden: Schaffen Sie einzelne Marken (brands). Kennen Sie Lenor? Kennen Sie Ariel? Kennen Sie Meister Proper? Kennen Sie Pringles? Kennen Sie Oil of Olaz? Kennen Sie Head & Shoulders? Kennen Sie Pampers? Vermutlich schon. Kennen Sie den Konzern dahinter (Procter & Gamble)? In der Regel nicht.

Soziales Marketing hat schon immer von den „Gegnern" gelernt: Die Produkte der Industrie überzeugen nicht immer – von Marketing verstehen die großen Konzerne jedoch viel. Einzelne Untermarken zu eigenständigen Persönlichkeiten zu formen ist ein Weg, der Komplexität zu entgehen.

Falls die Dinge zu komplex werden, gehen Sie auf die **Grundfrage** zurück: Mit welchem Ziel sind wir als Organisation gestartet? Das folgende Raster kann helfen, Ihr Grundziel zu finden. Die Liste ist nicht vollständig.

Vermeiden Sie abstrakte Definitionen aus der Sozialpädagogik und formulieren Sie Ihr Ziel so einfach, dass es schon fast banal klingt.

CHECKLISTE:
MIT WELCHEM ZIEL SIND WIR ALS ORGANISATION GESTARTET?

- In der Not helfen
  - Hilfsorganisationen
  - Ärzteorganisationen
  - Katastrophenhilfe
  - Freiwillige Feuerwehr
  - Seenotrettung
  - Flüchtlingshilfe
- Gerechtigkeit schaffen
  - Menschenrechtsorganisationen
  - Entwicklungshilfe
  - Bürgerrechtsorganisationen
  - Frauenrechtsorganisationen
  - Entschuldung und Armutsbekämpfung
  - Kreditprogramme, Aufbauhilfen
- Lebensraum schaffen – Schutzbedürftigen beistehen
  - Menschen mit Behinderungen
  - Altenpflege
  - Kinder ohne Eltern
  - Minderheiten
  - Menschen in kritischen Lebenssituationen
  - Opferschutzverbände
- Natur bewahren – den Planeten erhalten
  - Landschaftsschutz
  - Tierschutzorganisationen
  - Umweltschutzorganisationen
  - Energiewende
- Politische Wirklichkeit verändern
  - Friedensverbände
  - Arbeit von Parteien
  - Arbeit von Gewerkschaften
  - Politische Bildungsarbeit
  - Diplomatische Ziele – Völkerverständigung
  - Demokratie fördern

- Das Leben vor Ort verbessern – soziale Netzwerke
  - Bürgerstiftungen
  - Schulvereine
  - Kinder besser betreuen
  - Sportvereine, andere gesellige Vereine
  - Familienerholung
  - Wohnprojekte, Stadtteilprojekte, Zentren
- Gesundheit erhalten – Krankheit bekämpfen
  - mit Krankheit leben
  - Krankenhäuser, Reha-Einrichtungen, ambulante Dienste
  - Gesundheitsorganisationen
  - Selbsthilfegruppen
  - Aufklärung, Prävention, Forschung
- Wissen vermehren – Lösungen suchen
  - Universitäten
  - Forschung, Wissenschaft
  - Studien, Stipendien, Förderung
- Orientierung geben – begleiten – beraten
  - Verbraucherschutzverbände
  - Info-Telefone
  - Qualitätssichernde Verbände
  - Beratungsangebote
- Sinne erreichen, glücklich machen, Kultur prägen
  - Kunst, Kultur, Musik
  - Bewahrung alter Kultur
  - Filmförderung
  - Museen
  - Schauspielhäuser
- Sinn geben – letzte Dinge – Erlösung
  - Kirchen, Religiöse Verbände, Sinnfindung
  - Verarbeitung von Unfall, Tod, Traumata

Wofür steht Ihr Name? Halten Sie Ihr Grundanliegen einfach. Wenn Sie das Wort IKEA hören, denken Sie an Möbel eines bestimmten Stils. Möbel ist das Stichwort, nicht Blumen, obwohl IKEA auch Pflanzen verkauft. Andere Beispiele:

- Deutsche Gesellschaft zur Rettung Schiffbrüchiger: Seenotrettung
- Action Medeor: Medikamente für Menschen in Not
- Amnesty International: Menschenrechte von Gefangenen

DEN MARKENKERN BESTIMMEN

Verwässern Sie nicht den Markenkern. Wenn bei der Nennung des Namens Ihrer Organisation kein eindeutiges Stichwort kommt, sollten Sie noch einmal über Ihre Markenführung nachdenken.

Konzentrieren Sie sich auf Ihren Markenkern Lassen Sie sich nicht von den Zielen anderer beeinflussen. Wichtig ist allein, was Sie erreichen wollen. Sie richten sich in Ihrer Bestandsaufnahme nach Ihrem eigenen Ziel. Erst wenn Sie sich Ihres Anliegens sicher sind, beginnen Sie mit der **Konkurrenzanalyse**:

- Wer arbeitet bereits in diesem Bereich?
- Was für Leistungen werden dort erbracht? Besteht noch ein Bedarf?
- Was muss geleistet werden, um in diesem Bereich mittel, gut oder sehr gut zu sein?

2.2   Das Wertegefüge einer Organisation

Viele Organisationen können Ziele benennen, nicht aber ihre Werte. Werte sind tiefe Grundhaltungen, zum Teil Gewohnheiten, manchmal auch nur Geschmack und auf jeden Fall Schlüssel für gegenseitige Akzeptanz. Stimmen die Werte nicht überein, wird Austausch schwer. Die Wahrscheinlichkeit einer positiven Reaktion sinkt.

Verwechseln Sie Ziele nicht mit Werten.

2.2.1   Werte steuern

Werte verbinden oder entzweien Werte sind meist verborgen. Psychologen sprechen von „Glaubenssätzen". Diese ungeschriebenen Gesetze markieren **Grenzen**. Überschreiten andere diese unsichtbaren Grenzen, erfolgt eine Handlung. Der Unwissende ist überrascht, der Wissende nicht. Weil Werte so prägen, steckt hier viel Sprengstoff.

Welche Parameter stehen für welchen Wert? Woran mache ich Toleranz, Seriosität, Ehrlichkeit, Sinn und Glaubwürdigkeit fest? Bringt es mich weiter, wenn ich darüber spreche? Oder wird die Qualität eines Produktes nur an äußerlichen Merkmalen festgelegt – im Sinne der Industrialisierung messbar?

Fallbeispiel religiöse Werte

Angenommen, Sie wollten in Afrika Brunnen bauen und dürften nur einen einzigen Zeitpunkt für die Aussendung eines Spenden-Mailings wählen. Welcher Termin wäre „gut"?

Natürlich kurz vor **Weihnachten**. Oder? Bei christlich geprägten humanitären Organisationen wäre Ende November / Anfang Dezember ein guter Mailing-Termin. Aber gilt dies für alle Deutschen?

Nein. Für in Deutschland tätige humanitäre islamische Organisationen wie z.B. Islamic Relief ist Weihnachten nicht der beste Termin. Bei deutschen Muslimen nimmt der **Ramadan** den vergleichbaren Stellenwert ein. Dieser richtet sich aber nicht an der christlich abendländischen Zeitrechnung aus, sondern folgt der islamischen Zeitrechnung nach dem Mondkalender. Das lunare Jahr ist etwa elf Tage kürzer als das solare Jahr, dauert also nur 354 Tage. Daher durchläuft der Ramadan im Laufe von ca. 33 Jahren alle Jahreszeiten. Der Ramadan ist der neunte Monat des Mondkalenders. Deswegen wandert der Beginn des Ramadan gerade in den Sommer:

- 2005 = 5. Oktober
- 2006 = 24. September
- 2007 = 13. September
- 2008 = 1. September
- 2009 = 22. August

Das christlich-humanitäre Hilfswerk und das islamisch-humanitäre Hilfswerk können identische Projektziele haben (z.B. Brunnenbau in Afrika), die Ansprache gleicht sich nicht.

Gleiches Ziel, unterschiedliches Vorgehen

Dies umfasst nicht nur den Zeitpunkt des Mailings. Als eine Fundraiserin einen deutsch-islamischen Fundraiser fragte, warum ihr Erstmailing an islamisch geprägte Menschen keine Resonanz brachte, fragte dieser zurück: *„Hat Ihr Mailing vorher ein Moslem testgelesen?"* Sie musste verneinen.

Werte und die eigene Weltsicht

Viel zu häufig wird aus der eigenen Weltsicht geplant und davon ausgegangen, andere müssten mitmachen. Zustimmung hängt von den Werten ab.

Ich bekam eine E-Mail mit der Anfrage, ob ich ein Fundraisingkonzept für eine Partei erstellen würde, die rechts von der CSU stände. Ich habe diese Anfrage selbstverständlich verneint. Selbstverständlich? Selbstverständlich für wen? Vielleicht wäre eine solche Anfrage für Sie attraktiv gewesen.

Die eigene Weltsicht ist nicht der Bauchnabel der Welt

Aber angenommen, ich hätte den Auftrag angenommen. Wo wären die Spender für diese Partei zu suchen gewesen? Dort, wo ich bisher immer war? Bestimmt nicht. *„Fish where the fishes are"* hätte mich an Orte geführt, die ich bisher nicht kannte.

Werte benennen

Ein Spender wird sich nur engagieren, wenn ihm das **Ziel der Organisation „wertvoll"** ist. Sozialmarketing ist der Markt der inneren Werte.

Ein gleiches Ziel zu nennen heißt noch lange nicht, das Gleiche zu wollen. Ziele sind häufig mit anderen Werten hinterlegt. Ein Konservativer füllt den Begriff „Freiheit" anders als ein Liberaler.

NICHTSSAGENDE BEGRIFFE

- Was ist eine „gute" Kinderpatenschaft?
- Wann ist ein Lebensmittel „vollwertig"?
- Was ist eine „Öko-Steuer"?
- Was ist „das Beste" für einen Afrikaner?
- Was ist ein „sorgsamer" Umgang mit den Ressourcen?
- Wann ist der Nahe Osten „sicher"?
- Was ist ein „erfolgreicher" Eingriff?
- Wann ist der Umgang mit einem Sterbenden „würdevoll"?
- Was ist eine „optimale" Versorgung?

Wenn Sie eine mittelmäßige Organisation sein wollen, nutzen Sie als kleinsten gemeinsamen Nenner Worte wie „gut", „ökologisch", „gerecht", ohne Kriterien dafür zu nennen. Um **kompetente Menschen** an einen Tisch zu bekommen, müssen Sie jedoch **präziser** sein. Die Festlegung von Werten hat nichts mit Fundamentalismus zu tun. Ohne feste Werte wird Ihre Arbeit beliebig.

Hinweis zur Sprache

Fassen Sie Ihre Grundziele so einfach, dass es schon fast banal klingt, und benennen Sie Ihre Werte präzise. Die Kunst besteht darin, wirklich beides zugleich zu tun.

So könnte eine Qualitätsbeschreibung aussehen

„Würde im Umgang mit Sterbenden heißt für uns, Zeit zu haben. Ein Sterbebegleiter sitzt bei uns während des Sterbevorganges rund um die Uhr am Bett des Sterbenden. Würde im Umgang mit Sterbenden heißt für uns, Ruhe zu haben. Wir bringen den Sterbenden in einen ruhigen geschlossenen Raum und entfernen alle störenden Geräuschquellen aus dem Sterbezimmer. Bei uns stirbt kein Mensch mit Radiomusik oder einem piepsenden Gerätepark im Ohr."

Haben Sie das verstanden? War das konkret? Kann ein Angehöriger diese Qualität überprüfen?

Schwammig werden Formulierungen, wenn Qualität nicht garantiert werden kann:

- *„Wir bemühen uns um eine höchstmögliche Ruhe"* heißt auf deutsch: Das Krankenhaus hat ein einziges Sterbezimmer. Kommt es zu mehreren Sterbefällen, steht das Bett im Zweifelsfalle im Flur.

- *„Alle unsere Mitarbeiter sind in Sterbebegleitung geschult"* heißt auf deutsch: Geschult sind sie schon. Nur bei einer zu dünnen Personaldecke meistens nicht in der Nähe des Sterbenden.
- Schwieriger wird es bei *„inneren Werten"*: Hat der Sterbebegleiter eine „christliche", „wertneutrale" oder „humanistische" Haltung, oder besteht sein ganzer Hintergrund aus der Lektüre eines Buches von Elisabeth Kübler-Ross? Gibt es „innerliche Qualitätsstandards"?

Organisationen schaffen es, Werte zu benennen, ohne Grabenkämpfe zu beginnen.

> ## WERKE UND STANDARDS KLAR BENENNEN
>
> Geben Sie sich bei der Benennung der Hauptwerte Ihrer Organisation nicht mit Allgemeinplätzen zufrieden. Definieren Sie Ihre Standards. Und bedenken Sie: Wahrhaftigkeit heißt: die genannten Werte zu leben.

Fallbeispiel Schwestern Maria

Der folgende Text stammt von der Internetseite der Schwestern Maria (www.schwesternmaria.de – „Unser Konzept" – Stand Dezember 2005). Der Schwestern Maria e.V. ist ein erfolgreicher deutscher Förderverein.

Die Selbstvorstellung ist ein gelungenes Beispiel, wie eine katholische Organisation ihr **Wertgefüge präzise positioniert** und gleichzeitig in einer **einfachen Sprache** bleibt.

„Bis hierhin hat mich Gott gebracht in seiner großen Güte ... sie (die Kinder) wachsen auf in dem Bewusstsein, dass man sie annimmt und lieb hat".

Haben Sie einen ähnlich kompakten Text über Ihre Arbeit?

Die **Bildunterschrift** unter einem Foto mit Kindern gibt sofort eine **Grundstimmung**: Die erste Hälfte des Satzes ist ein frommes Zitat. Christen mit frommer Couleur fühlen sich hier zu Hause, dies ist ihre Welt. Die Grundhaltung der Schwestern ist Dankbarkeit gegenüber ihrem Schöpfer. Sie leben in einem christlichen gottzentrierten Weltbild.

Mit dem **Foto** wird ein **emotionaler Teaser** gesetzt: Diese Kinder werden jetzt geliebt. Das ist nicht gleichzusetzen mit einer Christianisierung – die Karten liegen aber offen auf dem Tisch. Die Schwestern Maria sind nicht wertneutral. Sie wollen in eine Richtung prägen. Bei dieser Vorstellung weiß ein Interessent mit anderen Werten, woran er ist.

„Mehr als 20.000 Mädchen und Jungen versorgen die „Marienschwestern" derzeit in Pusan und Seoul (Korea), in Silang, Talisay, Minglanilla und Manila (Philippinen), in Guatemala sowie in Mexiko (Guadalajara, Chalco). Dort erhalten die Kinder Nahrung, Kleidung, Heimstatt und Erziehung, und sie gehen zur Schule. Hier lernen sie auch, die Liebe und Barmherzigkeit zu üben, die sie später weitergeben werden."

Erste **Leistungsaussage**: Wir versorgen 20.000 Kinder. Das ist beachtlich. Erste **Produktbeschreibung**: Die Kinder bekommen Nahrung, Kleidung, Heimstatt, Erziehung und Bildung.

Das **Ziel** der Erziehung wird ebenfalls genannt: Liebe und Barmherzigkeit zu üben. Das ist weltanschaulich etwas überhöht, aber im frommen Kontext und im Hinblick auf das Spenderklientel akzeptabel.

„Vielleicht sind wir das größte Waisenhaus der Welt. Aber: nur ein Drittel der benötigten Mittel ist durch Zuschüsse gesichert. Die fehlenden zwei Drittel werden aus Spenden finanziert. Die „Schwestern Maria" verfügen nur über begrenzte Reserven. Oftmals leben sie von der Hand in den Mund – so wie die Armen, denen sie dienen."

Selbstbewusstsein: Vielleicht sind wir das größte Waisenhaus der Welt. Die Schwestern Maria stehen zu ihrer Größe. **Pädagogische Position**: Die Schwestern Maria nennen sich korrekt ein Waisenhaus. Dass die Pädagogik inzwischen andere Konzepte kennt, ist für die Schwestern nicht entscheidend. Sie haben eine Form gewählt und stehen dazu. Insgesamt ein **geschicktes Understatement** mit einer Überleitung zum Hintergrundwissen: So wird die Arbeit finanziert.

Identifikation und USP

Approach: Wir brauchen den Spender. Ohne ihn geht es nicht. Identifikation und **USP** (Alleinstellungsmerkmal): Die Schwestern sind glaubwürdig, denn sie leben selbst am Rande der Armut von der Hand in den Mund. Dagegen kann ein nüchterne „Geldverwaltungsorganisation" nicht ankommen. Deswegen heißt die Organisation aus Marketingsicht ganz richtig „Schwestern Maria". Die Stars der Organisation sind die Schwestern in ihrer Glaubwürdigkeit, ähnlich wie Mutter Theresa. Damit fällt und steht die Organisation. Kann ich in der Ordensfrau keinen Wert sehen, werde ich den Schwestern Maria kein Geld geben. Ist die arme Ordensfrau für mich ein glaubwürdiges, bewunderungswürdiges Vorbild, spricht mich dies tief an.

„Die Kinder leben in familiären Gruppen, denen etwa 40 Buben oder Mädchen angehören. Die Schwester ersetzt ihnen die Mutter, der Lehrer ist das männliche Element in dieser (zugegeben: künstlichen) „Familie". Sie teilen ihren Tagesablauf miteinander, Schule und Freizeit, Sport und Spiel. Sie schlafen in dreistöckigen Etagenbetten. Ihr Klassenraum ist gleich gegenüber, auf der anderen Seite des Hausflurs. Es ist alles von einfachstem Zuschnitt."

Jeder kann sich sofort ein konkretes Bild von der Leistung machen

Ein selten schönes Beispiel für eine kurze **konkrete Beschreibung der Leistung**. Hier kann sich jeder sofort ein Bild machen, mit welchen Qualitätsstandards gearbeitet wird. Das pädagogische Konzept ist als Skizze ohne ein einziges Fachwort deutlich. Indirekt wird auf andere pädagogische Konzepte wie SOS Kinderdörfer oder pädagogische Gruppenkonzepte Bezug genommen.

Und dazu gibt es gleich noch eine **Einwandsbehandlung** (wie die Marketingfachleute sagen): Können fromme Schwestern alleine Kinder aufziehen? Wird das nicht weltfremd? Nein, denn da gibt es ja noch die männlichen Lehrer.

Interessantes Detail ist die **sprachliche Positionierung**: Das Wort „Buben" zielt eindeutig in die ältere Leserschaft. Dieses Wort ist bei 40-Jährigen schon nicht mehr zu hören. Bei noch jüngeren Lesern würde diese Vokabel eher Belustigung hervorrufen. Der ältere Mensch versteht dies. Es ist seine Sprache.

Wortwahl entsprechend der Hauptzielgruppe

„Für Kinder aus den Notquartieren Manilas oder der Ciudad México ist es das Paradies. Wer in Hütten aus Wellblech oder Plastik groß wird, kann das Wort „Bett" kaum buchstabieren. Zur Schule sind nur wenige gegangen – auf jeden Fall nicht regelmäßig. Schon damit ist ihr Schicksal vorgegeben: Wer nicht einmal schreiben und lesen kann, findet später kaum sein Auskommen. Auf den Philippinen etwa schätzt man die Zahl der Un- oder Unterbeschäftigten auf 50% der arbeitsfähigen Bevölkerung. In Mexiko ist es vielerorts nicht anders. Dort besuchen nur drei von zehn Kindern regelmäßig die Schule. Oft geht Armut auf fehlende Ausbildung zurück. Ein Teufelskreis, vor allem für Kinder und Jugendliche. Viele gleiten ab in die Kriminalität."

Dies ist eine **Erweiterung der Leistungsbeschreibung**. Um den Wert der Leistung besser einschätzen zu können, wird der Bezugsrahmen ausgearbeitet. Nun kann ich einschätzen, ob die Leistung der Schwestern Maria in der Situation vor Ort eine gute Lösung ist.

Der Nutzen für die Klienten wird deutlich

Der Ausdruck „Paradies" ist die einzige Stelle, an der dieser Text ein wenig über das Ziel hinausschießt. Hier wäre es vielleicht besser gewesen, ein Kind selbst sagen zu lassen, wie es den Wechsel von der vorherigen Situation in das Waisenhaus empfindet. Auf der anderen Seite bringt das Wort Paradies Emotion. Daher eine Pattsituation.

Deutlich wird der **Nutzen für die Klienten**: Die Schwestern Maria unterbrechen bei den Kindern den Teufelskreis aus Armut und Kriminalität.

Insgesamt bekommt diese Darstellung die Note „sehr gut": einfach, klar, mit offenen Karten.

2.2.2 Unterschiedliche Wertestrategien

Werte steuern die praktische Arbeit. Zugleich steuern Werte die Akzeptanz: Je eindeutiger ich bei Werten Stellung beziehe, um so eher verliere ich Menschen, die anders denken. Andererseits entstehen tiefe Beziehungen durch übereinstimmende Werte. Aus diesem Grunde gehen Organisationen mit der Wertefrage unterschiedlich um.

Werte steuern die Akzeptanz

Es gibt **zwei Strategien**, die sich gegenseitig ausschließen:
- Sie suchen Werte, die eine möglichst große Öffentlichkeit tragen kann.
- Sie spezialisieren sich auf eine Wertegruppe.

Ziehe ich den Kreis eng oder weit?

In politischen, pädagogischen, religiösen, ökologischen und gesundheits-orientierten Gruppen spielen die Flankenkämpfe zwischen den „Engeren" und den „Weiteren" immer wieder eine Rolle. Früher oder später muss die Entscheidung für eine der beiden Strategien fallen. Die Begriffe „liberal" oder „konservativ" stehen nicht synonym für eine der beiden Strategien. Was machen Sie z.B. mit einer Organisation, die streng liberale Positionen zu einem Thema vertritt? Diese Organisation ist nicht konservativ, hat sich aber für eine Spezialisierung auf eine Wertegruppe entschieden.

Verschiedene Situationen erfordern unterschiedliches Vorgehen

Es gibt keine pauschale Antwort auf die Frage, was der richtige Weg ist. Verschiedene Situationen erfordern unterschiedliches Vorgehen. Weichen Sie aber der strategischen Entscheidung nicht aus. Einen Zick-Zack-Kurs kann keine Organisation verkraften. Meiden Sie platte Schubladen und **unterschätzen Sie den „Gegner" nie**. In der Regel denkt er differenzierter, als Sie es ihm unterstellen.

GRUNDFRAGEN ZUM UMGANG MIT WERTEN

- Wie streng sehen wir unsere Werte?
- Öffnen wir uns für Menschen mit anderen Gesinnungen oder nicht?
- Welche Form von Kooperation zerstört unsere Identität?
- Welcher Aspekt unserer Arbeit ist das eigentliche Kernanliegen?
- Schließen wir Personen aus, die unsere Werte nicht teilen?
- Wer legt die Werte innerhalb einer Organisation fest?
- Wer bestimmt, was die offizielle Aussage einer Organisation ist?

Werte für eine möglichst große Öffentlichkeit

Alle sind willkommen

Organisationen mit breiter Basis definieren ihre Arbeit meist über Projekte und treffen **grundlegende Aussagen** wie: *„Mit einem Patenschaftsbeitrag von 30 Euro im Monat helfen Sie einem Kind aus einem Entwicklungsland in eine bessere Zukunft! Ihre Patenschaft fördert eine kindgerechte Betreuung, unterstützt die schulische Ausbildung, verbessert die tägliche Ernährung und ermöglicht eine medizinische Versorgung."*

Bei dieser Beschreibung kann es kaum zum Konflikt zwischen z.B. liberalen oder konservativen Werten kommen. Eine Diskussion über den Erziehungsstil wäre hier fehl am Platz. In vielen Gebieten sind **polarisierende Themen kontraproduktiv**. Auch definieren sich immer weniger Menschen über entsprechende Schlagwörter.

> Wer sich für eine große Öffentlichkeit entscheidet, vermeidet einseitige politische, religiöse oder andere polarisierende Aussagen.

Das Marketing sucht **Kernthesen, die Zustimmung hervorrufen**. Dies ist ein sinnvolles Vorgehen.

> **Spinnen haben keine Quote**
>
> Es ergibt z.B. keinen Sinn, in einer Tierschutzorganisation eine Quotenregelung einzu-
> führen, bei der „hässliche" Tiere genauso häufig im Foto dargestellt werden müssen
> wie „schöne" Tiere. Polarisierer wie Spinnen müssen hintenanstehen.

Unterschieden wird zwischen Sach- und Gesinnungsthemen, kritische
Felder werden umgangen. Wenn eine Organisation zur Gerechtigkeit,
Armut, Hunger und Ausbeutung Stellung bezieht, kann dies ohne poli-
tisch einseitige Vokabeln geschehen.

Spezialisierung auf eine Wertegruppe

Die zweite Strategie fokussiert spezielle Werte oder umstrittene Themen. *Dem Kampf nicht*
Religiöse und politische Gruppen müssen sich ständig mit der Frage *ausweichen*
beschäftigen, an welchem Rand des Glaubens- oder Parteienspektrums
sie sich bewegen. Auch in anderen Themen kann die Identität einer Organisation Kontur bekommen. Wie streng sehe ich den Tierschutz? Welche
Energieform akzeptiere ich als nachhaltig, welche nicht?

Fragen wie diese **können Gruppen spalten.** Indem eine Aussage besonders gewichtet wird, können Sie bei den Befürwortern mit Zustimmung
rechnen – bei den Gegnern nicht. Im Kämpfen werden häufig nur noch die
„unterscheidenden" Merkmale aufgeführt.

Bei einem Anliegen mit Schlüsselbedeutung kann dieses Vorgehen
sinnvoll sein. So war der Kampf um das Wahlrecht der Frau ein stellvertre-
tendes Geschehen mit Auswirkung auf alle Rechte der Frauen.

> Eine kompromisslose Ansage führt früher oder später in die
> Konfrontation, hat aber auch eine besondere Kraft.

In der Praxis kann das Profil an verschiedenen Punkten unterschiedlich *Klarheit im*
tief sein. Eine Organisation hat keine Meinung zur Frauenfrage, trifft *Organisationsprofil*
aber dezidierte Aussagen zum Schutz des Wattenmeeres. Wichtig ist es,
im Organisationsprofil eine Klarheit zu haben, welche Werte an welchen
Stellen Bedeutung haben.

2.3 Das Mission Statement / Die Vision

Das Mission Statement ist eigentlich fester Bestandteil eines Leitbildes
In der Praxis haben viele Organisationen kein Mission Statement im
Leitbild. Das ist nicht klug. Niemand kann ein mehrseitiges Leitbild
auswendig lernen.

Das Mission Statement ist **kürzer, merkfähiger und stärker.** Es ist *Das Leitbild ist kein*
eine Zusammenfassung – quasi die **Essenz – der Ziele und Werte einer** *Mission Statement*
Organisation. Von diesen wenigen Leitsätzen holen sich Mitarbeiter ihre
Motivation und ihren Leitstern. In einem zweiten Schritt kann das Mission

Statement um ein Leitbild erweitert werden. Das Mission Statement ist dann der erste Abschnitt im Leitbild.

Das Mission Statement ist kein Konzept

Das Mission Statement ist kein Konzept. Konzepte sind Papiere, die irgendwann für einen Vorstand geschrieben und seitdem nicht mehr gelesen wurden.

Um ein Mission Statement zu entwickeln, müssen Sie sich fragen, was Sie erreichen wollen. Wenn Sie ein Kinderpatenwerk sind, reicht es nicht zu schreiben: „Wir sind ein Kinderpatenwerk." Das ist nicht inspirierend. Daher zielt die Frage: **„Was ist unsere Vision?"** in eine bessere Richtung.

FRAGEN ZUM MISSION STATEMENT

- Was ist unsere Vision?
- Wer wollen wir sein und wofür stehen wir?
- Was haben andere davon, dass es uns gibt?
- Was ist unsere besondere Qualität?
- An welcher Stelle wollen wir anders sein als andere?
- Welche Werte möchten wir in dieser Welt schaffen?

Fallbeispiel DLRG-Jugend

Als Fallbeispiel dient ein Ausschnitt aus dem Leitbild der DLRG-Jugend mit dem Stand August 2005. Dieses Leitbild wurde am 10. Bundesjugendtag der DLRG-Jugend am 29. Mai 1992 beschlossen. Am Beispiel dieses Ausschnittes soll gezeigt werden, wo der emotionale Unterschied zwischen einem Mission Statement und einem Leitbild liegt. Das Leitbild der DLRG ist noch umfassender, hier wird lediglich ein Ausschnitt vorgestellt:

„Oberste gleichberechtigte Ziele der DLRG-Jugend sind:
- *Leben zu retten;*
- *einen Beitrag zur Entwicklung junger Menschen zu selbstbestimmten, selbstbewussten und verantwortlichen Persönlichkeiten zu leisten;*
- *die Interessen von Kindern, Jugendlichen und jungen Erwachsenen aktiv und wirksam innerhalb und außerhalb des Verbandes zu vertreten;*
- *auf gesellschaftliche Probleme aufmerksam zu machen und aktiv zu deren Lösung beizutragen;*
- *kompetente Partner in wasserspezifischen ökologischen Fragen zu werden."*

Dieser Abschnitt könnte fast ein Mission Statement sein. Fachlich ist die Aufzählung korrekt. Um die Qualität eines Mission Statements zu bekommen, müssten aber mindestens zwei Dinge geändert werden:
- Das Hauptmerkmal des DLRG steht zu nüchtern: „Das Ziel der DLRG-Jugend ist es, Leben zu retten."

Das ist für die Jugendabteilung einer Organisation, die bei der Wasserrettung auf Binnengewässern führend ist, zu wenig. Wo und wie soll
Leben gerettet werden? Was für eine Qualität möchte die DLRG dabei
erreichen? Die Wasserrettung ist das verbindende Hauptthema. Sie
muss entsprechend formuliert werden.
* Die Sprache ist eine bürokratische Aufzählung:
  Für ein Protokoll oder eine Leitbilddiskussion ist der Sprachstil geeig-   *Das Mission Statement soll*
  net. Ein Leitbild oder ein Mission Statement hat aber die Aufgabe, Kräfte   *Kräfte wecken*
  zu wecken. Dies geschieht nicht mit dieser Sprache.

Im Folgenden wird versucht, die Passage des Leitbildes in ein Mission
Statement umzuformulieren. Dabei wird eine Sache noch grundsätzlich
falsch gemacht. **Finden Sie den Fehler?**

VORSCHLAG FÜR EINE UMFORMULIERUNG

Die DLRG-Jugend ist die Jugendorganisation der DLRG.
Wir wollen in allen Notsituationen auf Wasserflächen Leben retten. Dazu bilden wir junge Menschen als Rettungsschwimmer aus und übernehmen Aufgaben innerhalb der DLRG. Wir weisen auf Gefahren hin und überwachen
gefährliche Stellen.
Wir möchten, dass sich junge Menschen in der DLRG-Jugend zu selbstbestimmten, selbstbewussten und verantwortlichen Persönlichkeiten entwickeln. Aus diesem Grunde gestalten wir aktiv Freizeit und räumen dem
Wassersport eine hohe Bedeutung bei.
Wir vertreten die Interessen von Kindern, Jugendlichen und jungen Erwachsenen im DLRG-Hauptverband. Wir werden über den Verband hinaus auf
gesellschaftliche Probleme aufmerksam machen und aktiv zu deren Lösung
beitragen.
Unsere Nähe zum Wasser führt uns zur Achtung dieses Lebensraumes. Wir
wollen kompetente Partner bei allen ökologischen Fragen zu Seen und Binnengewässern sein."

Haben Sie den Fehler gefunden? Dieses Mission Statement spricht noch
aus der Sicht der „Macher", also der Verantwortlichen, nicht aus der Sicht
der Jugendlichen.

Wirklich gut würde es, wenn das Statement von Jugendlichen für
Jugendliche formuliert wäre.

2.4   Lebenszyklen im Sozialmarketing

Jede soziale Organisation, jedes Unternehmen und jedes Produkt hat   *Wie alt bin ich?*
Lebenszyklen. Wie ein Mensch sich je nach Lebensalter anders gibt,
sieht auch das Marketing von Organisationen je nach Lebensalter unter-

schiedlich aus. Ein junger sozialer Start-up kann anders auftreten als die Caritas.

2.4.1 Lebenszyklen einer Organisation

Start-up/Projekt noch in Planung

Hier wird das Fundament
für die Arbeit gelegt

Bisher steht nur eine Idee und eine Reihe von Personen oder Institutionen, die diese Idee unterstützen würden. In dieser Phase kann noch alles geformt werden, weitere Ideen können integriert werden. Es ist wie im Verliebtsein die Phase der Gefühle und Träume. Zugleich wird in dieser Zeit das Fundament für die Arbeit gelegt.

Frisch gegründete Organisation
Es gibt den Namen, die Rechtsform und erste Projekte. Wie ein junger Baum ist alles noch frisch und biegsam. Jetzt kommt die Phase der Bewährung. Tragen die Projekte? Werden erste Ziele erreicht? Beispiel ist justiceF. Ein Interview finden Sie am Ende des Buches.

Erwachsene Organisation
Das Team ist eingespielt. Ein gewisses Volumen ist erreicht. Man ist jung, aber kein Anfänger mehr *(vgl. hierzu z.B. www.vier-pfoten.de)*.

Organisation am Ende der ersten Generation
Der oder die Gründer sind gegangen oder stehen kurz davor zu gehen. Die Organisation hat einen Namen, der Gründungsschwung ist aber nicht mehr vorhanden. Es ist zu überlegen, wie die Kraft der Arbeit in die nächste Generation übertragen wird. Typisches Beispiel ist „Menschen für Menschen" von Karlheinz Böhm. Karlheinz Böhm baut u.a. seine jüngere Frau Almaz Böhm als Nachfolgerin auf.

Organisation in der zweiten oder dritten Generation
Sie sind etabliert, haben einen Ruf, eine Reihe von Programmen, häufig ehrwürdige Gebäude und einen überalterten Spenderstamm. Hierunter fallen insbesondere kirchliche Organisationen und die meisten Wohlfahrtsverbände.

2.4.2 Lebenszyklen von Produkten

Auch Produkte altern

Neben dem Gesamtlebenszyklus einer Organisation gibt es die Lebenszyklen der Angebote (Produkte) einer Organisation.

> Nur eine ständige Produktentwicklung führt zu wachsender Kompetenz.

Sie können bei der Gesellschaft zur Rettung Schiffbrüchiger das Qualitätsbewusstsein an der Weiterentwicklung der Seenotkreuzer ablesen.

Grundsätzlich entwickelt und wartet die DGzRS ihre Schiffe selbst. Wie Quantensprünge ziehen sich die neuen Schiffsmodelle durch die Geschichte der DGzRS. Was können die nächsten Qualitätssprünge in Ihrer Organisation sein?

In kommerziellen Unternehmen werden Produkte nach Lebenszyklen und dem Ertrag bewertet. Begriffe wie „Cash Cow" eignen sich allerdings weniger bei sozialen Projekten. Es sei denn, man möchte sofort in den Sozialkapitalismus wechseln. Produkte nach ihrem Ertrag zu bewerten, ist aber betriebswirtschaftlich sinnvoll.

In welches Produkt investiere ich?

FRAGEN AN PRODUKTE

- Welches Produkt ist jung und könnte ein echter Erfolg werden?

  Phase der Investition: Hier wird mit Risiko Geld in ein Produkt investiert, bis sich zeigt, ob die Idee angenommen wird und die Verbreitung einen wirtschaftlichen Betrieb rechtfertigt. In der Regel braucht eine Produktneueinführung drei Jahre bis zum ROI = Return of Investment.

- Welches Produkt ist ausgereift, bringt Erfolge und braucht keine Entwicklung mehr?

  Phase der Gewinnmitnahme: Ein Entwicklungsstopp ist eine bewusste Entscheidung, das Produkt früher oder später vom Markt zu nehmen. Bis dahin lässt man es auslaufen. Zum Beispiel wird ein Gebäude ohne große Instandhaltung bewirtschaftet, bis es abgerissen wird.

- Welches Produkt ist alt, hat kaum noch Kraft und kostet nur Mühe?

  Hier stellt sich nur noch die Frage: Wie werde ich es ohne Gesichtsverlust los? Einfach einstellen? Verkaufen? So verkleinern, dass es keine Mühe und Kosten mehr verursacht? Die meisten gehen zu spät aus einem Produkt raus. Dann ist der Verlust bereits hoch.

- Bei welchem Produkt könnte man Marktführer werden?

  Dieses Produkt wird ständig verbessert, differenziert, Nebenprodukte geschaffen und an der Spitze der Entwicklung gehalten. Sehen Sie sich an, was Tesa aus dem Thema „Klebefilm" macht. Unterschiedlichste Klebefilme sind nur die erste Stufe der Entwicklung. Gestanzte Klebefolien mit speziellen Passformen halten inzwischen in der High-tech komplizierteste Bauteile zusammen.

2.5   Der Aktionsradius einer Organisation

Der Aktionsradius hat ebenfalls Einfluss auf das Marketing einer Organisation.

Entscheiden Sie sich, in welcher Liga Sie spielen wollen. Wer in die Oberklasse aufsteigen möchte, muss sich auch so verhalten. Je höher Sie hinauf wollen, umso disziplinierter müssen Sie agieren. Es ist noch kein Fußballteam aus Versehen in die Bundesliga gekommen.

2.5.1   Regionale Bedeutung

Sie engagieren sich in Ihrer unmittelbaren Nähe. Dies kann in einem Stadt-teil, in einem Ort oder in einem Landkreis sein. Teilweise führen Sie sogar einen lokalen Namensbestandteil. Typischer Vertreter ist der Sportverein. „Sportverein Jesteburg e. V." sagt von Anfang an, wohin die Reise geht.

Local is beautiful   Alle Fachleute sind sich einig: **Klein ist sympathisch**. Regionales Engagement trifft lokal oft auf höhere Akzeptanz als die Anfragen großer Hilfswerke. Dafür können Sie nicht mehr mitspielen, wenn Sie Ihr Umfeld verlassen.

2.5.2   Bundesweite Bedeutung

In Deutschland spricht man von ca. 2.000 Organisationen, die eine bun-desweite Bekanntheit haben. Etwa 200 Namen wie „SOS Kinderdörfer", „Brot für die Welt", „Greenpeace" oder „WWF" haben sogar einen sehr hohen Wiedererkennungswert.

Nach diesen etwa 200 Big Playern kommen die „Mittelständler" wie „action medeor" oder der „Frauennotruf". Diese Organisationen sind zwar bundesweit tätig, sind aber nicht jedem Menschen auf der Straße ein Begriff.

2.5.3   Internationale Bedeutung

Größerer Wirkkreis,   Es bedarf eines sehr scharfen Profils, um für das internationale Geschehen
komplexere   von Bedeutung zu sein. Organisationen wie UNICEF oder das Rote Kreuz
Kommunikation   bringen diesen Habitus durch ihre geschichtliche oder institutionelle Bedeutung mit. Aber auch kleinere Organisationen wie amnesty interna-tional können im internationalen Mediengewitter mitspielen.

Es ist wie mit Prominenten. Einige haben die Prominenz durch ein Amt oder ihren Familienstammbaum. Andere durch ihren Charakter. Hin und wieder ist es aber auch eine Frage der Strategie.

2.6   Positionierung und Persönlichkeit

Stehen die Ziele und Werte einer Organisation, kommt die Zeit der **strate-gischen Kreativität**. Dies umfasst die Positionierung und die Persönlich-keit der Organisation.

2.6.1   Die Positionierung einer Organisation

Die Aufstellung steuert   Wenn ein Eismann seinen Stand mitten im Wald aufstellt, braucht er
die Nachfrage   sich nicht zu wundern, wenn niemand vorbeikommt. Die Aufstellung steuert die Nachfrage. Für wen möchten Sie mit welchem Aufwand erreichbar sein?

Auch Qualität steuert die Nachfrage. Je edler das Angebot, umso aus-gewählter und seltener die Kundschaft. Hier geht es um Geschmack, Preis und Geschwindigkeit.

FRAGEN ZUR POSITIONIERUNG

- Wie gut wollen Sie in Ihrem Aufgabenbereich sein?
- Wie schnell soll sich Ihr Angebot durchsetzen?
- Für welche Qualität wollen Sie stehen (günstig, solide, exzellent etc.)
- Für welche Menschen wollen Sie attraktiv sein?
- Wie sollen Kunden Sie erreichen können?
- Wie stark sollen Menschen in Ihr Handeln einbezogen werden?

Kommerziell positionieren sich Firmen über Preis, Image, Qualität, Service oder durch den Ort, an dem das Angebot gemacht wird. Vergleichen Sie Aldi und einen Juwelier: Aldi positioniert sich über günstige Preise und die schnelle Verfügbarkeit der Ware, nicht über Beratung. Der Juwelier positioniert sich über ein hochpreisiges Angebot mit individueller Beratung und Einzelanfertigung. *Preis, Image, Qualität, Service*

Auch im Sozialmarketing gibt es unterschiedliche Qualitäten und Preise. Es ist ein Unterschied, ob Sie **vielen Menschen auf einem niedrigen oder mittleren Niveau** helfen oder **wenigen Menschen auf einem sehr hohen Niveau**. Kümmern Sie sich um die Grundversorgung aller alten Menschen in einem Gebiet oder sind Sie in der Spitzenforschung für Herztransplantationen tätig? Es ist ebenfalls ein Unterschied, ob Sie viele Spender per Massenmailing anschreiben oder handverlesen an Großspender herantreten.

Die Frage nach der Qualität und der Tiefe der Beziehungen stellt sich im gesamten Aufbau Ihrer Arbeit. Verwechseln Sie günstig dabei nicht mit billig: Ein Nachhilfeprogramm für Hauptschüler kann ein hochwertiges Projekt sein, wenn auch in der Stückzahl günstiger als eine Hochbegabtenförderung von Doktoranden. *Masse oder Klasse?*

Hilfswerke arbeiten häufig mit Massenprogrammen – grundlegende Versorgungsgüter für eine große Gruppe von Menschen. Stiftungen zielen häufig auf hohe Qualität, wie z.B. den Erhalt eines historischen Gebäudes mit Hilfe von wohlhabenden Zustiftern.

Die Positionierung über das Geld

In der normalen Industrie ist der Preis wichtiges Kriterium. Wie viel ist die Arbeit wert, die ich leiste? Oder: Wie teuer ist mein Produkt? Die Frage nach dem Preis stellt sich im Sozialmarketing an zwei Stellen:

- Wie teuer ist die Leistung an sich?
- Was kommt davon beim Klienten an?

Der Preis an sich

Wie viel kostet eine Kinderpatenschaft? 15 Euro oder 20 Euro pro Monat? Der Unterschied ist im Geldbeutel zu merken. Hat ein Spender weniger

Geld, wird er froh sein, mit nur 15 Euro dabei sein zu können. Aber der Spender möchte wissen: Was bekommt der Klient für dieses Geld? Soziale Organisationen sagen meist wenig über die Leistung. Häufig lassen die Verhältnisse vor Ort eine westliche Standardisierung nicht zu.

Wie viel ist der Spender bereit, für einen Zweck zu geben?

Trotzdem ist ein **Preis nur dann einschätzbar, wenn die Gegenleistung bekannt** ist. Wenn ein Kind für 15 Euro im Monat nur einen Platz im klapprigen 5-Etagen-Bett und ein mittelmäßiges Essen bekommt, die andere Organisation für 20 Euro am gleichen Ort Kinderdörfer mit pädagogisch ausgereiftem Konzept und optimaler Versorgung anbietet, würde der Spender vielleicht doch 5 Euro mehr ausgeben.

Wie viel kommt beim Klienten an?

Dazu kommt die Diskussion, wie viel Geld wirklich vor Ort ankommt. Vor einiger Zeit besuchte ich einen Vortrag von Jörg Löhr, einem ehemaligen Leistungssportler und Persönlichkeitstrainer. Jörg Löhr ist bekannt dafür, dass er ein ethisches Handeln als eine Voraussetzung für ein zufriedenes Leben ansieht. So organisierte er für Kinder Schülercamps und gründete das Afrika-Hilfswerk „Visions for children".

Bei der Veranstaltung warb er für das Hilfswerk mit den Worten: *„Mir war wichtig, ein Hilfswerk zu gründen, bei dem jeder Cent auch wirklich bei den Kindern ankommt."* Das ist eine klare Positionierung. Jörg Löhr möchte ein Kinderhilfswerk ohne jegliche Overheadkosten. Und so übernehmen Privatpersonen ehrenamtlich die Verwaltung.

Die 100 %-Anbieter

Eine ganze Reihe von Organisationen werben mit der Aussage: *„100 % der Spenden erreichen die Notleidenden."* Dies sind z.B.:
- Organisationen von Privatpersonen
- kleine engagierte (kirchliche) Vereine
- zunehmend auch Radiosender und Fernsehanstalten mit eigenen Aktionen

Zunächst ist zu klären, ob diese Organisationen wirklich eigene Projekte haben. In der Regel leiten diese Initiativen nur Gelder durch und funktionieren eher wie ein Förderverein. In diesem Fall ist es leicht, keine Verwaltungskosten zu haben.

Wie viel ist der Spender bereit der Organisation zu geben?

So gut wie alle großen Organisationen haben in harter Arbeit eigene soziale Programme entwickelt und setzen diese gegen viele Widrigkeiten um. Hier sollten Äpfel nicht mit Birnen verglichen werden.

Fair Play bei 100 %

Ein Marketingfachmann wird allerdings die „Preiskarte" ziehen, wenn dies möglich ist. Es wäre dumm, diesen Vorteil nicht zu nutzen. Wenn man mit diesem Argument wirbt, sollte es aber nicht abqualifizierend in Richtung anderer Organisationen geschehen.

Sätze wie „Bei uns kommen im Gegensatz zu anderen Organisationen selbstverständlich 100 % der Spendengelder an" sind tabu. Sie unterstellen sonst, dass es ethisch unsauber wäre, von Spendengeldern Verwaltungs- und Personalkosten zu bezahlen.

Fair Play

Wenn eine Organisation die Möglichkeit hat, alle Spenden weiterzuleiten, ist es gut. Die Mitarbeiter sind aber dadurch nicht moralisch besser als Mitarbeiter anderer Einrichtungen, die häufig für wenig Lohn harte Arbeit leisten.

Wenn Sie Zuwendungen nicht zu 100 % durchreichen können, haben Sie zwei Möglichkeiten der Reaktion.

Sie können sich auf den Preiskampf einlassen

Hiervon raten alle Marketingexperten ab. Sie können als professionelle Organisation eine Privatorganisation nicht unterbieten. Dazu müssten Sie in die Abwärtsspirale einsteigen: Wir haben nur 8 % Verwaltungskosten. Wir haben nur 7 % Verwaltungskosten. Wir haben nur 6 % Verwaltungskosten.

Steigen Sie nicht in den Preiskampf ein

Wenn Sie so argumentieren, werden Sie sich selbst torpedieren. Es sei denn, Sie sind eine privatorganisierte Organisation und wollen genau dies als Ihr Markenzeichen haben. Dann haben Sie einen Vorteil gegenüber den Großen. Dies ist aber nur ein **strategischer Vorteil, kein moralischer**.

REAKTION AUF „BILLIG"-ANBIETER

- Argumentieren Sie die Overheadkosten.
- Ersetzen Sie den Begriff „Verwaltungskosten" durch „Projektleitung" oder Ähnliches.
- Bieten Sie zwischendurch kleine Produkte zum „Schnupperpreis" an.
- Gehen Sie bei tragenden Produkten nicht im Preis runter.

Sie können sich Ihres Wertes bewusst werden

Die Arbeit einer professionellen Organisation verbraucht Geld und sie verdient auch Geld. Warum sollten Konfliktlöser, Friedensstifter, Arbeitsplatzbeschaffer, Umweltschützer etc. kein Geld verdienen dürfen?

Professionelle Organisationen verbrauchen und verdienen Geld

Welche Werte stecken in einer Gesellschaft, wenn ein Pilot von spritfressenden Formel-1-Rennern ohne Probleme exorbitante Summen verdienen darf und Stunden um Stunden in der Presse gewürdigt wird, jede Sozialpädagogin aber sofort das Gehalt gekürzt bekommt, wenn die Politik sich verrechnet?

Natürlich soll eine Organisation kein Geld verschwenden. Aber gute professionelle Arbeit hat ihren Lohn. Es ist kein guter Stil, wenn soziale Mitarbeiter ausbrennen, weil Leistung und Freizeit in keinem Verhältnis stehen. Argumentieren Sie von daher ruhig deutlich den Bedarf der Mitarbeiter.

Überhaupt: Was ist eigentlich Verwaltung? Die Organisation gibt nicht 30 % dafür aus, dass sie Papiere aufeinanderstapelt.

> Verwaltungsgeld wird gebraucht, damit hochmotivierte Profis Lösungen für Probleme finden, andere Menschen für Unterstützung anfragen (Fundraising) und die Aktionen in Bewegung halten.

Diese 30 % werden nicht für den Luxus der Mitarbeiter ausgegeben. Wer eine gute Arbeit macht, darf Geld verdienen. Hier dürfte sich das Klima in unserem Land ruhig ändern.

WIE VIEL SIND IHRE MITARBEITER WERT?

- Argumentieren Sie Ihre Qualität
- Stellen Sie Mitarbeiter vor – und ihre Kompetenz
- Legen Sie die Finanzen offen (Spendensiegel)
- Die Leiter einer Organisation sollten für ihre Mitarbeiter kämpfen, selbst aber bescheiden auftreten

---

2.6.2 Die Persönlichkeit einer Organisation

Persönlichkeit entsteht durch Willen

Mit den Zielen, den Werten und der Positionierung ist die Arbeit noch nicht getan. Ab einem gewissen Zeitpunkt hört die fachliche Vorarbeit auf und die Individualität beginnt. Jetzt muss eine Entscheidung getroffen werden, welche Persönlichkeit Sie als Organisation sein wollen. Sie legen fest, wie Sie sich kleiden und geben.

Dies ist ein willentlicher Prozess. Entscheiden Sie nichts, wird Ihr Stil im Mittelmaß stecken bleiben.

Gleiche Ziele – unterschiedliche Marken

Fallbeispiel Greenpeace „gegen" National Trust

Derek Humphries, ein Top Creativer der sozialen Branche in England, beschrieb auf seinem Workshop über Markenführung auf dem Fundraisingkongress in Leipzig 2001, wie er den Unterschied in der Atmosphäre von Organisationen erlebt.

Er verglich einen Videoclip von Greenpeace England mit einem TV-Spot des englischen National Trust. Beide Organisationen haben eigentlich das gleiche Ziel. Greenpeace nennt dies „Umwelt", der National Trust „Landschaft".

Derek Humphries schreibt (persönlich für dieses Buch) zum unterschiedlichen Auftritt der beiden Organisationen: „*Es ist bekannt, dass selbst wenn Organisationen ähnliche Ziele verfolgen, sie aufgrund ihrer unterschiedlichen Marken völlig verschieden auftreten. In Großbritannien setzen sich sowohl*

*der National Trust als auch Greenpeace für den Schutz der Strände und der
Küste ein. Aber die Art, wie sie sich ausdrücken, könnte kaum unterschiedlicher sein. Der National Trust – der mehr Mitglieder hat als alle politischen
Parteien in Großbritannien zusammen (!) – ist in den Werten des Kultur-
erbes und der Tradition verwurzelt. Deshalb ist seine gewählte Ausdrucks-
weise ein formales (grammatikalisch korrektes!) Englisch und vielfach hat
seine Kommunikation eine romantische oder lyrische Färbung. Verglichen
damit ist Greenpeace eine direkte, eindringlich agierende und persönlich
ansprechende Organisation, die in ihrer Kommunikation althergebrachte
Ideen in Frage stellt und eine bildhafte, symbolträchtige Sprache benutzt.
Jede der beiden Organisationen ist ihren Gründungswerten treu und drückt
sich dabei trotzdem völlig unterschiedlich aus, selbst wenn sich die operative
Arbeit überschneidet.“*

Während Greenpeace im Video mit Rockmusik und schnellen Schnitten
eine provokante Aktion ins Bild bringt, zeigt der Film des National Trust
lange cineastische Kameraschwenks in die Weite der englischen Landschaft – unterlegt mit klassischer Musik.

Während Greenpeace dem „Gegner“ eines auf die Nase gibt und
deutlich macht, dass jeder mitmachen kann, symbolisiert an einer japanischen Papierkette aus Menschen, die Hand in Hand stehen, wirbt der
National Trust mit englischem Understatement leicht unterkühlt für die
individuelle Zustiftung für den Trust. Dass es dabei um hohe Summen
geht, hören wir nebenbei aus dem Munde eines der bekanntesten englischen Literaten, der selbst für den Trust stiftet.

Diese verschiedenen Klangfarben werden bis hin zur Typografie und
den Logos durchgehalten. Beide Organisationen haben ihre Hausaufgaben
gemacht und bieten ein in sich stimmiges und für jeweils andere Gruppen
attraktives Bild.

Die Persönlichkeit im Auge behalten
Persönlichkeit wird willentlich gesteuert. Überlassen Sie Ihre Persönlichkeit dem Zufall, ist die Wirkung „schlampig“. Wie bei einem Menschen
erkennen Sie auf den ersten Blick, ob eine Organisation eine Persönlichkeit
oder nur ein Sammelsurium von Einzelteilen ist.

*Sammelsurium
oder Wesen?*

> Starten Sie daher immer beim Wesenskern. Aus dem „big picture“
> ergeben sich die Einzelmaßnahmen, nicht umgekehrt.

Wenn ich angefragt werde, ein Logo für eine Organisation zu entwickeln,
bekomme ich ein Briefing, in dem die Wünsche aufgezählt sind: Fol-
gender Name soll enthalten sein. Das Symbol sollte frisch und modern
sein (unfrisch und unmodern wäre ja auch nichts). Es sollte einsetzbar
sein auf dem Briefpapier. Dies ist jedoch Stückwerk, aber keine strategische
Kreativität.

Der Sprung von einer „Logoentwicklung" zur persönlichen Identität hängt davon ab, ob Sie den Mut haben, Ihre **Organisation umfassend** zu **definieren** und sich eine Persönlichkeit mit einem Look zu geben: Was würde diese Person essen und trinken? Was für ein Tier wäre sie? Was für eine Farbe macht sie aus? Auf was für eine Musik steht sie? Welche Menschen sollen sich mit dieser Person wohl fühlen?

Körper für die Persönlichkeit

Man spricht heute von **Corporate Identity**. Es gibt streng genommen keinen Bereich, der nicht „incorporiert" wird. Das Wesen der Organisation bricht bis in die täglichen Rituale und die Oberflächengestaltung durch. „Corporate" wäre direkt übersetzt mit „umfassend einheitlich". Dies ist aber noch nicht die tiefste Wahrheit. In Corporate steckt das Wort corpus, der Körper. Sie schaffen einen Körper für eine Persönlichkeit.

> **Immer sauber bleiben**
>
> Einer der erfolgreichsten Paketdienste der Welt ist United Parcel Service. Bei UPS gehört es zum Verhaltenscodex, dass jedes UPS-Fahrzeug einmal am Tag gewaschen wird. Jeder Fahrer ist für den Zustand der Fahrzeuge mitverantwortlich. Ein UPS-Fahrzeug hat gepflegt auszusehen. Beulen und Schrammen suchen Sie vergebens. Der Ersteindruck zählt. Klapprige Subunternehmer mit handkopierten Blättern hinter der Windschutzscheibe: „Wir fahren für …" gibt es bei UPS nicht.

Sie entscheiden, ob Sie als Greenpeace rotzfrech in McDonald's-Filialen mit Hühnerkostümen und HipHop-Musik auftanzen oder ob Sie lieber in einem edlen Stiftungsverwaltungsgebäude bei Haydn die oberen Zehntausend empfangen. Es ist Ihr Wille als Organisation, was für eine Botschaft Sie an wen senden.

Haben Sie eine Identität geschaffen, ist diese eindeutig. Sie kann abgefragt werden. Sie wird nicht täglich gewechselt.

Ihre Persönlichkeit ist identifizierbar

Hinterlegen Sie eine Identität

Bei vielen Organisationen ist die Identität nicht hinterlegt. Das Erscheinungsbild ist beliebig. Wertvolle Möglichkeiten, sich ein eindeutiges Bild nach außen zu geben, werden verschenkt.

**CHECKLISTE:
KENNEN SIE IHRE PERSÖNLICHKEIT?**

- Mit welcher Farbe werden Sie in Verbindung gebracht?
- Mit welcher Musik oder welchem Musikstil werden Sie in Verbindung gebracht?
- Mit welcher Bildsprache werden Sie in Verbindung gebracht?
- Mit welcher Kleidung werden Sie in Verbindung gebracht?
- Mit welchen Fahrzeugen werden Sie in Verbindung gebracht?
- Mit welchen Symbolen werden Sie in Verbindung gebracht?

> • Mit welchem Humor werden Sie in Verbindung gebraucht?
> • Mit welchen Eigenheiten werden Sie in Verbindung gebracht?

Denken Sie einmal wie ein Indianerstamm: Welche Federn tragen Sie? Welche Farben sind in Ihrem Gesicht? Welche Tänze verbinden Sie? Welche Waffen tragen Sie? Was für Geschenke überreichen Sie?

Die Farbigkeit Ihrer Organisation
• Welche Farbe hat eine Nivea Dose? – Blau
• Welche Farbe fällt Ihnen beim Namen Uhu ein? – Gelb und schwarz
• Welche Farbe fällt Ihnen bei Greenpeace ein? – Grün

Was ist Ihre Farbe? Auch wenn Sie über keines der vorgenannten Felder nachdenken – die Farbe ist Pflicht.

Farbe ist Pflicht

Es ist kein Zufall, dass große Aktionen und Bewegungen häufig eine „Farbcodierung" haben. So können Sie jeder deutschen Partei einer Farbe oder einem Farbakkord zuordnen. Der politische Umschwung in der Ukraine 2005 ist mit dem Begriff der „orangenen Revolution" verbunden. Die Anhänger Viktor Juschtschenkos trugen bei öffentlichen Versammlungen orangene Kleidungsstücke. Dieses verbindende Element wurde verstanden und aufgegriffen. Witali Klitschko stieg im März 2005 in Las Vegas beim WBC Weltmeistertitelkampf mit einer orangenen Hose in den Ring. Mein Vater traute als Pastor in dieser Zeit ein ukrainisches Paar in Deutschland. Die Braut trug einen orangenen Schal auf dem weißen Hochzeitskleid.

Oder denken Sie an die „Gelben Engel" des ADAC oder an die blauen Fahrzeuge des Technischen Hilfswerkes.

Farben können bei allen wichtigen Elementen Ihrer Arbeit eine Rolle spielen, z.B. bei

Farben für alle wichtigen Elemente Ihrer Arbeit

• Ihren Fahrzeugen,
• Ihrer Kleidung,
• Ihren Gebäuden,
• Ihren Verpackungen,
• Accessoires wie Schals, Rucksäcke, Stiefel
• oder der Dekoration von Events, Räumen, Ausstellungen.

Fallbeispiel Grünhelme

Ruppert Neudeck gründete 2003 nach seinem Weggang vom Notärztekomitee Cap Anamur zusammen mit Aiman Mazyek eine neue Organisation: „Die Grünhelme". Die Grünhelme wollen die Peace-Corps-Idee von John F. Kennedy aufleben lassen und bauen in unsicheren Gebieten vom Krieg zerstörte Gebäude, vor allem Schulen, wieder auf. Die „Grünhelme" stehen mit einem Augenzwinkern in Abgrenzung zu den „Blauhelmen", den UN-Friedenstruppen. *„Man ist sehr stark, wenn man unbewaffnet ist"*, so Ruppert Neudeck zu diesem Gedanken (Ruppert Neudeck in der der Evangelischen Wochenzeitung vom 15.02.2004).

Farbcodierung als identitätsstiftendes Element

Dies ist ein Beispiel, wie von Anfang an eine Farbcodierung als identitätsstiftendes Element eingesetzt wird. Die Farbe grün steht nach Aussagen der Grünhelme für die Hoffnung, den Neuanfang, den Islam und die Ökologie. *(Nähere Informationen unter www.gruenhelme.de)*. Aiman Mazyek hat den „Zentralrat der Muslime e.V." mit aufgebaut.

Was ist Ihre Musik?

Musik ist Lebensstil

Musik ist mehr als ein Medium. Sie ist Teil des Lebensstils. Aus diesem Grund ist Musik für soziale Zwecke seit jeher **wichtiger Bestandteil der sozialen Öffentlichkeitsarbeit**. Dies beschränkt sich aber häufig auf Live-Musik.

Die Szene der professionellen Musiker wurde maßgeblich von **Bob Geldof mit Live Aid** geprägt. Durch ihn wurde der Gedanke populär, dass Musiker sich gemeinsam für soziale Belange einsetzen. Musiker widmen einzelne Songs Organisationen, so z.B. der BAP-Sänger Wolfgang Niedecken bei „Wie schön dat wöhr" für die „Aktion Gemeinsam für Afrika" oder die Hymne „At Your Side" von „The Corrs", für die „Aktion Mensch". Zum Teil werden Erlöse einer Organisation vermacht, zum Teil gibt es Auskoppelungen auf Benefiz-CDs – das Vorgehen ist sehr unterschiedlich. Benefizkonzerte sind jedoch noch keine eigenständige Musik einer Organisation.

WO IST RAUM FÜR MUSIK?

- Film = Video, Fernsehen, Kino
- Internet = Downloads, Stimmungsbilder mit Musik, Clips mit Musik
- Präsentation = Video, CD, DVD, Slide Shows
- Geschenk = CD mit Musik an Förderer
- Event = Live Musik, DJs, Konzerte
- Telefonschleife = Über Telefonanlage oder Audiotex-System

Musik setzt Technik voraus

Die kommerzielle Werbung verbindet Produkte mit Klangwelten. Kaum eine Organisation traut sich aber, ein **soziales Produkt mit einer festen Musik** zu verbinden. Warum eigentlich nicht? Darf dies nur Bacardi? Wenn Rum mit speziellen Rhythmen in Verbindung gebracht wird, dürfte dies auch bei sozialen Themen möglich sein. Der Grund für den bisher geringen Einsatz von eigener sozialer Musik dürfte im **technischen Aufwand** liegen. Musik setzt Technik voraus. Papiermailings können (noch) keine Musik transportieren. Nur im Fernsehen, Radio und Kino ist Musik einfach umsetzbar.

Der **Stellenwert der Musik nimmt zu**. Sie positioniert eine Organisation in einem Geschmacksumfeld. Ein Teil der Informationsrevolution ist die freie Verfügbarkeit von Musik. Download-Möglichkeiten und digitale Speicherung lassen die Einsatzschwelle von Musik fast stündlich tiefer fallen.

Musik positioniert eine Organisation in einem Geschmacksumfeld

Musik am Telefon löst GEMA aus

Jede öffentliche Abspielung einer GEMA-pflichtigen Musik zieht GEMA-Tantiemen nach sich. Dazu gehört auch das Abspielen auf Telefonschleifen oder über Internet. Gerade bei Telefonanlagen wird hier oft falsch gehandelt. Lassen Sie sich für das Internet oder Anrufbeantworter eine Musik schreiben, die GEMA-frei ist. Dann haben Sie keine Probleme mit Tantiemen.

Was ist Ihre Bildauffassung?

Was die Musik für das Ohr, sind Bilder für das Auge. Ein Bild sagt mehr als tausend Worte. Aber Bild ist nicht gleich Bild. Die Qualität positioniert Ihr Anliegen. Was wäre National Geographic ohne die Qualität der Fotos? Die **Bildauffassung filtert Gruppen**.

Bilder tragen eine Positionierung

Um eine eigene Bildsprache zu entwickeln, gibt es zwei Wege: Die Bilder werden bereits mit einer strengen Bildauffassung fotografiert oder sie werden nachträglich am Rechner bearbeitet.

Profi-Fotos pro bono

Viele Fotografen sind für kostenlose Shootings für einen guten Zweck zu gewinnen. Dies ist ein Bereich, in dem häufig pro bono gearbeitet wird.

2.7   Über Rituale und Aktionen

Wie wird aus Mitarbeitern mehr als eine Runde von Schreibtischtätern? Indem sie mehr teilen als nur Arbeitsanweisungen. Gerade soziale Organisationen können Menschen durch Rituale in die Gemeinschaft einbeziehen.

Soziale Heimat schaffen

Heben Sie sich von der Hochgeschwindigkeitsgesellschaft ab und schaffen Sie soziale Heimat.

Kameraden, Halstuch, Weihnachtsfeier

Eine freiwillige Feuerwehr rückt nicht nur zum Einsatz aus. Es entsteht Kameradschaft. Pfadfinder gehen in eigener Kluft „auf Fahrt" und haben feste Bräuche beim Lagerbau. Die Kirche lebt in einem ganzen Jahreszyklus aus Feiern und Festen.

Kennzeichen eines Rituals sind:

- Mit einem Ritus verbunden: Dies ist eine bestimmte Handlung oder die Abfolge von einigen Handlungen.

- Wiederkehrend: Das Ritual wird bei bestimmten Anlässen vollzogen.
- Symbolhaft: Der Handlung wird eine Bedeutung zugemessen.

Wie funktionieren Rituale? Rituale sind also (wiederkehrende) Handlungen mit einer Bedeutung. Sie werden durch einen bestimmten Anlass oder durch einen festen Zeitpunkt im Jahr ausgelöst.

Beispiele für **anlassbezogene Auslöser** sind:
- Abschluss einer Ausbildung
- Erlangen einer Fertigkeit oder eines Titels
- Neuzugang zur Gemeinschaft
- Erster Tag in einer bestimmten Aufgabe
- Tod eines Menschen
- Außerdienststellung, z.B. eines Schiffes
- Eine Einkehrtagung löst eine bestimmte Reinigung aus.
- Eine Presseerklärung löst ein besonderes Essen mit Journalisten aus.
- Der Transport eines Castors löst immer eine Sitzblockade aus.

Beispiele für **Zeitpunkte als Auslöser**:
- Ostern als fester Termin für eine Friedenswache
- Buß- und Bettag als fester Termin für eine politische Tagung
- 1. Mai als Anlass für gewerkschaftliche Maikundgebungen

Rituale können in zwei Richtungen wirken. Nach innen (dient der Gemeinschaft einer Organisation) und nach außen (verstärkt die Außenwirkung, indem eine Organisation erfahrbar wird). Rituale zu schaffen ist eine Aufgabe des Sozialmarketings.

**CHECKLISTE:
RITUALE**

- Was für Feste und Rituale haben Sie?
- Welche Gesten und Gebräuche verbinden Sie?
- Welche Termine sind für Sie wichtig und dürfen nicht ausfallen?
- Wie wird ein Neuer in die Gemeinschaft eingeführt?
- Wie wird jemand in ein Amt eingesetzt?
- Wie wird bei Verlusten getrauert?
- Was tun Sie, um eine Gemeinschaft zu stiften?
- Welche Marketingveranstaltung ist bei Ihnen „ritualisiert"?

Ereignisse werden Bewusstseins-Schwellen Ziel ist eine Organisation, in der es Spaß macht, dabei zu sein, in der gemeinsam gelebt, gegessen und gefeiert wird. Ereignisse rauschen nicht vorbei, sondern werden Bewusstseins-Schwellen.

2.7.1 Symbole und Symbolhandlungen

Symbole sind Zeichen, denen eine Bedeutung zugemessen wird. Symbole oder Symbolhandlungen haben einen **einfachen Charakter** und werden sofort verstanden.

Zeichen mit Bedeutung

Bekannte Symbole

- Bekannt ist die rote AIDS-Schleife. Sie wird fast überall auf der Welt erkannt.
- Oder die Armbinde von Menschen mit geringer Sehleistung. Drei schwarze Punkte auf gelbem Grund sagen: Dieser Mensch braucht Rücksicht.
- Greenpeace warf mit einem Projektor das Zeichen für Radioaktivität auf die Seite eines amerikanischen Kriegsschiffes, das mit Atomwaffen an Bord in den zivilen Hamburger Hafen einlief.
- Schon etwas abgegriffen ist das symbolische Zu-Grabe-Tragen einer Idee in einem echten Sarg.

Suchen Sie **symbolhafte Handlungen**, die mehr aussagen als Worte. Aber Vorsicht: Symbolhafte Handlungen dürfen nicht an die Stelle des Gespräches treten. Dann beenden sie einen Dialog.

Symbolhafte Handlungen dürfen nicht an die Stelle des Gespräches treten

2.7.2 Termine ritualisieren

Rituale können im kleinen Maßstab bei fast allen wiederkehrenden Terminen entstehen: ein wiederkehrendes Sommerfest, ein 12-Stunden-Lauf, ein Benefizessen – all dies kann mehr sein als ein Termin.

Der erste Schritt ist die Wiederholung. Eine wiederkehrende Veranstaltung bekommt einfacher Aufmerksamkeit als eine einzelne Aktion. Halten Sie Ihren 12-Stunden-Lauf jedes Jahr am letzten Schultag ab. Der feste Termin wird lokal zu einer Größe.

Wird ein **Ereignis** nicht nur **wiederholt** sondern **zelebriert**, wird daraus ein Ritual. Details schaffen den „rituellen" Rahmen:

Zelebrieren Sie Ihr Ereignis

- der Start mit einer symbolhaften Handlung
- die Kleidung der Anwesenden
- bestimmte Begrüßungsformen
- ein besonderes Essen
- feststehende Abläufe
- ein besonderer Höhepunkt

2.8 Über den Willen, eine Legende zu schaffen

Sie können noch einen Schritt weiter gehen. Schaffen Sie nicht nur eine Organisation, schaffen Sie eine Legende. Tun Sie Dinge, die „legendär" sind. Häufig beginnen Legenden mit der Konsequenz einzelner Menschen:

Konsequent ein Ziel verfolgen

Menschen, die legendär sind

- Karlheinz Böhms Wandel vom Schauspieler zum kompromisslosen Fürsprecher der Armen in Äthiopien führte zum Entstehen der Organisation „Menschen für Menschen".

Menschen, die legendär sind

- Jakob Christoffel ging ohne die Unterstützung seines bisherigen Arbeitgebers, der Kirche, alleine in den Orient, um dort die Not der Blinden zu lindern. Zweimal zerstörten Kriege sein gesamtes Werk. Er baute es ein drittes Mal wieder auf. Erst nach seinem Tod begann das Wachstum der von ihm begonnenen Arbeit.
- David McTaggart wurde mit seinen Fahrten der Vega in das französische Atomtestgebiet Moruroa ein Teil der Greenpeace-Legende, als er mit seinem 12-Meter-Boot 1972 und 1973 der gesamten französischen Kriegsmarine die Stirn bot.

Außergewöhnliche Leistungen sind der Nährboden für Legenden

Außergewöhnliche Leistungen sind der Nährboden für Legenden. Nicht jede Legende kann „künstlich" erschaffen werden. Aber klar ist, dass Sicherheitsdenken die Schaffung von Legenden nicht fördert. Ohne seinen Fuß auf neues Land zu setzen, wird niemand „legendär".

Eine Legende zu werden hat nichts mit der Größe, sondern mit dem **Willen zum Außergewöhnlichen** zu tun. Sie dürfen sich nicht mit dem Mittelmaß zufrieden geben. Sie können auch als Kindergarten in der unmittelbaren Umgebung einen legendären Ruf erwerben.

Hat man den Eintritt in den Olymp geschafft, ist die Luft dort oben dünn. Es bedarf harter Arbeit, nicht in die Alltäglichkeit abzustürzen. Jede außergewöhnliche Sportmannschaft kämpft um den Erhalt der außergewöhnlichen Leistung.

**CHECKLISTE:
ANSATZPUNKTE FÜR LEGENDÄRE LEISTUNGEN**

- Analysieren Sie die entscheidenden Punkte Ihrer Leistung.
- An welcher Stelle müssten Dinge anders sein, um legendär besser zu werden?
- Werden Sie in diesem einen Punkt unschlagbar gut.
- Welches Hindernis steht Ihnen im Wege?
- Was muss geschehen, damit dieses Hindernis verschwindet?

3 Von den Kunden einer sozialen Organisation

Menschen handeln anders, als man es plant

Wer im Sozialmarketing tätig ist, beschäftigt sich mit **Menschen**. Einerseits mit dem Ideal, da soziale Organisationen eine Vision haben. Andererseits aber auch mit dem realen Menschen, der nicht so reagiert, wie das Marketing es gerne hätte.

- Wie kann ich Menschen für eine Aufgabe begeistern?
- Warum ist es so schwer, Blutspender zu finden?
- Warum kaufen Verbraucher keine energiesparenden Autos?

Um Fragen wie diese zu beantworten, braucht eine Organisation eine Idee von den **Bedürfnissen ihrer Kunden**. Wer alleine von Spendern spricht und das Wort „Kunde" nie in den Mund nimmt, sollte sein Denken überprüfen.

> Nur wer seine Förderer und Klienten wie Kunden behandelt, wird in Zukunft welche haben.

Der Wandel zur echten Kundenbeziehung wird der wesentliche Sprung im Sozialmarketing der nächsten Jahre.

Zufriedene Kunden sind der Anfang des Erfolgs

Studierende werden Kunden

Am 26.01.2005 kippte das Bundesverfassungsgericht das von der Bundesregierung aufgestellte Verbot von allgemeinen Studiengebühren und beendete damit die bisher festgeschriebene Studiengebührenfreiheit für das Erststudium. Mit der Einführung unterschiedlicher Studiengebühren und dem damit wachsenden Wettbewerb veränderte sich der Umgang der Hochschulen mit ihren Studenten. Sie gewöhnen sich daran, Studenten als Kunden zu sehen, sie so zu nennen und auch so zu behandeln. Universitäten positionieren sich (wie viel Studium für wie viel Geld?), Studienberater werden in Service-Centern gebündelt, Professoren sind auf einmal erreichbar. Es wird gefragt, was für einen Nutzen die Studierenden haben. Es wird sogar so weit kommen, dass Studenten regelmäßig die Qualität der Professoren beurteilen. Dies ist in anderen Ländern schon lange Standard.

> Jeder Mensch, der von Ihnen eine Leistung annimmt oder Ihnen einen Auftrag gibt, ist ein Kunde!

Der Kundenbegriff im Sozialmarketing ist anders zu füllen als in der Konsumgüterbranche. Zu unterscheiden sind vier Kundentypen:
- Der Kunde, der versorgt wird
- Der Kunde, der nicht für Leistungen aufkommen kann
- Der Kunde, der für die Leistung anderer aufkommt
- Der Kunde, der für seine Leistung bezahlt

3.1 Die Kundensegmente

3.1.1 Kunde, der versorgt wird

Viele Organisationen erfüllen Versorgungsaufträge in Gesundheit, Pflege oder Bildung. Diese Institutionen erhalten **vom Staat festgelegte Sätze für Leistungen**. Der versorgte Mensch oder Angehörige haben meistens Beiträge in die Versorgungssysteme eingezahlt. Daher sind die Versorgten zahlende Kunden! Andere sind „Sozialfälle" (kein schönes Wort) und werden durch die Solidargemeinschaft getragen.

Pflege, Bildung, Erziehung

Versorgte haben ein **indirektes Kundenverhältnis**, da der Versorgte die Beziehung wenig steuern kann. Das Schulkind hat geringen Einfluss auf das Schulsystem, der Gepflegte hat keinen Einfluss auf das Pflegesystem.

Kunden ohne Einfluss auf das System

Meist sind es Eltern oder Angehörige, die für den Versorgten sprechen. Fehlen diese, dann stehen Versorgungsinstitutionen in der Gefahr, nicht ihr Bestes für die ihnen Anvertrauten zu geben.

Hoher Druck auf Versorgungssysteme

Mit dem Rückbau der sozialen Systeme wächst in den Versorgungssystemen die **Suche nach neuen Geldquellen**. Nur wer freie Gelder hat, kann Leistungen steigern. Der Vergleich zwischen Schulen, Krankenhäusern, Kindergärten, Pflegeheimen, Hochschulen etc. wird zunehmen. *„Wie viel Gesundheit/Bildung/Pflege bekomme ich für mein Geld?"*

Sozialmarketing heißt hier, die **Qualitäten eines Hauses darzustellen** und die Klienten, Anvertrauten, Eltern oder Angehörigen zufrieden zu stellen.

3.1.2 Kunde, der für Leistungen nicht aufkommen kann

Jeder Klient ist ein Kunde

Anders ist es mit Menschen, Tieren oder der Umwelt, die **außerhalb staatlicher Versorgungssysteme** stehen. Hier müssen nichtstaatliche Organisationen (NGOs) gänzlich **frei finanzierte Lösungen** schaffen. Der Klient kann ein Mensch in einem anderen Land sein oder ein wertvolles Biotop wie der Regenwald etc. Die Projekte der Organisation bieten Lösungen oder kämpfen um Lösungen.

Es kann sein, dass der Klient oder Angehörige einen finanziellen Beitrag geben können. In der Regel sind diese Projekte aber **finanziell unterdeckt**. Nur wenn andere Zeit, Geld und Mittel zur Verfügung stellen, kann die Lebensqualität des Klienten verbessert und erhalten werden.

Nur weil ein Klient Leistung nicht bezahlen kann, ist er nicht wertlos. Der Klient gibt kein Geld, sondern andere Dinge. Und wenn es nur das Recht ist, für eine benachteiligte Gruppe zu sprechen. Entscheidend ist:

Ob ein Ziel erreicht wird, hängt von der Zufriedenheit des Klienten ab.

Der Klient bestimmt, welche Bedürfnisse er hat. Er ist der Kunde. Wenn das Biotop trotz Pflege eingeht, ist etwas falsch gelaufen. Nur das Ergebnis, nicht der gute Wille zählt. Gerade die Entwicklungshilfe hat hier viel dazugelernt.

3.1.3 Kunde, der für die Leistungen anderer aufkommt

Spender, Förderer, Unterstützer

Förderer geben Geld für andere. Sie sichern mit einer Patenschaft die Grundversorgung eines Kindes, finanzieren mit 30 Euro eine Grauer-Star-Operation oder bezahlen mit einer Umweltaktie den Unterhalt eines Biotops.

Förderer geben als Kunde den Auftrag etwas Bestimmtes (Soziales) auszuführen. Die Aufträge können fest umrissen (zweckbestimmt) sein. Häufig wird Geld mit einem Vertrauensvorschuss gegeben. Die Organisation kann das Geld frei verwenden. Aber auch dann wird das Geld nicht frei gegeben. Die Organisation steht für ein Ziel. Der **Kunde unterstützt das Ziel, niemals die Organisation** an sich.

Kundenzufriedenheit entsteht, wenn der Geldgeber das Gefühl hat, dass sein Geld bestmöglich eingesetzt wurde. Versickert das Geld in falschen Maßnahmen oder gefällt die Ausführung nicht, wird der Geldgeber sein Geld in Zukunft an anderer Stelle investieren. Hat der Geldgeber das Gefühl, dass eine Organisation gute Arbeit leistet, gibt er das Geld gerne.

Ist mein Geld gut angelegt?

Abbildung 3: Wie vermitteln Sie Ihren Kunden den Nutzen Ihrer Arbeit? Hier eine Arbeit für die Rheuma-Liga. Agentur: Steinrücke+ich (siehe auch www.steinrueckeundich.de)

3.1.4   Kunde, der für Leistungen bezahlen kann

Viele Menschen leiden keine Not, sie verfügen über genug Geld, um für Leistungen zu zahlen. Jede Einnahme erhält die Liquidität einer Organisation. Menschen interessieren sich für neue Lebenseindrücke, alternative Reisen, Bücher und andere Produkten mit sozialer Qualität.

Beweger, Konsumenten, anders Denkende

Eine Organisation kann den eigenen Namen nutzen, um Marktsegmente zu erschließen. Die Vermarktung unterliegt dann den gleichen Spielregeln wie kommerzielles Marketing. Preis und Leistung müssen stimmen. Für einen **sozialen Mehrwert** kann es einen **Preisaufschlag** geben. Aber der hat Grenzen. Es braucht eine saubere Auslieferung.

Neue Produkte müssen den Umsatz aufrechterhalten. Wer hier kaufmännisch falsch handelt, verliert Geld. Trotzdem wird dies in Zukunft einer der wichtigsten Bereiche, um neue Geldquellen zu erschließen. Mit **klaren Produkten** können Menschen einfacher bewegt werden. Mit einem **guten Ruf** haben Sie einen **Wettbewerbsvorteil**.

Sozialer Konsum

Sie können von vornherein gewinnorientierte neue Servicebereiche aufbauen. Die Begriffe **Ökoprofit** und **Sozialprofit** sind erlaubt. Profitcenter verbreitern den Einnahme-Mix.

> **Planen Sie Profit-Center**
>
> Wenn Sie z.B. ein Naturzentrum bauen, überlegen Sie, wie Sie dieses Zentrum kostendeckend bewirtschaften. Nehmen Sie lieber etwas mehr Geld in die Hand, planen Sie gründlich, erhöhen Sie die Attraktivität und die Eintrittspreise und versteuern Sie diesen Bereich so, als wenn Sie jedes Jahr neu Spenden für das Zentrum werben müssten.

Keine Spendengelder für den Ausgleich von Fehlentscheidungen

Vorsicht: In Wirtschaftsbetrieben dürfen keine Spendengelder dafür verwendet werden, Fehlentscheidungen auszugleichen. Bei einem Minus in der Kasse bleibt nur – wie sonst auch in der harten Marktwirtschaft – der Gang zum Insolvenzrichter.

> **SPRACHREGELUNG IN DIESEM BUCH**
>
> Spender und soziale Klienten wie Kunden zu sehen, ist wichtig. Soziale Organisationen müssen weitere, neue Austauschformen entwickeln, bei denen Förderer und Klienten in die Prozesse einbezogen werden. Spender in diesem Buch grundsätzlich nur noch Kunden zu nennen, würde die Verständlichkeit erschweren. In der Regel stehen die Begriffe in diesem Buch deshalb wie folgt:
> * Patient/Klient = benötigt Leistungen
> * Spender/Förderer = finanziert für andere Leistungen
> * Mitglied = finanziert Verein, bekommt Leistungen
> * Kunde = bezahlt einzelne Produkte oder Leistungen
> Grundsätzlich steht für jeden Austauschpartner im Marketing aber der Begriff Kunde. Weil diese Bereiche zunehmend verschwimmen, greifen die Begriffe häufig ineinander.

3.1.5 Unterschied zwischen Konsum- und Sozialmarketing

Soziale Arbeit kann nur selten Profit abwerfen

Soziale Arbeit unterscheidet sich trotz des Kundenbegriffes wesentlich von der freien Marktwirtschaft. So gut wie immer gibt es Kräfte, die eine Organisation zwingen, eine **Arbeit gemäß bestimmter Anforderungen** zu tun:
* Eine Katastrophe oder ein Unfall zwingen uns eine Gesetzmäßigkeit auf.
* Eine Krankheit wartet nicht, sie verlangt sofortiges Handeln.
* Der Klient reagiert nicht auf unsere Programme (Ablehnung).
* Der Gesetzgeber erzwingt, dass Klienten in einer bestimmten Weise versorgt werden.
* Der Gesetzgeber erzwingt, Gelder unmittelbar zu verwenden.
* Die Kultur eines anderen Landes verhindert Lösungen.
* Korruption und Gewalt stellen sich in den Weg.

Kommerzielle Unternehmen optimieren den Gewinn

Ein privater Unternehmer umgeht diese Probleme. Kunden, die nicht zahlen, werden aussortiert, Medikamente, die kein Geld bringen, werden einfach nicht entwickelt, Gebiete, die riskant sind, werden nicht versorgt. Dadurch wird der Gewinn optimiert.

Die gemeinnützige soziale Organisation bleibt mit ihrem Auftrag im **finanziellen Verlust** stehen. Sie will einen „unrentablen" Klienten nicht abschieben. Sie versorgt chronisch unterdeckte Bereiche und ist per Gesetz verpflichtet, Spendenmittel unmittelbar auszugeben. Daher sind gemeinnützige Organisationen **auf den guten Willen anderer angewiesen**. Sie brauchen ständigen Nachschub an Geld, neuen Ideen, Sachspenden oder anderen Hilfen.

Soziale Unternehmerschaft heißt trotzdem eine **höchstmögliche wirtschaftliche Freiheit** zu entwickeln. Als Greenpeace teilweise von Strukturen des „Gegners" lernte (Holdingstrukturen), geschah dies mit dem Ziel, in allen Ländern möglichst unangreifbar handeln zu können.

Soziale Unternehmen können ebenfalls profitable Bereiche aufbauen

Soziale Kreativität beginnt mit der Rechtsform und nutzt jeden Weg, um das gesteckte Ziel bestmöglich zu erreichen. In Zukunft werden sich soziale Organisationen nicht nur als „Nehmer" aufstellen. Zunehmend werden Organisationen **ihr Fachwissen und ihre Kompetenz vermarkten** und daraus wirtschaftlich gedeckte Angebote entwickeln. Warum sollten soziale Organisationen nicht mit ihrem Ruf Angebote auch im profitablen Sektor aufstellen? Bessere Reisen organisieren, bessere Hotels bauen, bessere Lebensmittel herstellen, bessere Seminare anbieten etc.? Mit entsprechenden Rechtsformen ist dies möglich.

3.2   Wann spendet ein Mensch?

Ohne aktive Ansprache kein Erfolg

Ein Geschäftsmann spielt jahrelang mit einem Freund, der ein großes Unternehmen hat, Golf. Sie sprechen nie über Geschäfte. Eines Tages bekommt der Geschäftsmann mit, dass der Freund einen Auftrag an seinen Konkurrenten vergibt. Bei der nächsten Golfpartie fragt er verstimmt: „Warum hast du diesen Auftrag nicht mir gegeben?" Sein Freund lächelt ihn an und sagt: „Du hast mich nicht gefragt."

Eine Spende ist in vieler Hinsicht besonders. Der Geber hat keinen unmittelbaren Nutzen von seiner Gabe, der **Nutzen ist indirekt** (emotional, innerlich, ethisch). Fundraising ist notwendig, da die meisten Menschen einen Impuls brauchen, um sich zu engagieren. Sie reagieren eher, als dass sie aktiv handeln.

Eine Spende braucht einen Impuls

Würden Menschen von allein spenden, bräuchte es kein Fundraising.

Wenn eine Organisation abwarten würde, dass Spender sich von alleine melden, wäre keine beständige Arbeit möglich. Dabei stellt sich eine Reihe von Fragen:

- Wie muss ein Mensch angesprochen werden, damit er spendet?
- Welche Spendenhöhen können wo abgefragt werden?
- Wie viel Geld muss investiert werden, bis jemand spendet?

- Warum entscheidet sich jemand für die eine Organisation?
- Wie kommt es zu einer Spenderbindung?
- Wie entwickeln sich Beziehungen?

3.2.1 Das Produkt zieht den Spender oder Kunden

Lassen Sie sich von Ihrem Frisör den Wasserhahn reparieren?

Der Auftrag des Spenders oder Kunden wird von der Organisation selbst ausgelöst.

> **Würden Sie sich von einem Klempner die Haare schneiden lassen?**
>
> Niemand geht zu einem Frisör und erwartet von ihm die Reparatur eines tropfenden Wasserhahnes. Indem der Frisör sich als Frisör positioniert, werden an ihn nur bestimmte Anliegen herangetragen: ein Haarschnitt, eine Stylingberatung, eine Dauerwelle. Dieses Marketinggesetz ist unumstößlich, auch wenn man das Angebot erweitert. In Hamburg gibt es Frisöre, die Angebote kombinieren. Cut´n Cruise ist zum Beispiel ein Frisörladen mit integriertem Reisebüro. Hier kann man sich die Haare schneiden lassen und zugleich eine Reise buchen. Trotzdem bleibt die alte Marketing-regel bestehen: Der Kunde beauftragt das, was dort angeboten wird. Also entweder einen Haarschnitt und/oder eine Reise. Niemand ruft dort wegen eines tropfenden Wasserhahnes an. Dafür ist weiterhin der Klempner zuständig.

Das Angebot ist die Positionierung

Das **Angebot** steuert die Nachfrage. Wenn der Spender oder Kunde weiß, wofür eine Organisation steht, wird er sich wegen dieser Angebote an sie wenden. Der Spender denkt sich für eine Organisation keine neuen Pro-dukte aus. Er reagiert auf die Projekte. Wenn die Kindernothilfe Kinder-patenschaften anbietet, wird ein Spender niemals der Kindernothilfe Geld für den Schutz von Walen anvertrauen.

Dies heißt für das Marketing: Erwerbe ich mir den Ruf, **für eine spezielle Aufgabe ein guter Anbieter** zu sein, kann ich mit einer gezielten Nachfrage rechnen. Noch besser ist ein **Alleinstellungsmerkmal**: Ich bin der einzige Anbieter bei einem bestimmten Problem. Bei Gesundheit und Bildung wird dies immer wichtiger: Auf welchem Gebiet gibt es eine Spezialabteilung, die andere nicht in dieser Qualität haben? Welches Bildungsangebot besteht spe-ziell für Hochbegabte, Lernschwache, musisch Orientierte usw.?

Wechselspender wählen aus dem aktuellen Angebot aus

Dabei ist es nicht so, dass alle Menschen eine fertige Spendendisposition oder Kaufdisposition haben. Viele Menschen sind wie beim Shopping unterwegs, lassen die Angebote auf sich wirken und wählen das für sie Interessanteste aus. Die Zahl der festen Unterstützer wird kleiner.

Die **„Wechselspender"** sind ebenso über das konkrete Angebot zu erreichen. Sie reagieren, wenn ihnen ein Projekt relevant und attraktiv erscheint. Also steuert auch dort das Produkt die Nachfrage. Sie können diesen Prozess von zwei Seiten aus sehen:

- der Kunde sucht sich das zu ihm passende Produkt
- das Produkt sucht sich die zu ihm passenden Kunden

Viele Kreative mühen sich um Details. Sie feilen an Headlines, suchen nach optimalen Fotos und texten mit spitzer Feder. Dabei gibt es auf die Frage, wie man den Kunden oder Spender gut anspricht, nur eine Antwort:

Ich spreche ihn mit dem richtigen Angebot an.

Also müssen Sie voraussehen, was Interessenten wollen, und das dazu passende Produkt auflegen, oder Sie entwickeln ein starkes Produkt und gehen davon aus, dass sich dafür genug Interessierte finden. Wenn Sie mit dem falschen Angebot an jemanden herantreten, wird er nicht reagieren. Daher stehen immer an erster Stelle die Fragen:
- Wofür soll der Spender Geld geben?
- Was soll der Förderer fördern?
- Wofür soll sich ein Freiwilliger melden?
- Was soll ein Kunde kaufen?
- Warum soll sich ein Patient bei Ihnen operieren lassen?

Der Vorteil oder die Kraft der Lösung muss überzeugen. Die **Klarheit eines Angebotes** ist Erstoption eines stimmigen Marketings. Welches Produkt ist am interessantesten für meine Stammspender? Welche Aktion spricht Wechselspender an? Auf welches Thema reagieren Katastrophenspender? Was sind die am meisten bestellten Produkte im Programm?

Für wen entwickle ich ein Angebot?

Erst nach der Klärung des Produktes geht es an die Kreation. Ab dann spielen Texte, Bilder und Details eine Rolle.

3.2.2   Die Spenderpyramide

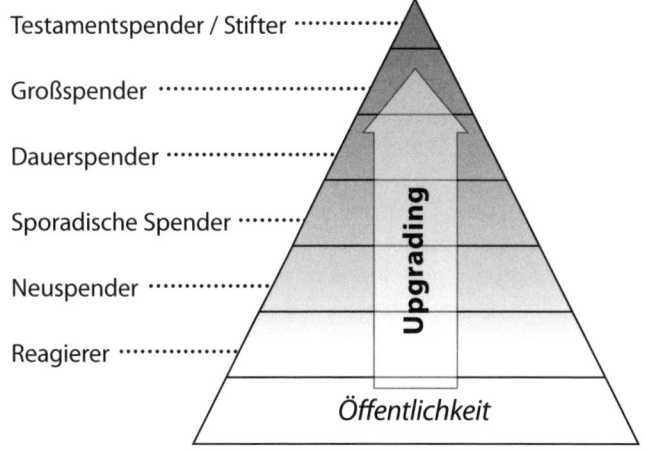

Abbildung 4

Im Fundraising wird häufig über die so genannte Spenderpyramide argumentiert. Sie stützt sich auf Beobachtungen, die zum ersten Mal von dem italienischen Volksökonom Pareto benannt wurden. Er stellte

Wenige tragen die Arbeit maßgeblich

fest, dass in einer Volkswirtschaft die Vermögen unterschiedlich verteilt sind. Meist im Verhältnis 20 : 80. Dies heißt: 20 % der Bevölkerung halten 80 % des Volksvermögens. Dieses Verhältnis findet sich interessanterweise auch in vielen anderen Prozessen wieder: 20 % der Reklamationen erzeugen in einer Firma 80 % der Servicearbeit. 20 % der Kunden sorgen für 80 % des Umsatzes. Ähnlich ist es auch meist im Haushalt einer Organisation.

> **In vielen Organisationen stellen 20 % der Spender 80 % des Spendenvolumens.**

In der Spitze der Pyramide finden sich wenige Förderer, die durch ihre Beiträge die Organisation maßgeblich stützen. Dieses Verhalten zeigt sich nicht nur in großen Organisationen. Auch in kleinen Vereinen zeigen meist einige wenige Personen ein überdurchschnittliches finanzielles Engagement.

3.3 Verschiedene Geldströme im Sozialmarketing

Sicherheit entsteht durch einen breiten Einnahme-Mix

Ein kluges Unternehmen vermeidet die Abhängigkeit von einem einzigen Kunden. Wenn der Kunde geht, stirbt das Unternehmen. Dieser Grundsatz der **Risikovermeidung** gilt auch für soziale Organisationen. Große Abhängigkeiten von einer Einnahmeart schaffen Risiken.

So verbreitern gemeinnützige Organisationen den Einnahme-Mix:
- breite Streuung über unterschiedliche Spendertypen
- unterschiedliche Mitgliedsprogramme, Fördervereine
- zusätzlicher Aufbau wirtschaftlicher Einnahmen
- viele Kooperationen, Partnerschaften, Sponsoring
- ständige Suche nach Fördermitteln, Stiftungsmitteln
- Großspenderprogramme, Capital Campaigns, Testamentspenden

So verbreitern Sie den Mix von Profitcentern:
- Erweiterung des Kundenstammes
- Erweiterung der Angebots- oder Produktpalette
- mehr Standorte (Franchising, Lizenzen, Expansion)
- viele Kooperationen

3.3.1 Annual Fund oder Capital Campaign

Worauf kann eine Organisation zählen?

Spenden können nicht eingefordert werden. Daher besteht die Unsicherheit, ob das Ergebnis des Vorjahres wiederholt werden kann. Um im Fundraising besser planen zu können, unterscheiden amerikanische Fundraiser zwischen:
- Annual Fund
- Capital Campaigns

Annual Fund

Der Annual Fund ist ein **einigermaßen sicheres jährliches Spenden-aufkommen** aus einer breiten Basis von normalen Spendern oder Mitgliedern eines Vereines.

Um den Annual Fund zu stabilisieren, helfen vor allem wiederkehrende Geldströme:
* Mitgliedsbeiträge als Jahresbeitrag oder Monatsbeitrag
* Patenschaftsmodelle mit monatlicher Abbuchung
* Projektspenden, die mit einer festen Laufzeit monatlich abbuchen
* Dauereinzugsermächtigungen

Je höher der Anteil der Einzugsermächtigungen ist, umso sicherer steht der Annual Fund.

Capital Campaign

Capital Campaigns sind dagegen Kampagnen, bei denen **einmalig für ein fest umrissenes Projekt in einer bestimmten Zeit** (z.B. 2 Jahre) eine hohe Geldsumme gewonnen werden soll. Dies kann z.B. für den Bau eines Hauses oder für die Gründung einer Stiftung sein. Jedes größere Investitionsobjekt eignet sich für eine Capital Campaign.

Kontinuierlicher Geld-strom oder einmalige Zuwendung?

Bei Capital Campaigns spielen Großspender eine wichtige Rolle. Ist das Investitionsziel erreicht, endet die Campaign. Aus diesem Grunde kann eine Organisation nicht ohne einen Annual Fund leben.

3.3.2 Fördergelder, Stiftungsgelder, Bußgelder

Am einfachsten wäre es doch, wenn man gar kein Marketing betriebe und gleich zur Kasse ginge, z.B. zum Staat. Dort gibt es zwar immer weniger Gelder – nach wie vor fließen dort aber die größten Geldströme. Was gibt es zusätzlich für alternative Finanzierungsquellen?

Wer vergibt Geld?

3.3.2.1 Fördergelder vom Staat oder der EU

Die meisten Gelder im sozialen Sektor werden vom Bund, den Ländern oder den Kommunen ausgeschüttet. Über 60 % der sozialen Mittel stammen in vielen Bereichen des dritten Sektors aus Mitteln des Staates und damit letztlich aus Steuereinnahmen.

Unterschieden wird zwischen öffentlich-rechtlichen Verträgen mit festen Leistungsaustausch wie z.B. im Gesundheitswesen und anderen Förderungen, auch Zuwendungen genannt.

Das Feld der staatlichen Verträge und Fördermittel würde den Rahmen dieses Handbuchs sprengen. Das Gleiche gilt für EU-Fördermittel oder internationale Fördermittel. Hier gibt es eine Reihe von Programmen. Für beides wird auf das Arbeitshandbuch „Finanzen für den sozialen Bereich" verwiesen.

Fördergelder vom Staat oder der EU

Beachten Sie jedoch, dass Förderanträge auf freie Zuwendungen bei der EU oder anderen Institutionen nicht bewilligt werden müssen. Die Planung eines sensiblen Projektes sollte nicht darauf bauen.

3.3.2.2 Stiftungsgelder

Fördergelder von Stiftungen

Förderstiftungen fördern soziale Projekte. Organisationen können sich mit Anträgen um Mittel bewerben. Um Stiftungsgelder einzuwerben, brauchen Sie eine **gute Vorarbeit**:

- Recherche, welche Stiftung das Anliegen überhaupt fördern kann
- Anfrage, in welcher Form die Eingabe erwünscht ist
- Ausarbeitung eines abgestimmten Antrages

Möglich sind auch **Kooperationsgespräche**. Was für Ziele hat die Stiftung? Was kann angeboten werden, das hilft, die Ziele der Stifung umzusetzen?

Grundsätzlich geben Stiftungen am liebsten einmalige Mittel in klar umrissene Projekte. Laufende Haushaltsausgaben wie Personalkosten oder Investitionskosten für Gebäude werden seltener gefördert.

3.3.2.3 Bußgelder

Bußgelder sind nicht zu unterschätzen

Gerichte können bei einer Reihe von Delikten als Strafe die Zahlung eines Bußgeldes verhängen. Dabei können Staatsanwalt oder Richter nach freiem Ermessen eine **Organisation als Begünstige** einsetzen.

Aus diesem Grunde sind viele Organisationen bemüht, sich **für Bußgelder zu akkreditieren**. Die Aufnahme in die Bußgeldliste bei Gericht ist ein erster Schritt. Dann geht es um den Aufbau von Bekanntheit bei Zuweisern. Entgegen weit verbreiteter Meinung sind **Staatsanwälte** die

Staatsanwälte sind Hauptzuweiser

Hauptzuweiser von Bußgeldern. Richter sind nur mit knapp 15 % an den Zuweisungen beteiligt *(Dr. Kreuzer im Fachinformationsdienst „Fundraising direkt" von Oktober 2005)*.

Bußgeldmarketing versendet Mailings mit **Informationen** zur Organisation und **Arbeitshilfen** wie z.B. kombinierten Adress-Konten-Aufkleber. Dies ist aber nur eine Seite der Medaille. Wichtig ist, sich als Zuweiser zu bewähren und die damit verbundenen Verwaltungsarbeiten zuverlässig und rasch zu erledigen. Ideal wäre ein pensionierter Richter oder ein anderer kundiger Freiwilliger, der die Kontaktarbeit übernimmt.

Insbesondere lokale Einrichtungen sollten im zuständigen Gericht vorstellig werden, sie haben gute Chancen. Für weitere Informationen wird auf das Arbeitshandbuch „Finanzen für den sozialen Bereich" verwiesen.

3.3.2.4 Private Kredite und Leihgemeinschaften

Zinsen vermeiden

Zinsgünstige Kredite helfen bei großen Investitionen. Gerade beim Neubau von Gebäuden kann durch solche Darlehen die Zinslast erheblich gesenkt werden. Bei **Privatkrediten** gewähren Mitglieder aus ihrem eigenen Vermögen einen Kleinkredit.

Anders ist dies bei **Leihgemeinschaften**. Hier ermöglicht eine sozial spezialisierte Bank, wie z.B. die GLS (Gemeinschaftsbank für Leihen und Schenken), dass Förderer zusammen einen Kleinkredit aufnehmen und dieser an die Organisation ausgezahlt wird.

Kredite auf viele Schultern aufteilen

Der Vorteil dieser Lösung: Die Förderer können mit sehr kleinen monatlichen Belastungen zusammen ein größeres Kapital bewegen. Die Beteiligten in einer Leihgemeinschaft können sich gegenseitig unter die Arme greifen, wenn einer der Beteiligten einmal mit den monatlichen Beträgen in Schwierigkeiten kommt. *(Nähere Informationen gibt es dazu bei der GLS Gemeinschaftsbank eG, Bochum unter www.gls-bank.de.)*

3.3.2.5 Sozialaktie

Eine kleine, nette Idee: Die gemeinnützige Sozial-Aktien-Gesellschaft in Bielefeld hat als einzigen Zweck, durch Verkauf von Wunschaktien Einnahmen für soziale Organisationen zu schaffen. Dabei wird eine echte individualisierte **Aktie mit einem Bildmotiv** der entsprechenden Organisation zum Preis von 15 Euro verkauft. Etwa 10 bis 12 Euro gehen an die Organisation. Mit dem übrigen Geld wird der Druck der Aktien finanziert. Die Aktie hat für den Käufer nur symbolischen Wert, macht sich aber an jeder Wand gut. *(Nähere Informationen unter www.sozialaktie.de.)*

Symbolische Beteiligung

3.3.3 Sachspenden und Zeitspenden

Menschen können mehr geben als Geld: Zeit und Güter sind fast so gut wie Bargeld, wenn soziale Organisationen dafür den entsprechenden Rahmen entwickelt haben. Aber die Theorie ist einfacher als die Praxis.

Denken Sie nicht nur Geld

Fallbeispiel Ledercouch

Was passiert, wenn eine soziale Organisation eine hochwertige Ledercouch geschenkt bekommt? Die Mitarbeiter stolpern wochenlang über das sperrige Stück und sind froh, wenn das unliebsame Gerümpel verschwindet. So geschehen in einer mitteldeutschen Jugendeinrichtung mit kleinen Wohngruppen.

Die Tücke des Objektes

Einem wohlhabenden Bürger gefiel die Arbeit und er finanzierte zunächst einige Sportgeräte. Einige Zeit später rief er an und stellte eine hochwertige Ledercouch in Aussicht. Er brauche sie nicht mehr, sie würde sonst auf den Sperrmüll wandern.

Weil die Mitarbeiterin am Telefon unerfahren war, bedankte sie sich für das Angebot und stellte eine Abholung in Aussicht. Damit begann die Leidensgeschichte „Ledersofa". Zunächst war niemand begeistert, das Sofa einsammeln zu müssen. Der einzige Bus wurde für anderes benötigt. Vier Tage später gelang es mithilfe von drei Jugendlichen und einem Pädagogen, das Sofa zu holen. Es war groß und (Kommentar eines der Jugendlichen) „potthässlich". Das Sofa passte in keine der kleinen Wohnungen. Zu groß, zu alt, zu unpraktisch. Was tun? Da die Lager bis zur Decke gefüllt waren, landete das Sofa zunächst im Flur der Verwaltung. Es dauerte Wochen, bis ein Bekannter das Sofa aus Mitleid mitnahm. Unter dem Strich hatte die gute Gabe nur Probleme verursacht.

Sachspenden ohne Verwertungsweg sind wertlos

Die geschilderte Situation ist nicht selten. Angebotene Sachspenden passen häufig nicht. Ideal wäre eine hochwertige sofort verkaufbare Immobilie. Die wäre so gut wie Bargeld. Unverkäufliche Immobilien oder Wohnungsauflösungen dagegen bringen meist mehr Ärger als Verdienst.

Auch andere Probleme stellen sich in den Weg. Einem Hilfswerk wurde z.B. eine Charge echter Pelzmäntel vermacht. Kann das Werk die Stücke veräußern, ohne sich den Zorn aller Tierschutzverbände zuzuziehen? Was hätten Sie getan?

Sachspenden sind ein **ungelöstes Problem**. Nur wenige Organisationen haben es geschafft, eine Verwertung aufzubauen, die wirklich Gewinn abwirft. Dabei sind Sachspenden ein schlummernder Riese. Es ist einfacher, Menschen zur Gabe gebrauchter Güter als zur Geldgabe zu bewegen. Unterscheiden Sie in:

- Sachgüterverwertung (Sachspenden werden zu Geld gewandelt)
- Sachspenden (die Organisation bekommt benötigte Sachen geschenkt)

3.3.3.1 Sachgüterverwertung

Klassische Sachgüterverwertung

Bekannt sind **Altkleider- und Altpapiersammlungen**. Sie haben jahrelang das Bild sozialer Organisationen in Deutschland mitgeprägt. Diese Sammlungen sind nicht mehr attraktiv und werden auch von normalen Entsorgern bedient.

Bei **Altkleidern** sinkt seit Jahren die Qualität. Rüdiger Wormsbecher, Leiter der Brockensammlung in Bethel und mit 11.000 Tonnen Jahresvolumen einer der größten caritativen Kleidersammler, geht davon aus, dass nur noch 1 % der gesammelten Kleider hochwertig sind. *(Quelle: „Tragbares ist Mangelware" von Gunnar Kreutner, Download der Brockensammlung Bethel, August 2005, S. 1).*

Diese so genannte „Crème-Ware" (neue, modische, tragbare Kleidung) wurde früher mit 6 bis 4 % beziffert und spielte aufgrund der guten Veräußerbarkeit eine wichtige Rolle bei der Gewinnerzielung. Die Restsummen bei der Altkleidersammlung betrugen: **40 % tragbar**, aber nicht modisch. **40 % Lumpen** (wurden zu Putzlappen verarbeitet), **15 % Müll**.

Immer mehr Müll anstatt Ware

Diese Verhältnisse verschieben sich derzeit und der **Müllanteil wird größer**. Auch nutzen wegen steigender Müllgebühren immer mehr Menschen die Sammelcontainer, um normalen Müll loszuwerden. Dies verursacht Probleme. *(Fundierte Informationen rund um die Altkleidersammlung finden Sie unter www.fairwertung.de, der offiziellen Homepage des Dachverbandes FairWertung e.V., in dem die wichtigsten kirchlichen Altkleidersammler Informationen zum Thema geben.)*

Was in der Altkleidersammlung immer offensichtlicher wird, zeigt sich auch in anderen Bereichen: Verkratzte Skier oder andere abgegriffene Güter will niemand. Deutschland lebt im Überkonsum. Neuware zum Billigpreis ist angesagt. Und Hand aufs Herz: Würden Sie eine von unbekannten Menschen gebrauchte, technisch veraltete HiFi-Anlage ins Wohnzimmer stellen? *Kunden wollen neuwertige Ware*

Der Siegeszug von eBay ruiniert dazu die Preise. Wer kauft ein instandgesetztes gebrauchtes Musikinstrument, wenn dieses originalverpackt billiger bei eBay zu ersteigern ist? Dies entzieht vielen Ideen von Anfang an die wirtschaftliche Grundlage.

PROBLEME BEI DER SACHGÜTERVERWERTUNG

- Häufig wird Müll abgegeben.
- Lehnt man diese Stücke ab, gilt man als unsozial und hochnäsig.
- Die Aufarbeitung und Instandsetzung ist teuer und personalintensiv.
- Die Lagerung ist teurer als der Wert der Gegenstände.
- Der Abverkauf gelingt nicht aufgrund des Preisverfalles durch eBay.
- Neuware ist an vielen Ecken billiger als aufgearbeitete gebrauchte Dinge.

Trotzdem hat der Sachgüterbereich ein hohes Potenzial. Wer sich hier Nischen aufbaut, kann Finanzen erwirtschaften, die bei Spenden sonst nur durch Verdrängung anderer Organisationen zu schaffen sind. *Die ungelöste Aufgabe*

Bis heute will es nicht in meinen Kopf, dass es so **schwer** ist, **gebrauchte Güter in Geld zu wandeln**. Hier wurden bereits viele Gedanken investiert. *Viele Versuche*

action medeor, Europas größtes Medikamentenhilfswerk, begann seine Geschichte mit der Sammlung von nicht verbrauchten privaten Medikamenten in Deutschland. Diese wurden mit viel Aufwand sortiert und in arme Länder gesandt. Es stellte sich heraus, dass die Medikamente der Wohlstandsgesellschaft nicht diejenigen sind, die in armen Ländern dringend gebraucht werden. Daher lässt action medeor die Medikamente inzwischen herstellen oder kauft in großen Mengen ein. Die Wurzel des Werkes war aber eine **Überflussgüterverwertung**.

Als wir im Jahr 2000 das Charity-Portal sosocial.de gründeten, war unser Gedanke, den schlummernden Riesen Sachspende zu wecken. sosocial.de war das erste Charity-Portal in Deutschland mit dem Anliegen, **Verkaufstransaktionen zwischen Privatpersonen** zu initiieren, bei denen der **Verkaufserlös** nicht an den Verkäufer, sondern anschließend an Organisationen **gespendet** wurde. Vorbild waren die Verkaufserfolge von ricardo.de (einem Hamburger Start-up) und dem großen amerikanischen Vorbild eBay. Gearbeitet wurde mit einem Auktionsmodell. Auf dem Portal waren mehrere NPOs vertreten. Verkäufer konnten ihre Güter einstellen und den Erlös einer der Organisationen spenden. Das Projekt schaffte *Nicht alle brauchen alles* es nicht zur kritischen Masse, da der Start direkt in den Zusammenbruch der damaligen New Economy hineinlief.

DAS IDEALE VERWERTBARE SACHGUT

- verliert nicht an Wert
- braucht wenig Platz, verursacht keine Lagerkosten
- ist in ausreichender Menge in der Bevölkerung vorhanden
- hat eine große Nachfrage
- kann zu einem (für beide Seiten) attraktiven Preis verkauft werden
- Beispiele: Bücher, CDs, DVDs, Videogames, Briefmarken, Handys

---

Wenn Shop, dann richtig

Ein herausragendes Beispiel für soziale Güterverwertung sind die Oxfam Shops. Oxfam ist eine international tätige Entwicklungshilfeorganisation und hat neben Spenden die **Sachgüterverwertung über Second Hand Shops** als Finanzierungsquelle professionalisiert. Mehrere Hundert Shops gibt es inzwischen weltweit. Auch in Deutschland wächst die Anzahl der Shops, in ersten großen deutschen Städten sind sie inzwischen zu finden. Unter www. oxfam.de kann das Konzept eingesehen werden. Drei Dinge fallen auf:
- Die Shops sind professionell und attraktiv gestaltet. Die Shop-Fassaden haben nichts mehr mit Räucherstäbchen-Flair gemein.
- Die Standorte sind attraktive Lagen in Einkaufszonen mit hohem Laufpublikum.
- Das Sortiment ist gut sortiert

Arbeit für den zweiten Markt

Aussichtsreich sind auch Projekte, in denen die Verwertung zwei Aufgaben zugleich abdeckt: **Verschwendung zu vermeiden (Ressourcenschonung) und Arbeit zu schaffen**. Ein erfolgreiches Projekt ist der Hamburger Nutzmüll e.V. Das ausführliche Fallbeispiel findet sich am Ende des Buches, daher hier nur der Querverweis. Ein zweiter Erfolgsfall, das Fallbeispiel der Kindersachenbörse der Familienbildungsstätte Naumburg, findet sich ebenfalls am Ende des Buches.

FAZIT SACHGÜTERVERWERTUNG

- Modelle der Überflussgüterverwertung müssen professionell sein
- Sortierung und Lagerung wurden zum Teil ins Ausland verlagert
- Im kleinen Maßstab können Ehrenamtliche die Sortierung und den Verkauf übernehmen
- Verwertungsmodelle können mit Arbeitsbeschaffungsprojekten verknüpft werden
- Heute entscheidet die Attraktivität der angeboten Güter
- Gekauft wird nur, was gut ist

3.3.3.2 Sachspenden

Von der Verwertung ist die direkte Sachspende zu unterscheiden. Bei jedem Anschaffungsbedarf steht eine Organisation vor der Entscheidung:

Sachspenden nutzen der Organisation unmittelbar

- regulär kaufen und dafür Geld ausgeben oder
- nach jemanden suchen, der schenkt oder billiger verkauft.

> **Sachspendenaufruf für Bauarbeiten**
>
> Sachspendenaufruf des Museums-Bahnbetriebswerk Kreuzberg/Ahrweiler e.V.:
> Achtung, Handwerker und Firmen!
> Wer wäre bereit, ehrenamtlich beim Renovieren des Lokschuppens mit Rat und Tat mitzuhelfen? Welche Baufirma wäre bereit, Arbeitseinsätze oder Material zu spenden?
> Wer kann Folgendes zur Verfügung stellen:
> - Sandstrahl-Kompressoranlage
> - Original-Flex (groß)
> - Schweißanlage
> - Bau-Strom-Verteilerkasten (-Anschlusskasten)
> - Stromgenerator
> - ausgebaute alte Fenster oder Fensterglas (keine Doppelscheiben, nur einfaches Fensterglas)
> - Bagger
> - Lkw
> - Traktor

Abzuwägen bleibt, ob der Suchaufwand teurer ist als der mögliche Nutzen. Für ein Paket Büroklammern wird niemand eine Sachspende anfragen. Kauft eine Organisation ständig Büromaterial ein, bleibt die Frage zu stellen, wo die günstigste Bezugsquelle liegt. Bei teuren Anschaffungen lohnt die Frage auf jeden Fall.

Ein schöne Internetseite findet sich unter www.hamburgs-tore-zur-welt.de. Hier haben über 20 Organisationen **Sachspenden-Wunschzettel** hinterlegt. Die Seite wurde von Hamburg@work, (Förderkreis Multimedia e.V., verbunden mit der HWF Hamburgische Gesellschaft für Wirtschaftsförderung mbH) und der NMF Advertising Agency gestaltet.

Wunschzettel im Internet

Der Gedanke ist gut. Wenn die Wunschzettel noch deutlicher ins Augen springen würden und der Besucher auf einen Blick alle Wünsche nach Kategorien geordnet fände, könnte ein Interessent schnell abgleichen, ob sein Sachgut einen Abnehmer findet.

Vorsicht bei der Ausstellung von **Sachspendenquittungen**: Bei Sachspenden ist mit Zuwendungsbestätigungen vorsichtig umzugehen. Der **Vereinsvorstand haftet persönlich** für Gelder, die dem Staat verloren gehen, wenn fahrlässig inkorrekte Zuwendungsbestätigungen ausgestellt werden. Auch ist mit der **Aberkennung der Gemeinnützigkeit** zu rechnen.

Zuwendungsbestätigungen bei Sachspenden unbedingt korrekt ausfüllen

Erkundigen Sie sich vor einer Sachspendenkampagne beim Finanzamt genau über die **aktuellen Vorschriften**. Am einfachsten ist es, wenn der Sachspender gar keinen Beleg benötigt. Braucht der Sachspender eine Zuwendungsbestätigung, ist auf folgende Dinge zu achten (Stand Februar 2006):

- Es muss immer auf der Zuwendungsbestätigung stehen, ob es sich um eine Sachspende aus **Privatvermögen oder** aus **Betriebsvermögen** handelt.
- Bei **Sachspenden aus Privatvermögen** wird der Verkehrswert quittiert. Dazu muss der bestehende Zeitwert geschätzt werden. Setzen Sie den Wert nicht zu hoch an und orientieren Sie sich an Alter, Zustand und vergleichbaren Angaben aus Verkaufsanzeigen oder ähnlichen Hinweisen. Dokumentieren Sie, wie der Schätzwert zustande kam.

Auf keinen Fall den Endkundenpreis zugrunde legen
- Bei **Sachspenden aus Betriebsvermögen** kann der Unternehmer wählen zwischen dem Wiederbeschaffungswert oder dem Buchwert. In der Zuwendungsbestätigung muss stehen, welche Berechnungsgrundlage genommen wurde. Auf keinen Fall wird bei Neuware der Endkundenpreis quittiert! Da z.B. bei einem Fahrzeug die Differenz zwischen Endkundenpreis und Beschaffungspreis einige Tausend Euro beträgt, ist dies kein unwesentliches Detail. Problem: Händler geben ungern ihre Einkaufspreise bekannt. Solche Vorgänge sind absolut vertraulich zu behandeln. Am einfachsten ist es, wenn Firmen gar keine Quittung möchten. Viele Handwerksbetriebe stellen unkompliziert Gerät für einen Tag zur Verfügung und wollen dafür nur einen freundlichen Händedruck.
- **Dienstleistungen** können nicht als Sachspende quittiert werden. Angenommen ein professioneller Fotograf schießt für Sie Fotos, dann darf dieser keine Honorarrechnung als Basis für eine Sachspendenquittung vorlegen. Er kann lediglich Materialkosten ansetzen, also z.B. das verbrauchte Filmmaterial.

VIRTUELLE SACHSPENDEN

Suchen Sie nach ungewöhnlichen Sachspenden:
- Ein Beispiel sind Bonusprogramme von Fluggesellschaften. Vielflieger können bei einer Reihe von Fluglinien ihre Bonusmeilen an eine gemeinnützige Organisation abtreten. Japan Airlines fordert z.B. ihre Bonusmitglieder auf, Bonusmeilen zu Gunsten der Arbeit von UNICEF in Südostasien abzutreten. Die Fluglinie schüttet die Meilen sogar als Geldbetrag aus. Gerade für Hilfswerke, die ständig Personal in Krisengebiete fliegen, sind Flugmeilen wie Bargeld. Vermitteln Sie Vielfliegern die Idee der Meilenspende oder gewinnen Sie eine Fluglinie als Kooperationspartner.
- Suchen Sie nach anderen „virtuellen" Sachgütern wie Punkten aus PayBack-Systemen, Rabattmarken oder ähnlichen Bonusleistungen. Diese können ohne Wertverlust übertragen werden.

3.3.3.3 Tauschringe, Freiwilligenagenturen, Zeitbörsen

Trendfelder im Sozialmarketing
„Hilfst du mir, so helf ich dir." Eine ganze Reihe von Modellen versucht, in Tauschvorgänge System zu bringen. Diese Systeme sind eines der spannendsten Trendfelder im Sozialmarketing: Konkrete Angebote bringen

den Teilnehmern gleichzeitig einen hohen Nutzen. Daher können sie attraktive Grundlage für **neue Strategien** im Sozialmarketing werden.

> ## PUNKTESYSTEME SIND INTERAKTIV
>
> Alle Ranking-Systeme, die mit Zeitkonten, Punktesystemen oder anderen Verrechnungseinheiten arbeiten, eignen sich für das Internet. Datenbanken können Kontenstände optisch gut darstellen. In Tauschsystemen steckt immer auch ein hoher spielerischer Anteil. Rankings (Bewertungen durch Nutzer) werden im Internet an vielen Stellen praktiziert und sind ein bekannter Vorgang. Daher haben Tauschringe und Börsen hohes interaktives Potenzial und eine Nähe zu den neuen Medien.

Tauschringe

1979 gründete Michael Linton an der kanadischen Westküste ein soziales **Netzwerk mit Tauschoption**, in dem eine eigene Währung, der „Green Dollar", als Verrechnungseinheit eine zentrale Rolle spielte. Vor allem in der Kleinstadt Courtenay im Comox Valley (British Columbia) wurde aufgrund hoher Arbeitslosigkeit bis 1988 mit diesem System experimentiert. Er bezeichnete das Tauschsystem als LETS (Local Exchange Trading System). Dies ist bis heute der Fachbegriff in der angloamerikanischen Literatur. Im Kern steht die Idee, sich bei Geldmangel vom gesellschaftlich vorgegebenen Geldsystem zu entfernen und einen **sozial verträglicheren Austausch mit einer eigenen Verrechnungseinheit** zu initiieren.

Local Exchange Trading Systems

In Deutschland wurde die Idee als „Tauschring" bekannt. 1995 gab es etwa zehn Tauschringe in Deutschland. Ab dann schossen Tauschringe wie Pilze aus dem Boden. Nicht alle waren überlebensfähig. Heute dürfte es über 200 Tauschringe geben. Die genaue Zahl ist nicht bekannt. Es gibt keinen Dachverband, aber jährliche Bundestreffen, an denen viele der deutschen Tauschringe teilnehmen. *(Informationen über die Bundestreffen und dort erarbeitetes Material finden Sie unter www.tauschringe.org. Außerdem ist auf die Internetseite www.tauschring-archiv.de der Sozialagentur E. Kleffmann und auf die Arbeiten der PaySys GmbH in Frankfurt hinzuweisen, Internetseite www.paysys.de.)*

Freiwilligenagenturen und Zeitbörsen

Über Freiwilligenarbeit, Ehrenamt oder Volunteering steht Näheres im Kapitel Beziehungsmarketing. An dieser Stelle sei auf den Trend hingewiesen, freiwillige Arbeit über zentrale Büros professionell zu organisieren. Freiwilligenagenturen arbeiten mit Zeitsparbüchern, Punktekonten oder einfach nur mit Dienstplänen. Hier nähern sich Tauschringe und Freiwilligenagenturen, auch wenn die Wurzeln der Entstehung andere sind. Wichtiger als der Nachweis der geleisteten Zeit ist hier die professionelle Begleitung der Ehrenamtlichen.

Professionelles Volunteering

Einen monetären Gegenwert kann eine soziale Organisation Freiwilligen nicht geben. Da das so ist, muss die Begleitung und die Gestaltung der Einsatzpläne umso professioneller sein.

3.4   Die Frage des Vertrauens

- *„Es gibt achtmal so viele Bioprodukte wie wirklich angebaut."*
- *„Von dem Geld kommt doch nur ein Bruchteil bei den Kindern an."*
- *„Die Solaranlage rechnet sich doch nie. Das ist Geschäftemacherei."*

Blockade durch Misstrauen

Hat ein Verbraucher erst einmal Misstrauen, ist er gegenüber Argumenten nur noch begrenzt aufgeschlossen. Marketing muss verstehen, wie Menschen zu Angeboten Vertrauen gewinnen. Die Frage nach dem Vertrauen ist einfach:

> Was Sie versprechen, müssen Sie halten. Versprechen Sie niemals zu viel. Halten Sie immer alles, was Sie zusagen. Nur so entsteht Vertrauen.

Vertrauen baut auf gute Erfahrung

Vertrauen entsteht nicht über eine Garantie, sondern darüber, dass etwas sofort funktioniert. Je weniger Stress, Aufwand, Reklamationen ein Kunde mit einer Firma hat, umso eher wird er wiederkommen. Vertrauen baut sich über gute Erfahrungen auf. *„Wir haben verschiedene Autos bei uns im Fahrzeugpark. Mit dem Mercedes hatten wir nie Ärger. Mit den anderen schon."* Was für einen Wagen wird dieser Betriebsleiter erneut anschaffen? Werde ich erneut zu einem Sonderangebot greifen, wenn ich das Gerät dreimal umtauschen musste, bis ich endlich eine ordentliche Funktion hatte? **Qualitätsfirmen sind Firmen, bei denen „alles stimmt".**

Gibt ein Mensch einer gemeinnützigen Organisation Geld, hat er keine Möglichkeit, die Verwendung wirklich zu überprüfen. Das Geld geht in den Haushalt der Organisation. Unmittelbare Einsicht in die Bücher hat der Spender nicht. Wie die Gelder genau vor Ort eingesetzt werden, sagt die Organisation dem Spender. Wie kann er aber wissen, dass die Organisation die Wahrheit sagt?

Sagt die Organisation die Wahrheit?

Auch erlebt der Spender **keine unmittelbare Rückkopplung**. Er kann nicht miterleben, wie sein Geld hilft. Lassen Sie den Geber ohne Informationen, „spürt" er nicht, dass sein Geld wirkt. Früher oder später wird er misstrauisch.

Das Gleiche gilt bei Gütern mit dem Versprechen einer besonderen sozialen oder ökologischen Auswirkung. Beim Konsum kann der Käufer in der Regel diese Wirkung nicht selbst erleben. Also muss er diese glauben. Glauben entsteht aber nicht von alleine.

3.4.1 Gründe für mangelndes Vertrauen

3.4.1.1 Spendenskandale

Immer wieder nutzen Betrüger Lücken im System oder den guten Willen von Menschen, um Spendengelder in die eigenen Tasche zu leiten.

Skandale nähren das Misstrauen

Der Fall des Deutschen Tierhilfswerkes

Einer der gravierendsten Fälle in Deutschland war die Millionenveruntreuung durch Wolfgang Ullrich und Komplizen im Deutschen Tierhilfswerk DTHW in den Jahren 1994 bis 1999: Über 50 Millionen DM wurden direkt abgezweigt. Wolfgang Ullrich, selbst aus dem Drückermilieu kommend, hatte ein undurchsichtiges Firmengeflecht aufgebaut. Von über 200 Millionen DM eingenommenen Spendengeldern wurde das meiste für Drückerkolonnen und Call Center zur neuen Gewinnung von Spendern ausgegeben. Nur etwa 7 % der Gelder gingen zur Tarnung wirklich in den Tierschutz. Die gesamte Geschichte scheint bis heute unglaublich, da dem DTHW bereits 1994 die Gemeinnützigkeit aberkannt wurde. Die Kontrollinstanzen versagten. Der luxuriöse Lebensstil von Wolfgang Ullrich fiel in Thailand auf, dass die dortige Polizei bei den deutschen Behörden nachfragte. Wolfgang Ullrich wurde für diesen Betrug 2004 vor dem Landgericht München zu einer Haftstrafe von zwölf Jahren verurteilt. Seine Komplizen erhielten Haftstrafen von achteinhalb und vier Jahren. Besonders delikat: Der Steuerberater von Wolfgang Ullrich war aktiv an dem Betrug beteiligt und kaschierte den Geldtransfer.

Ähnliche Skandale und der häufig sehr **lockere Umgang von Politikern mit Spendengeldern** haben in den letzten Jahren das Misstrauen gegenüber spendensammelnden Organisationen wach gehalten.

Gleiches gilt für besondere Produktversprechen. In Bayern wurde ein Mann verurteilt, der seine Eier mit dem Vermerk „von Hühnern aus Bodenhaltung" verkaufte. Das Problem daran: Die Hühner waren auf einem Dachboden zusammengepfercht. Im Wortsinne hatte er recht, im Produktversprechen nicht. Er verlor vor Gericht.

3.4.1.2 Enttäuschte Erwartungen

Weitere Wurzel für Misstrauen gegenüber Spendenorganisationen sind enttäuschte Erwartungen.

Aussortiert

Mir erzählte ein Geschäftsführer, dass er viel fliegt. Bei einem Flug in der ersten Klasse hätte er neben dem Vertreter eines bekannten Hilfswerkes gesessen, dieser sollte ein Katastrophengebiet inspizieren. Während des Gespräches bekam er mit, in welchem Hotel der Funktionär übernachten wollte. Es war ein teures Hotel. Das Flugticket erster Klasse und das teure Hotel gaben bei dem Geschäftsführer den Ausschlag dafür, dass er und seine Firma ab sofort kein Geld mehr an Katastrophenhilfen geben. Sie engagieren sich nur noch bei lokalen Organisationen.

Diese Geschichte hat interessante Aspekte: Der Vertreter des Werkes bekam nicht mit, wie eine Entscheidung gegen seine Organisation fiel. Eine **unumkehrbare Entscheidung**, die durch kein Marketing aufzufangen ist. Der Geschäftsführer hatte kein Problem, selbst in der ersten Klasse zu fliegen und in entsprechenden Hotels zu übernachten. Er misst mit **zweierlei Maß**.

Spender haben bestimmte Erwartungen

3.4.2   Wie schaffe ich Vertrauen?

Entscheidungen fallen in einem engen Fenster:
- Bekanntheit
- Preis/Leistung
- Vertrauen

3.4.2.1 Das Vertrauenskonto

Bekanntheit kann Marketing schaffen. Das Verhältnis von Preis und Leistung ist eine Aufgabe der Qualitätskontrolle. Stimmen die Verhältnisse? Ist die Leistung wirklich gut? Hier steckt die eigentliche **Basis für das Vertrauen**.

Das Image ist eine Summe aus guten und schlechten Erfahrungen

Hat eine Organisation mehrere Angebote, ist das Vertrauen zur Organisation quasi wie ein Bankkonto. Auf diesem liegt ein Guthaben. Der Nutzer hatte gute Erlebnisse mit dem letzten Angebot und ist nun gespannt, was im neuen Angebot steckt. Erlebt er das zweite Angebot ebenso positiv, wächst das Guthabenkonto. Ist das zweite Angebot ein Flop, sinkt das Guthaben.

Das **Image** ist eine Summe aus guten und schlechten Erfahrungen. Wie viele negative Erfahrungen kann eine Organisation im Image verkraften? Wenige. Gehen Sie einmal von einem Fehler bei 1.000 Vorgängen aus. Es gibt große Unternehmen, die sich diese **Fehlerquote** im Dienstleistungssektor als Ziel gesetzt haben (z.B. Hotels).

Würden Sie auf 1.000 Vorgänge nur einen Fehler produzieren, hätten Sie ein starkes Vertrauenskonto; wenn nach 999 Vorgängen ein Fehler kommt, wäre dies nicht relevant. Je höher die Fehlerquote ist, desto eher ist eine Organisation ein „Saftladen".

Neben diesen grundlegenden Dingen braucht es einen angemessenen und transparenten Auftritt.

Angemessene Repräsentation

Schwieriger Mittelweg

Dieser Punkt wird nie ganz eindeutig geklärt werden können. Was für ein Auto darf der Direktor eines diakonischen Krankenhauses fahren? Was für ein Gebäude darf die Organisation als Geschäftssitz haben? Was für Gehälter zahlt eine Einrichtung?

Entwickeln Sie ein Gefühl, was angebracht ist. Es ist der schwierige Mittelweg zwischen **professioneller Ausstrahlung** und der **richtigen Bescheidenheit**.

Veröffentlichung des Jahresberichtes

Verzichten Sie nicht auf den Jahresbericht

Zum guten Ton im Sozialmarketing gehört die Veröffentlichung der genauen Haushaltszahlen im **Jahresbericht**. Hier wird verständlich aufgeschlüsselt, welche Gelder eingenommen und wofür sie ausgegeben wurden. In den USA sind die Jahresberichte vieler Organisationen im Internet abrufbar.

Der Jahresbericht ist einer der besten Möglichkeiten aufzuzeigen, wie viel Ihre soziale Arbeit wert ist. Ein guter Jahresbericht schafft Vertrauen. Es ist ein Kommunikationsinstrument erster Güte. Bestandteile sind:

Ein Jahresbericht ist ein gutes Kommunikationsinstrument

- verständliche Übersicht der Gesamtfinanzen
- exemplarische Darstellung, was bestimmte Geldsummen konkret bewirken
- Qualitätsstandards Ihres sozialen Angebots

Externe Prüfungen

In einem Jahresbericht kann viel stehen. Wann glaubt ein Spender den Zahlen? Die Organisation zeigt durch Öffnung der Bücher und externe Kontrollen, dass sie nichts zu verbergen hat.

Es ist auch sinnvoll, prominenten Botschaftern Projekte vor Ort vorzustellen. Diese berichten darüber, wie die Mittel eingesetzt werden und was für eine Dynamik das Projekt vor Ort hat.

3.4.2.2 Spendensiegel

Es gibt in Deutschland verschiedene Spendensiegel. Organisationen verpflichten sich hier freiwillig **strengen Standards bei der Mittelverwendung**. Das bekannteste Siegel in Deutschland ist derzeit das DZI-Spendensiegel.

Siegel schaffen Vertrauen

DZI – Deutsches Zentralinstitut für soziale Fragen

Das DZI-Spendensiegel gilt als die momentan umfassendste neutrale Spendenprüfung in Deutschland. Die Berliner Stiftung überprüft überregional sammelnde, gemeinnützige Spendenorganisationen. Seit 2004 prüft das DZI auch Tierschutzorganisationen, politische, kulturelle und weltanschauliche Organisationen. 2005 trugen knapp 190 Organisationen das DZI-Spendensiegel.

2005 trugen knapp 190 Organisationen das DZI-Spendensiegel

Seit 2004 gibt das DZI den Deutschen **Spenden-Almanach** heraus. In ihm werden die Organisationen mit DZI-Siegel in **Kurzportraits** dargestellt. Beliebt sind auch die **Spenden-Tipps** des DZI, die wichtige Kriterien für seriöses Auftreten nennen. *(Nähere Informationen finden Sie im Internet: www.dzi.de.)*

Deutscher Spendenrat e.V.

Der Deutsche Spendenrat mit Sitz in Bonn engagiert sich für eine neue Kultur des Spendenwesens in Deutschland. Um Vertrauen aufzubauen, gibt es eine **Selbstverpflichtung der** etwa 60 **Mitgliedsorganisationen** (Stand 04/2005).

Seit 2004 gibt es eine Kooperation zwischen dem Deutschen Spendenrat und der GfK Panel Services, um mit den Mitteln der Marktforschung (regionalen Panels ähnlich der Zeitschriften-Reichweiten) eine jährliche **„Bilanz des Helfens"** herauszubringen. *(Nähere Informationen finden Sie im Internet: www.spendenrat.de.)*

Spendensiegel der Deutschen Evangelischen Allianz

Die Arbeitsgemeinschaft Evangelikaler Missionen und die Deutsche Evangelische Allianz prüfen evangelikale Missions- und Hilfswerke und vergeben gemeinsam das Spendensiegel der Deutschen Evangelischen Allianz. Derzeit tragen etwa 35 Organisationen dieses Siegel (Stand 04/2005). Die Liste der Werke ist einzusehen unter www.ead.de/werke/zertifikate.php.

3.4.2.3 Produktsiegel

Bei der Vermarktung von ökologischen oder sozial verträglichen Gütern gibt es eine Reihe von Produktsiegeln, die in zwei Richtungen wirken:

- Auf der einen Seite geben sie Käufern Orientierung,
- auf der anderen Seite üben sie Druck auf Produzenten ohne Siegel aus.

Auch ein Siegel lebt von seiner Bekanntheit Wie eine Organisation selbst, lebt auch ein Siegel von seiner Bekanntheit. Wissen die Verbraucher, wofür das Siegel steht? Werden die Produkte mit diesem Siegel wirklich bevorzugt? Die folgende Aufzählung erhebt keinen Anspruch auf Vollständigkeit.

Das TransFair-Siegel – Bessere Chancen für die Anbauer

Das TransFair-Siegel zeichnet seit 1992 **Güter** aus, **die zu fairen Bedingungen gehandelt werden**. Ziel ist es, die Hersteller von landwirtschaftlichen Rohstoffen in Afrika, Asien und Lateinamerika angemessen zu entlohnen und zu verhindern, dass Rohstoffe zum Teil unter den Produktionskosten aufgekauft werden.

Handel unter fairen Bedingungen TransFair wird von 40 sozialen Mitgliedsorganisationen aus den Bereichen Entwicklungshilfe, Kirche, Verbraucherschutz und Umwelt getragen. Der TransFair e.V. gibt Handelspartnern Lizenzen, wenn die Produkte Fair-Trade-Kriterien erfüllen. Dazu gehören z.B. der Kauf der Rohprodukte direkt bei den Produzenten, Zahlung von Preisen über Weltmarktniveau und langfristige Lieferbeziehungen.

Inzwischen vertreiben 70 Firmen Produkte mit dem TransFair-Siegel in Deutschland *(Internetseite: www.transfair.org)*.

Umweltschutzengel – Der Blaue Engel

Förderung umweltfreundlicher Produkte und Dienstleistungen Der Umweltschutzengel ist weltweit das älteste Umweltzeichen zur Förderung umweltfreundlicher Produkte und Dienstleistungen.

Initiatoren des Umweltzeichens Blauer Engel waren die Umweltminister des Bundes und der Länder. Seit 1978 wird es von einer unabhängigen Jury verliehen und vom Umweltbundesamt sowie dem RAL Deutsches Institut für Gütesicherung und Kennzeichnung e.V. verwaltet.

Die Unternehmen kennzeichnen ihre Produkte auf freiwilliger Basis. Bei den Kriterien sind hohe Ansprüche an den **Gesundheits- und Arbeitsschutz** sowie die **Gebrauchstauglichkeit** zu erfüllen. Außerdem wird der **sparsame Einsatz von Rohstoffen** bei der Herstellung wie auch der **Gebrauch**, die **Lebensdauer** und die **Entsorgung** der Produkte berücksichtigt.

Die Kriterien des Umweltzeichens werden nicht kontrolliert, Herstellererklärungen reichen aus. Heute tragen rund 3.700 Produkte und Dienstleistungen in 80 Produktkategorien den Blauen Engel *(Internet: www.blauer-engel.de)*.

Rugmark – Teppiche ohne Kinderarbeit

RUGMARK ist ein Zusammenschluss von Produzenten, Teppichhandel und Hilfsorganisationen **gegen illegale Kinderarbeit** in der Teppichindustrie und wird seit 1999 von TransFair e.V. betreut. Die Initiative wird von Brot für die Welt, Misereor, UNICEF und terre des hommes unterstützt.

Rund 435 Teppichhersteller und Exporteure in Indien und Nepal haben heute Lizenzverträge abgeschlossen. Sie verpflichten sich, keine Kinder unter 14 Jahren zu beschäftigen, gesetzliche Mindestlöhne zu zahlen und alle Aufträge offen zu legen.

Aus Lizenzgebühren kamen bisher 1,8 Millionen Euro zusammen. Mit diesem Geld wird die Überwachung aller angeschlossenen Knüpfstühle durch unabhängige Inspektoren finanziert. Dazu gibt es **Rehabilitations- und Ausbildungsprogramme für ehemalige Kinderarbeiter**. RUGMARK überwacht zehn Jahre nach seiner Gründung in Nepal 65 % und in Indien 25 % der Teppichproduktion. *(Nähere Informationen im Internet: www.rugmark.de)*

Überprüfung durch unabhängige Inspektoren

FSC – Schutz für den Wald

Das FSC-Siegel gilt als einziges glaubwürdiges Siegel für nachhaltige Holzwirtschaft (gegen Raubbau). Die internationale gemeinnützige Dachorganisation Forest Stewardship Council (FSC) kämpft durch ökologische Standards für den **weltweiten Erhalt der Wälder**.

Das FSC-Gütesiegel garantiert dem Verbraucher, dass Holzprodukte von zertifizierten, nachhaltig bewirtschafteten Forstbetrieben stammen und dass das Holz aus zertifizierten Wäldern nicht mit unzertifiziertem Holz vermischt wird. FSC-Standards garantieren, dass die ökologischen Grundfunktionen des Waldökosystems langfristig gewährleistet werden können. Gleichzeitig wird jedoch ein Ausgleich zwischen den jeweils am Wald beteiligten Bevölkerungsgruppen gesucht. Auch gerechte und sichere Arbeitsbedingungen werden durch die Standards vorgegeben.

Weltweit haben inzwischen über 2.500 Unternehmen ein Chain-of-Custody-Zertifikat des FSC. In Deutschland sind darunter große Handelsunternehmen wie Obi, Praktiker oder Otto. Sie dürfen daher in ihrer Werbung für FSC-Produkte das Siegel einsetzen. *(Nähere Informationen unter www.fsc-deutschland.de.)* Greenpeace, Robin Wood und der WWF unterstützen das Siegel.

Produktsiegel fördern den Verkauf und schaffen Positionen

MSC-Label – Nachhaltige Fischerei

Der MSC zeichnet Meeresfische aus, die aus nachhaltiger Fischerei stammen. Der WWF empfiehlt den Kauf dieser Produkte, die das blaue Fisch-Siegel des Marine Stewardship Council (MSC) tragen.

Mit Alaska-Seelachs aus den USA wurde im Februar 2005 einer der weltweit wichtigsten Meeresspeisefische zertifiziert. Eine Liste aller in Deutschland erhältlichen MSC-Produkte sowie einen Einkaufsführer für nachhaltigen Fisch hat der WWF auf seinen Internetseiten zusammengestellt.

Biosiegel

Bei landwirtschaftlichen Produkten gibt es ein schwer zu überschauendes Gewirr von verschiedenen Bio- oder Ökosiegeln. Die Begriffe „biologisch" und „ökologisch" sind gesetzlich geschützt. Seit 2001 gibt es zusätzlich das **grüne Sechseck als einheitliches Ökosiegel**. Es entstand aus einer Einigung des Bundesverbraucherministeriums, des Bauernverbandes und großer biologischer Anbauverbände.

Artgerechte Tierhaltung und ökologische Landwirtschaft

Das Biosiegel orientiert sich an der **EU-Öko-Verordnung** und wird kontrolliert. Garantiert wird eine artgerechte Tierhaltung mit natürlichen Futtermitteln ohne Beimischung von Antibiotika oder Leistungsförderern und eine ökologische Landwirtschaft ohne chemische Pflanzenschutzmittel, Wachstumsförderer, synthetische Düngemittel und Gentechnik.

Die biologischen Anbauverbände wie **Bioland, Demeter, Biopark** etc. überwachen zusätzlich die Einhaltung ihrer eigenen Richtlinien, die oft noch über die EG-Öko-Verordnung hinausgehen. Viele Produkte tragen darum zwei Siegel.

Energiesiegel

Noch ist Platz auf dem Markt der Siegel

Im Bereich der Energiesiegel gibt es viele technische Standards, aber noch kein Siegel, das der sozialen Szene eindeutig zugeschlagen würde. Im Bereich des Stromkaufes wächst langsam das Bewusstsein, dass es nicht nur auf den Preis, sondern auch auf den Energie-Mix ankommt. Die Entwicklung bleibt abzuwarten.

ÖkoTest

Ähnlich der Stiftung Warentest hat ÖkoTest eine **marktrelevante Größe** erreicht. Eine gute Bewertung in ÖkoTest wirkt sich günstig auf das Kaufverhalten aus.

Da ÖkoTest ohne Ankündigung testet, kann eine Firma im Marketing nichts tun, um das Testergebnis zu beeinflussen. Das ist Sinn einer externen Prüfung. Die ÖkoTest Verlag GmbH belegt die Vermischung von freien wirtschaftlichen Kräften mit sozialen und ökologischen Zielen.

TEIL B

Strategie des Sozialmarketings

DARJEELING

Wie kann man im Konzert
der Großen mitspielen?

- nur eine einzige Sorte Tee
- nur beste Qualität
- nur Großpackungen
- kein Zwischenhandel
- extrem guter Preis

Das taktische Gerüst der Teekampagne

ÖKO TEST
RICHTIG GUT LEBEN

Teekampagne Darjeeling
First Flush Ernte 2003

sehr gut

Jahrbuch Essen,
Trinken & Genießen 2005

TEEKAMPAGNE

TEEKAMPAGNE

IN DER EINFACHHEIT LIEGT
DIE HÖCHSTE VOLLENDUNG

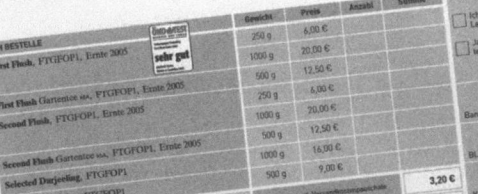

Bestellung per Telefax: 0331/74 74 717

Kunden-Nr.: 1023775

DARJEELING
TEEKAMPAGNE
Tel: (0331) 74 74 74
www.teekampagne.de

Frau
Brigitte Conta Gromberg
Reindorfer Schulweg 42b
21266 Jesteburg

	Gewicht	Preis	Anzahl	Summe
ICH BESTELLE				
First Flush, FTGFOP1, Ernte 2005	250 g	6,00 €		
	1000 g	20,00 €		
	500 g	12,50 €		
First Flush Gartentee xx, FTGFOP1, Ernte 2005	250 g	6,00 €		
Second Flush, FTGFOP1, Ernte 2005	1000 g	20,00 €		
	500 g	12,50 €		
Second Flush Gartentee xx, FTGFOP1, Ernte 2005	1000 g	16,00 €		
Selected Darjeeling, FTGFOP1	500 g	9,00 €		3,20 €
Grüner Darjeeling, FTGFOP1				

zzgl. Versandkostenpauschale

□ Ich nehme bereits am
Lastschriftverfahren teil

□ Ja, ich will am Lastschriftverfahren
teilnehmen.

Bank

BLZ

Konto

1 Die Planung im Sozialmarketing

Wie kann überhaupt im Marketing geplant werden?

Marketing ist *„die Kunst des Möglichen"*, so Al Ries und Jack Trout in ihrem Buch „Marketing fängt beim Kunden an" (Ries/Trout 1999, S. 16). Dieser Satz beschreibt sehr gut die Situation, in der Marketing- und Fundraisingverantwortliche sozialer Organisationen stehen. Entscheidend ist, was funktioniert, weniger das, was man sich wünscht.

Nun liegen hier **Theoretiker** und **Praktiker** im Streit. Die Planer wollen sich erst bewegen, wenn ein ausgereiftes Konzept vorliegt. Die Praktiker glauben an kein Konzept und probieren einfach aus, „was ankommt". Beide Sichtweisen haben ihre Berechtigung. Unterscheiden lassen sich:

- **Unterplanung**
  - es wird ständig reagiert, aber nicht wirklich geplant
  - der Alltag bestimmt das praktische Geschehen
  - die Festlegung von Details erfolgt ohne Strategie und Taktik
- **Überplanung**
  - die Organisation formuliert ständig neue Grundsatzpapiere
  - vor lauter Planung kommt es nicht zur Umsetzung
  - die Organisation hat keine vorweisbaren Angebote/Projekte

Kleine Organisationen können neue Strategien schneller umsetzen

Natürlich spielt die **Größe einer Organisation** eine Rolle. Eine Kindertagesstätte wird anders planen als eine global tätige Marke wie UNICEF. Aber auch die Kindertagesstätte sollte strategisch vorgehen. Kleine Organisationen haben in der strategischen Ausrichtung sogar Vorteile: Sie können ein Konzept schneller in der ganzen Organisation verankern als ein großer Verband, der seine Strategie auf jeden einzelnen Ortsverband herunterbrechen muss.

Unabhängig von der Größe kommt gutes Marketing aus einem ausgewogenen Zusammenspiel von **theoretischer Vorarbeit** und **praktischem Fingerspitzengefühl**. Das beinhaltet:

- **Klarheit in der Führung**
  - die richtigen Menschen auf den richtigen Positionen
  - die richtigen Strukturen für die Prozesse (dazu gehört die Datenbank)
  - das richtige Bewusstsein im gesamten Team
- **Klarheit im Vorgehen**
  - die richtige Strategie und richtige Taktik
  - die richtigen Produkte für die Strategie
  - das richtige Marketing für die Produkte

1.1 Planungsmodelle

Es gibt im Sozialmarketing eine Reihe von Planungsmodellen. Viele sind aus der Unternehmensberatung übernommen worden, wie z.B. die

SWOT-Anlayse. Im NPO-Management tauchen dazu Begriffe wie Change Management, Projektmanagement, Wissensmanagement und Innovationsmanagement auf. Wird eine große Einrichtung wie ein Klinikum auf den Prüfstand genommen, greifen Veränderungen tief in die Organisationsentwicklung ein.

Viele Planungsmodelle stammen aus der Betriebswirtschaft

Wichtig ist bei Veränderungen, dass die **Brücke zwischen der Welt der Zahlen und der strategischen Kreativität** stehen bleibt. Nur Gesamtentscheidungen führen zu neuen Qualitäten. Große Organisationen wissen, dass die gesamten Ablaufprozesse am Produkt ausgerichtet werden. Krankenhäuser müssen regelmäßig umgebaut oder neu gebaut werden, damit neue Prozesse sinnvoll im Gebäude abgebildet werden können.

Die Frage der Qualität darf nicht allein der Betriebswirtschaft überlassen werden

Wenn also das Produkt die Form der Organisation lenkt und das Marketing das Produkt definiert – wer steuert dann die Organisation? In diesem Kapitel geht es um die **praktische Planung**. Die Erfahrung zeigt, dass zu komplizierte Planungsmodelle in der Praxis nicht angewandt werden. Fangen Sie daher einfach an. Nichts ist schlimmer, als ein auf halber Strecke liegen gebliebener Reformprozess.

Eine zu komplizierte Planung stoppt den Fluss der Ereignisse.

Aus diesem Grunde steht zu Anfang das denkbar einfachste **Planungsschema**:

In der Praxis nicht zu viel auf einmal vornehmen

- Klärung des Zieles = Was soll erreicht werden?
- Festlegung der Strategie = Wie soll es (langfristig) erreicht werden?
- Festlegung der Taktik/Kreation = Was für eine Idee haben wir?
- Operative Planung = Wer tut was bis wann?

Allerdings sollten auch kleine Organisationen an einem Mindeststandard festhalten. Der Unterschied zwischen einer Planung und einem Gespräch ist einfach: Eine Planung wird **verschriftet** und setzt eine **gemeinsame Willensbildung** voraus. Ohne Verschriftung leben Sie noch in der planerischen Steinzeit, ohne gemeinsame Willensbildung in der Diktatur.

Kleine Organisationen sollten Mindeststandards einhalten

Spätestens bei komplexen Aufgaben gewährleistet eine gründliche Planung den verantwortungsvollen Umgang mit Geldern und eine entsprechende Motivation der Mitarbeiter.

1.1.1 Modifiziertes Sechs-Phasen-Modell

Es gibt mehrere anspruchsvolle Planungsraster im Sozialmarketing. Die **Fundraising Akademie** lehrt das Sechs-Phasen-Modell (Fundraising Akademie (Hrsg.), „Fundraising. Handbuch für Grundlagen, Strategie und Instrumente", S. 1241 f.). Nachfolgend wurde dieses Modell modifiziert und orientiert sich stärker an Abläufen in Agenturen.

Spezielle Planungsraster aus dem Sozialmarketing

Das Sechs-Phasen-Modell		
Das Ziel festlegen	**Erste Phase**	**Vorbereitung/Initialisierung der Aktion**
	Aufgabe	Definition der Aufgabe Was soll bis wann erreicht werden? Welches Problem gilt es zu lösen? Wo gibt es eine Chance zu handeln?
	Zweite Phase	**Erarbeitung der Aufgabenstellung**
	Organisation	**Persönlichkeit der Organisation** Ziele der Organisation / Mission Statement Positionierung der Aktion Dialoggruppen Vorhandene Kommunikationswege
Die Route erforschen	Umfeld	**Machbarkeitsanalyse** Vorstellungen und Meinungen extern Vorstellungen und Meinungen bei Multiplikatoren Vorstellung und Meinungen intern Bestehende Kooperationen Mitbewerber Schwachstellen der Aktion Sammlung von Fragen und Möglichkeiten Strukturierung der Fragen und Hypothesen (Mind Mapping) Analyse und weitere Recherchen Bilanz der Analyse (Stärken und Schwächen oder SWOT) Formulierung der endgültigen Aufgabenstellung
Den Weg festlegen	**Dritte Phase**	**Ziele und Strategie** Bestimmung der (Marketing-)Ziele Festlegung einer grundlegenden Strategie Budget Zeitplanung Klärung der Verantwortlichkeiten
Das Fahrzeug wählen	**Vierte Phase**	**Taktik, Kreation und Planung** Grundlegende Ideen und Kreation Festlegung des taktischen Vorgehens Auswahl der Kommunikationsmaßnahmen Erste Mediaplanung / operative Planung Erste Tests, ob die Annahmen stimmen Kriterien der Erfolgskontrolle Maßnahmenplan (Meilensteinplanung) Exaktes Briefing für Agenturen/Partner Angebote, Absprachen, Änderungen Rebriefing durch die Agenturen und Partner Weitere Tests. Überprüfung durch Außenstehende Kostenplanung im Detail Mediaplanung / Operative Planung Verzahnung mit Öffentlichkeitsarbeit etc. Arbeitsabläufe in der Organisation festlegen
Einsteigen	**Fünfte Phase**	**Produktion** Freigabe der einzelnen Produktionen (Aufträge) Produktion und Verteilung Buchung der Medien/Dienstleister Operative Planung (Wer macht was wann?) Qualitätssicherung (Wer kontrolliert was wann?)
Losfahren	**Sechste Phase**	Ablauf der Aktion Start der Aktion Kontrolle des Ablaufes Kontrolle des Rücklaufes Reaktion auf den Rücklauf (Follow-up) Reaktion auf Änderungen/Ereignisse (Intervention)

1.1.2   Modifiziertes Planungsmodell für Kampagnen

Das folgende Flussdiagramm für die Planung von Kampagnen entstand aus einer Mischung verschiedener Modelle. Maßgebliche Anteile haben die Planungsschritte der **Fund Raising School** (TFRS) des Center on Philanthropy an der Universität von Indiana. Diese Schritte wurden gemäß dem Konzept dieses Handbuches modifiziert und um strategische Komponenten wie z.B. von Mal Warwick (siehe Kapitel „Strategische Grundentscheidungen") erweitert.

Die amerikanische Sichtweise

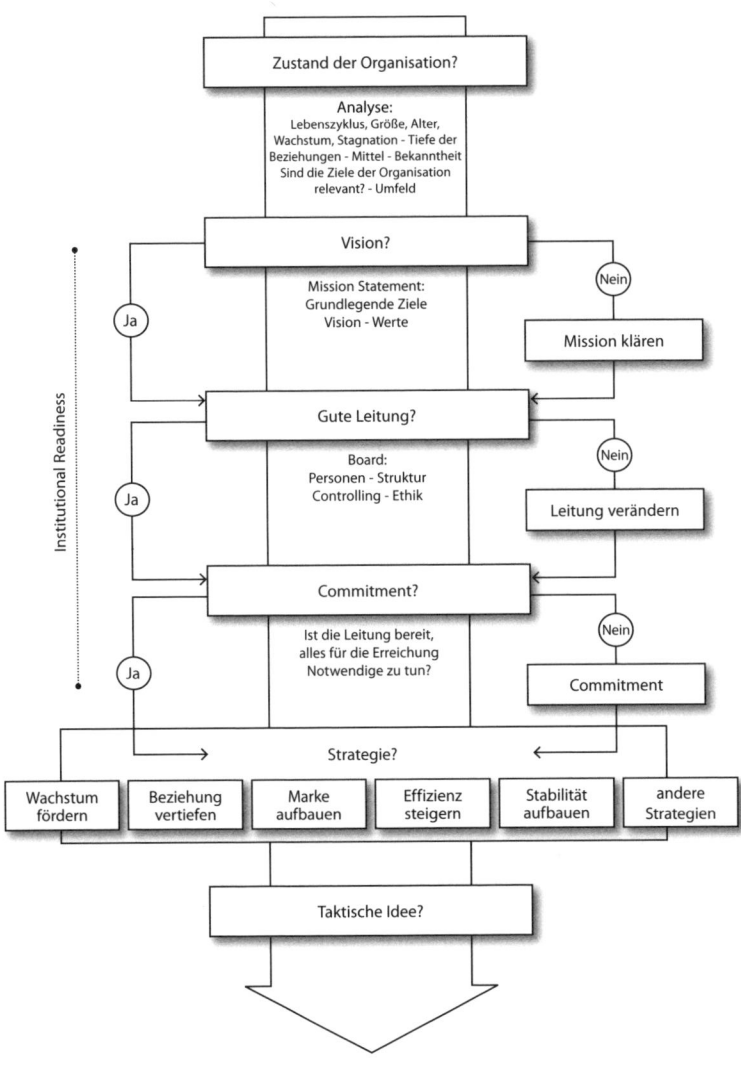

Abbildung 5 (© Conta Gromberg)

Produkt- /Projektentwicklung

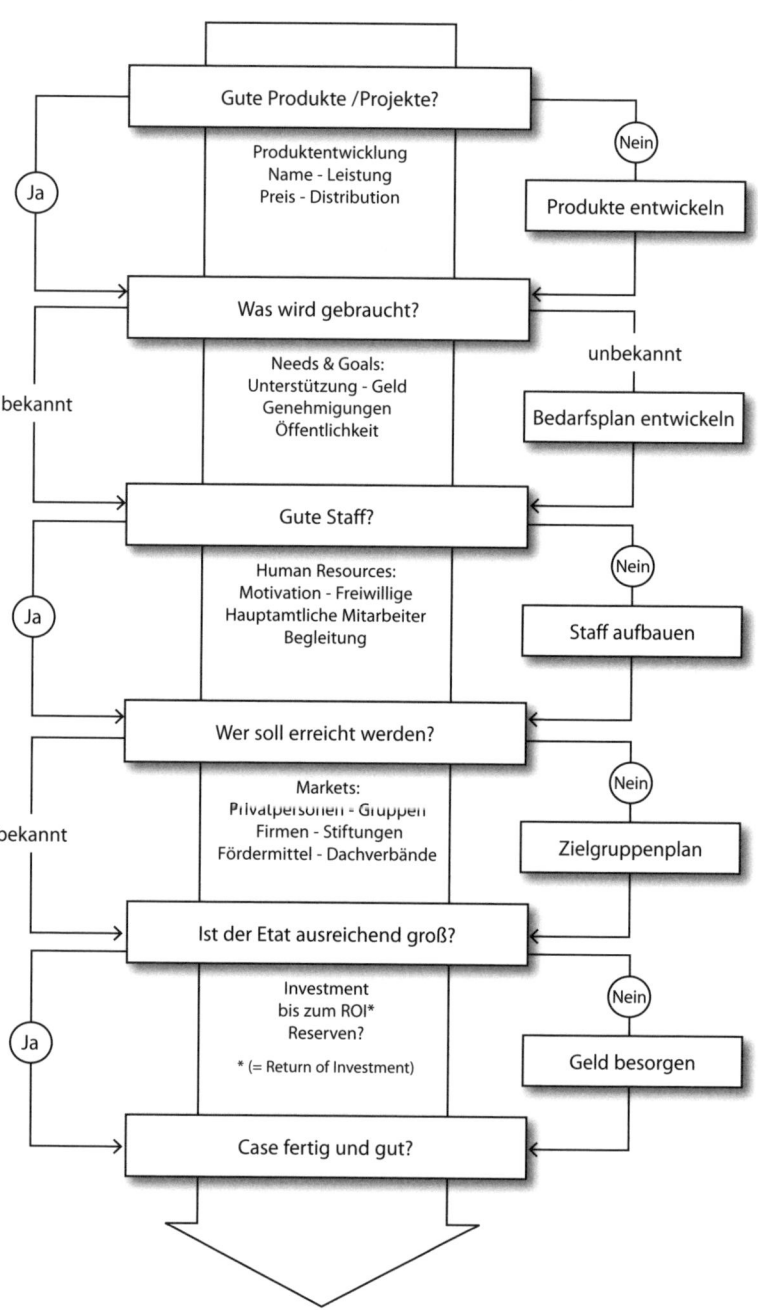

Abbildung 6 (© Conta Gromberg)

Umsetzung /Kommunikation

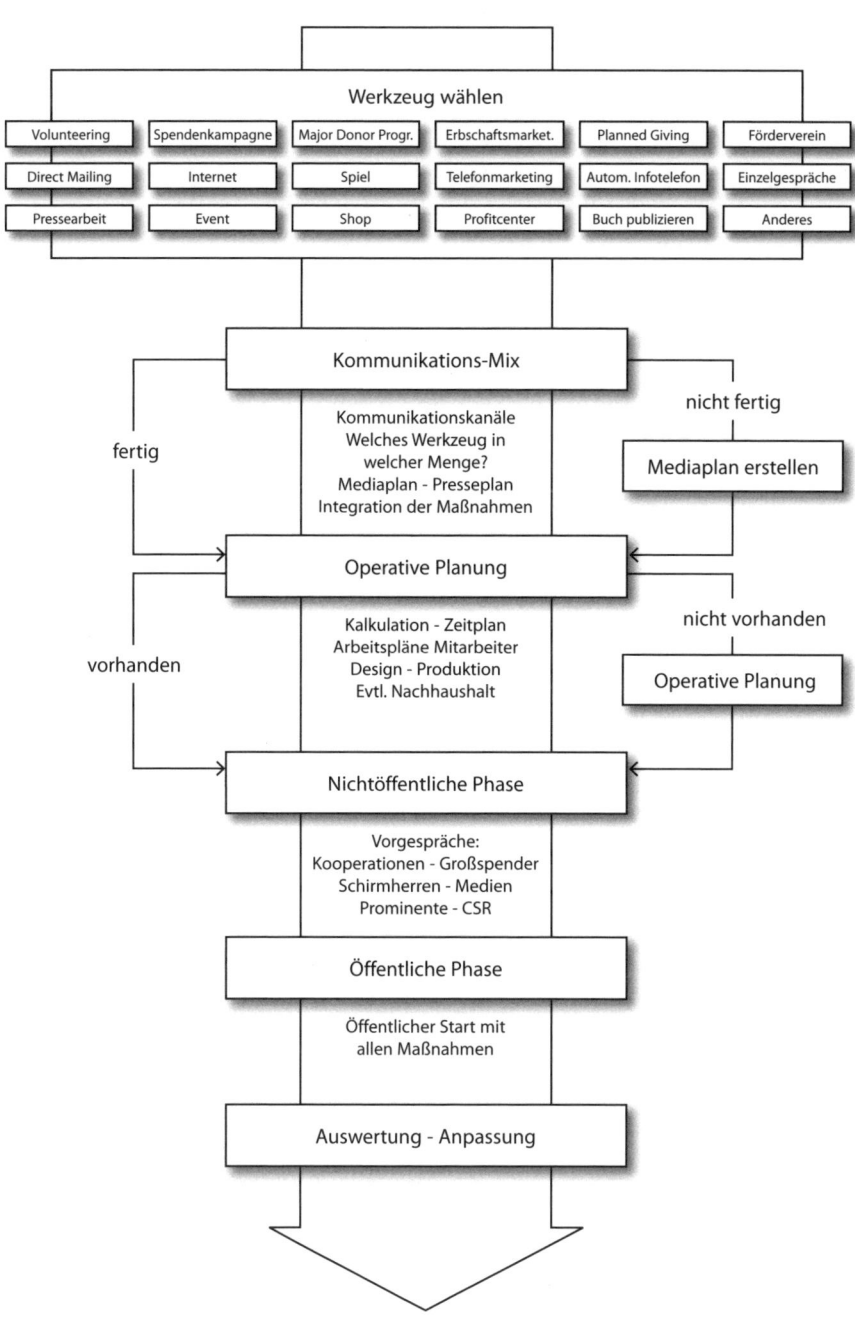

Abbildung 7 (© Conta Gromberg)

1.2   Ziel, Strategie und Taktik

Strategie ist nicht gleich Taktik

Die Begriffe Strategie und Taktik stammen ursprünglich aus dem Militär. Im alltäglichen Sprachgebrauch werden sie in der Regel nicht mehr unterschieden. *„Wir sollten eine andere Taktik anwenden"* soll meistens das Gleiche meinen wie *„Wir müssen eine neue Strategie ausprobieren"*. Strategie ist jedoch nicht gleich Taktik. Es ist sinnvoll, beides zu unterscheiden.

1.2.1   Die Unterscheidung von Strategie und Taktik

Strategie ist die grundlegende Entscheidung, welcher Weg eingeschlagen wird

Strategie ist auf ein **langfristiges (Gesamt-)Ziel** ausgerichtet. Entschieden wird, auf welchem Weg das Ziel erreicht werden soll (die Fahrtroute). Diese Entscheidung treffen die Lenker einer Organisation, im Militär die Generäle.

Taktik hingegen bezeichnet die Art und Weise, **wie das Geplante umgesetzt wird**. Taktik ist die Idee der Umsetzung. Dazu gehört, welches Werkzeug auf dem Weg genutzt wird (auch „Vehicles" oder „Instrumente" genannt). Entscheider sind häufig die Offiziere.

Taktik ist die Idee, wie die Umsetzung im Detail erfolgt

Taktik beginnt aber vor der Auswahl der „Tools". Es ist die grundlegende Idee, wie das Problem erfolgreich „geknackt" werden kann. Daher kann es sein, dass es passende Werkzeuge noch gar nicht gibt. Aus der Idee entwickeln sich die Werkzeuge. Viele kreative Impulse erfolgen auf taktischer Ebene. Über Taktik entscheiden entweder Praktiker vor Ort oder die Leitung einer Organisation. Oder anders gesprochen: Wer die beste Idee hat, steuert diese bei.

Die beste Strategie nützt nichts, wenn der taktische Schlüssel zum strategischen Schloss fehlt. Dies soll kurz am Fall von Troja aus der Sicht der Griechen verdeutlicht werden.

> **Warum Troja fiel**
> - Die Griechen haben ein Ziel: Helena soll zurück.
> - Die Griechen haben eine (männlich einfache) Strategie: Angriffskrieg. Troja stürmen. Helena befreien und zurückholen.
> - Die Griechen entwickeln im Laufe der Operation eine neue (verblüffende) Taktik: Am Anfang ist die Taktik der Griechen so schlicht wie ihre Strategie. Sie landen mit der Flotte und versuchen, die Mauern Trojas zu stürmen. Leider sind die Trojaner zu stark und haben ihrerseits eine gute Strategie (Stellungskrieg), starke Mauern und eine passende Taktik (sie kommen nicht raus). Nun ist guter Rat teuer. Daraufhin suchen die Griechen nach einer neuen Taktik: Wie wäre es mit der Idee, ein Holzpferd vor das Tor der Stadt zu schieben und in dessen Bauch Krieger zu verstecken? Könnte es sein, dass die Trojaner das Pferd in die Stadt holen und die Krieger dann das Tor öffnen? Diese von Homer beschriebene Taktik klingt so verblüffend, dass sie bis heute als „Trojanisches Pferd" in unseren Sprachgebrauch übergegangen ist.

Fehlende Strategie hat immer Folgen

Weshalb strategisches Denken? Häufiger Fehler im sozialen Marketing ist der fehlende Wille zu strategischem Handeln. Eine Nichtstrategie hat immer Folgen.

Das Marketing wird zu einer Kette von Detailentscheidungen und steht auf keiner Grundlage. Jeder neue Impuls würfelt das Bisherige durcheinander. Große Erfolge im Sozialmarketing wurden immer mit Ausdauer und guter Strategie erzielt.

Fallbeispiel: Schwarze Bürgerrechtsbewegung USA
Das Wechselspiel von Strategie und Taktik lässt sich an den historischen Erfolgen der schwarzen Bürgerrechtsbewegung in den USA zeigen. Die Bewegung erreichte 1964 die offizielle Abschaffung der Rassentrennung in den USA.

Gleiche Strategie – unterschiedliche Taktik

Die gleiche Strategie wurde in verschiedenen Situationen taktisch verschieden umgesetzt. Bis 1964 galt in den USA, dass Schwarze in Bussen nur im hinteren Teil sitzen durften und bei Bedarf für Weiße den Sitzplatz räumen mussten. Viele Cafés, Diskotheken und Geschäfte durften nur von Weißen betreten werden. 1955 entstand die schwarze Bürgerrechtsbewegung.

Erste Phase in Montgomery
- **Ziel**: Abschaffung der Rassentrennung (in Bussen). Schaffung eines Präzedenzfalles.
- **Strategie**: Ausdauernde, gewaltfreie Konfrontation nach dem Vorbild von Mahatma Gandhi.
- **Taktik**: Boykott. Die schwarze Bevölkerung hört in Montgomery auf, mit öffentlichen Bussen zu fahren. Lieber läuft man stundenlang zu Fuß oder bildet private Auto-Pools, um zur Arbeit zu kommen. Den Nahverkehrsbetrieben läuft die größte Kundengruppe weg.
- **Ergebnis**: 1956 erklärt der United States Supreme Court Alabamas Rassentrennungsgesetze als verfassungswidrig und Montgomerys öffentliche Verkehrsmittel werden „desegregated".

Zweite Phase in den gesamten USA
- **Ziel**: Abschaffung der Rassentrennung in den gesamten USA.
- **Strategie**: Ausdauernde, gewaltfreie Konfrontation (wie gehabt).
- **Taktik**: Sit-ins und Protestmärsche:
  - 1960 begannen farbige Studenten mit **Sit-ins**. Die Studenten setzten sich in Cafés für Weiße und warteten, bedient zu werden. Bediente man sie nicht, blieben sie bis zum Ladenschluss sitzen. Wurden sie verhaftet, nahmen andere Studenten ihre Plätze ein. Das Gleiche geschah an Essensausgaben von Kantinen: Wurde ein Schwarzer nicht bedient, blieb er stehen. Die Studenten trugen ihre beste Kleidung, blieben friedlich, ausgesprochen höflich und ließen sich durch Weiße nicht provozieren. Allein im August 1961 betrug die Zahl der Teilnehmer über 70.000 und es gab 3.000 Festnahmen.
  - Den zweiten Aktionsbereich bildeten **Protestmärsche**. Bei einem dieser Massenmärsche kam es 1963 in Birmingham/Alabama zu harten Zusammenstößen mit der Polizei. Die Bilder, wie unbewaffnete

Schwarze mit Hunden und Wasserwerfern gejagt wurden, gingen um die Welt.

- **Ergebnis**: Präsident Kennedy brachte eine Gesetzesvorgabe in den Congress ein, die 1964 zur Änderung des Civil Rights Act führt. Die Rassentrennung in den USA war damit offiziell aufgehoben.

1.2.2   Strategische Grundentscheidungen

Mal Warwick hat in seinem Buch „The five Strategies for Fundraising Success" grundlegende Strategien beschrieben, die helfen bei Planungen präzise zu sein. Im Folgenden sind seine Strategien modifiziert und neu nach taktischen und strategischen Gesichtspunkten geordnet.

Wachstumsstrategie (Growth)

Anzahl der Förderer vergrößern

- **Ziel**: Die Anzahl der Förderer vergrößern.
- **Strategie**: Durch breit angelegte Aktionen und Kampagnen möglichst viele neue Mitglieder oder Spender gewinnen. Erst später steht die Vertiefung der Beziehung an.
- **Taktiken**: Publikumswirksame attraktive Projekte in der Öffentlichkeit mit starker Wirkung breit streuen. Niedrige Schwelle zum Eintritt in die Organisation oder geringe Erstspende. Interessenten bekommen den ersten Schritt leicht gemacht. Kleines Geschenk beim Eintritt. Prominente Personen (Testimonials) werben für den Beitritt zur Organisation. Schnelles Follow-up.

Beziehungsstrategie (Involvement)

Beziehung zu Förderern vertiefen

- **Ziel**: Die Beziehung zu den Förderern vertiefen.
- **Strategie**: Bestehende Förderer näher an die Organisation heranholen und sie in die laufenden Prozesse einbeziehen. Durch stärkere Nähe soll eine höhere Identifikation und ein höheres Engagement erfolgen.
- **Taktiken**: Angebote, die Organisation näher kennen zu lernen. Tag der offenen Tür. Menschen für Engagement belohnen. Freiwilligenprogramme. Willkommenspakete. Club-Mitgliedschaften. Dialogmaßnahmen per Telefon. Möglichkeit, mehr Informationen über Spezial-Newsletter zu bekommen. Mitgliedern Gestaltungsmöglichkeiten geben. Umfragen. Verantwortung an die Basis abgeben. Reaktionen abfragen.

Markenstrategie (Visibility)

Bekanntheit der Organisation erhöhen

- **Ziel**: Die Bekanntheit der Organisation erhöhen.
- **Strategie**: Durch öffentlichkeitswirksame und imagetragende Maßnahmen die Bekanntheit der Organisation steigern und den Namen der Organisation bekannt machen. Wofür steht die Organisation? Woran erkenne ich sie?
- **Taktiken**: Themen in der Öffentlichkeit „besetzen". Den Namen und das Logo der Organisation an prominente Plätze bringen. PR-Kam-

pagnen. Symbolische Aktionen. Starke Events. Konfrontationen. Den Markenauftritt durch starke Grafik verbessern. Corporate Design verbessern. Der Organisation „eine Farbe geben". Die Organisation mit einer Geschichte, einer Aktion, einem Ereignis, einer Musik verbinden. Kooperationspartner suchen, die zum eigenen Charakter passen und einen mit nach oben bringen. Stark besuchte Sendezeiten oder öffentliche Plätze mit seinem Auftritt versehen. Das Logo immer wieder wiederholen. Alle Fahrzeuge einheitlich designen.

Effizienzstrategie (Efficiency)
- **Ziel**: Die Leistungsfähigkeit der Organisation steigern. Die Marketing- und Aufwandskosten senken.
- **Strategie**: Durch Verbesserung aller Abläufe bessere Leistungen bringen. Durch Ansprache von potenziellen Großspendern oder großen Marketingpartnern den Aufwand im Marketing verschlanken.
- **Taktiken**: Optimierung von Prozessen. Bessere Ausbildung der Mitarbeiter. Bessere EDV. Wechsel zu günstigeren Zulieferern. Ansprache von Großspendern, Stiftungen und Fördermittelprogrammen. Ziel, mit weniger Aufwand höhere Beträge zu gewinnen. Suche nach großen Kooperationspartnern, die einen mit an die Spitze nehmen. Einführung von Einzugsermächtigungen, Monatsbeiträgen und anderen Programmen, bei denen der Verwaltungsaufwand im Vergleich zur eingehenden Spende sinkt. Vereinfachung der Produktpalette. Vereinfachung der Distributionswege. Zentralisierung von Abläufen. Verkleinerung des Mitarbeiterstamms.

Effizient arbeiten

Nachhaltigkeitsstrategie (Stability)
- **Ziel**: Den langfristigen Bestand einer Organisation sichern.
- **Strategie**: Durch langlaufende Verträge und Bindungen das „Gewicht" einer Organisation und die Bedeutung erhöhen. Fundraisingprogramme entwickeln, die in die Tiefe der Beziehung wirken.
- **Taktiken**: Langlaufende Verträge. Wichtige Aufgaben übernehmen. Starke Kooperationen mit Staat, Kommunen oder Organisationen wie UN. Sich durch wertvolle oder historisch wichtige Gebäude im Stadtbild verankern. Stiftungen gründen. Erbschaftsmarketing. Langzeitbeziehungen aufbauen.

Langfristigen Bestand sichern

1.2.3 Wie kann ich Strategien verändern?

Kommen Sie mit Ihrer bisherigen Strategie nicht weiter, gibt es grundsätzlich drei Möglichkeiten, Ihr Vorgehen zu verändern: Sie ändern Ihr Ziel, Sie ändern Ihre Strategie oder Sie ändern die Dimension.

Veränderung des Zieles

Eine einfache Änderung Ihres Zieles verschiebt das gesamte Verhalten.

Größtes Änderungspotenzial

> **Mit einem neuen Ziel fahre ich in eine andere Richtung**
> - Ihr Ziel ist es, das beste Herzklinikum in der Region zu sein? Sie bekommen nicht die Ärzte, die Sie brauchen? Was tun? Ändern Sie das Ziel. Werden Sie die beste Klinik für Organtransplantation.
> - Ihr Ziel ist es, die größte Organisation in Deutschland zu werden? Sie tun sich schwer? Ändern Sie das Ziel. Werden Sie die größte Organisation in Hessen.
> - Ein Beispiel aus der Ökologie: Ihr Ziel ist es, Müll zu vermeiden. Ändern Sie das Ziel. Schaffen Sie Müll, der nützlich ist. So kreiert Michael Braungart, Gründer der Environmental Protectional Encouragement Agency (EPEA) aus Hamburg, Produkte, die mit guten Gewissen verbraucht werden können, da sie nützlichen Müll hinterlassen (nähere Informationen: www.epea.com).

Veränderung der Strategie

Strategien regelmäßig prüfen

Stimmt das Ziel, kann die Strategie das Problem sein. Analysieren Sie von Zeit zu Zeit Ihre Strategie. Mindestens einmal im Jahr sollte es ein strategisches Meeting geben. Passt die Strategie noch zu den Möglichkeiten und Herausforderungen Ihrer Organisation? Wenn nicht, steht eine Änderung der Strategie an.

Veränderung der Dimension

Erfolg benötigt viele Kontakte

Wenn ein Programm nicht anschlägt, kann es am Nachdruck fehlen. Haben Sie in der richtigen Größe investiert? War die Kontaktzahl ausreichend? Häufig wird die Menge der benötigten Kontakte für einen Erfolg unterschätzt. Oder die Länge der Aktion war ungenügend.

1.3   Die Angebots- und Produktentwicklung

Die kleine Münze der Planung ist das Produkt

Die große Landkarte der Planung ist die Strategie. Den Abnehmer interessiert dies jedoch nicht, er kennt Ihre Streckenführung nicht. Ein Interessent steht quasi am Wegesrand und reagiert auf die unmittelbare Begegnung. Dabei steuert die Organisation die Begegnung. Sie können nicht erwarten, dass der Interessent eine Idee hat, was Sie als Organisation wollen. Für die Information haben Sie mitunter **nur Bruchteile von Sekunden**. Sie müssen schnell klären, worum es geht. Aus diesem Grund sind alle Ziele Ihrer Programme in **einfache Handlungsoptionen** herunterzubrechen.

„Produzieren" Sie einfache Angebote

Das Ergebnis ist kein abstrakter Wille. Es ist eine klare Option mit einem Preisschild – ein Produkt.

> Am Ende der Planung muss ein für den Kunden verständliches Produkt, Angebot oder Projekt stehen.

Ist das Angebot ausgesprochen, beginnt die **kritische Phase**: Kommt es zur Annahme oder nicht?

Im kommerziellen Verkaufsgespräch wird die Annahme als „Abschluss" bezeichnet. Dies ist Gift im Sozialmarketing. Mit der Annahme eines Angebotes **beginnt eine Beziehung**. Abschlussorientiertes Denken setzt nach dem erfolgreichen „Verkauf" das Ende der Beziehung. Hier wird im Sozialmarketing gänzlich anders gedacht.

An einem Punkt gleichen sich aber die Vorgänge: Ein Spender oder Kunde fragt nur nach dem Nutzen der ihm angebotenen Lösung, entweder für sich selbst oder für einen Dritten. Deswegen ist der **Nutzen eines sozialen Angebotes zu argumentieren**. Was hat ein Mensch davon, wenn er für andere Geld gibt oder ein Produkt kauft, das „sozialer", „ökologischer" oder „nachhaltiger" hergestellt ist als andere Produkte?

Was ist der Nutzen für den Interessenten?

1.3.1   Produkt- oder Angebotsdefinition

Ein soziales Angebot unterscheidet sich von einem normalen Konsumartikel. Es hat eine zusätzliche Dimension. Ein gutes soziales Projekt bringt etwas im Betrachter zum Klingen. Es ist, als wenn man eine Glocke anschlägt und das Gegenüber die **Schwingung** aufnimmt. Wenn sich Menschen für Ihre Lösung **begeistern**, sind Sie auf dem richtigen Weg.

Ein soziales Produkt hat eine zusätzliche Dimension

> Ein gutes soziales Angebot löst eine Emotion aus.

Organisationen treten mit jedem sozialen Angebot auf einen Markt, auf dem andere parallel aktiv sind. Nehmen wir eine Kinderpatenschaft. Hier gibt es viele Organisationen mit ähnlichem Angebot. Gleiches gilt beim Konkurrenzdruck im Gesundheitswesen oder bei parallelen Spendenaufrufen im Katastrophenfall. Wer verstanden werden will, muss den Interessenten eine einfache Handlungsoption anbieten – ein **Produkt, zu dem er „Ja" oder „Nein" sagen kann**.

Ein Angebot ist eine Mischung aus verschiedenen Leistungsmerkmalen. Das Gesamtpaket führt zur Entscheidung. Eine Armbanduhr wird liegen gelassen, weil das Armband nicht gefällt. Der Kunde sieht das Angebot als Ganzes. Er hat nicht die Fantasie, sich ein anderes Armband am Produkt vorzustellen. Ein guter Berater erfragt die **Widerstände** und bietet **Alternativen**.

Verschiedene Leistungsmerkmale ergeben ein Ganzes

- Welche Leistung würde Ihre Mitglieder, Patienten oder Kunden begeistern?
- Welche Leistung würde eine positive Emotion auslösen?
- Wie muss die Mischung der Leistung aussehen, um als Ganzes attraktiv zu sein?
- Wie erfrage ich beim Interessenten Alternativen?
- Welche Handlung ist eingeübt und kann einfach abgefragt werden?

Grundsätzlich besteht ein Produkt immer aus **drei Faktoren**, ohne die das Angebot nicht klar ist:

- Dem Angebot = Was soll es bringen? (Gemisch aus Leistungsmerkmalen)
- Dem Preis = Was kostet es mich?
- Der Distribution = Wie kann ich es erhalten?

PRODUKTFAKTOREN

Die Produktfaktoren bei einer Spende
- Angebot: Teilhabe an der Veränderung einer Situation durch einmalige (mehrmalige) Unterstützung eines Projektes.
- Preis: Wie viel spende ich? Was ist mir dieses Projekt wert?
- Distribution: Was muss ich tun, damit die Spende ausgelöst wird?

Die Produktfaktoren bei einer Mitgliedschaft
- Angebot: Zugehörigkeit zu einer Organisation. Unterstützung der Ziele der Organisation. Zusatznutzen wie Mitgliedsmagazin oder Angebote eines Vereines.
- Preis: Was kostet dies pro Monat oder pro Jahr?
- Distribution: Wie werde ich Mitglied?

Die Produktfaktoren bei einer Dienstleistung
- Angebot: Eine soziale Dienstleistung.
- Preis: Wie viel kostet die Leistung? Was ist mir diese Leistung wert?
- Distribution: Wo kann ich sie beziehen/bekommen? Wie kann ich bezahlen?

Welches Detail stimmt nicht?

Wenn ein Mensch nicht reagiert, kann das verschiedene Ursachen haben: Es herrscht kein Interesse an dem **Produkt**, die **Mischung der Leistungen** stimmt nicht, der **Preis** stimmt nicht oder der **Zugang** ist zu schwer.

Was für Produkte gibt es?

So gut wie alles kann ein Produkt werden. Voraussetzung ist eine **feste eigene Identität**. Ein Produkt ist ein gleich bleibendes Angebot und nicht nur ein flüchtiges Thema. Das Angebot kann zeitlich begrenzt sein (z.B. bei einer Kampagne) oder ein Dauerangebot (z.B eine Mitgliedschaft). Aber es hat **klare Konturen**:
- eine Mitgliedschaft (Zugehörigkeit zu einer Organisation)
- eine Kampagne (eine fest umrissene Aktion mit einem Ziel)
- eine Publikation (Buch, Artikel, Hörbuch)
- eine Veranstaltung (Konzert, Basar, Gala, Präsentation, Vortrag)
- eine Patenschaft (für Kinder, Tiere, Natur, ein Gebäude)
- ein Freizeitangebot (für Kinder, für Jugendliche)
- eine Protestaktion (eine Unterschriftenaktion, eine Demonstration)
- ein Infotelefon (Beratungstelefon, Informationstelefon)

Wie gebe ich einem Produkt eine Identität?

Ein Produkt hat eine Identität und einen Charakter

Nehmen Sie ein Produkt ernst und geben Sie ihm einen unverwechselbaren Charakter. Arbeiten Sie die **Vorzüge des Produktes** heraus und weisen Sie ihm einen eigenen Auftritt zu. Am besten steht das Produkt für ein einziges Anliegen. Vermischen Sie zu viele Anliegen, sinkt die Wirkung. Zur **Identität** gehört:

- der Name des Produktes (des Projektes)
- das Leistungsgemisch des Produktes
- das Design des Produktes
- die Werte, die das Produkt transportiert
- die Emotion des Produktes
- der Preis des Produktes
- die Distribution des Produktes

Wie differenziere ich ein Produkt?

Treffen zwei ähnliche Produkte verschiedener Organisationen aufeinander, entscheidet die „Ausstattung":

Die Ausstattung positioniert ein Produkt

- **Preis** für das Produkt: Ist das Produkt günstiger? Dies ist attraktiver für Menschen, die wenig Geld haben. Ist das Produkt teurer? Dies ist attraktiv für Menschen, die Exklusivität suchen. Beispiel sind teure Gedecke bei einer Benefizgala.
- **Zusatznutzen** (Sekundärnutzen): Was erhalte ich zusätzlich zu dem Produkt? Informationen? Teilnahme an einem Event? Begegnung mit einem prominenten Menschen? Der Zusatznutzen ist bei einem sozialen Angebot meistens emotional. Fühle ich etwas, wenn ich mich hier engagiere?
- **Image der anbietenden Organisation**: Die bekanntere, attraktivere oder sympathischere Organisation gewinnt bei Gleichstand das Rennen. Daher ist die vorausgehende Geschichte einer Organisation sehr wichtig.
- **Alleinstellungsmerkmale** (USP): Fragen Sie, was an Ihrer Leistung besonders ist. An welcher Stelle handeln nur Sie so? Zu unterscheiden ist die Alleinstellung einer Organisation von der eines Produktes.

Alleinstellungsmerkmale sind starke Argumente

1.3.2 Besonderheiten eines sozialen Produktes

Aus einem Produkt wird nur dann ein soziales oder ökologisches Produkt, wenn es ein **zusätzliches Leistungsmerkmal** hat:

- eine Hilfe
- die Lösung für ein Problem
- die Anteilnahme an einer Not
- den Erhalt von etwas Schützenswertem
- eine besondere Qualität

Das soziale Angebot hat somit eine **Geschichte**. Diese Geschichte muss erzählt werden, damit der Interessent das Produkt versteht. Deswegen erwartet der Interessent:

Soziales Marketing erzählt Geschichten

- Informationen, was er durch Kauf/Spende/Teilnahme bewirkt
- intelligentes Wissen über Zusammenhänge
- Informationen über die besondere Qualität

Der Spender oder Kunde will aber noch mehr. Das Produkt steht in einem **sozialen Kontext**. Indem er das Produkt akzeptiert, akzeptiert er auch den Kontext. Wenn die Sternsinger Weihnachten vor der Tür stehen und um eine Gabe bitten, bejahe ich bei einer Spende den gesamten bürgerlichen, weihnachtlichen, zum Teil auch kirchlichen Rahmen. Ich fühle mich wohl dabei, diesen Brauch zu unterstützen, er ist Teil meiner Heimat.

Produkte stehen in einem sozialen Kontext

Über eine Handlung bekommt der Teilnehmer
- eine Beziehung zu dem sozialen Kontext: **lokale Heimat**
- **innerliche Heimat**: Er fühlt sich dem Projekt oder der Organisation verbunden.

Dieser Verbund geht verloren, wenn jemand innerlich eine andere Heimat hat. Nur wenn ein Kunde sich **mit der Geschichte des Produktes identifiziert** und den sozialen Kontext als seinen Kontext empfindet, ist er bereit
- Geld zu spenden,
- mehr zu geben bzw. zu bezahlen als sonst,
- Dauerabnehmer/Förderer zu werden.

Fähigkeit sich zu spezialisieren

Fallbeispiel: Graustaroperation der CBM
Eines der erfolgreichsten sozialen Produkte einer deutschen Organisation ist die Graustaroperation der Christoffel-Blindenmission.

Die meisten Blinden dieser Welt leben in Entwicklungsländern. Von 50 Millionen Blinden stammen 45 Millionen aus armen Ländern der Welt. Davon wären etwa 35 Millionen Menschen mit einfachen Eingriffen zu helfen. Die Christoffel-Blindenmission begann 1908 mit ihrer Arbeit, zunächst als Initiative eines einzelnen Mannes: Jakob Christoffel. Schritt für Schritt entwickelte sich die Organisation zum größten Blindenhilfswerk der Welt und genießt inzwischen Beraterstatus bei der WHO.

Das erfolgreichste Produkt der CBM ist die Graustaroperation. Der Graue Star ist die häufigste Ursache von Blindheit in armen Ländern und kann operativ sehr gut behandelt werden. 1970 wurden noch 2.000 Operationen pro Jahr von der CBM durchgeführt. Um dieses Ergebnis zu verbessern, setzte die CBM verstärkt auf die Ausbildung von Operateuren: *„Willst du Blinde heilen, operiere keine 10 Blinden. Bilde 10 Menschen aus, die operieren können. Damit schaffst du das 100-fache."* 1980 erreichte die CBM bereits knapp 70.000 Operationen pro Jahr.

1995 passierte die CBM die erste „magische Zahl" mit einer viertel Million (= 250.000 Operationen) im Jahr. Im Jahr 2000 wurde die viermillionste Graustaroperation seit Gründung über Satellit im Internet live übertragen. 2003 wurde die fünfmillionste Graustaroperation überschritten. 2004 wurde dann die Schallmauer von 555.000 Operationen in einem Jahr durchbrochen. Damit operiert die Christoffel-Blindenmission jede Minute einen Menschen am Grauen Star und über 1 Million Menschen innerhalb von zwei Jahren.

Die CBM-Graustaroperation ist in zwei Richtungen ein erfolgreiches soziales Produkt:

- Die Graustaroperation funktioniert und **nutzt dem Klienten**: Der Eingriff rettet buchstäblich das Augenlicht. Nach einer erfolgreichen Operation können die meisten Behandelten wieder sehen und ihr Leben verändert sich zum Positiven.
- Die Graustaroperation ist ein **erfolgreiches Fundraising-Produkt**.

Die Kommunikation der Christoffel-Blindenmission ist seit Jahren eindeutig: *„Mit 30 Euro können Sie das Augenlicht eines Menschen retten."*

- **Angebot**: Retten Sie einem Menschen das Augenlicht
- **Preis**: 30 Euro
- **Distribution**: Spende auf ein Konto der CBM

Der Erfolg der Graustaroperation liegt u.a. daran, dass die Leistung in ein Verhältnis zum Preis gesetzt werden kann. Der Angesprochene kann ermessen, was Blindheit bedeutet. 30 Euro sind „günstig", um diesen Umstand zu verändern. Durch die langjährige Erfahrung der CBM besteht das Vertrauen, dass der Auftrag, den der Spender gibt, gut ausgeführt wird. Die Kette ist geschlossen. Das Produkt der CBM ist glaubhaft und hat den richtigen Preis. Würde eine CBM-Operation 300 Euro kosten, wäre der Erfolg geringer.

Stimmiger Preis

Wie erfinde ich neue Produkte?

Neue Angebote entstehen aus der Beobachtung der Umgebung oder des Landes, in dem Sie tätig sind. Wenn Sie ein Problem erkennen, haben Sie in der Regel schon ein Produkt gefunden: Lösen Sie das Problem und machen Sie aus der Problemlösung ein vermarktungsfähiges Angebot.

Beobachtung ist die Voraussetzung, um kreativ sein zu können

Eine andere Vorgehensweise: Sie untersuchen Ihr bestehendes Angebot, zerlegen es in einzelne Leistungsschritte und fragen, ob ein Teil die Qualität eines Einzelproduktes hat.

Fallbeispiel Serviceangebote einer Kindertagesstätte

Eine Kindertagesstätte erlebt, wie allein erziehende Frauen und Männer ihre Kinder unter Zeitdruck „abgeben" und zu viele Dinge im Tag eines Alleinerziehenden parallel erledigt werden müssen. Das Ziel der Tagesstätte ist eine gute Versorgung der Kinder. Zufriedene und **entspannte Eltern** würden diesem Ziel helfen. Da die Alleinerziehenden ohnehin zweimal am Tag an der Tagesstätte vorbeimüssen (Kind abgeben, Kind abholen), beschließt das Team, den Eltern **Entlastungsangebote** zu machen. Es entstehen die Ideen für zwei neue Angebote:

- **Bügelservice**. Die Eltern geben morgens zusammen mit ihrem Kind ungebügelte Wäsche ab. Am Abend bekommen sie nicht nur das Kind, sondern auch die frisch gebügelte Wäsche zurück.

- **Einkaufsservice**: Die Eltern geben mit ihrem Kind eine Einkaufsliste ab. Am Abend bekommen sie einen Behälter mit den eingekauften Lebensmitteln mit.

Beide Angebote müssen nicht von den Pädagogen selbst umgesetzt werden. Die Ausführung kann an Partner abgegeben werden. Die Idee beruht auf der gleichen Taktik, mit der die Shops in Tankstellen erfolgreich wurden: Wenn jemand ohnehin aus dem Auto aussteigt, kann er ohne Mehrarbeit anderes mit einkaufen. Inzwischen erzielen viele Tankstellen mehr Umsatz im Shop als mit Benzin.

> Fragen Sie: An welchen Stellen sind Menschen ohnehin bei uns?
> Was könnten Sie dann noch erleben, tun, kaufen, bekommen?

Wie prüfe ich ein Produkt?

Interviews sind der einfachste Weg

Gehen Sie von einer Idee nicht direkt in die Umsetzung. **Bevor Geld investiert wird, testen Sie** – so weit dies möglich ist. Zunächst sollten potenzielle Abnehmer gefragt werden: Würden Sie das Angebot annehmen? Welchen Preis würden Sie für das Produkt zahlen? Das Gleiche gilt im Fundraising: Wie viel Geld wäre der Spender bereit für dieses Projekt pro Jahr (zusätzlich) zu geben? **Überprüfung und Tests verringern Risiken.**

✔ **CHECKLISTE: ÜBERPRÜFUNG EINES PRODUKTES**

- Erhöht das Produkt meine Attraktivität?
- Gehe ich mit dem Angebot in Konkurrenz zu gewerblichen Angeboten?
- Muss ich eine eigene Rechtsform für das Angebot schaffen?
- Was muss ich einhalten, damit das Angebot funktioniert?
- Kann ich das Angebot leisten?
- Was brauche ich, um das Angebot umzusetzen (Mitarbeiter etc.)?
- Könnte ein anderer die Leistung an meiner Stelle erbringen?
- Gäbe es bei dem Produkt Kooperationspartner?
- Rechnet sich das Produkt (kann ich es finanzieren)?
- Wie teuer muss das Produkt sein, damit es sich deckt?
- Wie viel sind die Abnehmer bereit dafür zu zahlen?

1.3.3 Undankbare Produkte

Nicht jedes Anliegen schafft die gleichen emotionale Bindung. Folgende Projekte sind in der Regel undankbare Finanzierungsaufgaben:

Konkrete menschliche Not sticht die Verhinderung von Not

- **Geld für präventive Maßnahmen**:
  Es ist einfacher, Geld für die Sterbebegleitung eines AIDS-Kranken zu bekommen als für eine Aufklärungskampagne in den Medien. Konkrete

menschliche Not sticht die Verhinderung von Not. Das ist ein Problem aller Präventionsverbände.

- **Geld für Vorarbeiten:**
  Es ist einfacher, Geld für das Pflanzen eines einzelnen Baumes zu bekommen als für die Vermessung eines Naturschutzgebietes. Konkrete Aktion sticht die Vorbereitung einer Aktion. *Konkrete Aktion sticht die Vorbereitung einer Aktion*

- **Geld für Dachverbände oder Personalkosten:**
  Es ist einfacher, Geld für ein konkretes Jugendtelefon vor Ort zu bekommen als für die Finanzierung des Dachverbandes aller Jugendtelefone. Konkrete Projekte stechen die Verwaltung von Projekten. *Konkrete Projekte stechen die Verwaltung von Projekten*

- **Geld für Gebäude:**
  Es ist einfacher, Geld für die Betreuung eines Kindes zu bekommen als für den Bau eines Kinderhauses. Personen stechen Gebäude. *Personen stechen Gebäude*

- **Geld für lang laufende Projekte:**
  Laufen Forschungsprojekte oder die Sanierung eines Kulturgutes über Jahre ohne sichtbare Ergebnisse, ist es schwer, Menschen wiederholt zu motivieren. Kurzfristige Erfolge stechen langlaufende Projekte. *Kurzfristige Erfolge stechen lang laufende Projekte*

- **Geld für schleichende Not:**
  Ähnliches gilt bei der Dringlichkeit der Not. Es ist einfacher, Geld für Katastrophenopfer zu bekomen als für Opfer einer „schleichenden" Not. Flutwelle sticht lang anhaltende Hungersnot. *Flutwelle sticht lang anhaltende Hungersnot*

- **Geld für „Schuldige":**
  Menschen geben am liebsten für Unschuldige. *„Die Kinder können nichts dafür."* Auch Tiere oder Opfer einer Naturkatastrophe werden als unschuldig gesehen. Bei Obdachlosen, Arbeitslosen oder der Resozialisierung von Straftätern sinkt das Verständnis. Hier soll nicht über Schuld und Unschuld diskutiert werden. **In der Praxis stechen „Unschuldige" aber „Schuldige".** *„Unschuldige" stechen „Schuldige"*

Weil es diese Gesetzmäßigkeiten (leider) gibt, müssen undankbare Aufgaben in möglichst konkrete Projekte eingepackt und – wenn es nicht anders geht – um weitere Elemente angereichert werden.

Fallbeispiel: Restaurierung des Michels

Beispiel für eine Projekt-Anreicherung ist die Sanierung des Kirchenschiffes des Michels in Hamburg: Oktober 2002 wurde begonnen, die Fassade zu sichern und von jahrzehntelanger Umweltverschmutzung zu reinigen. An sich gehört die **aufwendige Sanierung** in die Kategorie „Geld für Gebäude". Indem die Bauaufträge arbeitslose Handwerker ausführten, wurde die Sanierung zugleich ein konkretes soziales Projekt.

Anreicherung eines Projektes durch Hinzunahme eines zweiten Themas

20 Langzeitarbeitslose bekamen durch die Beschäftigungsfirmen „Arbeit und Lernen Hamburg" und „Hamburger Arbeit Beschäftigungsgesellschaft" (HAB) Lohn und Brot. Über die Chancen der am Michel Beschäftigten sprach sich der inzwischen in den Ruhestand verabschiedete Pastor Helge Adolphsen positiv aus. Ein arbeitsloser Handwerker, der am Michel mitbaut, bekommt häufig im Anschluss wieder feste Arbeit. Die Meister von Betrieben sagen: *„Wer am Michel mitbaut, kann kein ganz schlechter Handwerker sein."*

Zur Finanzierung konnten goldene, silberne und bronze **Stifterbriefe** in allen Filialen der Hamburger Sparkassen erworben werden. Die Hauptsumme der Gelder kam von der Stadt Hamburg und aus Bundesmitteln. Das Hamburger Arbeitsamt finanzierte einen großen Teil der Maßnahmen des „zweiten Arbeitsmarktes". Private Gelder wurden über die St. Michaelis Stiftung geführt. Der Gesamtumfang der Sanierung wird mit 900.000 Euro beziffert.

Statusveränderung der Hilfsbedürftigen

Fallbeispiel: Straßenmagazin Hinz & Kunz(t)
Obdachlosenprojekte gehören zu den schwierigsten Spendenprojekten. Auf der einen Seite sitzt die Not zu nah, Menschen möchten sie nicht sehen. Auf der anderen Seite wird Obdachlosen eine Mitschuld unterstellt. Die evangelische Diakonie hat sich in Hamburg mit Erfolg wiederholt für das Schicksal von Obdachlosen eingesetzt. Einer der Höhepunkte war die Einführung von Hinz & Kunz(t), neben dem Münchner Magazin BISS eines der ersten deutschen Straßenmagazine.

1993 entstand die Idee für Hinz und Kunz(t) bei einem Besuch des damaligen Diakoniechefs Dr. Stephan Reimers in London. Das Vorbild des Londoner Stadtmagazines „Big Issue" wurde in nur wenigen Wochen (!) für Hamburger Verhältnisse neu konzipiert und ging im gleichen Jahr noch auf die Straße.

Straßenmagazine wandeln den Blickwinkel. Indem Obdachlose ein Straßenmagazin verkaufen, bekommen sie eine Stellung in der Öffentlichkeit. Das Konzept wird von Hinz und Kunz(t) wie folgt umschrieben: *„Statt Almosen zu empfangen, verkaufen sie (die Obdachlosen) ein Produkt, das alle Menschen anspricht und miteinander ins Gespräch bringt."* Damit das Produkt hochwertig ist, setzten die Hamburger von Anfang an auf ausschließlich professionelle Journalisten als Redakteure.

Für 0,75 Euro erwerben die obdachlosen Verkäufer die Zeitungen und verkaufen sie für 1,60 Euro zuzüglich Trinkgeld weiter. Mehr als 10 Millionen Zeitungen sind inzwischen umgesetzt worden. 91 % der Hamburger kennen Hinz und Kunz(t). *Nähere Informationen: www.hinzundkunzt.de.*

Seit 1993 entstanden in Deutschland eine Reihe von Straßenmagazinen, nicht allen geht es ähnlich gut. Etwa 30 Straßenmagazine gibt es. 2000 entstand der Bundesverband soziale Straßenzeitungen e.V. *Nähere Informationen: www.soziale-strassenzeitungen.de.*

Nicht jedes Projekt ist sinnvoll

Nichtrelevanz von Projekten
Problematischer wird es, wenn Projekten die Relevanz fehlt. Immer wieder wird versucht, Geld für Dinge zu sammeln, die anderen nicht wichtig sein müssen. Hier drei Beispiele. Sie beruhen auf wirklichen Anfragen, sind aber leicht verändert, um eine Identifizierung zu verhindern.

Würden Sie dafür Geld ausgeben?

- Erhalt einer Sammlung alter Telefonbücher mit hohem finanziellen Aufwand für Restauration und Präsentation. Der Bedarf liegt im hohen sechsstelligen Bereich. Frage: Sind alte Telefonbücher das wert? Wie viel müsste ausgegeben werden, wenn jede Stadt ihr eigenes Telefonbuchmuseum bekommen sollte?

- Aufbau einer gemeinnützigen Staffel berittener Sanitäter für Reitsportveranstaltungen. Hohe Mittel sind notwendig, da die Pferde selbst gehalten werden sollen. Frage: Warum soll ein Spender etwas beisteuern, wenn andere (wohlhabende Menschen) Reitsport betreiben? Gibt es keine einfachere Lösung?

- Förderung eines sehr speziellen Studienganges für Kunst. Der Studiengang hat 10 Teilnehmer und ist die Spezialdisziplin einer Spezialdisziplin. Dazu in Deutschland kaum bekannt. Frage: Warum sollte die breite Öffentlichkeit Interesse haben, diesen Studiengang zu fördern?

In allen drei Fällen gibt es nur drei Lösungen:

- Das Projekt beenden.
- Über andere Wege auf wirtschaftliche Füße stellen.
- In harter Arbeit die wenigen Menschen finden, die das gleiche Anliegen haben. Die Kosten, um genügend Förderer zu finden, dürften aber den Ertrag übersteigen. Ein Berater muss seriös darauf hinweisen, dass bei Auftragsvergabe der Aufwand nicht im Verhältnis zum Gewinn steht. Daher können ähnliche Projekte nur private Liebhaberei sein.

Stoppen oder durch Liebhaber finanzieren lassen

1.3.4   Die Projektbeschreibung

Viele soziale Angebote werden als Projekt beschrieben. Es ist meistens wenig ratsam, soziale Anliegen in der Öffentlichkeit als „Produkt" zu bezeichnen.

Ein Case ist Voraussetzung für die Kontaktarbeit

Projektbeschreibungen werden auch „Case" genannt. Der **Case** ist notwendige Voraussetzung für eine gute Kontaktarbeit.

> Ohne Projektbeschreibung sind Gespräche mit möglichen Partnern und Großspendern nicht sinnvoll.

Ein Case ist eine knappe Zusammenfassung mit hoher Übersichtlichkeit. Gearbeitet wird mit kurzen Texten, Spiegelstrichen und – wo möglich – mit Diagrammen. Beachten Sie: Das Auge entscheidet mit. Gehen Sie davon aus, dass Entscheider **die wesentlichen Punkte in 5 Minuten erfassen** möchten. Interessiert das Projekt bis dahin nicht, wird der Vorgang geschlossen. Der Case sollte etwa 12 bis maximal 20 DIN-A4-Seiten umfassen (kürzer ist besser).

Knappe Zusammenfassung mit hoher Übersichtlichkeit

Der folgende Aufbau kann den eigenen Bedürfnissen angepasst werden. Ein Case kann auch kürzer sein, dies hängt von der Situation ab. Bei der Anfrage, für ein Straßenfest einen Parkplatz mitzunutzen, reicht z.B. eine einzige Seite. Bei einer Mitteleinwerbung sollten es schon 12 Seiten sein.

CHECKLISTE:
ELEMENTE EINER PROJEKTBESCHREIBUNG

- Deckblatt: mit professioneller, freundlicher Optik
- Übersicht:
  - Ziel des Antrages (warum wird das Projekt vorgelegt?)
  - Was steht wo?
  - Ansprechpartner und Kontaktdaten
- Einführung:
  - Executive Summary: Hier geht es um die eigene Vision und die eigenen Werte.
  - Statement of Need: Hier geht es um den menschlichen/gesellschaftlichen Bedarf. Warum sieht die Organisation einen Handlungsbedarf? Die Problemdarstellung ist wichtig. Wird das Problem als nicht relevant abgetan, braucht es auch keine Lösung.
- Projektbeschreibung:
  - Ziele (Was wollen wir erreichen?): Hier wird genannt, was (in welcher Zeit) erreicht werden soll. Wichtig ist es, die Auswirkung der Lösung zu beschreiben: Was würde sich positiv verändern, wenn die Ziele erreicht werden? Nicht das Negative, sondern das Positive motiviert.
  - Strategie (Wie wollen wir die Ziele erreichen?): Dies ist der Platz für die Strategie. Welche Art des Vorgehens führt zum besten Ergebnis? Warum ist diese Strategie aus der Erfahrung die richtige?
  - Programme (Welche Methoden werden wir benutzen?): Dies ist der Platz für die Taktik und die Umsetzung im Detail. An dieser Stelle melden sich z.B. Fachleute und umschreiben den genauen Einsatz. Der taktische Ansatz wird erläutert. Wie soll vor Ort Zugang gefunden werden? Wie werden Freiwillige gewonnen? Wie wird das Interesse an der Aktion wachgehalten?
- Führung/Kontrolle/Personal: Wer ist verantwortlich dafür, dass das Projekt richtig umgesetzt wird? Dieser Punkt ist wichtig. Entscheider achten auf die Köpfe hinter den Kulissen. Welche Kompetenz haben die Mitarbeiter? Warum ist die Organisation der richtige Umsetzer? Welche Kontrollen verhindern, dass Geld versickert?
- Finanzen – sprachlich, numerisch, grafisch: Gesamtausgaben und Einnahmen so aufbereitet, dass sie schnell verstanden werden. Was ist an Mitteln bereits vorhanden? Was fehlt?
- Welche Unterstützung wird benötigt (Need for Philanthropy)? Hier wird deutlich gesagt, was von dem Partner an Hilfe benötigt wird. Welches Glied fehlt in der Kette? Was hängt von diesem Glied ab? Welche Möglichkeiten einer Zusammenarbeit gäbe es?
- Zeitplan (Meilensteinplanung): Überblick der wichtigsten Termine und des Controllings. Wann würde ein Erfolg des Programmes ablesbar sein? Wann müsste der Partner in das Projekt einsteigen? Was würde dies beschleunigen?
- Zusammenfassung: Überblick der wichtigsten Punkte. Wiederholung der Anfrage.
- Geschichte/Referenzen: Kurze Vita der Organisation und Referenzprojekte. Sie belegen die Kompetenz der Organisation als Problemlöser.

1.3.5 Taktik schlägt Strategie oder Social Franchising

Vom Endprodukt her denken Hin und wieder lohnt es sich, alle Theorie auf den Kopf zu stellen. Mit dem folgenden Denkansatz betreten Sie strategisch neues Gelände. Dieses Vorgehen ist nur Organisationen oder Unternehmen zu empfehlen, die wissen, was sie wollen, und im Marketing bereits Erfahrungen haben.

Es gibt im Marketing **zwei Wege**, eine Strategie zu entwickeln:
- Sie haben eine Strategie und entwickeln dazu ein Produkt (**top down**): Diese Vorgehensweise wurde vorhergehend besprochen.
- Oder Sie haben ein Produkt und entwickeln dazu eine Strategie (**bottom up**): Dieser Denkansatz stellt Ihr Vorgehen auf den Kopf, kann aber in bestimmten Situationen der Schlüssel zum Erfolg sein.

Al Ries und Jack Trout stellen in ihrem Buch „Marketing fängt beim Kunden an – Taktik geht vor Strategie" fest, dass häufig die Organisationen erfolgreich sind, die aus einer erfolgreichen Taktik ihre Gesamtstrategie entwickeln. Bei diesem Ansatz lässt eine Organisation die gesamten normalen strategischen Vorarbeiten weg, **beobachtet**, was in der Realität umsetzbar ist, und baut dann die gesamte Organisation um diese **machbare Variante** auf.

Was will der Kunde vor Ort?

Aus einer guten Idee entwickelt sich die gesamte Umsetzung. Die neue Organisation oder das neue Produkt ist dann ein Dienstleister für die Stillung eines einzigen Bedürfnisses. Die Prozesse passen optimal zum Produkt, da sie ja komplett am Produkt ausgerichtet wurden.

Um eine solche Bottom-up-Organisation zu schaffen, muss ich ein Bedürfnis eindeutig identifizieren.

Was sind die Grundbedürfnisse?

> ### Der größte amerikanische Arbeitgeber in Deutschland
>
> Der Erfolg von McDonald´s beruht auf der Beobachtung eines Mannes, dass Menschen schnell bedient werden wollen (Fast Food). Die Erfolgsfaktoren heißen bis heute:
> - Ich werde schnell bedient (innerhalb von 3 Minuten).
> - Ich kann so kommen, wie ich bin (niedrigschwelliges Angebot).
> - Ich kann für wenig Geld satt werden (halb so teuer wie im Restaurant).
> - Die Auswahl wird mir einfach gemacht (einfache Preise, wenige Produkte).
> - Ich weiß, was mich erwartet (überall ist das Angebot gleich).
>
> Der Erfolgsfaktor von McDonald's heißt nicht „Fleisch", sondern „schnell, günstig, einfach, bekannt". Kunden wollen genau die Mischung aus den genannten Faktoren. Würde nur einer der Faktoren anders sein, würde das Konzept nicht mehr aufgehen. Oder würden Sie bei McDonald's 30 Minuten auf einen Shake warten? Oder das Doppelte ausgeben? Oder sich einen Smoking anziehen?

Ähnlich können Sie die Erfolge von Ikea, Wal Mart, Aldi, Tchibo oder anderer Weltmarken analysieren. Fast immer liegt ein taktisches Gerüst dem Erfolg zugrunde. Dieses wird unverändert über Jahre wiederholt (= skaliert). Wer taktische Grundgerüste versteht, kann mit der gleichen „Erfolgsformel" auch andere Produkte oder Aktionen damit vermarkten.

Analysieren Sie taktische Grundgerüste

Die **Erfolgsfaktoren** von McDonald's könnten ohne Probleme auf ein Bio-Fast-Food übertragen werden. Nehmen Sie das Fleisch heraus und füllen Sie das Konzept mit biologisch hochwertiger Nahrung. Sie würden erfolgreich sein. Mr. Clou ist ein erster Franchiser, der ansatzweise mit frisch gepressten Obstsäften und fleischlosem Fast Food in diese Lücke geht.

Franchising ist   Eine Anmerkung zum Franchising: Franchising ist die Übernahme fer-
systematische   tiger Konzepte von einem **Lizenzgeber**. Die **Lizenznehmer** arbeiten auf
Bedürfnisbefriedigung   eigene Rechnung, haben aber über den Franchisegeber Zugang zu einer
starken Marke, einem Einkaufsverbund und bundesweitem Marketing.

Ich persönlich gehen davon aus, dass **Social Franchising** ein Trend
der Zukunft wird. In den USA basieren viele neue Geschäftskonzepte von
Anfang an auf Franchising. Unternehmensberater gehen aus, dass etwa
40 % der amerikanischen Wirtschaft inzwischen in irgendeiner Form mit
Franchising zu tun haben.

Sind Ihnen diese Gedanken fremd? Dann lesen Sie diese Ankündigung der Bank für Sozialwirtschaft für ein Führungsseminar im Jahr 2005
(Informationen zur Bank für Sozialwirtschaft unter www.sozialbank.de):

*„Franchising und Markenstrategien für soziale Dienstleistungen. Eine
Chance für innovative Verbände?*

*Nach Ansicht namhafter Trendforscher wird Franchising in den nächsten
Jahren stark an Bedeutung gewinnen. Über 650 Franchisesysteme werden
derzeit in Deutschland über alle Branchen hinweg angeboten. Moderne
Franchisesysteme sind insbesondere in der Dienstleistungsbranche auf dem
Vormarsch.*

*In der Regel hat der Franchisegeber das Geschäft erfolgreich betrieben und
beschränkt sich in der Rolle des Franchisegebers auf die zentralen Dienstleistungen, wie beispielsweise Marketing, Einkauf und Qualitätssicherung,
während sich der Franchisenehmer auf die Bearbeitung seines lokalen*

Franchisenehmer zahlt   *Marktes konzentrieren kann. Als Gegenleistung für die Dienstleistung und*
Gebühren für fertiges   *das zur Verfügung gestellte Know-how verpflichtet sich der Franchisenehmer*
Konzept   *zur Zahlung von Gebühren.*

*Auch in der Sozialwirtschaft gibt es erste Anbieter, die mit Franchise-Kon-
zepten eine Vorreiterrolle spielen. Zielsetzung dieser Franchisesysteme ist es
u.a., von der Stärke der Marke und den Synergien der Gruppe zu profitieren.*

*Wohlfahrtsverbände verfügen oft über Strukturen, die dem Franchising
verwandt sind, und ein Image, das Parallelen zu Dienstleistungsmarken
aufweist. Deshalb thematisiert die oben erwähnte Fachtagung der Bank für
Sozialwirtschaft u.a. die Fragen:*

* *Welche Chancen bieten Franchise-Aktivitäten den Verbänden der Wohl-
  fahrtspflege?*
* *Können Franchiseverträge als wirkungsvolle Steuerungs- und Kontroll-
  instrumente dienen, um eine konsistente Entwicklung von starken Marken
  zu erreichen?*
* *Welche Regeln sind von beiden Seiten zu beachten, damit Franchisesysteme langfristig erfolgreich bleiben?"*

1.3.6   Die Änderung des Blickwinkels

Der Sog der Attraktivität   Organisationen, die in Zukunft mehr als „Spendenempfänger" sein wollen,
müssen den Blickwinkel ändern. In der Marketingpsychologie ist dies der

Sprung vom Suchenden zum Anbieter. Ein Anbieter ist immer attraktiver als ein Suchender.

> **Welche der beiden Optionen ist attraktiver?**
> - „Wir benötigen dringend Menschen, die uns helfen, ein vollkommen unterfinanziertes Projekt in der Sahelzone zu retten."
> - „Wir bieten Menschen die Möglichkeit, ihr Leben durch gezieltes Engagement für Menschen in der Sahelzone zu verändern. Finden Sie Sinn und Ausgleich durch eine Brücke in eine andere Welt."

Hören Sie auf zu suchen. Bieten Sie stattdessen Möglichkeiten. Wechseln Sie vom „Suchmodus" in den „Anbietermodus". Wer den Blickwinkel ändert, wird für Partner interessant. Netzwerke, Kooperationen und Sponsorship verlangen nach Organisationen, die etwas einzubringen haben: *Sie müssen bieten, nicht suchen*

- **Bieten Sie** Freiwilligen eine Stelle. Suchen Sie nicht nach ihnen.
- **Bieten Sie** einem Prominenten eine der seltenen Positionen eines Botschafters. Suchen Sie nicht nach Prominenten.
- **Bieten Sie** Partnern die Teilnahme bei Events. Suchen Sie nicht nach Sponsoren.

Je attraktiver Sie und Ihr Umfeld sind, umso selbstbewusster können Sie auftreten. Gerade wenn soziale Organisationen Unternehmen anfragen, müssen sie in Zukunft als Partner auftreten oder sie gehen unter. *Partner schaffen Möglichkeiten*

„Die Zeiten ‚Geld gegen Logo' sind vorbei", so Karin Appelmann, bei der HUK Coburg für Sponsoring und Kooperationen zuständig (Newsletter 02/2002 der Agentur steinrücke+ich, S. 3). Gefragt sind Organisationen, die eine Idee haben und mit dieser auf geeignete Mitgestalter zugehen.

Unternehmen schotten sich gegen Standardbriefe ab und gehen zunehmend feste eigene Partnerschaften ein, um sich selbst strategisch zu positionieren. *„Bis zum Jahr 2010 hat mindestens die Hälfte aller Unternehmen, ob groß, mittel oder klein, mindestens einen Kooperationspartner im sozialen Bereich."* (Dr. Peter-Claus Burens von der Firma Private Public Partnerships, Newsletter 02/2002 der Agentur steinrücke+ich, S. 4). Wer dann noch an solche Firmen standardisierte Briefe schreibt, wird dort standardisierte Absagen bekommen.

> ## SCHAFFEN SIE NUTZEN
>
> - Ermöglichen Sie Menschen, etwas vor Ort für sie Wichtiges zu verändern.
> - Sammeln Sie Menschen, denen ein (internationales) Anliegen wichtig ist.
> - Bieten Sie ein (soziales) Erlebnis, das sonst so nicht möglich wäre.
> - Bieten Sie Lebensqualität, wie den Besuch in einem ökologischen Erlebnispark.

- Schaffen Sie Plattformen für Kooperationen.
- Fragen Sie, was Sie für andere tun können

2 Der kreative Prozess

2.1 Kreativität

Nur wer Impulsen (systematisch) nachgeht, wird Neues schaffen

Menschen entscheiden, wie viel Gewohnheiten (Konstanten) und wie viel Neues (Innovationen) sie zulassen. Die meisten Menschen setzen sich passiv den Impulsen anderer aus. Kreativität hingegen ist die **Entscheidung, Impulse selbst zu erzeugen** und sich zu üben, Ideen, Formen und andere Dinge zu gestalten.

Kreativität ist eine der wenigen Kräfte, die Sie ohne Kosten unbegrenzt für sich arbeiten lassen können. Kreativität verbessert das Leben, findet Lösungen, spart sehr viel Geld und bringt letztendlich den Erfolg. Keine Organisation kann es sich leisten, unkreativ zu sein. Tony Elischer, der Managing Director von Think Consulting Solutions, sagte 2005 auf dem Fundraising-Kongress in Magdeburg *(Tony Elischer gilt in Fachkreisen als einer der führenden internationalen strategischen Fundraisingberater. Er ist seit über 25 Jahren für diverse NPOs in England tätig und war 2005 einer der Keynote Speaker des Fundraising-Kongresses in Magdeburg. Nähere Informationen bei think consulting solutions unter www.thinkcs.org)*:

> „Creativity is the most important skill in the next years for social organisations."

Kreativität ist Voraussetzung für Erfolg

Seine Begründung ist einfach: Nur wer im hohen Maße kreativ ist, wird die harte Aufgabe meistern, im harten Wettbewerb mit wenigen Mitteln viel zu bewegen. Von daher ist die Aufgabe klar: Wollen Sie eine gute Organisation sein, müssen Sie kreativ werden.

2.1.1 Über kreative Menschen

Raphael Geminder, Vorsitzender von Visy Industries, einem Unternehmen für Verpackungen, sagte nach einer Teilnahme an einem Programm mit dem Namen „meet people, feel the issues" (übersetzt etwa „Menschen treffen, die Probleme fühlen") im August 2004 auf www.pilotlight.org.uk:

> „Wir alle leben in einer Welt, in der wir die Augen lieber fest schließen, weil es manchmal schmerzhaft ist, sie offen zu halten. Aber wir fangen erst an zu leben, zu verstehen und zu fühlen, wenn sie offen sind."

Ideen verändern die Welt und bewegen Menschen. Achten Sie auf Geschichten von Menschen, die Neues geschaffen und durch ihre Ideen ihre Umgebung verändert haben.

Kreative Menschen verändern die Welt

Fallbeispiel: Die Geburtsstunde einer 500-Millionen-Euro-Idee
Kritzeln Sie im Gesicht Ihrer Mitarbeiter herum. Es könnte einen Unterschied von 500 Millionen Euro ausmachen. Jane Tewson stieß in England die Tür für **Comedy im Fundraising** auf. Sie gilt heute als eine Frau, die das philanthropische Denken in England als „active, emotional, involving and fun" neu definierte. British Comic Relief wurde 1985 gemeinsam von Richard Curtis (dem Autor von Comedy-Fernsehshows wie Nine O'Clock News, Blackadder, The Vicar of Dibley) und Jane Tewson gegründet.

Welcher kreative Grundimpuls führte letztlich zum **„Red Nose Day"**, einem der erfolgreichsten Charity Events der Neuzeit? Es ist selten, bei Geburtsstunden von großen Dingen über die Schultern schauen zu können. Vorhang hoch für eine 500-Millionen-Euro-Idee:

Wie kam es zur Idee mit den roten Nasen? *„Peter Crossing war der Mann, der die Idee mit der roten Nase hatte"*, erinnert sich Jane Tewson siebzehn Jahre später über den kreativen Ur-Impuls. *„Er arbeitete mit Tim Bell bei Saatchi and Saatchi's . (...) Unsere kleine Gruppe saß um den Tisch herum, einschließlich Rik Mayall, Douglas Adams (denke ich), Lise Meyer (die The Young Ones mitgeschrieben hatte), Richard Curtis (denke ich), Mike Russell Hills und vielleicht ein paar andere – wir sprachen darüber, wie toll es wäre, ein Produkt zu schaffen, das Spaß mit einer Botschaft verbinden würde ... Peter zog ruhig einen roten Stift und ich malte seine Nase an ... Bingo! Das wars."*

So einfach, so banal, so genial. Die Grundidee blieb einfach: Am Red Nose Day ziehen sich Menschen rote Nasen an und machen außergewöhnliche (lustige) Dinge, um Geld für soziale Projekte zu sammeln. Mit dieser simplen Idee begann eine Bilderbuchgeschichte des modernen Fundraisings.

Menschen ziehen sich rote Nasen an und machen außergewöhnliche Dinge, um Geld für soziale Projekte zu sammeln

1988 startete der erste Red Nose Day mit „The plain Red Nose", einer schlichten roten Plastiknase. Von da ab änderte die Nase je nach Slogan des Red Nose Days ihr Aussehen:
- 1989 tauchte „Harry" als Smiley auf der Nase auf.
- 1991 erscheint „The Stonker", die Nase mit den beiden seitlichen Händen – eine Aufforderung, Unruhe zu verbreiten.
- 1993 steht der Tag unter dem Motto „The invasion of the Comic tomatoes". Die Nase mutiert folgerichtig in eine rote Tomate (oben mit grünem Tomatenstiel und -blättern).
- 1995 verändert die Nase je nach Temperatur ihre Farbe.
- 1997 ist es eine rote Pelznase. Der Slogan „Small Change – Big Difference".

- 1999 glitzert die Nase mit goldenen Einsprenkeln. Eine Aufforderung, alle Rekorde zu brechen.
- 2001 kann die Nase Geräusche machen („The Whoopee Nose").
- 2003 hat die Nase zum ersten Mal eine Frisur. Slogan „The Big Hair Do!".
- 2005 sprüht die Frisur in den buntesten Farben. Die Aufforderung: „Big Hair and Beyond – changing the way you look for a day to help transform someone else`s life forever." Mitgeliefert wird gleich das nötige silberfarbene Haarspray und andere Accessoires, um andere Menschen auch wirklich zu verändern ...

Heute gilt der Red Nose Day als einer der wichtigsten nationalen Charity Events in England. Alleine im Jahr 2002 kamen am Red Nose Day an einem einzigen Tag 50 Millionen Pfund für soziale Projekte zusammen. Bis heute (Stand August 2005) kamen insgesamt 337 Millionen Pfund zusammen. Damit hat der Red Nose Day fast 500 Millionen Euro eingespielt. *(Weitere Informationen zum Red Nose Day: www.comicrelief.org.uk, www.rednoseday.de. Weitere Informationen zu Jane Tewson: www.pilotlight.org.uk.)*

Antikreative

Schlechte Organisationen verhindern Ideen

So wie eine Reihe von Menschen kreativ ist, verhindern andere neue Ideen.

(F)

Wir haben schon genug Bücher

Das Buch Pippi Langstrumpf von Astrid Lindgren wurde vom ersten Verlag mit der Begründung abgelehnt, das Buch wäre humorvoll, aber sie hätten schon genug andere Bücher. Diese Antwort gilt als einer der größten Fehlentscheidungen der schwedischen Verlagsgeschichte. Der nächste Verlag urteilte anders. Raben und Sjögren veröffentlichte die Geschichte des Mädchens aus der Villa Kunterbunt. Über 20 Millionen Exemplare in über 50 Sprachen wurden bisher verkauft.

Systemblindheit gibt es überall. **Veränderungen** und ihre Auswirkungen werden häufig von Verantwortlichen unterschätzt. Als das erste offizielle Telefonbuch Deutschlands 1881 in Berlin eingeführt wurde, sperrten sich viele Firmen gegen einen Eintrag. Das Argument: *„Wir haben ein gut ausgebautes Botensystem".* Diese Antwort war vielleicht noch im Jahre 1881 akzeptabel, wenig später nicht mehr.

Mit offenen Augen durch die Welt gehen

Auch heute lächeln viele Verantwortliche über die New Economy oder andere Veränderungen. Kreative Menschen dagegen spüren die Unruhe und ahnen, an welchen Stellen sich Entscheidendes tut.

Hier lassen sich verschiedene Menschen-Typen unterscheiden:
- **Der philosophisch aufgeklärte Depressive**: Halten Sie sich von Menschen fern, die sagen: *„Es ist alles schon einmal da gewesen."* Diese Menschen wissen nichts von der Kraft der Kreativität. Sie haben noch

nie etwas Neues entwickelt und werden es auch niemals tun. Lassen Sie sich von Berufszynikern nicht blockieren. Meiden Sie diese Menschen.

- **Die Diva**: Dies ist der Überkreative, der eindeutig oder indirekt klarstellt, dass sein Gefühl für alles ausschlaggebend ist. Ist ein anderer kreativer Impulsgeber mit am Tisch, wird hintertrieben oder der beleidigte Rückzug angetreten. Auf diesen Menschen ist kein Verlass. Sie müssen sich von Diven trennen, um das Team nicht zu gefährden. *Sie müssen sich von Diven trennen, um das Team nicht zu gefährden*

- **Der Erbsenzähler**: Stoppt jeden kreativen gedanklichen Ausflug mit einer Bemerkung wie: *„Dafür haben wir jetzt keine Zeit. In unserer Satzung steht aber etwas anderes. Konzentrieren wir uns auf das Wesentliche. Wurde das schon einmal ausprobiert? Was wird der Vorstand dazu sagen?"* Geben Sie Erbsenzählern unwesentliche Kontrollaufgaben – niemals Führungsaufgaben.

EINE GUTE IDEE

- vereinfacht Dinge
- macht Dinge schöner
- nutzt Vorhandenes besser aus
- verstärkt Dinge
- nimmt Überflüssiges weg
- nutzt bestehende Kräfte
- kombiniert Dinge neu
- verbessert die Wirkung
- schafft Einmaligkeit

Kreativität ist eine **Lebenseinstellung**, die den Arbeitsplatz grundlegend verändert. Eine schöne Geschichte, die dies belegt, ist die Verwandlung des Pike Place Fischmarktes in Seattle. **„Fish"** hat in den letzten Jahren viele inspiriert. (*Nähere Informationen: www.pikeplacefish.com.*) Die Fischhändler vom Pike Place Fischmarkt in Seattle stellen die richtige Frage: *„Wenn ich schon um 5 Uhr aufstehen muss und wenn ich den größten Teil meines Lebens in einer Fischhalle stehe, um mir meinen Lebensunterhalt zu verdienen, dann kann ich diesen Ort wenigstens zum lustigsten und besten Fischmarkt der Welt machen."* Ihr Motto: *Wo Fische fliegen lernen*

Man hat immer die Wahl, wie man seine Arbeit machen will, auch dann, wenn man sich die Arbeit selbst nicht aussuchen kann.

Diese Einstellung könnte alles verändern: *Das Beste zu wollen bedarf Motivation*
- Wenn Sie schon ein Krankenhaus sind, warum nicht ein besonderes Krankenhaus?
- Wenn Sie ein Straßenfest organisieren, warum nicht eines, zu dem Sie selbst gehen würden?

Kreativität kann nicht verordnet werden

Kreativität ist strategisch, gestalterisch und operativ wichtig. **Kreativität wird zu häufig mit Ästhetik gleichgesetzt**. Als Kreativer gilt der Gestalter, er soll die Dinge „schön" machen.

Wer diese Sichtweise teilt, kommt zu keinen guten Ergebnissen. Es reicht nicht, einem Grafiker den Auftrag zu geben, das Briefpapier neu zu gestalten. Wenn Sie die Kreativen bestellen, erhalten Sie eine aufwendige Gestaltung. Fehlt diesen Materialien aber die **strategische Grundlage**, wird das Papier keine Wirkung zeigen. An dieser Stelle laufen viele Organisationen derzeit in Sackgassen. Externe Berater setzen nur an den Zahlen an. Mitarbeitern wird unvermittelt der Lohn gekürzt oder die Arbeitsstunden erhöht. Wenig später steht der Direktor vor versammelter Mannschaft und spricht von einer „gemeinsamen Vision". Werden diese Mitarbeiter kreativ? Ja. Sie werden jeden Weg suchen, die Organisation zu verlassen oder wieder intern auf ihren alten „Schnitt" zu kommen.

2.1.2   Wie erzeuge ich kreative Ergebnisse?

Kreative Disziplin

Jeder planerische Prozess bedarf Disziplin. In vielen Bereichen ist Qualität selbstverständlich. Beim Hausbau wird jedes Detail bis zur letzten Steckdose vor dem ersten Spatenstich festgelegt. Die Reihenfolge der Handlungen und die Kosten werden exakt überschlagen. Eine gute Bauleitung hält Kosten und Termine ein.

> Wir müssen lernen, im kreativen Bereich Leistungen zu vollbringen, die wir in anderen Bereichen als selbstverständlich ansehen.

Fragen sind die Antwort

Erst klären, dann handeln

Es kostet viel Geld, grundlegende Fragen nicht zu beantworten. Die Frage: *„An welchen Stellen wollen wir in diesem Jahr besser sein?"* wird in vielen Arbeitskreisen nicht gestellt. Man möchte über die Runden kommen.

Dies reicht in Zukunft nicht aus. Fangen Sie an, Dinge in Frage zu stellen. Hören Sie auf, Altes zu verwalten. Handeln Sie nicht, bevor Sie nicht wissen, was Sie schaffen wollen.

EINFACHE FRAGEN

- Warum machen wir eine Sache so, wie wir sie machen?
- Warum hat eine Sache keinen Erfolg?
- Was können wir heute/dieses Jahr besser als bisher machen?
- An welcher Position wollen wir in 5 Jahren sein?
- Was werden wir in Zukunft nicht mehr wie bisher machen können?
- Was für eine Herausforderung kommt auf uns zu?
- Was werden andere anders tun und damit neue Standards setzen?

Notwendigkeit der kreativen Kompetenz

Fragen alleine reichen nicht aus. Im Team muss ein kreativer Wille vorhanden sein. Dieser Wille kann nicht verordnet werden. Eine Leitung wird hart daran arbeiten müssen, bis ein Team wirklich kreativ ist.

Der Wert von kreativen Menschen

Jeder Mensch ist kreativ. Aber Menschen bringt nicht in jeder Situation die gleiche kreative Leistung. Nicht jeder kann gut fotografieren. Nicht jeder kann einem Gala-Dinner den letzten Kick geben. Daher kann Kreativität nicht irgendjemandem übergeben werden. Es braucht den jeweils geeigneten Menschen auf der entsprechenden Position.

KENNZEICHEN EINER KREATIVEN PLANUNG

- Es besteht Klarheit darüber, was eigentlich geschaffen werden soll.
- Es besteht von Anfang an der Wille, ein gutes Ergebnis zu erbringen.
- Alle Beteiligten teilen dieses Ziel und geben ihr Bestes.
- Es ist klar, wie viel Zeit, Geld und Energie investiert wird.
- An wichtigen Weichenstellungen werden Fragen gut beantwortet.
- Es besteht eine Sicht auf das Ganze und für das Detail.
- Es gibt klare Verantwortlichkeiten.
- Es ist klar, wer in bestimmten Bereichen besonders kreativ gefordert ist.

2.1.3 Die kreativen Zyklen

Fast jeder kreative Prozess durchläuft **Zyklen**. Zum Teil in dafür vorgesehenen Sitzungen, parallel aber ständig im Kopf bis in die private Zeit hinein. Kreative Prozesse haben Phasen, die sich in normalen Planungsrastern wiederfinden, durchbrochen von „Sternstunden", bei denen Dinge einfach geschehen.

Kreative Zyklen

- **Problemerfassung**, Zieldefinition, Exploration: Was soll gelöst werden?
- **Autorität**, Termin, Zeit, Geld klären: Was steht zur Lösung zur Verfügung? Wer leitet den Prozess? Wer ist für welche Entscheidung verantwortlich?
- **Recherche**: Was ist bereits bekannt?
- **Anreicherung**, Inkubation: Verdichtung, Skizzen, neue Informationen, Assoziationen
- **Ideen**, Illumination: Synthesen, kreative Impulse, Lösungsansätze
- **Lösungen ausarbeiten**: Testen, Präsentieren, Entscheidung, Auswahl
- **Durchsetzung** der Entscheidung: Planung, Veranlassung, Umsetzung, Kontrolle

Sie finden ähnliche Schritte im 6-Phasen-Modell. Die Frage nach der Dekoration bei einer Veranstaltung kann einen kreativen Prozess ebenso auslösen wie die Festlegung der grundlegenden Strategie eines großen Werkes.

Kreativtechniken Für die einzelnen Phasen bieten sich beispielsweise folgende Kreativtechniken an:

- Problemerfassung: Gespräch, Mind-Mapping, Meta-Plan
- Recherche: Systematische Recherche
- Inkubation/Anreicherung: sammeln, skizzieren, ordnen, betrachten
- Ideenfindung: Synthesen, Verknüpfungen, Assoziationstechniken, sich in kreative Stimmung bringen, CRECK-Liste
- Bewertung: Aufstellungen, punkten, abstimmen

DIE CRECK-LISTE

Um in bestimmten Situationen über ein grundlegendes kreatives Niveau hinauszukommen, hilft die CRECK-Liste. Diese Checkliste wurde aus einer Reihe von Kreativitätstechnicken entwickelt und steht auf der Internetseite www.spendwerk.de kostenlos zum Download. Mit der CRECK-Liste versucht man wie ein Hacker, die Türen eine Problemes systematisch zu öffnen. Die meisten werden verschlossen bleiben. Ein einziger neuer Zugang reicht in der Regel aber für einen Kreativen aus, um aus einer normalen Idee eine gute oder vielleicht sogar eine sehr gute Idee zu machen.

Als Gruppe kreative Vorschläge zu bewerten bedarf Übung und strenger Regeln. Es sollte von vornherein Klarheit darüber bestehen, in welcher Reihenfolge Entscheidungen fallen und ob es eine Abstimmung oder die Direktive eines Verantwortlichen ist.

2.2   Grundregeln der Attraktivität

Appeal einer Organisation Menschen halten sich gerne in der Nähe attraktiver Menschen auf. Dies gilt auch für eine Organisation mit „Sexappeal". Es gibt viele Organisationen, die der Umwelt helfen wollen. Warum bekommt Greenpeace mehr Geld als die anderen?

Attraktivität hat viel mit der **Art und Weise** einer Handlung zu tun. Jeder Aspekt Ihrer Tätigkeit gibt ein Signal. Die Geschwindigkeit, mit der Sie auf Anfragen reagieren, wie die Vorstandsvorsitzenden sich kleiden – all dies zeigt, wie Sie sich selbst bewerten.

Müssen sich Menschen zwischen zwei Organisationen entscheiden, geben sie der für sie attraktiveren Organisation. Müssen sich Menschen zwischen zwei Produkten entscheiden, kaufen sie das für sie attraktivere Produkt.

Es gibt kein Mitleid **Es gibt im sozialen Markt kein Mitleid.** Ist eine Organisation „kläglich",
für Organisationen bekommt sie keine Zuwendungen. Die stärkere bzw. attraktivere Organisation bekommt Aufmerksamkeit und den Zuschlag. Aber was unterscheidet eine unattraktive von einer attraktiven Organisation?

IST MEINE ORGANISATION ATTRAKTIV?

Habe ich Appeal? *Appeal*
• Gebe ich dem Spender/Nutzer ein gutes Gefühl?
• Werte ich den Spender/Nutzer auf?
• Ist es „in", sich mit mir zu umgeben?
• Bin ich der Favorit vieler Menschen?
Bin ich als Organisation schön? *Schönheit*
• Was für eine Ausstrahlung haben meine Mitarbeiter?
• Kann ich ästhetische Schönheit schaffen?
• Treffe ich den Geschmack des Spenders/Nutzers?
• Wird das Leben durch eine Begegnung mit mir schöner/besser?
Bin ich als Organisation einfach? *Einfach*
• Ist das, was ich tue, verständlich?
• Können andere mein Angebot verstehen?
• Wie schwer ist es, mich zu erreichen?
• Wie viel Umstand macht es, das Angebot anzunehmen?
• Wie viele Angebote habe ich parallel? Wie klar sind diese?
Bin ich als Organisation gut? *Gut*
• Funktioniert meine Lösung?
• Bin ich auf dem neuesten Stand?
• Stimmen meine Werte?
• Bin ich ehrlich?
• Liefere ich kontinuierlich gute Ergebnisse?

2.2.1 Emotion als Verstärker

Ohne Emotion verkommen Informationen zu Bleiwüsten. Die kommer-zielle Werbung setzt emotionale Verstärker ständig ein. Der Informationsgehalt sinkt dort in Anzeigen und Kinospots gegen null. Auch im Sozialmarketing brauchen Sie Emotion. **Ohne sie entsteht keine Handlung**. Aber im Sozialmarketing gilt: *Soziale Emotion braucht Information*

> Emotion braucht Information. Information braucht Emotion.

Bei jedem Erzeugnis Ihrer Organisation gilt die Frage, wie Sie es emotional aufwerten. Wie können Sie Information auf eine andere Ebene stellen?

Emotion wird erzeugt durch:
• Fotos, Bilder, Grafiken
• Material, Farbe, Wärme, Kälte
• Gerüche
• Texte, Aussage, Headlines
• Musik, Licht, Stimmung

- Ungewöhnliches, Überraschung, Bewegung
- Prominenz, Träume, Wünsche
- Widersprüche, Dissonanzen
- Schmerz, Gefahr, Unfall
- Komik, Humor, überzogene Situationen
- ungewöhnliche Zeit, Ort, Dimension
- etc.

Attraktive Bilder schaffen

Fallbeispiel: pro infirmis
pro infirmis ist in der Schweiz die größte Organisation für Menschen mit einer Behinderung (infirmitas (lat.) = die Schwäche, Ohnmacht oder Gebrechlichkeit). **Als der Bekanntheitsgrad** der Organisation in den Jahren 1997 bis 2000 stark **abnahm** und das Image von pro infirmis bei Umfragen eher als verstaubt bezeichnet wurden, entschloss sich die Organisation, ihre Ziele durch eine Themen-Kampagne neu in die Öffentlichkeit zu tragen.

Die Kampagne setzte sich drei Ziele:
- Erhöhung des Bekanntheitsgrades von pro infirmis
- Verbesserung des Images von pro infirmis
- Verankerung „neuer Bilder" von behinderten Menschen in der Öffentlichkeit

In Zusammenarbeit mit einer Agentur entstand der Gedanke, Behinderte **selbstbewusst** ohne Scheu vor dem Makel zu fotografieren. Dazu wurden authentische Models gesucht und diese so ausstaffiert, wie sich die Behinderten am liebsten sehen würden. So entstanden ungewöhnliche Bildmotive wie das von Quentin Broye, einem 7 Jahre alten Rollstuhlfahrer, der davon träumt, Ski zu springen, oder von Erwin Aljukic, der Schauspieler ist. Andere wurden wie Stars fotografiert. So Christina Heer, eine Studentin.

Fotos dieser Intensität
waren neu

Fotos von dieser Intensität waren bis dahin in der Schweiz öffentlich noch nicht zu sehen. Die Reaktion war überraschend positiv:
- *„pro infirmis macht aus Behinderten Persönlichkeiten"*
- *„Mutiger, als man es je von pro infirmis erwartet hätte"*

Viele der Fotografierten wurden von Journalisten besucht und Homestorys brachten den Alltag der pro-infirmis-Models mit Titeln wie *„Er wäre gerne Skispringer"*. Es kam zu einer Wirkung in der Öffentlichkeit, die weit über die Plakate hinausging. Die Kampagne lief mit weiteren Motiven in mehreren Wellen.

Der Bekanntheitsgrad von pro infirmis kletterte von 2000 bis 2003 (dem Zeitraum der Kampagne) kontinuierlich und erreichte fast die Werte von 1997. Zusätzlich wird seit der Kampagne ein neues Image mit pro infirmis verbunden. Aus der verstaubten Organisation wurde ein **Vorreiter in puncto Meinungsbildung**.

Interessant: Obwohl auf keiner der Plakate oder Materialien eine Spendenverbindung stand, stiegen die Spenden im Kampagnenzeitraum überdurchschnittlich an.

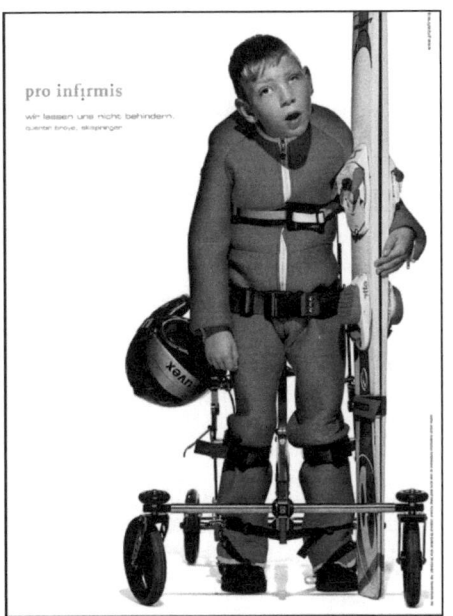
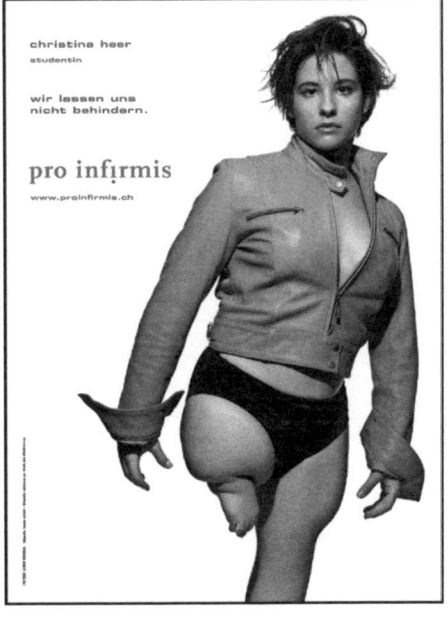

Abbildung 8 (Fotos: Hannes Schmid für Pro Infirmis Schweiz)

2.2.2   Wie schaffe ich Kreativität?

Verwalten reicht nicht   Deutschland ist ein **Land der Verwalter.** Viele Dinge werden nicht gut, weil ein besseres Ergebnis nicht vorstellbar ist. Dass dies sehr teuer sein kann, zeigt die Krise im Gesundheitswesen und in vielen anderen Bereichen. Mittel werden gesichert, Effizienz nicht belohnt. Es gibt **keine Impulse, sich permanent zu verbessern.** In Deutschland wird Kreativität durch Beharrlichkeit ersetzt. Hinterfragen Sie den Status Quo und zerstören Sie immer wieder Ihre Selbstsicherheit.

Schaffen Sie kreative Treibhäuser

Binnenklima der   Deutschland besteht aus **kreativen Blockaden.** Also müssen Sie in Ihrer
Kreativität   Organisation ein anderes Binnenklima schaffen. Folgende Dinge sind für eine **Atmosphäre der Kreativität** geeignet:
- eine grundlegende Offenheit für Ideen, egal, von wem sie kommen
- eine Förderung neuer Ideen
- eine geeignete Fragestellung
- Nischen im Alltagsbetrieb, die kreative Lösungen ermöglichen
- eine attraktive Umgebung
- eine kreative Disziplin und kontinuierliches Engagement
- Absprachen, wer für was Verantwortung übernimmt

Kreativität ohne   Machen Sie es sich nicht zu einfach. Hin und wieder eine Gesprächsrunde
Routine verpufft   anzusetzen, in der jeder seine Meinung sagen darf, ist nicht die Lösung des Problemes. Willkürliches Brainstorming ohne ein kreativ routiniertes Team bringt nichts. **Kreativität ist harte Arbeit, die spielerisch beginnt.**

Feiern Sie Reinfälle

Die meisten Organisationen feiern Erfolge. Erfolge zu feiern ist gut (Rituale schaffen). Aber wenn Sie nur die Erfolge feiern, traut sich niemand, einen Fehler zu machen. Die Bereitschaft zum **Risiko** sinkt. Die Organisation verliert kreative Dynamik. Sie sind auf dem Weg in die Verwaltung.

Welchen Stellenwert   Das Gegenrezept lautet „Failure Celebration". Setzen Sie sich Zeiten,
haben Fehler?   bei denen Mitarbeiter die größten Flops ihrer Karriere vorstellen und feiern. Eine **„Failure Celebration"** kann auch spontan nach einer echten „Katastrophe" einberufen werden. Sie ziehen damit die Depression aus Ihren Mitarbeitern. Sie brauchen dazu nicht mehr als etwas zu trinken, zu essen und eine sehr lockere Atmosphäre. Wichtig ist, dass der Chef den Impuls für das Feiern des Flops gibt. Damit sagt er: *„Es ist in Ordnung, wenn wir Fehler machen."*

Wie erreiche ich eine Responsequote von 100 %?

Eine international tätige Organisation führte bei einem internationalen Mitarbeiter-treffen spontan eine „Failure Celebration" durch. Die Mitarbeiter aus aller Welt wurden aufgefordert, spontan ihre größten Flops des letzten Jahres zu schildern. Die Flops würden vom Publikum bewertet und die drei größten Peinlichkeits-Hits geehrt.

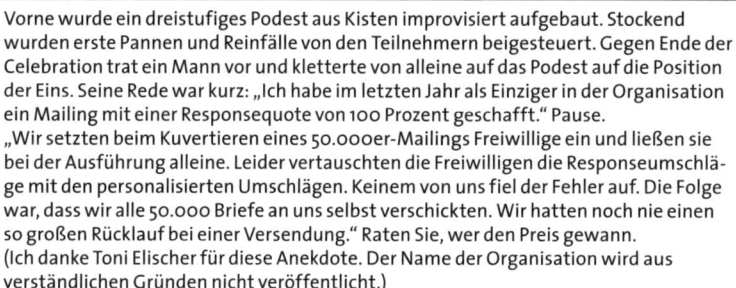

Wie erreiche ich eine Responsequote von 100 %?

Vorne wurde ein dreistufiges Podest aus Kisten improvisiert aufgebaut. Stockend wurden erste Pannen und Reinfälle von den Teilnehmern beigesteuert. Gegen Ende der Celebration trat ein Mann vor und kletterte von alleine auf das Podest auf die Position der Eins. Seine Rede war kurz: „Ich habe im letzten Jahr als Einziger in der Organisation ein Mailing mit einer Responsequote von 100 Prozent geschafft." Pause. „Wir setzten beim Kuvertieren eines 50.000er-Mailings Freiwillige ein und ließen sie bei der Ausführung alleine. Leider vertauschten die Freiwilligen die Responseumschläge mit den personalisierten Umschlägen. Keinem von uns fiel der Fehler auf. Die Folge war, dass wir alle 50.000 Briefe an uns selbst verschickten. Wir hatten noch nie einen so großen Rücklauf bei einer Versendung." Raten Sie, wer den Preis gewann. (Ich danke Toni Elischer für diese Anekdote. Der Name der Organisation wird aus verständlichen Gründen nicht veröffentlicht.)

Japanische Firmen veranstalten **Mitarbeiterwettbewerbe** für unsinnige Erfindungen. Es dürfen nur Erfindungen eingebracht werden, die absolut überflüssig sind. So entstehen Touristensonnenkappen mit selbstauslösender Rundumkamera, funkferngesteuerte Papierkörbe, Maschinen, die unmögliche Geräusche machen ...

Systematischer Unsinn

2.3 Low-Budget-Marketing

Low Budget ist im Sozialmarketing Pflicht. Es fehlt das Geld für Medienschlachten. Soziale Organisationen können keinen Markt „aufrollen". Auch würde dies im Beziehungsmarketing nur begrenzt funktionieren. Gute Lösungen schaffen es, **aus einer geringen Anfangsenergie mehr zu machen**.

Aus wenig mehr machen

Low-Budget-Marketing ist kein Alleinstellungsmerkmal des Sozialmarketings. Eine Reihe kommerzieller Agenturen haben sich dieses Ziel ebenfalls auf die Fahnen geschrieben. Die folgenden Stichworte fallen in diesen Bereich.

2.3.1 Low Budget – High Quality

Im Low Budget werden nur kreative Ideen zugelassen, die kostengünstig produzierbar sind. Die kreative Leistung wird in der Gestaltung erbracht, nicht in der Sonderanfertigung.

Kostengünstig produzieren

Ausgangspunkt ist die Frage: **Wie kann ich das, was ich günstig produzieren kann, kreativ gestalten?** Low Budget Design verzichtet auf teure Stanzen, arbeitet mit Standardformaten und nutzt z.B. Druckformen optimal aus. Auch mischt man hochwertige Kreativität beispielsweise mit Fotos, die nur 80 Prozent gut sind. Gekonnt gemacht, fällt dies später keinem auf.

Low Budget Marketing setzt **erfahrene Gestalter** voraus. Laien gehen häufig von falschen Dingen aus. Ein Beispiel aus der Printproduktion: Zweifarbdruck ist heute oft teurer als Vierfarbdruck. Wenn eine Druckerei auf Massendruck per Euroskala eingestellt ist, sind Schmuckfarben teurer Luxus.

2.3.2 Guerilla-Marketing

An der „falschen" Stelle
das Richtige tun

Frechheit siegt. Guerilla-Marketing wurde von Agenturen entwickelt, die für Kunden mit kleinen Etats große Dinge bewegen wollen. Die These: Wenn uns das Geld fehlt, die klassischen Medien zu belegen, müssen wir an Stellen auftauchen, an denen es nichts kostet, es aber dennoch viele Menschen (oder die richtigen Menschen) mitbekommen.

Aus dem Hinterhalt zuschlagen

- So wurden an Baustellen große freche Banner gehängt,
- Situationstheater in Fußgängerzonen gespielt,
- mit Kreide die Umrisse von Menschen auf das Straßenpflaster gemalt (hier starb ein Wohnungssuchender mit Telefonnummer eines Immobilienmaklers),
- oder Abreißzettel im Look von Prostituiertenanzeigen in Telefonzellen gelegt.

Es kann keine geordnete Theorie des Guerilla-Marketings geben, da es im „Krieg" keine Regeln gibt. Häufig werden Dinge, die von Guerilla-Agenturen entwickelt wurden, später im normalen Marketing Standard.

Zwei **Merkregeln**:
- Nicht jede Guerilla-Aktion passt vom Image zu jedem sozialen Produkt.
- Es ist viel mehr möglich, als Sie meinen. Denken Sie unanständiger.

2.3.3 Virales Marketing

Auf das Böse
im Menschen setzen

Virales Marketing stammt ursprünglich aus dem Online-Marketing und beinhaltet das Wort Virus. Viral steht für die **ansteckende Wirkung von Aktionen**. Der Negativableger ist der Computervirus, der sich ungewollt weiterpflanzt.

Virales Marketing versucht ebenfalls eine automatische Fortpflanzung in Gang zu setzen. Zum Beispiel wird ein Gerücht gestreut oder ein kleiner anstößiger Filmclip in Umlauf gebracht, der von Internetnutzern „unter der Hand" weitergegeben wird.

Virales Marketing steht häufig am Rande des guten Geschmackes. Eine Abart im Sozialmarketing sind leidige E-Mails, in denen ein todkrankes Kind um die Erfüllung eines letzten Wunsches bittet. Häufig sind solche Aktionen echter Müll oder zumindest nicht von einer Organisation autorisiert.

> Gerade im Sozialmarketing ist virales Marketing
> vorsichtig zu gebrauchen.

Die **Idee muss lupenrein sein**, soll sie nicht das Gegenteil bewirken. Trotzdem lohnt es sich, die Mechanismen von viralen Aktionen zu verstehen. Wie kommt es dazu, dass ich zum Geheim-Tipp werde und von Hand zu Hand gehe? Und auf der anderen Seite: Ein wenig schwarzer Humor an der richtigen Stelle ...

2.3.4 Grassroot-Marketing

Misch dich einfach unter die Leute. Grassroot-Marketing ähnelt dem viralen Ansatz, startet aber nicht im Internet. Schauplatz des Geschehens ist meist der Ort der Nutzung eines Produktes oder eine Umgebung, in der Menschen keine Werbung erwarten – „Eintauchen in die Mikrowelt" nennen das die Experten.

Erlebnisse und Trends schaffen

Unbewusste Weiterempfehlung soll gestartet werden. Dazu werden Menschen (positiv) überrascht. Promotionteams sind mit neuen Fahrzeugen unterwegs, ohne sich als Werbeteams zu erkennen zu geben. Ein überraschter Mensch erzählt anderen von seiner Erfahrung (*„Du, jemand hat mich heute den neuen Porsche fahren lassen"*) und so pflanzt sich seine Erfahrung fort.

Dieser **„Buschbrand"** wird groß, wenn ein Produkt den Nerv trifft und viele Leute an vielen Stellen gleichzeitig darüber sprechen. In Grassroot-Kampagnen kann eine große Zahl von Leuten, oft Freiwilligen, kleine lokale Aktionen „anzetteln", die in ihrer Summe durchaus Effekte erzielen. So war die Hilfe für die Opfer der Jahrhundertflut 2002 an vielen Stellen eine Grassroot-Bewegung. In den Schaufenstern vieler Geschäfte klebten spontan selbst entworfene Spendenaufrufe. Grassroot-Aktionen gehen an den klassischen Medien vorbei.

2.3.5 Trittbrettfahren

Eine uralte Methode des Low-Budget-Marketing hat keinen englischen Namen bekommen. Sie funktioniert tadellos. Die kleinste und für soziale Organisationen günstigste Form einer Kooperation ist das Trittbrettfahren.

Andere für sich arbeiten lassen

Nutzen Sie das Ereignis eines anderen

Allein Medien-Energie zu erzeugen, kostet viel Geld; achten Sie deshalb auf Jubiläen, Sportereignisse, Aktionen und Medienstarts von anderen. Fragen Sie, ob Sie dabei sein können, und laden Sie sich einfach selbst ein. Es bringt Ihnen **Öffentlichkeit und wenig Arbeit**.

> **Feiern Sie mit anderen mit**
>
> Wenn ein Radiosender ein Openairkonzert veranstaltet, können Sie dort mit einem Stand vertreten sein. Wenn ein Industrieunternehmen den 100-jährigen Geburtstag feiert, können Sie fragen, ob Sie mitfeiern dürfen.

Nutzen Sie ein besonderes Datum

Die abstraktere Form des Trittbrettfahrens ist die Nutzung eines von anderen geschaffenen Datums. Das bekannteste Beispiel im Fundraising ist Weihnachten. Sie nutzen hier die Bedeutung des größten Festes in Deutschland und die damit verbundenen Emotionen.

Es gibt viele andere Termine, die sich für Koppelungen eignen: der Weltkindertag, der Welt-AIDS-Tag, ein Stadtfest.

3   Beziehungsmarketing

Besondere Beziehungen

Sozialmarketing ist etwas Besonderes. Zu sehen ist dies, wenn Menschen Dankbarkeit für das ausdrücken, was durch eine Organisation möglich wurde. Menschen fühlen sich mit einem Ziel verbunden. Es entstehen Beziehungen, wie sie im Konsumgüterbereich unbekannt sind. **Wenn diese Beziehungen besonders sind, wie gehen wir damit um?**

Kleine Organisationen haben einen Vorteil. Sie können Beziehungen in der persönlichen Begegnung erhalten. Eine örtliche Selbsthilfegruppe, eine Kirchengemeinde oder eine Pfadfindergruppe kennt ihr Umfeld.

Diese Nähe geht verloren, wenn ein größerer Kreis von Menschen die Leistungen einer Organisation abnehmen oder unterstützen:

- der einzelne Mensch steht nicht mehr vor Augen
- das Wissen über den einzelnen Menschen nimmt ab
- die Mitarbeiter können nicht mehr mit jedem sprechen

Je größer die Organisation, umso schwieriger ist der Aufbau individueller Beziehungen

Ab jetzt wächst die Gefahr, Beziehung durch Marketing auszutauschen. Wenn nur noch über Mailings, Einschaltquoten und Kontaktzahlen gesprochen wird, geht ein wesentlicher Aspekt verloren.

Jede Strategie im Sozialmarketing scheitert, wenn der Mensch übersehen wird. Wie können wir mit einem Menschen eine Beziehung aufbauen, wenn wir keine Zeit für ihn haben?

Bei aller Planung und Strategie werden soziale Leistungen von Menschen erbracht, die in Beziehung zu anderen Menschen treten.

- Wie werden die **Mitarbeiter** einer Organisation sichtbar? Wie kann eine Organisation Personal zu Persönlichkeiten machen und diese zu anderen sprechen lassen? Was für eine Rolle spielen die Mitarbeiter und die Leiter der Organisation?

Ideal: Persönlichkeiten sprechen Personen persönlich an

- Wie kann ich **Förderer/Spender/Kunden** möglichst persönlich ansprechen? Dazu braucht es Wissen über diese Menschen. Welche Stellung und welchen Wert gebe ich den Förderern, Kunden und Klienten?

In der bisherigen Kommunikation sozialer Organisationen standen Maßnahmen meist **isoliert** im Raum. Mailings wurden einzeln ausgewertet und optimiert. Der Spender selbst kam in der Datenbank nur mit seinen Geldeingängen vor. Die Beziehung bestand daraus, dass der Spender der Organisation Geld gab und die Organisation sich dafür bei ihm bedankte.

Die Beziehungstiefe bisheriger Kontakte

Die Folge sind Organisationen, die wenig über ihre Spender oder Kunden wissen: Vorname, Nachname und die postalische Adresse sind neben den Bankdatensätzen oft die einzigen Einträge in der Datenbank.

Dies ist für Beziehungsmarketing zu wenig. Kleine und große Organisationen müssen Wissen über ihre Kunden aufbauen. Würden Sie einem Arzt trauen, der sich keine Notizen macht? Auch ein guter Kindergarten wird sich Notizen über Kinder und Eltern machen. Die Pädagogen wissen so um Stärken, Schwächen der Kinder und die Wünsche der Eltern. Fortschrittliche Kindergärten erstellen (wenn Eltern das wünschen) Profile einzelner Kinder, um mit den Eltern gezielter über die Kinder sprechen zu können.

Die Buchungssätze reichen nicht

Am Anfang steht also der Wille, mehr über die Kunden erfahren zu wollen. Gute Qualität heißt hohes Wissen – schlechte Qualität heißt niedriges Wissen.

Qualität beginnt mit individuellem Wissen

Aber was soll ich mir als Organisation über einen Menschen aufschreiben? Soll ich den Autotyp notieren, den ein Großspender fährt? Notiere ich Teile von persönlichen Gesprächen? Wo beginne ich und wo höre ich auf?

Erfahrene Fundraiser sagen, dass es gar nicht so sehr auf die Menge der Notizen ankommt, es geht vielmehr um die wesentlichen Dinge. Beziehungsmarketing entwickelt Kriterien, wie eine Beziehung so dokumentiert wird, dass die Organisation sinnvoll handeln kann.

3.1   Grundlagen des Beziehungsmarketings

Einfache Kommunikationskonzepte denken im **Sender-Empfänger-Modell**:

Die Massenkommunikation überwinden

- Ich bin der Sender.
- Der andere ist der Empfänger.
- Ich wähle aus, was ich senden will und sende.

Böse Zungen nennen dies auch **Propaganda**, denn hier spielen Empfinden und der Wille des Angesprochenen keine Rolle. Propaganda möchte den anderen für seine Zwecke gewinnen, nutzen und im schlimmsten Falle instrumentalisieren.

Beziehungsmarketing denkt anders. Ich nenne dies **„zyklische Denkweise"**, andere **Customer Relationship Management** oder Kundenorientierung. Greenpeace nennt sein entsprechendes Programm „Friends for Live".

Im Beziehungsmarketing fehlt nach wie vor die Zeit, mit jedem persönlich zu sprechen. Trotzdem wird es ansatzweise versucht.

Benötigt wird ein Modell, mit dem Klienten, Förderer oder Kunden in ihrer persönlichen Beziehung zur Organisation wahrgenommen und entsprechend ihrer Zyklen und Bedürfnisse begleitet werden.

3.1.1   Voraussetzungen für ein Beziehungsmodell

Was würden Sie von einem Arzt halten, der Sie anruft und sagt: „Ich habe gerade Zeit und einige sehr gute Antibiotika übrig, brauchen Sie gerade

Die Bedürfnisse des Kunden entscheiden

Antibiotika?" Dies wäre vollkommener Unsinn. Nicht die Zyklen und Wünsche des Arztes sind entscheidend, sondern die des Patienten.

Was für Zyklen haben Förderer oder Kunden einer Organisation? Bei einem **Patienten** ist dies einfach. **Die Krankheit bestimmt seinen Zyklus.** Ein Krankenhaus passt sich der Krankheit des Patienten so weit wie möglich an. Ein Notfall wird Tag und Nacht sofort behandelt, eine wichtige Operation wird so schnell wie möglich angesetzt, eine Kurmaßnahme wird langfristiger geplant. Ein gutes Krankenhaus zeichnet sich dadurch aus, dass es sich der Patienten gemäß ihrer Situation feinfühlig und zügig annimmt. Welchen Zyklen unterliegt das Mitglied einer sozialen Organisation?

Fallbeispiel: Blutspende beim DRK
Wenn Sie Blutspender wären, hätte das Deutschen Roten Kreuz eine **Ehrennadel** anzubieten. Gestaltet wurde sie von DRK-Botschafterin Jette Joop anlässlich des 2. Weltblutspendetages 2005. Die goldene Nadel ist mit kleinen Granaten in Form des Roten Kreuzes besetzt.

Sie wird an Menschen überreicht, die sich in besonderer Weise für die Blutspende verdient gemacht haben. Bevor ein Blutspender diese Ehrennadel bekommen kann, durchläuft er in der Regel zunächst **die „normale" Karriere**. Besondere Schwellen sind die 25., 50., 75. und 100. Blutspende. Die DRK-Ortsvereine lassen sich etwas einfallen, um den treuen Blutspendern etwas zu bieten. Sei es ein Abendessen oder eine Wochenendreise. Wer langjährig Blut spendet, wird wahrgenommen und geehrt. Bis dahin, dass die Ehrennadel überreicht wird.

Hier sehen wir eine **Definition**: Jemand, der häufig Blut spendet, wird mehr geehrt als jemand, der wenig Blut spendet. In besonderen Fällen gibt es eine Ehrennadel. Nachvollziehbar und logisch.

Um also überhaupt einen Beziehungszyklus eines Förderers, Spenders oder Kunden wahrnehmen zu können, benötigt eine Organisation Daten.

Das Geburtsdatum
Aus dem Alter ergibt sich der biologische Zyklus:
- **Kinder** sind offen für die Welt und aufnahmefähig wie ein Schwamm und die Brücken zu den Eltern. Arbeiten Sie mit Kindern und Ihre Zukunft ist gesichert. Erlebnisse und Materialien helfen, spielerisch die Organisation zu entdecken und in die eigene Biografie einzubetten. Der WWF bietet eine Kindermitgliedschaft, die Christoffel-Blindenmission das Kindermagazin „Chris" mit dem brillenbestückten Maulwurf gleichen Namens.
- **Jugendliche** haben wenig Geld, aber Zeit. Sie suchen Erlebnisse und wollen beteiligt werden. Wollen Sie wirklich die Spende von Jugendlichen? Oder wollen Sie nicht lieber die Teilnahme an Camps, Hilfs-

aktionen und Benefizkonzerten? Die Kirche befriedigt dieses Bedürfnis mit Jugendtagen. Was können Sie anbieten?

- **20 bis 25 Jahre** ist eine Schwellenphase. Hier ist noch Zeit vorhanden, aber die Karriere beginnt und die ersten Kinder stellen sich ein. Zum Teil gehen junge Erwachsene tiefer in die Beziehung zur Organisation, andere können dies nicht mehr.
- Frauen und Männer **zwischen 25 und 45** haben Geld, aber keine Zeit. Sie werden tragende Spender mit Einzugsermächtigungen, aber selten Ehrenamtliche mit dauerhaftem freiwilligen Engagement.
- Frauen und Männer **zwischen 45 und 55** haben zum Teil Geld und Zeit.
- Frauen und Männer **ab 55** haben wieder mehr Zeit, aber oft wieder weniger Geld. Oft sind dies die idealen Freiwilligen mit viel Erfahrung.

Der zweite Geburtstag

Mit der Frage nach dem „zweiten Geburtstag" erzeuge ich immer wieder Fragezeichen in den Gesichtern von Verantwortlichen. Ich meine damit das **Datum des Erstkontaktes**. Die Frage ist etwas provozierend, aber ich bin erstaunt, dass dem Erstkontakt so wenig Beachtung geschenkt wird.

Den Erstkontakt kann eine Organisation immer festhalten

Der Erstkontakt ist mehr als nur ein Datum: Er bezeichnet den Tag, an dem ein Mensch zum ersten Mal mit Ihrer Organisation verbindlich wurde. Dies kann eine erste Spende, der Mitgliedsbeitritt oder die Teilnahme an einer Freizeitmaßnahme sein.

Daten zum Erstkontakt sind Pflicht in einer Datenbank.

Damit Sie nicht nur das Datum haben, brauchen Sie den Anlass, durch den ein Mensch mit Ihnen eine Beziehung begann. Der Ersteingang einer Spende oder eine erste Bestellung reicht nicht aus. **Was ist bei Ihnen das Kriterium für einen Beziehungsanfang?** Definieren Sie, wann bei Ihnen eine neue Beziehung beginnt. Ist es die erste Blutspende, ein Erstgespräch in einer Beratungsstelle, die Teilnahme an einem Programm, die Zeichnung einer Zustiftung ...?

Was ist das Kriterium für den Beginn einer neuen Beziehung?

Ist der Erstkontakt qualifiziert erfasst, haben Sie viele Möglichkeiten. Senden Sie z.B. nach fünf Jahren einen „Geburtstagsbrief": *„Sehr geehrte Frau Müller, vor genau fünf Jahren, am 13.05.2001, wurden Sie Mitglied bei uns im Sportverein. Wir möchten Ihnen an dieser Stelle zu Ihrem „fünften Geburtstag" gratulieren und ...".*

Der Beginn der Beziehung ist Start einer zyklischen Betrachtung. Damit eng verbunden ist die Frage, wann Sie jemanden willkommen heißen. Einfach ist dies beim Start einer neuen Mitgliedschaft. Bei Greenpeace bekommen neue Mitglieder zu Beginn ein **Service-Checkheft**. Damit ist der Start der Beziehung eindeutig markiert. Wie markieren Sie den Beziehungsbeginn?

Eintrittsschwelle markieren

Erst wenn Sie und „Ihre neue Beziehung" wissen, wann sie dazukam, können Sie später auf dieses Ereignis zurückkommen. Dazu muss die Eintrittsschwelle für beide Seiten markiert werden.

3.1.2   Vorstellung eines einfachen Beziehungsmodelles

Die Einträge des Geburtstages und des Erstkontaktes sind noch keine Beziehung. Wie lange eine Adresse in der Datenbank ist, sagt wenig aus.

Aktivität ist ein Indikator
für eine Beziehung

Spendeneingänge oder Bestellungen sind schon bessere Indikatoren. Wer spendet oder bestellt, ist aktiv. Ist dies aber schon eine Beziehung?

Wie kann eine Beziehung gestaltet werden? Ein Mitglied wird seine **Geschichte mit der Organisation** weder definieren noch aufschreiben. Dies muss die Organisation tun, oder die Geschichte geht verloren.

Beziehungsprogramme müssen dem konkreten Bedarf angepasst werden. Die folgende Aufteilung ist ein Vorschlag. Begriffe wie Silber, Gold oder Platin sind Geschmackssache. Sie können jederzeit anders benannt werden. Dieses Modell zeigt exemplarisch, wie **Beziehungstiefen** definiert werden. Hier wird in fünf Beziehungszyklen aufgeteilt.

Zyklus 1: Die Beziehung bewusst beginnen – der Check-in
Hat ein Interessent sich zum ersten Mal gemeldet, gespendet oder bestellt, beginnt die Beziehung. Noch ist der Neue eher ein Gast als ein Bekannter.

Auf einen Neuzugang
richtig reagieren

Ob er heimisch wird, hängt davon ab, wie der Neue willkommen geheißen und ihm die Organisation vorgestellt wird: Wird der Neuzugang überhaupt bemerkt? Reagieren Sie und drücken Sie Ihre Freude aus? Geben Sie Orientierung, was ab jetzt folgen wird? Die Empfehlung lautet hier:
- Anlass des Erstkontaktes festhalten = zweiter Geburtstag
- einem Programm zuordnen
- willkommen heißen und Check-in = Einführung in die Organisation
- Information, was in der nächsten Zeit auf ihn zukommt

Erstbetreuungsprogramme beginnen sofort. Es können unterschiedliche Programme bereitstehen: „Erstbetreuung Spender normal", „Erstbesteller Teekampagne", „Ersteinweisung Patient" etc. Bei einer außergewöhnlich hohen Erstspende startet das Programm „Erstbetreuung Spender hoch" usw. Der Neuzugang wird besonders intensiv beobachtet. Möglich ist ein Anruf einige Tage nach dem Check-in, ob alles zur Zufriedenheit lief.

Schwelle in die
nächste Phase

Die erste Phase der Betreuung führt bis zur dritten wiederholten Handlung:
- Spender hat zum dritten Mal gespendet
- Mitgliedsbeitrag ist drei Monate hintereinander eingetroffen
- Kunde bestellt zum drittenmal TransFair-Kaffee

Die Intervalle müssen an den jeweiligen Bedarf der Organisation angepasst werden. Erfolgt nach einem bestimmten Zeitraum keine zweite

Handlung, muss interveniert werden. Dies kann ein besonderes Mailing sein, ein Anruf oder eine andere Aktion, die „um die Beziehung kämpft".

Lassen Sie den Erstspender, Erstbesucher oder Erstbesteller nicht einfach gehen.

Zyklus 2: Die Grundbetreuung – „Normales Mitglied"

Erfolgt ein drittes Mal eine Spende oder Handlung, springt unser Besucher automatisch in die nächste Rubrik, er bekommt **eine erste kleine Aufmerksamkeit**. Zum Beispiel ein kurzes Schreiben: *„Sehr geehrte Frau Müller, diese Woche stellten wir mit Freude fest, dass Sie uns ein drittes Mal gespendet haben. Da Menschen, die sich verbindlich engagieren, selten geworden sind, möchten wir uns kurz mit diesem Brief dafür bedanken ..."*

Mehr Informationen geben, Beziehung halten, das Vertrauen vertiefen

Ab jetzt läuft die grundlegende Betreuung. Hier sind alle Förderer und Kunden gesammelt, die einen regelmäßigen Austausch mit der Organisation haben, aber keine hohe Beziehungstiefe. Handlungsempfehlungen:

- regelmäßige Information per Mailing oder E-Mail
- keine Anrufe
- Dank bei weiteren Spenden möglichst innerhalb von fünf Tagen ab einer gewissen Spendenhöhe oder grundsätzlich immer
- Aktion(en) zur weiteren Qualifizierung/Upgrading

Verändert sich die Beziehungstiefe nicht, bleibt die Person immer im grundlegenden Betreuungsprogramm. Da die Organisation eine tiefere Beziehung anstrebt, versucht sie, Informationen zu sammeln, woran der Förderer/Kunde noch interessiert sein könnte. Daher laufen von Zeit zu Zeit Aktionen zur weiteren Qualifizierung oder Upgrading.

Zyklus 3: Aktives Mitglied – „Mitglied Silber"

Angenommen Sie betreuen Ihren Förderer zunächst zwei Jahre im Grundprogramm. Dann ist es möglich, die Gratulation zur zweijährigen Beziehung für ein **erstes Upgrading** zu nutzen. Schreiben Sie einen Brief, der an den Beginn der Beziehung erinnert, und unterbreiten Sie mit diesem Brief ein qualifiziertes weiterführendes Angebot. Möglichkeiten:

Mehr Austausch, kleine Aufgaben, näher an die Organisation holen

- Sie versenden ein Zertifikat (zwei Jahre Mitglied von ...).
- Sie holen den Spender näher an die Organisation.
- Sie gewähren einen besonderen Service.
- Sie machen ein Zusatzangebot.
- Sie laden zu einer Veranstaltung ein.
- Sie geben auf Wunsch hin und wieder spezielle Informationen.

Im dritten Zyklus lernen Sie Ihren Förderer besser kennen und machen ihm früher oder später ein tiefer gehendes Beziehungsangebot. Dies kann ein besonderes Spendenprogramm sein, eine besondere Patenschaft oder

Erstes Upgrading

die Mitarbeit bei einem Projekt. Idealerweise gewinnen Sie den Förderer für eine kleine Aufgabe oder für eine größere Verbindlichkeit. Damit ist die Beziehung zur Organisation tiefer geworden. Der Förderer kennt die Organisation jetzt besser und identifiziert sich stärker.

Zyklus 4: Hochaktives Mitglied – „Mitglied Gold"

Wer will eine tiefere Beziehung

Die nächste Runde wird mit Tiefe oder Dauer der Beziehung eingeläutet. Sie selbst bestimmen die Kriterien für den Wechsel:

- kontinuierliche Spenden über fünf Jahre
- Spendensumme pro Jahr höher als eine bestimmte Summe
- einmalige höhere Spende ab einem bestimmten Betrag
- seit fünf Jahren Blutspender/Pate/Teilnehmer einer Maßnahme

Zweites Upgrading

Der Angesprochene ist ab jetzt ein „alter Hase". Mit der Gratulation zum Status „Gold" können Sie den Förderer zugleich **auf** ein größeres Projekt oder **eine größere Verantwortung ansprechen**. Möglich ist auch ein persönliches Gespräch mit der Erkundigung nach den Wünschen und Zielen des Förderers. Zugleich erhält er den Zutritt in ein besonderes Informationsforum oder es gibt einmal im Jahr ein besonderes Mailing an alle goldenen Mitglieder. Dieses Anschreiben drückt eine sehr hohe Wertschätzung aus.

Wer kommt in den inneren Kreis?

Damit kommt der Förderer in den **inneren Kreis der Organisation**. Öffnen Sie den inneren Kreis einer Organisation nicht nur nach der Höhe der Beiträge, sonst wären am Ende nur reiche Personen im inneren Kern. Ausschlaggebend für den inneren Zirkel ist die **Verbundenheit** und die **Übernahme von Verantwortung**.

Entscheidend ist nicht die Sichtweise der Organisation, sondern die **Sichtweise des Förderers**. Ist es für ihn wichtig, die Organisation zu stützen? Ist es für ihn ein subjektiv hohes Engagement? Würde es ihm etwas bedeuten, die Auszeichnung „Gold" zu bekommen? Wenn ja, muss er belohnt werden und der Zugang zu einem inneren Kreis möglich sein.

Zyklus 5: Senior – „Mitglied Platin"

Das Alter der Beziehung = der Abschluss in Ehren

Ein bewährtes Mitglied der Organisation wird im fünften Beziehungszyklus gefragt, was ein krönender Abschluss der Beziehung sein könnte. Dies kann eine besondere Feier zum 70. Geburtstag sein, die Teilnahme an einem internationalen Treffen oder eine leitende Funktion in einer Arbeitsgruppe.

Drittes Upgrading

Zu diesem besonderen Anlass wird die seltene Platinnadel persönlich übergeben. Die Kriterien für den Übergang können wieder selbst festgelegt werden:

- 15 Jahre Förderer
- besonders hohes Alter (runder Geburtstag) in Kombination mit vorheriger Beziehung zur Organisation
- besonders hohe Spendensumme pro Jahr

- besonders hohe einmalige Spende
- besonders hohes Engagement anderer Art

Wenn Sie Testamentsspenden anfragen, ist hier ein guter Zeitpunkt. Ist die Beziehung gewachsen, ist die Frage möglich: Was können wir tun, damit es für Ihr Engagement einen besonderen Höhepunkt gibt? Was stellen Sie sich als Hinterlassenschaft Ihres Lebens vor? Dies ist eine ergebnisoffene Ansprache.

Den Höhepunkt der Beziehung gestalten

Aus den genannten Visionen, Wünschen und Möglichkeiten kann sich ein Legat ergeben, um ein besonderes Projekt zu sichern, oder aber auch anderes. Wichtig ist die **Sicht des Förderers**: Was will er umsetzen? **Was ist sein letztes Ziel?**

Anmerkung zu Kundenmodellen

Im Kundenbereich werden selten Titel vergeben. Hier können die Zyklen des Kunden durch bessere Rabatt-Stufen oder Sonderangebote gekennzeichnet sein. Aber auch hier freut sich ein Besteller, wenn wahrgenommen wird, dass er ein treuer Kunde ist.

Auch Kunden haben unterschiedliche Beziehungstiefen

Ein spezielles Anschreiben zu einem Jubiläum (die 20. Bestellung, das fünfte Jahr im Club etc.) freut immer und zeigt beiden Seiten, wie die Beziehung gewachsen ist. Bei Multiplikatorensystemen kann ein Sammelbesteller ein besonderes Dankeschön erhalten etc.

Bewertung von Beziehungsprogrammen

Was sind die Vorteile eines Beziehungsmodelles gegenüber einer Einteilung in „Kleinspender" und „Großspender"? Eine Klassifizierung nach reiner Spendenhöhe sieht den Spender aus der Sicht der Organisation und nicht aus dem Empfinden des Spenders. Können Sie einen Spender am Telefon begrüßen: *„Hallo Herr Müller, schön, dass Sie anrufen. Ich freue mich immer, wenn ein Kleinspender anruft."* Oder noch peinlicher – es soll wirklich vorgekommen sein –, Sie beginnen ein Anschreiben mit der Formulierung: *„Sehr geehrter Herr Müller, als Großspender fühlen Sie sich unserer Organisation stark verbunden ..."*

Welches Modell erlaubt welche Ansprache?

Die **Verleihung eines Titels** oder eines Ranges **wertet den Förderer** dagegen **auf**. Er empfindet diese Auszeichnung positiv, auch in Deutschland und in jeder Gesellschaftsschicht. Hören Sie nicht auf Kleingeister, die sagen: *„Das ist kindisch, die Förderer wollen keine Plaketten."* Das stimmt nicht. Jeder freut sich über die kleinen Ränge und Auszeichnungen des Lebens. Der Träger einer Ehrennadel wird diese Nadel vielleicht nicht immer ans Revers stecken. Sie können aber sicher sein, dass diese Nadel nicht weggeworfen wird.

Bekommen Sie jeden Tag eine Auszeichnung? **Würden Sie sich über eine Auszeichnung freuen?** Eben. Und aus diesem Grunde halte ich diese Programme für sinnvoller als die nüchterne Einteilung in Finanzklassen.

Menschen aufwerten   Teilweise werden diese Beziehungsprogramme auch als Clubpro-
gramme gestaltet. Der Zugang zum „Safari Club" ist mit besonderen Möglichkeiten oder Aufgaben verbunden.

3.1.3   Kommunikations-Mix im Beziehungsmarketing

Beziehungsmodelle brauchen eine klare Struktur. Die Neugewinnung von
Kunden oder Förderern wird grundsätzlich getrennt gesehen und später
besprochen. Folgende Aufteilung hilft, Beziehungsmarketing zu ordnen:
* Kommunikation bei Neuzugang
* Kommunikation im laufenden Jahr gemäß Beziehungsmodell
* Kommunikation mit individuellem Bezug
* Kommunikation zur Intervention

Kommunikation bei Neuzugang

Sofort, freundlich   Diese Kommunikation muss jederzeit, unabhängig vom Jahresrhythmus
und kompetent   sofort beim Neuzugang starten. Legen Sie einen netten Willkommens-
gruß bei und vermitteln Sie, was demnächst passiert. Beste Idee in diesem
Bereich ist bisher das Service-Check-Heft von Greenpeace: Das neue
Mitglied bekommt im handlichen Check-Heft Karten, um weitere Dinge
anzufordern, später eine Adressänderung angeben zu können usw.

Neuzugang ist nicht gleich Neuzugang. Spendet ein Mensch zum ersten
Mal, ist anders zu reagieren, als wenn ein Mensch eine Patenschaft zeichnet. Das Willkommen wird angepasst.

Wichtig: Die Kommunikation beim Neuzugang muss sofort erfolgen.
Es hilft nichts, wenn nach vier Wochen ein Brief eintrifft, dann ist die
Anfangsenergie bereits verflogen. Innerhalb von fünf Tagen ist Pflicht,
innerhalb von 24 Stunden ist besser.

Kommunikation im laufenden Jahr

Mischkommunikation   Ist ein Kontakt als Bestand in der Datenbank, kann er im Rhythmus der
im Bestand   Jahresplanung angeschrieben werden.

Zu empfehlen ist eine Mischkommunikation: Standardisierte Kommunikation wird mit individueller Ansprache gemischt. Ohne dieses Vorgehen würde sich die Arbeit vervielfachen. Die Organisation käme an die
Grenzen des Machbaren.

Beispiel für einen Kommunikationsmix

Sie haben Ihre Mitglieder in „Normal", „Silber", „Gold" und „Platin" aufgeteilt.
In der Jahreskommunikation werden diese nun mit einem jeweils eigenen Mix
angesprochen:
* Das Mitgliedermagazin bekommen alle Gruppen dreimal im Jahr.
* Aktionspost bekommen alle Gruppen dreimal im Jahr.
* Einen Brief mit unterschiedlichen Inhalten für „Normal", „Silber", „Gold" und
  „Platin" bekommen die Gruppen jeweils dreimal im Jahr.
Fertig ist ein Kommunikationsmix mit neun Kontakten pro Jahr.

Beispiel für einen Kommunikationsmix

6 Kontakte behandeln alle Förderer gleich. 3 Kontakte werden dabei in die 4 Untergruppen unterschieden. Wären alle 9 Kontakte für 4 Gruppen verschieden, hätten
Sie 36 unterschiedliche Vorgänge (9 x 4 Vorgänge). In der oben beschriebenen Mischkommunikation haben Sie dagegen nur 18 Vorgänge (6 + 3 x 4).

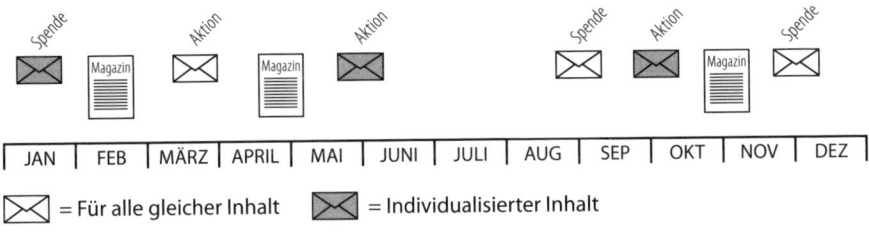

Abbildung 9

Tipp: Bei Mailings können Einzelbestandteile, also Texte und/oder Bilder,   *Individualisieren Sie*
individualisiert werden: Angenommen Sie senden ein Spenderporträt,   *Einzelbestandteile*
d.h. ein Spender wird mit Bild und Text vorgestellt und erzählt, warum er
sich engagiert. Hier wäre es möglich, den normalen Spendern das Porträt
eines Silber-Mitgliedes einzudrucken, den Silber-Spendern das Porträt
eines Gold-Mitgliedes und den Gold-Mitgliedern die Ansprache durch
ein Platin-Mitglied. So würde jeder Förderer der Organisation mit einem
Vorbild aus der nächsthöheren Stufe bekannt.

Kommunikation mit individuellem Bezug
Im Beziehungsmarketing orientieren sich nicht alle Vorgänge am Jahres-   *Aus dem Rhythmus*
plan. Einige Vorgänge richten sich an der Situation des Förderers aus,   *ausbrechen*
denken Sie z.B. an:

- Gratulation zu besonderen Geburtstagen (30/40/50 Jahre etc.)
- Beziehungsfugen (z.B. Gratulation zweijährige Mitgliedschaft)
- Projekte oder Patenschaften laufen aus (Follow-up)
- der Förderer meldet sich mit einem besonderen Anliegen
- Spenden geben Anlass, sich zu bedanken

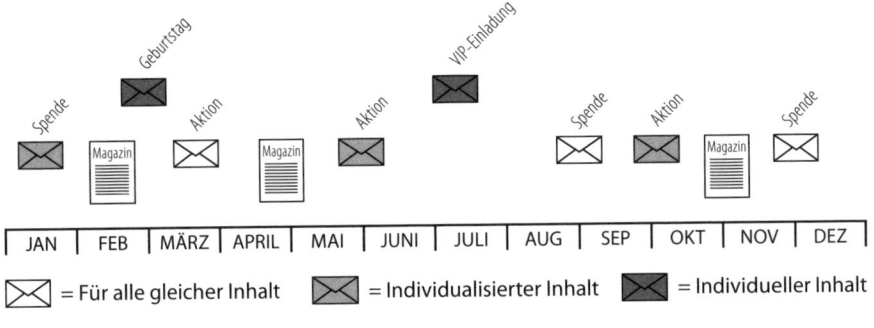

Abbildung 10

Routinen für das Besondere   Individuelle Vorgänge sind nur mit Hilfe einer **Datenbank** zu verwalten. Die Datenbank gibt pro Tag die entsprechenden Vorgänge aus. Dann gilt es Routinen zu entwickeln, um auf die Vorgänge zu reagieren. Hier ein Beispiel von **Handlungsroutinen** auf das Ereignis „Spende":

- Beim Eintreffen einer Spende mit Betrag x ruft ein Freiwilliger der Organisation innerhalb von 48 Stunden an und bedankt sich.
- Beim Eintreffen einer Spende höher als Betrag y ruft die Großspendenbetreuerin innerhalb von 24 Stunden an und bedankt sich.
- Beim Eintreffen einer Spende höher als Betrag z ruft der Geschäftsführer der Organisation innerhalb von 24 Stunden an und bedankt sich.

Kommunikation zur Intervention

Eingreifen, bevor es auseinandergeht   Beziehungen, die nahtlos Jahrzehnte halten, sind selten. Häufiger beginnt eine Beziehung gar nicht richtig oder dauert nur eine begrenzte Zeit. **Der Förderer verändert plötzlich sein Verhalten**. Was tun?

In Fachkreisen wird von Reaktivierung oder Rückgewinnung gesprochen, in diesem Buch von **Intervention**, da die Organisation – ob sie will oder nicht – zu einem Zeitpunkt reagieren muss, den das Gegenüber auslöst.

> **Muster, die auffallen müssen**
>
> Ein Spender hat 1999 begonnen zu spenden. Bis 2002 spendete er pro Jahr ein- bis zweimal. Dies ist eine Konstanz über drei Jahre. 2003 erfolgt keine Spende. Dies muss spätestens im Januar 2004 auffallen. Für die Intervention bietet sich hier ein Brief oder ein Anruf im Februar oder März 2004 an.

In einer **Beziehungskrise** sollten Sie handeln. In der Unternehmensberatung gilt: Es ist um ein Vielfaches einfacher und günstiger, einen Förderer/ Kunden wiederzugewinnen, als einen neuen aufzubauen. In der Intervention wird geklärt, ob und wie die Beziehung weiterläuft.

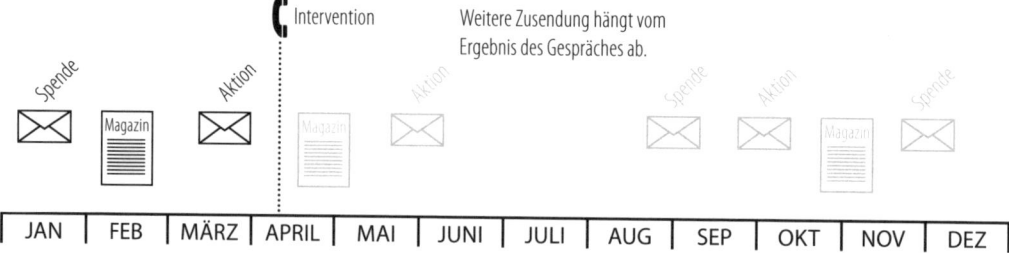

Abbildung 11

> ## NEGATIVE AUSLÖSER EINER INTERVENTION
>
> - Ein Spender hört auf zu spenden.
> - Eine Einzugsermächtigung wird zurückgezogen.

- Die Durchschnittsspende sinkt drastisch.
- Eine Mitgliedschaft wird gekündigt.
- Eine Mitgliedschaft wird nicht gekündigt, aber der Betrag nicht mehr überwiesen.
- Ein Kunde hört auf zu bestellen.
- Ein Kunde zahlt nicht.
- Ein Abonnement wird gekündigt.
- Eine Adresse ist nicht mehr erreichbar.

Für eine Organisation gilt:

- Sie muss die **Verhaltensänderung bemerken**. Viele Organisationen werten jedoch keine Daten aus, die eine Verhaltensänderung anzeigen. Es reicht nicht, einmal im Jahr die Abwanderungen zu überprüfen. Dann kann die Verhaltensänderung bereits Monate zurückliegen.

  Verhaltensänderungen zeitnah überprüfen

- Sie muss **reagieren**. Viele Organisationen scheuen das Gespräch mit Abwanderern oder „Problemfällen". Tun Sie dies auf keinen Fall. **Sie wissen nie, warum ein anderer Mensch handelt.** Es kann andere Ursachen haben, als Sie denken. Häufig reicht ein Anruf, um Dinge zu klären. Einige soziale Organisationen hatten auffällig hohe Erfolge bei Rückgewinnungsprogrammen.

Reagieren Sie auf Verhaltensänderungen nicht, signalisieren Sie Ihrem Nutzer: *„Deine Beteiligung ist uns so unwichtig, dass wir dich noch nicht einmal bemerken, wenn du aufhörst."*

Legen Sie Regeln fest, wie reagiert werden soll. Bei Stornierung einer Einzugsermächtigung könnte z.B. immer innerhalb von 48 Stunden ein Mitarbeiter aus der Finanzabteilung anrufen und das Eintreffen der Kündigung bestätigen. Gleichzeitig wird gefragt, was der Auslöser für die Kündigung war. Wenn möglich, wird ein Gespräch über die Zufriedenheit mit der Organisation geführt.

Jeder bleibt wichtig

Aber Achtung: Hat die Organisation keine Beziehungstiefe, kann eine Intervention nach hinten losgehen.

Als die Kirche begann, bei Kirchenaustritten bei austretenden Mitgliedern anzurufen, kam es zum Teil zur Reaktion: *„Sieh einmal an, solange ich Geld gezahlt habe, war nichts von der Kirche zu hören. Jetzt wo ich austrete, steht auf einmal der Pfarrer vor der Tür."* Daher dürfen solche Programme nicht einfach einer Organisation übergestülpt werden. Sie müssen in die Gesamtbewegung passen.

Eine Beziehung kann nur gerettet werden, wenn sie vorher überhaupt bestand

Viele Organisationen haben kein Interventionsprogramm. Wenn eine Organisation nach neuen Möglichkeiten des Fundraisings fragt und bisher noch nicht auf Beziehungsabbrüche reagiert, ist **Intervention das erste Stichwort.**

Intervention kann ohne
große Vorbereitung
begonnen werden

Intervention kann im Gegensatz zu anderen Programmen sofort, ohne große Vorbereitung begonnen werden. Dazu muss kein vollständiges Beziehungsmarketing aufgesetzt sein.

3.2   Spezielle Programme im Beziehungsmarketing

Steht ein grundlegendes Beziehungsmarketing, so können spezielle Programme zugeordnet werden.

3.2.1   Die Neugewinnung von Förderern

Neugewinnung ist Pflicht

Es gibt im Sozialmarketing Pflicht und Kür. Die Neugewinnung von Förderern oder Kunden ist Pflichtprogramm. Eine breite Basis stellt die Arbeit auf sichere Füße. In eine breite Basis hinein können Sonderprogramme wie Großspenderansprache erfolgen.

Der ständige Mitgliederschwund

Wer nicht wirbt, der stirbt

Warum kann eine Organisation nicht einmal aussetzen und sich auf die „eigentliche" Arbeit konzentrieren? **Warum muss ständig ins Marketing investiert werden?** Die Antwort ist ernüchternd: Eine Organisation, die nicht handelt, schrumpft sofort. Und zwar stärker, als die „gefühlten" Werte sagen.

Die Faustformel besagt, dass jede Organisation 10 % pro Jahr an Mitgliedern verliert. Angenommen Sie haben im Bestand 10.000 aktive Mitglieder, bedeutet das, Sie verlieren pro Jahr 1.000 Mitglieder. Um nicht zu schrumpfen, müssten Sie im gleichen Jahr 1.000 neue Mitglieder gewinnen. Erst ab dem 1.001. Mitglied würde ein Wachstum beginnen.

Wer nicht jährlich neue Mitglieder gewinnt, schrumpft ständig.

Verlustrate ermitteln

Falls Sie Ihre **Verlustrate** nicht kennen, sollten Sie diese umgehend feststellen: Überprüfen Sie die letzten fünf Jahre. Rechnen Sie in jedem Jahr die Neuzugänge aus der Bilanz und ermitteln Sie die Anzahl der Abgänge. Diese Zahlen vergleichen Sie. So erhalten Sie eine Kennzahl.

Liegen Sie über der **Kennzahl**, ist Ihr Marketing gut. Liegen Sie unter der Kennzahl, müssen Sie nachlegen. Auch die beiden großen Volkskirchen haben inzwischen schmerzhaft verstanden, dass sie sich nicht auf einem Bestand ausruhen können.

Die Gründe für Mitgliederschwund sind vielfältig:
- Mitglieder werden inaktiv
- Mitglieder sterben
- Mitglieder treten aus
- Mitglieder ziehen um, ohne den Umzug zu melden

Verlust durch Adressänderungen

Datenverluste durch Umzug können zum Teil wieder aufgefangen werden. Kommt ein Brief mit „unbekannt verzogen" zurück, ist der direkteste Weg ein Anruf oder eine E-Mail bei der entsprechenden Person. Als zweiter Schritt hilft die Umzugsdatenbank der Deutschen Bundespost.

Sollte dies alles nicht greifen, kann als letzte Maßnahme eine Überweisung von einem Cent auf das Konto des Klienten erfolgen mit dem Text „Hat sich Ihre Adresse geändert?" Diese Methode ist aber umstritten, weil sie nicht immer zu Ergebnissen führt. Der beste Weg ist die Bitte an die Klienten, der Organisation einen Umzug zu melden.

Neugewinnung

Die Neugewinnung ist von der Betreuung zu unterscheiden. Die Organisation trifft auf einen Menschen, der die Organisation noch nicht kennt. Die Beziehung ist in der Stunde Null. Wichtige Fragen sind:

Welchem Ziel dient eine Neuansprache?

- Mit welchem Angebot (Produkt) trete ich an den unbekannten Menschen heran?
- In was für eine Form von Beziehung will ich ihn (zunächst) führen?
- Was ist am Ende die konkrete Handlungsaufforderung?

Vor der ersten Zeile Text, die Sie schreiben, müssen Sie festlegen, worauf die Erstansprache hinausläuft. Dabei gibt es zwei mögliche Ziele: Der Interessent soll in eine spezielle Beziehung eintreten oder der Interessent soll eine konkrete (einmalige) Handlung ausführen.

BEZIEHUNGS- UND HANDLUNGSORIENTIERTE AUSSAGEN

Beziehungsorientierte Aussagen
- „Werden Sie Mitgründer der neuen Bürgerstiftung."
- „Werden Sie Pate für eines dieser Kinder."
- „Werden Sie Mitglied bei Robin Wood."

Handlungsorientierte Aussagen
- „Fordern Sie Informationen über das Projekt Regenwald an."
- „Retten Sie mit 3 Euro den Sumatra-Tiger."
- „Kommen Sie zur Multimedia Tour Grüner Planet von Greenpeace. Digitale Live-Show. Erleben Sie die unglaubliche Vielfalt und Schönheit des Lebensraumes Urwald. Eintritt kostenlos. Beginn 20.00 Uhr."

Warum beginnen Organisationen nicht gleich mit der Frage nach der ewigen Treue? Aus dem gleichen Grund, warum Menschen nicht nach dem ersten Date heiraten. **Menschen scheuen Verbindlichkeiten.**

Beziehungstiefe filtert verschiedene Gruppen

Wer mit niedrigschwelligen Angeboten anfängt, kann mit höherem Rücklauf rechnen. Es darf aber nicht übersehen werden, dass der Beziehungsaufbau dann erst folgt. Erfahrungen zeigen, dass sich z.B. Katastrophenspender selten tiefer an eine Organisation binden lassen. **Der Appell bei dringlicher Not hat keinen Beziehungsaspekt** (Interesse an der langfristigen Arbeit einer Organisation).

Beziehungsorientierte Angebote hingegen führen zu einem geringeren Rücklauf. Aber hier erfolgen Rückmeldungen, die von Anfang an eine andere Qualität haben.

3.2.2   Volunteering – Die Arbeit mit Ehrenamtlichen

Das Ehrenamt
Arbeit mit Sinn

Die Arbeit mit Ehrenamtlichen ist ein Weg, mehr Arbeit leisten zu können – und schafft zunächst Arbeit. Denn ein Volunteering-Programm läuft wie alle Programme im Sozialmarketing nicht von alleine. **Freiwillige brauchen Betreuung** und ein klares Angebot.

Sie wollen wissen, was zu tun ist, was sie und andere davon haben, dass sie dies tun, wie hoch die Verbindlichkeit ist und wie viel Zeit sie mitbringen sollen.

Grüne Schwestern sind beliebt

Der Dienst der Grünen Schwestern hat sich in vielen Krankenhäusern und Altenpflegeeinrichtungen etabliert. Sie übernehmen Aufgaben, die der normale Pflegedienst nicht mehr leisten kann. Der Name „Grüne Schwestern" im Zusammenhang mit einem grünen Schwesternkittel gibt den Freiwilligen eine eigene Identität. Insbesondere ältere Frauen finden hier ein Aufgabenfeld, das sie auslastet und Zufriedenheit gibt.

Freiwillige brauchen
Führung

Gehen Sie nicht davon aus, dass Freiwillige Jobs selbstständig ordnen. In der Regel brauchen Freiwillige **fest vorgegebene Arbeitsabläufe**. Anders ist dies, wenn hoch qualifizierte Ehrenamtliche in Aufgaben eintreten. Hier gilt es, die Kompetenz des Bewerbers richtig einzusetzen. Abzufragen ist die Intention. Ein Grafiker möchte nicht unbedingt wieder grafische Aufgaben übernehmen. Häufig suchen Ehrenamtliche bewusst einen Ausgleich zum beruflichen Umfeld.

CHECKLISTE:
DIESE DINGE BRAUCHEN EHRENAMTLICHE

- Klar umschribende Aufgabe
- Aufgabe, die Sinn macht (Erfolgserlebnis)
- Guten Teamleiter als Ansprechpartner
- Neben der Arbeit auch sozialen Austausch/Fun
- Anerkennung

Eine gute Begleitung ist Pflicht

Helfen, die Heraus-
forderung zu meistern

Niemand hat heute Zeit übrig. Freiwillige erwarten, dass in der Zeit, die sie zur Verfügung stellen, Vernünftiges passiert. Dazu gehört eine gute Einführung. Die Komplexität der Ausbildung entspricht der Aufgabe.

Komplexe Ausbildung mit hohem Erfolg

So werden die ehrenamtlichen Mitarbeiter der Telefonseelsorge der evangelischen und katholischen Kirche zunächst in einem Auswahlverfahren grundlegend auf Eignung getestet. Dann erst beginnt die Ausbildung. Nur wer die etwa einjährige (!) Ausbildung erfolgreich durchläuft und einer regelmäßigen Supervision zustimmt, kommt an das Telefon. Dass diese Hürde als nicht zu hoch empfunden wird, zeigen die etwa 7.000 Ehrenamtlichen, ohne die eine 24-Stunden-Verfügbarkeit der Telefonseelsorge gar nicht denkbar wäre.

Fallbeispiel: Hamburger AIDS-Hilfe

2003 gründete die AIDS-Hilfe Hamburg „EHRENSACHE.", die erste städtische Freiwilligenagentur einer deutschen AIDS-Hilfe. Das Diagramm zeigt den internen Aufbau (Stand 2005).

Abbildung 12: Einsatzfelder der Freiwilligen bei der AIDS-Hilfe Hamburg

Aufgabe des Marketings im Volunteering

Freiwilligenprogramme zu schaffen, ihnen einen Namen zu geben und sie erfolgreich in die Öffentlichkeit zu bringen, ist eine Aufgabe des Sozial-

Programme bewusst gestalten

marketings. Dabei gelten die gleichen Regeln wie bei der Gestaltung eines anderen sozialen Angebotes (Produktes).

Je griffiger das Angebot, umso eher greifen Menschen zu.

Arbeiten Sie mit Stellenbeschreibungen

Aufgabe und Freiwillige sollten zusammenpassen

Damit Aufgabe und Freiwillige zusammenpassen, brauchen Sie exakte Stellenbeschreibungen. In einer solchen Stellenbeschreibung werden – wie bei jeder Stellensuche – die benötigten Fähigkeiten und Anforderungen aufgelistet.

• Sind EDV-Kenntnisse notwendig oder gerade nicht notwendig?
• Wie viele Stunden pro Woche werden gebraucht?
• Bedarf es handwerklicher Fähigkeiten oder eines Führerscheines?

In Freiwilligenagenturen werden solche Angebote beworben. Die Stellenangebote können theoretisch überall erscheinen. Vielleicht druckt das Wochenblatt Ihrer Region Angebote kostenlos ab. Auch in Newslettern, Mitgliedsmagazinen etc. sollten Ehrenamtsstellen ständig präsent sein. Veröffentlicht wird auch immer der **Name des Programmes**. Dadurch wächst die Bekanntheit des Programmes und der Rücklauf steigt.

Freiwillige Fundraiser

Auch komplexe Aufgaben sind möglich

Freiwillige können **Marketingaufgaben** übernehmen. Junge Ehrenamtliche aus gehobenen Stellungen verstehen Marketing und sehen in dieser Aufgabe eine Herausforderung. Es braucht aber eine gute Teamleitung, um Ehrenamtliche ins Fundraising und Marketing zu integrieren.

Eine gute Aufgabe ist z.B. die Ausrichtung eines Events. Hier kann eine Gruppe alle Abläufe im Team verteilen und auf das Ereignis hinarbeiten.

Aber Vorsicht: Ehrenamtliche Fundraiser unterschätzen oft die Risiken. Sie erwarten zu hohe Einnahmen. Mehr als eine von Ehrenamtlichen durchgeführte Veranstaltung erzeugte ein Minus. Das wirtschaftliche Risiko muss daher immer mit der Organisation abgewogen werden.

Auch **Standardaufgaben** am Telefon oder per Brief können Ehrenamtlichen übergeben werden. In den USA telefonieren Volunteers bei Capital Campaigns direkt mit Förderern. Diese Anrufe haben besonderen Charme und unterstreichen den Willen, mit wenig Geld viel zu erreichen.

Eine gute Einführung ist Pflicht.

Ebenfalls selbstverständlich: Ehrenamtliche Fundraiser erhalten Spenden niemals in die eigene Hand oder auf ein eigenes Konto. Die Geldströme gehen ausschließlich über Konten der Organisation. Vertrauen ist gut, Kontrolle besser.

> ## BIETEN SIE MENSCHEN ATTRAKTIVE AUFGABEN
>
> Sie suchen niemals Menschen, sondern Sie bieten attraktive Aufgaben. Gehen Sie immer als Anbieter in die Öffentlichkeit. Streichen Sie das Wort „Gesuch" aus Ihrem Vokabular.

3.2.3   Upgrading

Upgrading ist der englische Begriff für die Ansprache eines Mitgliedes oder Kunden, sein bisheriges Engagement noch einmal zu erhöhen.

Wer ist bereit zu mehr?

> ### Wen würden Sie ansprechen?
>
> Sie brauchen dringend 100 Euro und dürfen nur eine Person von den drei folgenden in Ihrer Datenbank notierten Menschen ansprechen. Wen würden Sie erneut fragen?
> * Hans Werner: hat in diesem Jahr 3 x 50 Euro gespendet
> * Anja Meyer: hat in diesem Jahr 1 x 500 Euro gespendet
> * Mirjam Kanter: hat in diesem Jahr 2 x 20 Euro gespendet
>
> Die Antwort ist Anja Meyer. Bei ihr können Sie am ehesten erwarten, dass sie über zusätzliches Geld verfügt und es gerne gibt. Ein Fehler wäre es, Mirjam Kanter anzusprechen, da sie bisher „so wenig" gegeben hat und Anja Meyer bereits „so viel".
>
> ---
>
> Sie haben in Ihrer Kundendatei folgende Käufer:
> * Bernd Wieloch: hat einmal einen Tee für 2,50 Euro bestellt
> * Franka Marder: kauft regelmäßig für 40 Euro Tee, Kaffee und andere Dinge
> * Bodo Maurer: hat einmal für 120 Euro Tee bestellt
>
> Sie haben ein neues Produkt: eine Bio-Schokolade für 10 Euro. Sie dürfen dieses neue Produkt nur einem der drei anbieten. Wen würden Sie ansprechen?
>
> Die Antwort ist: Franka Marder. Denn sie bestellt regelmäßig und kauft die vielfältigsten Produkte. Sie wird am ehesten für ein neues Produkt offen sein. Es wäre ein Fehler, Bernd Wieloch anzusprechen, da er bisher „so wenig" bestellt. Etwas anderes wäre es, wenn Sie eine große Teepackung zum Sonderpreis anbieten wollen. Hier würden Sie Bodo Maurer ansprechen, da dieser anscheinend ein Vielteetrinker ist.

Der stärkste Nutzer wird sich auch wieder am stärksten engagieren.

Häufig haben Verantwortliche Vorbehalte, gute Förderer wiederholt auf Spenden anzusprechen oder sie in besonderen Situationen um zusätzliche Zuwendungen zu bitten. Upgrading sieht dies anders. Denken Sie dabei auch an die **Pareto-Regel**: 20 % der Spender bringen 80 % der Summe auf.

Upgrading wagt die wiederholte Ansprache

Gute Ansätze und Zeitpunkte für ein mögliches Upgrading sind:
* Erhöhung einer bisherigen Aktivität
  - bisherigen Spendenbetrag um 10 % erhöhen
  - am Jahresanfang Inflationsausgleich anfragen
  - ungerade Summen aufrunden
  - Sortimentserweiterung bei Kunden
  - Abnahme höherer Mengen
  - Sonderangebote

- Stabilisierung der bisherigen Aktivität
    - Einzelüberweiser auf Einzugsermächtigung wechseln
    - Abonnement anbieten
    - Zustellung einer speziellen regelmäßigen Information
- Involvement
    - Mitgliederbefragung
    - Gratulation zur langjährigen Mitgliedschaft
    - Einladung zu einer VIP-Veranstaltung
    - Vorstellung eines neuen attraktiven Produkts/Projekts
    - in neues Beziehungsprogramm wechseln (von Silber auf Gold etc.)

3.2.4   Involvement

Nähe geben   Involvement ist indirekter als Upgrading. Hier zeigen Sie dem Förderer, dass er der Organisation wichtig ist, **holen ihn aus der Anonymität** und führen ihn in eine neue Begegnung. Die einfachste Möglichkeit hierfür ist ein Telefonanruf.

Involvement ist einfacher, als es auf den ersten Blick erscheint. Sie geben Menschen, die engagierter sind als andere, die Möglichkeit, bei besonderen Augenblicken dabei zu sein, oder betrauen sie mit Aufgaben.

Gesonderte Einladungen können Sie beispielsweise hier aussprechen:
- Einweihung eines Gebäudes
- besondere Ereignisse
- Besuch eines Prominenten
- Feier zu Ehren eines Mitarbeiters der Organisation
- besondere Telefonkonferenzen

Hier können Sie Aufgaben verteilen:
- Besetzung eines Beirates
- Überprüfung eines Konzepts
- Frage nach der Meinung zu einem Projekt
- Bitte, über die Lösung eines Problemes nachzudenken
- Bitte, ein Interview zu geben
- Bitte, ein Porträt erstellen zu dürfen

3.2.5   Großspender

Sich dem überdurchschnitt-   Viele Organisationen investieren vermehrt in die Großspenderakquise, in
lichen Zuwender zuwenden   der Hoffnung, höhere Zuwendungen zu gewinnen. Übersehen wird häufig, dass **hohe Geldbeträge nur in attraktive Projekte** fließen.

Menschen mit viel Geld haben eine große Auswahl, wo sie investieren können. Daher ist die Vorlaufzeit für ein erfolgreiches Großspenderprogramm lang. Dazu lehrt die Erfahrung:

Die meisten Großspender waren vorher bereits
Förderer der Organisation.

Unterscheiden Sie daher zwischen:
- Großspendergewinnung aus der bestehenden Spenderschaft
- Großspenderneugewinnung

Was ist ein Großspender?

Für einen Kindergarten ist eine Summe von 1.000 Euro schon eine außergewöhnliche Gabe. Bei großen Organisationen definiert man einen Großspender dagegen erst bei anderen Summen.

Ein Großspender gibt für ein bestimmtes Anliegen besonders viel Geld

Ein Großspender gibt im Vergleich zu anderen Menschen für ein bestimmtes Anliegen besonders viel Geld. Diese besondere Zuwendung besteht entweder aus einer **einmaligen hohen Summe** oder aus einer Vereinbarung, dass **über einen bestimmten Zeitraum höhere Teilsummen** fließen.

Während eine Kleinspende auch einmal „so", also ohne tieferen Grund, gegeben wird, ist dies bei einer Großspende anders. Sie ist immer wohl überlegt, meist ein einmaliges Engagement und ein wichtiger Vorgang im Leben des Großspenders.

Großspenden sind immer wohl überlegt

Großspender haben eine eigene Psyche. Sie wollen etwas bewirken. Auf der einen Seite müssen sie besonders behandelt werden. Auf der anderen Seite möchten sie nicht bedrängt werden und oft auch nicht im Rampenlicht stehen. Den **richtigen Umgang** zu finden, ist die **Kunst eines guten Großspenderbetreuers**. Ohne einen solchen Betreuer läuft kein entsprechendes Programm.

Wie kommt es zu Großspenden?

Hier lassen sich zwei Arten unterscheiden:
- **Passiv**: Der Großspender sucht eine Organisation und nimmt von sich aus, manchmal sogar über Mittelsmänner, Kontakt auf. Er hat sich eigentlich schon entschieden und überprüft nur noch einmal die Qualität der Organisation. Schon aus diesem Grunde sollte man zu jedem Menschen, der Näheres über eine Organisation wissen will, freundlich sein.

  Sie werden gefunden

- **Aktiv**: Hier sucht die Organisation gezielt, wen sie ansprechen kann. Entweder geschieht dies kontinuierlich oder es wird in einer speziellen Kampagne gebündelt.

  Sie suchen gezielt

Immer hat die Entscheidung für eine Großspende und eine Organisation eine **Vorgeschichte**. Ein Erlebnis aus der Vergangenheit, die Begegnung mit einem Teil der Arbeit der Organisation oder ein anderer Puzzlestein in der Biografie, führen dazu, dass der Großspender jetzt bereit ist zu handeln.

Immer ist die Großspende auch mit Liquidität verbunden. Der Geber muss über eine Vermögensmasse verfügen und es besteht häufig ein Anlass, sich jetzt von einem Teil des Vermögens zu trennen.

Bei der **aktiven Großspendersuche** können Sie unterscheiden zwischen individueller Ansprache, Capital Campaigns und Massenansprache.

Brücken nutzen   **Individuelle Ansprache**: Amerikanische Major Donor Fundraiser sammeln gezielt Informationen über wohlhabende Mitbürger und sprechen diese dann direkt auf Unterstützung an.

Häufig sucht der Major Donor Fundraiser dabei nach einer **„Brücke"**. Dies kann eine Person sein, die dem wohlhabenden Menschen nahe steht, ein Thema, auf das er gut ansprechbar ist, oder eine Veranstaltung, auf der die Person zu treffen ist. Diese Brücke nutzt der Fundraiser und bringt sein Anliegen vor. Ein guter Major Donor Fundraiser bewegt sich dabei feinfühlig und wartet auf den richtigen Augenblick. Was könnte den wohlhabenden Menschen interessieren? Welche Motive bewegen ihn? Gedacht wird also von dem Bedürfnis des Großspenders hin zu den Möglichkeiten der Organisation.

Investment attraktiv   **Capital Campaigns**: In einer Capital Campaign ist der Blickwinkel anders:
vermarkten   Im Mittelpunkt steht ein attraktives Projekt, für das eine hohe Anschaffungssumme notwendig ist. Nun wird nach den Menschen gesucht, für die dieses Projekt so spannend ist, dass sie dafür eine Ganz- oder Teilfinanzierung übernehmen.

In einer Campaign geht man zuerst auf die potenziellen Großspender zu. Erst wenn ein bis zwei Drittel der nötigen Mittel zugesagt sind, geht die Kampagne in die Breite und holt die Restmittel über kleinere Beiträge. Gearbeitet wird mit sogenannten „Gift Range Charts" oder auf Deutsch Großspenden-Charts. Hier wird für ein Projekt festgelegt, welche Anzahl von Spenden in welcher Höhe gebraucht wird, um die Finanzierung zu schließen.

Unter den Edlen streuen   **Massenansprache** von potenziellen Großspendern: Auch die Ansprache per Mailing oder anderer Medien ist möglich. Hierbei ist auf die Qualität der Ansprache und des Projektes zu achten. Dies ist einer der wenigen Bereiche, wo beim Material nicht unbedingt Low Budget gearbeitet wird.

Fallbeispiel Großspender-Mailing der UNESCO
Am 9. April 2003 fiel die irakische Hauptstadt Bagdad. Wenige Stunden später wurde das **Nationalmuseum geplündert und zerstört**. Erste Schätzungen ergaben, dass ca. **170.000 Exponate verschwanden**. Die UNESCO reagierte sofort und versuchte international, zu retten, was noch zu retten war. Dabei war die UNESCO dringend auf Spenden angewiesen, um die Kulturgüter zu finden und zurückzubringen.

Die Hamburger Agentur Heye und Partner spendete der UNESCO in dieser Situation die Idee für ein Großspendermailing inklusive der gesamten Produktions- und Versandkosten.

Im Juli 2003 bekamen die hundert reichsten und einflussreichsten Deutschen ein Buch zugesandt. Allerdings kein normales Buch: Wenn die

Empfänger das Buch aufklappten, sahen sie statt des erwarteten Inhaltes gewaltsam herausgerissene Seiten.

Abbildung 13

Im Buch war innen im Deckel ein Aufkleber mit folgendem Text angebracht:

„Das irakische Weltkulturerbe ist bedroht. Wenige Stunden nach Ende des Irak-Krieges stand in Bagdad die Nationalbibliothek in Flammen und das Nationalmuseum war geplündert.

Tausende Zeitzeugen der 8000 Jahre alten Zivilisationsgeschichte werden nun als Zahlungsmittel auf dem Schwarzmarkt missbraucht.

Dazu gehören unschätzbare Artefakte, wie die ältesten Schriftrollen, Gesetzesbücher und Skulpturen der Welt.

Die UNESCO braucht jede Hilfe, um diese Kulturgüter wieder zu finden und dorthin zu bringen, wo die Geschichte der Zivilisation begann – in den Irak."

Nach dem Versand des Mailings gab es direkte Reaktionen in Form von Spenden. Auch gewann dieses außergewöhnliche Mailing zahlreiche Auszeichnungen.

3.2.6 Testamentsspenden

Die Betreuung zukünftiger Erblasser ist eine Sonderform des Fundraisings. Ziel ist es, Erblassern zu Lebzeiten den Gedanken nahe zu bringen, einen Teil ihres Vermächtnisses einem sozialen Zweck zukommen zu lassen, und die Abfassung des Testamentes so zu begleiten, dass der Wille auch eindeutig dokumentiert ist.

Der Geheimtipp der Fundraiser

Das Wort **Erbschaftsmarketing** für diese Arbeit ist weit verbreitet, aber unglücklich. Der Begriff Erbschaftsmarketing verstärkt das Missverständnis, soziale Organisationen wollten das ganze Erbe. Dies ist aber so gut wie nie der Fall. In der Regel geht es bei einer Testamentsspende um einen **Teilbetrag**, der 10 % des Gesamtvermächtnisses nicht überschreitet. Eine **Legatsspende** nimmt anderen Erben nicht das Geld weg.

Sprechen Sie deshalb immer von Teilspenden aus dem Vermächtnis oder von Testamentsspenden, vermeiden Sie das Wort Erbschaft. Ansonsten hört der Großteil der Angesprochenen sofort auf, über die Möglichkeit nachzudenken.

Zielgruppen sauber unterscheiden

Von Anfang an sollte ein **Testamentsspendenprogramm** zwischen folgenden Gruppen unterscheiden:

- **Menschen, die bereit sind, eine Teilsumme** ihres Erbes für einen guten Zweck **festzuschreiben**: Gehen Sie hier grundsätzlich von 5–10 % der Vermächtnissumme aus. Dies ist die größere Gruppe der Testamentsspender. Die Summe wird meist nicht in einem Prozentanteil, sondern in einem Teilbetrag festgelegt.
- **Menschen, die eine hohe Summe gezielt investieren wollen**: Das ist der Großspender oder Zustifter. Das Persönlichkeitsprofil unterscheidet sich von der ersten Gruppe. Dies ist der Ausnahmefall bei der Legatsspende.
- **Menschen, die keine Erben haben** und bei denen das Vermögen ohne eine testamentarische Verfügung an den Staat gehen würde: Dies ist ein Spezialfall, über den aufgeklärt werden muss. So gut wie niemand möchte sein Geld in die Hände der Politik geben.

Erfahrungen mit Testamentsspendern zeigen:
- es besteht geringe Bereitschaft, über „das Erbe" zu sprechen
- anders ist es bei Informationen über Testamentsspenden
- Menschen können ab 50 Jahren auf eine Testamentsspende angesprochen werden
- erst nach 1 bis 2 Jahren entstehen aus der Arbeit erste Einnahmen

MÖGLICHE ADRESSATEN FÜR EINE TESTAMENTSSPENDE

- Mitglieder, Förderer, Spender
- Klienten, Kunden
- Mitarbeiter der Organisation (auch die Vorstände)
- Ehemalige Patienten, Mitarbeiter, Förderer
- Frühere Studenten einer Universität
- Angehörige all dieser Gruppen

Meist wird mit passiver Ansprache gearbeitet

Bewährt hat sich die **passive Ansprache**. Hierbei wird nicht direkt nach einer Testamentsspende gefragt, sondern Informationen über die Regelung des eigenen Erbes angeboten. Eine solche Publikation kann auch andere Themen zur Sinnfindung enthalten, sodass die Broschüre nicht ausschließlich wegen des Testamentes angefragt wird. In der Publikation wird dann unter anderem exemplarisch gezeigt, wie ein Teil eines Vermächtnisses der Organisation vermacht werden kann.

3.2.7 Menschen geben Menschen

Beziehungsmarketing geht über Menschen. Neben dem Angebot ist der Mensch, der das Angebot unterbreitet, ein ausschlaggebender Faktor für den Erfolg. Wem würden Sie eher eine Spende für ein Umweltprojekt geben?

Welches Gesicht steht für die Organisation?

- George Bush
- Thomas Gottschalk
- Loki Schmidt (um eine Hamburgerin zu nennen)

Menschen sind sehr sensibel, was Beziehungen anbetrifft. Prominente Testimonials, die keine Beziehung zum entsprechenden Thema haben, schwächen die Glaubwürdigkeit der gesamten Ansprache. Daher ist zu überlegen, ob eine Organisation überhaupt auf fremde Stimmen ausweicht. Charismatisch geführte Organisationen sprechen meist mit eigener Stimme.

Was für Prominente gilt, gilt auch für „ganz normale" Menschen: Andere spüren, ob ein Mitglied einer Organisation **authentisch** ist. Wenn das der Fall ist, kann eine Ansprache stimmig erfolgen:

- eine „Botschafterin" tritt in einer Fernsehsendung auf
- die „Mutter" eines SOS Kinderdorfes wird interviewt
- der Träger einer goldenen Nadel schildert, warum er sich engagiert

Hinter der Entscheidung Prominente oder „normale" Menschen steht eine Schlüsselfrage: Wer ist der Star der Organisation?

- die Klienten (z.B. das notleidende Kind)?
- die Mitarbeiter (z.B. der Rettungssanitäter des DRK)?
- die normalen Förderer (z.B. Hans Müller von nebenan)?
- prominente Förderer (z.B. TV-Kommissar Axel Prahl für die Aktion „Waffen unter Kontrolle")?

Indem prominente Menschen **Vorbildfunktion** übernehmen, wecken sie das Bedürfnis, selbst so zu werden. Ist der Prominente vom Alltag zu weit entfernt, wächst die Gefahr, Distanz zu schaffen. Dies passiert nicht bei sympathischen, normalen Förderern. Wenn z.B. eine „grüne Schwester" von ihrem Erleben auf einer Krankenstation erzählt, wird es bei einigen Menschen „Klick" machen, sie werden sagen: Das kann ich auch.

Prominenz oder „gleiche Augenhöhe"?

> Aus der Praxis ist zu einem Mix zu raten: Publizieren Sie auf der einen Seite Spenderportraits und an anderer Stelle die Aussagen Prominenter.

Allergisch reagieren Menschen auf Ansprachen von Callcentern oder anderen Werbern, wenn offensichtlich ist, dass hier eine Person ohne persönliche Beziehung zur Organisation einen Leitfaden abspult.

Wenn mit bezahlten Kräften gearbeitet wird, müssen diese sympathisch sein, sonst entsteht das Gefühl: „Die wollen nur mein Geld." Dann ist der

Schaffen Sie Klarheit, warum und von wem jemand angesprochen wird

unterschriebene Brief von dem Leiter der Organisation besser. Er ist glaubwürdiger, weil die Persönlichkeit durch die Zeilen wirkt.

Ohnehin ist zu empfehlen, **einige Personen** in der Organisation **als „Gesichter der Organisation"** aufzubauen: Gesicht, Name und Werdegang sollten bekannt sein.

Es ist keine Eitelkeit, wenn leitende Persönlichkeiten immer wieder auftauchen – wenn diese Persönlichkeiten andere bewegen können. Suchen Sie nach sympathischen Projektleiterinnen oder -leitern und bauen Sie diese als „Korrespondenten" auf. Lassen Sie einen erfolgreichen Streetworker von seinen nächtlichen Runden erzählen, schicken Sie sympathische Mitarbeiter und Förderer in Interviews.

Wichtig: Bauen Sie rechtzeitig Nachfolger auf, wenn Galionsfiguren alt werden oder sich aus der Arbeit zurückziehen.

3.2.8   Netzwerke als Beziehungsgeflechte

Systemisch denken Soziale Organisationen sind meist Mitglied in einem Verband, haben lokale Verflechtungen und halten gute Beziehungen zu Zulieferern und anderen lokalen Akteuren. Dieses Netz bewusst zu aktivieren und um weitere Netzwerkpartner zu erweitern, lohnt sich. Netzwerker können davon gar nicht mehr lassen.

Der erste Schritt, um ein Netzwerk aufzubauen, beginnt damit, einmal die einem bekannten möglichen Partner für Aktionen zu listen:

- Wer wäre an gemeinsamen Aktionen interessiert?
- Wer würde bei einer gemeinsamen Aktion unkompliziert mitwirken?
- Wer könnte aktiv in ein Netz eingebunden werden?
- Wer passt zu uns als Organisation?

Soziale Einrichtungen und Organisationen sind für Geschäftsleute ideale Netzwerkpartner, da sie nicht in wirtschaftlicher Konkurrenz zu diesen stehen, aber attraktiv für Menschen sind.

KENNZEICHEN VON NETZWERKEN

- Partner aus unterschiedlichen Branchen und Fachbereichen
- eine lose Form der Zusammenarbeit
- Verbindlichkeit: Die Partner sind sich der Zugehörigkeit bewusst
- keine strengen vertraglichen Fixierungen
- das Netzwerk muss von allen gepflegt werden
- Zusammenarbeit vom Austausch bis zu gemeinsamen Aktionen
- gemeinsame lokale Interessen oder ein gemeinsames Thema
- Überzeugung: Zusammen ist mehr möglich als alleine
- Netzwerke sind langlebige Gebilde

Gemeinsame Publikationen

Die einfachste Netzwerkaktivität sind gemeinsame Publikationen, wie z.B. in Werbegemeinschaften lokaler Einzelhändler. Zusammen kommen alle zu einer höheren Auflage und Reichweite. Warum sollten sich hier nicht auch soziale Organisationen beteiligen? Soziale Organisationen können sogar selbst solche Gemeinschaften initiieren. Häufig verstehen sich die Händler und Dienstleister in einer Umgebung nicht als Gemeinschaft. Mit einem „sozialen Moderator" gelingt Standortpolitik.

Einfache Aufgaben verbinden

Ebenfalls möglich: Mehrere Organisationen veröffentlichen ein Buch mit verschiedenen Aufsätzen zu einem Thema. Als Kooperationspartner ist ein Verlag als Produzent in der Runde.

Gemeinsame Veranstaltungen

Ebenfalls einfach sind gemeinsame Veranstaltungen. Ein Tag der offenen Tür ist interessanter, wenn viele Akteure mitwirken. Straßenfeste und abendliche Events lassen sich gemeinsam mit **weniger Risiken** organisieren. Warum sollte eine soziale Organisation sich um Catering kümmern, wenn ein Gastronom diese Aufgabe gerne übernimmt? Warum sollten Geschäftleute nicht die Möglichkeit haben, Produkte zu präsentieren, wenn dadurch die Veranstaltung attraktiver wird? Die Veranstaltung wird mit einem gemeinsamen Motto versehen und die Werbung zusammen organisiert.

Aufgaben gemeinsam lösen

Gemeinsame Probleme

Probleme führen zusammen. Eine soziale Organisation kann ein gemeinsames Problem ansprechen und einen runden Tisch vorschlagen.

3.2.9 Kooperationen

Die kleine Form des Netzwerkens ist die Kooperation, die einzelne Beziehung zu einem Partner. Kooperation ist eine der stärksten und einfachsten Methoden, die eigene Spannweite zu vergrößern. Wer gewinnt, wenn etwas zusammen durchgeführt wird? Im Business-Deutsch wird dies als **Win-Win-Situation** bezeichnet. Koppeln Sie drei Partner zusammen, wird daraus ein „Win-Win-Win"-Dreieck.

Dem anderen einen Vorteil verschaffen

Der Art solcher Kooperationen sind keine Grenzen gesetzt. Alle Seiten übernehmen verbindlich einen Arbeitsbereich und haben etwas von der Zusammenarbeit. Ob solche Kooperationen als Sponsoring bezeichnet werden, hängt von der Situation ab.

Fallbeispiel einer Win-Win-Win-Situation im Sozialmarketing

Ein Sponsor des 30. Deutschen Evangelischen Kirchentages war Greenpeace energy. Greenpeace energy ist eine eingetragene Genossenschaft und gründete unter anderem die Planet energy GmbH. Als Unternehmen mit sozialen Zielen ist Greenpeace energy hier selbst als Sponsor tätig.

Jeder kirchentagsbedingte Stromwechsler zu Greenpeace energy löste einen Betrag zugunsten eines Projektes von Brot für die Welt aus. Der

Name für diese Aktion war „Wechseln & Helfen". Das **Kooperationsdreieck** bestand also aus: 30. Deutscher Evangelischer Kirchentag, Greenpeace energy und Brot für die Welt. Vorteile ergaben sich für alle:
- Win für Greenpeace energy: Steigerung der Bekanntheit und neue Kunden.
- Win für den Kirchentag: Ein starkes aktives Thema mehr auf der Veranstaltung (nicht nur reden, sondern handeln).
- Win für Brot für die Welt: Bekanntheit stützen und Geld für ein Projekt.

Kooperationen sind auf vielen Ebenen möglich:

Es gibt viele möglische Partner
- **Medienkooperationen**: Sie bieten Bilder, Interviewpartner, prominente Botschafter, Aktionen. Lassen Sie Journalisten live bei wichtigen Erlebnissen dabei sein.
- **Agenturkooperationen**: Bauen Sie ein Kreativnetzwerk auf. Analysieren Sie, an welchen Stellen Sie Pro-bono-Leistungen bekommen und wo Sie lieber richtige Aufträge ausschreiben.
- **Verlagskooperationen**: Bündeln Sie interessante Erlebnisse aus Ihrer Arbeit und geben Sie diese einem Verlag, der mit seinen Möglichkeiten ein Buch über Ihre Arbeit herausbringt.
- **Kooperationen bei Events**: Lassen Sie andere Betreiber Teile eines gemeinsamen Events ausrichten. Beispiel: Eine Hotelkette stellt Räume und Gastronomie.
- **Kooperationen im Betrieb von Einrichtungen**: Wer könnte etwas betreiben, das Ihre Attraktivität steigert? Beispiele: Ein Frisör betreibt einen Salon im Krankenhaus, eine Cafeteria wird fremdbetrieben, ein Laden wirkt als Publikumsmagnet.
- **Kooperationen mit Unternehmen**: Tritt man mit einem konkreten Anliegen an Firmen heran, kommt es fast immer zu einer Zusage. Wichtig ist eine klare Beschreibung, welches Material oder welche Hilfen gebraucht werden.
- **Kooperationen mit anderen sozialen Einrichtungen**: Gemeinsam ist man stärker. Schmieden Sie Bündnisse wie z.B. „Aktion Deutschland hilft". Wer wäre ein Partner, mit dem Sie zusammen mehr schaffen?

4   Die Steuerung in der Kommunikation

Jahresplanung
Besteht **Klarheit über das Angebot**, geht es an die **konkrete Planung der Kommunikation**. Ob dies mit Presseplänen, einem Jahres- oder Mediaplan geschieht, ist eine Frage der internen Abläufe.

Eine Übersichtsplanung ist für große Organisationen Pflicht. Auch kleine Organisationen sollten den Jahresablauf nicht dem Zufall überlassen. Die einfachste Frage ist: *„Welche Themen wollen wir wann im Jahr publizieren/ ansprechen?"* Allein dies führt zwangsläufig zu einer Jahresplanung.

4.1 Der Umgang mit den Kommunikationskanälen

4.1.1 Die Kommunikationskette

Eigentlich ist Kommunikation sehr einfach: Sie senden etwas raus und sammeln die Reaktionen wieder ein.

Kommunikationsketten bauen

In der Praxis scheitert Kommunikation jedoch oft wegen banaler Fehler. Es fehlt ein Glied in der Kette – schon läuft die Kommunikation ins Leere.

> Qualität in der Kommunikation bedeutet, jedes Glied der Kette gründlich daraufhin zu prüfen, ob es die Information trägt.

Wie Sie leere Tische produzieren

Bei einer Organisation blieb aufgrund falscher Absprachen eine Versendung in der Post liegen. Die Folge: Das gesamte Werbematerial für ein Galadiner trifft bei allen Partnern einen Tag nach dem Diner ein und kann nur noch in den Müllkorb geworfen werden. Der Fehler wurde auch von den Partnern nicht bemerkt. Im gesamten Netz um das Diner mangelte es an Qualitätsbewusstsein. Der ausbleibende Rücklauf wurde zu spät wahrgenommen und das Diner fand an fast leeren Tischen statt.

Dies ist ein häufiger Fehler bei Multiplikatorenaktionen: Materialien werden zwar versandt, aber nicht ausgelegt. Die Multiplikatoren lassen im Zweifelsfalle die Aktion unter den Tisch fallen. Aktionen werden nie richtig promoted. Der Veranstalter verlässt sich seinerseits wiederum darauf, „dass ja viel Werbung gemacht wurde".

Auf Details achten

Wie Sie Interessenten ins Nirwana senden

In einem anderen Fall wurde eine Aktion früher als geplant begonnen, die Mitarbeiter darüber aber nicht informiert. Die Aktion kam extrem gut an, der Hauptrücklauf kam am Wochenende per Telefon herein. Samstag und Sonntag war das Büro jedoch nicht besetzt und der Anrufbeantworter konnte nur eine geringe Menge aufzeichnen.

Denken Sie immer die gesamte Kommunikationskette durch. Es reicht, wenn ein Glied der Kette ausfällt. **Schließen Sie die Kommunikationsketten** so, dass der Angesprochene weiß, worum es geht, sich schnell und einfach entscheiden und diese Entscheidung schnell und einfach rückmelden kann.

✓ CHECKLISTE: DIE KOMMUNIKATIONSKETTE PRÜFEN

- Klarheit: Was will ich aussagen?
- Richtige Adressaten: Wem will ich das Angebot senden?
- Richtiger Zeitpunkt: Wann will ich die Information senden?
- Richtiger Kanal: Wie will ich senden?

- Frequenz: Wie stark will ich senden?
- Erfolgskontrolle: Wie weiß ich, ob ich angekommen bin?
- Richtiger Kanal: Wie möchte ich die Rückantwort haben?
- Erreichbarkeit: Besteht die Kapazität, den Rücklauf aufzufangen?
- Follow-up bei „Ja": Wie reagiere ich bei Zusagen?
- Selektion: Wie ermittle ich die diejenigen, die sich nicht melden?
- Follow-up bei „Nein": Wie will ich diese nacharbeiten?

4.1.2   Die Grundcharaktere der Medien

Jedes Medium hat einen anderen Sitz im Leben

Medien haben unterschiedliche Charaktere. Viele Studien führen akribisch die Nutzungsdauer der verschiedenen Medien auf.

> Entscheidend ist weniger, wie lange Menschen ein bestimmtes Medium nutzen, sondern warum sie es nutzen!

Wer den Charakter eines Mediums kennt, kann einschätzen, wann es für welche Ansprache genutzt kann, ohne Widerstand zu erzeugen. Auch ist wichtig, welcher Zugang besteht. Zu überlegen ist, ob das Medium die Botschaft trägt.

Die wichtigsten Medien und ihr Charakter:
- **Buch**: Ist ein Abschalt- oder Informationsmedium. Bücher werden gelesen, um abzuschalten oder um sich umfassend zu informieren.
- **Brief**: Ist ein Lesemedium. Briefe bringen Informationen, die ich in Ruhe lesen kann.
- **Telefon**: Ist ein Gesprächsmedium. Am Telefon spreche ich mit Menschen. Hier kann beraten werden.
- **E-Mail**: Ist ein Austausch- und Informationsmedium. Ein schnelles Medium mit hoher Frequenz.
- **Fax**: Berufliches Austauschmedium. Über Fax werden Dokumente versandt, die dort einfach zu übertragen sind. Spart aufwendiges Scannen und ist rechtsverbindlich (im Gegensatz zur E-Mail). Vor allem bei Unternehmern verbreitet.
- **Internet**: Ist ein Informations-, Such- und Bestellmedium. Im Internet werden Dinge erledigt, Preise verglichen und Informationen gesucht. Es ist das ideale Reaktions- und Involvementmedium.
- **SMS**: Ist ein persönliches Beziehungsmedium. Über die SMS laufen privat sozial wichtige Kontakte. SMS von Fremden sind nicht erwünscht. Beruflich ist es ein Dringlichkeitsmedium.

Welches Medium trägt meine Botschaft am besten?

- **Radio**: Ist ein Mood-Medium und ein Nachrichtenmedium. Radio macht Stimmung im Hintergrund. Lebt von Musik und Smalltalk. Dazwischen sind aktuelle Informationen eingestreut. Der Hörer sucht dort nicht gezielt. Niemand hört Radio nach Programm. Viele Menschen hören Radio im Auto oder während der Arbeit. Daher hat es eine hohe Reichweite.

- **Fernsehen**: Ist ein Bequemlichkeitsmedium und ein Nachrichten-medium. Fernsehschauer wollen abschalten, oder sie sehen sich gezielt nach Programm Sendungen an. Dann wird das Fernsehen auch zum Meinungsbildungsmedium.
- **Tageszeitung**: Ist ein „Auf dem Laufenden bleiben"-Medium. Ist für viele ein Informationsmedium. Ein Tages-Einstiegsmedium.
- **Magazine**: Ist ein Luxus-Informationsmedium. Dient der Meinungs-bildung. Längere Verweildauer. Ein Freizeitmedium.
- **Wochenblätter**: Ist ein Blätter-Medium. Hier blättert man kurz durch, um lokal auf dem Laufenden zu sein. Verweildauer 10 bis maximal 30 Minuten.

4.1.3 Die Kommunikationskanäle

In der Regel werden bei Aktionen mehrere Kommunikationskanäle parallel genutzt. Welche, hängt von der Größe der Organisation, ihrer Erfahrung und Strategie ab. Klassisch wird zwischen den Sendekanälen und den Rücklaufkanälen unterschieden.

Senden und sammeln

Sender

Bei **zeitversetzten Sendekanäle** ist die Sendung mit zeitlichem Vorlauf möglich. Beispiele:
- personalisiertes Massenmailing
- Schaltung von Anzeigen
- Verteilung von Flyern und anderen Streumedien
- Plakate und Werbeflächen aller Art
- Platzierung von Formaten im Radio und Fernsehen
- Öffentlichkeitsarbeit über Presseverteiler

Bei **Schnellsendern** ist die Sendung ohne großen zeitlichen Vorlauf mög-lich. Beispiele:
- Veröffentlichung auf Internetseite
- Versendung per E-Mail
- Kleine selbst erstellte Mailings
- Versendung von SMS

Dialogkanäle

Bei Dialogkanälen ist eine sofortige individuelle Reaktion des Partners möglich. Beispiele:
- persönliches Gespräch
- Telefongespräch (Inhouse oder Callcenter)
- Chat im Internet
- Teams auf der Straße oder von Tür zu Tür
- Event oder Teams am Point of Sale

Rücklaufwege

Bei **zeitversetzten Rücklaufkanälen** ist die zeitversetzte individuelle oder standardisierte Reaktion des Partners möglich. Beispiele:

Responsekanäle

- Post (Coupon, Antwortkarte, Rückbrief)
- Telefon
- Fax (Coupon, Formular)
- E-Mail (hier als E-Mail-Adresse für individuelle Mail)
- Website (über Top Level Domain oder Deep Link)

Über **zeitgleiche Rücklaufkanäle** ist ein sofortiger standardisierter Rücklauf möglich. Beispiele:

- E-Mail (hier durch Link auf Web-Formular zur sofortigen Aktion)
- SMS mit Responsefunktion bis hin zum SMS-Game
- TED-Funktion im Fernsehen. In Zukunft per Fernbedienung?

Zahlwege

Zahlwege als Beileger bestehen aus Papier. Die Zahlung ist zeitversetzt möglich. Beispiele:

- Überweisungsträger
- Einzugsermächtigung

Bei **Zahlwegen im Internet** ist eine Zahlung online sofort möglich. Beispiele:

- Einzugsermächtigung
- Kreditkarte
- Electronic Payment

Auch über **Zahlwege am Telefon** ist eine Zahlung sofort möglich. Beispiele:

- Callcenter
- Spendenhotline (Audio-Tex-System)

4.1.4   Multi-Channel-Kommunikation

Klassisch wurden Ketten in einem Medium gebaut

Seit langer Zeit wird im Sozialmarketing mit klassischen Zusammenstellungen bestimmter Kommunikationsmaßnahmen gearbeitet, Beispiele: das Massenmailing mit beigelegtem Überweisungsträger – **ein Medium diente als Sender und ein Medium zur Reaktion** – oder ein Event mit der Möglichkeit, vor Ort Bargeld zu spenden – auch hier: ein Medium als Sender (das Event) und ein Medium zur Reaktion (die Losaktion am Stand oder Ähnliches). Das Verhalten der Angesprochenen ist in etwa voraussehbar, da Erfahrungen mit der jeweiligen Kommunikationskette bestehen.

Bisher ging man davon aus, dass beim Aufbau von Kommunikationsketten ein **Medienbruch** zu vermeiden ist. Wenn ich einen Menschen per Post erreiche, ist für ihn der Rückbriefumschlag der passende Rücklaufkanal. Ich bleibe im gleichen Medium, hier dem Brief. Bitte ich jemanden

in einem Brief, sich über das Internet zurückzumelden, muss der Angesprochene das Medium wechseln. Dieser Medienbruch war gefürchtet,
weil Rücklaufquoten darunter litten.

Diese Muster werden derzeit in Frage gestellt. Die **heutige Situation**
stellt sich zunehmend **anders** dar: Eine Information geht über den Sender,
den die Organisation wählt. Der Empfänger reagiert aber über den Kanal,
den er gerade zur Verfügung hat. So kamen bei der am Ende des Buches
dargestellten Tiger-Kampagne des WWF die Rückläufe hauptsächlich
online über die Internetseite. Die Sender waren klassisch über Plakat, Mailing, TV und Kino aufgestellt.

Die Reaktionsmuster verändern sich

Kai Fischer von der AMM GmbH in Hamburg brachte als einer der
Ersten in Deutschland den Begriff des **Multi-Channel-Fundraisings** in
die Diskussion ein. Darunter ist zu verstehen, dass im Sozialmarketing –
wie im normalen Marketing auch – mit höherer Anzahl der zur Verfügung
stehenden Kommunikationskanäle auch **veränderte Reaktionsmuster**
entstehen. Wer diese Verschiebung der Muster nicht berücksichtigt, verliert einen Teil des möglichen Rücklaufes.

Die Verschiebung in den „Kanalmustern" betrifft nicht nur den Rück-
antwortkanal. Auch die Sendekanäle verändern sich. Wenn z.B. die
Anzahl der Menschen steigt, die keinen Telefon-Festnetzanschluss haben,
können diese Personen von einem Callcenter nicht mehr übers Festnetz
erreicht werden, es sei denn, Sie speichern demnächst auch die sich schnell
wechselnden Handynummern. Dann müssen Sie aber vermerken, wer
über das Handy angerufen werden will und wer nicht. Sie müssen den
Kanal bewusst wählen.

Kanal bewusst wählen

Wie gehe ich mit der wachsenden Zahl der Kanäle um? Es gibt zwei
mögliche Reaktionsmuster:

- Die Organisation **unterlässt die Differenzierung der Kanäle** und
  bedient in einer Maßnahme nur einen Kanal. Das Beispiel wäre eine
  klassische Mailingaktion mit Rückbriefumschlag oder die Beschränkung in einer Onlinekampagne auf das Medium Internet. Dieses Muster
  ist sinnvoll, wenn die bestehende Kommunikationskette bewährt und
  wirtschaftlich optimiert ist. Eine Organisation kann durch die geringere Komplexität Kosten sparen. Sie erreicht aber nur eine Teilgruppe
  der möglichen Gesamtzielgruppe.

Kanalmuster einfach halten

- Die Organisation **geht mit mehreren Sendern in den Markt** und sam-
  melt auf mehreren Kanälen die Antworten ein. Dieses Muster wird
  zunehmend Standard.

Kanalmuster verbreitern

Die Diskussion geht aber noch tiefer. Hans-Josef Hönig sagt dazu in seinem
Aufsatz „Neue Trends im Database Fundraising": *„Es gilt, dem richtigen
Spender zum geeigneten Zeitpunkt ein zielgerichtetes Förderangebot über
den richtigen Kommunikationskanal zu unterbreiten. Schlüsselfaktor für
den Erfolg sind die richtige Segmentierung und die für das jeweilige Segment*

passende Abstimmung der Kommunikationskanäle verbunden mit einem für die Zielgruppe geeigneten Angebot. Mit letzterem ist das „Multi Channel" Fundraising gemeint, das leider häufig fälschlicherweise als die Kombination zweier Medien verstanden wird. "(Hans-Josef Hönig, Neue Trends im Database Fundraising, Fundraising professionell 1/2005, S. 18)

Als Kriterien für Erfolg werden hier genannt:
*   richtiger Mensch
*   richtiger Zeitpunkt
*   richtiges Angebot (= richtiges Produkt)
*   richtiger Kommunikationskanal

Keiner sagt mir, welcher Kanal der richtige ist

Wie kann der Fundraiser oder Marketingleiter aber entscheiden, was „richtig" ist? Hier setzt Beziehungsmarketing ein. Die Beziehungstiefe entscheidet darüber, welcher Kanal, welcher Zeitpunkt und welches Angebot stimmt. Dafür brauchen Sie individuelle Marker.

Wer bestimmte Kanäle verstärkt nutzt, filtert Teilgruppen aus, die unterschiedliche Beziehungstiefen wollen.

Sind diese Teilgruppen identifiziert, müssen diese weiter über den favorisierten Kanal angesprochen werden. Angebot und Zeitpunkt der Ansprache hängt vom entsprechenden individuellen Stand der Beziehung ab.

4.1.5   Responsequoten

Je tiefer eine Beziehung, umso wahrscheinlicher wird ein Rücklauf

Die Schwierigkeit der Kommunikation beginnt bei abnehmender Beziehungstiefe und steigender Menge der Vorgänge.

Wie schätze ich eine anonyme Masse ein?

Lade ich 20 Freunde zu einer Geburtstagsfeier ein, wird ein hoher Rücklauf möglich sein. Kommen 18 Personen, habe ich einen Rücklauf von 90 Prozent. Lade ich 20.000 Menschen zu einem Sommerfest ein, ist der Vorgang anonymer und die Wirkung schwerer vorherzusagen. 90 Prozent Response wären 18.000 Personen – in der Praxis ist dies nicht zu erreichen. Was soll ich dann annehmen, 10 Prozent oder 5 Prozent? 10 Prozent wären 2.000 Personen, 5 Prozent wären 1.000 Personen – ein entscheidender Unterschied bei der Ausrichtung eines Festes. Führe ich das Fest zum ersten Mal durch, sind beide Zahlen Spekulation. Es hilft nur eine Anmeldebestätigung oder eine offene Planung.

Pauschalaussagen sind gefährlich

Beim Versand von Mailings oder anderer Direktmarketingaktionen wird mit Responsequoten gearbeitet, die die Wirkung einer Aktion voraussagen sollen. Beachten Sie dabei: Es gibt keine allgemein verbindlichen Responsequoten. Faustformeln wie „bei Mailings können Sie eine Rücklaufquote von einem Prozent erwarten" sind gefährlich.

Glauben Sie nur der Responsequote, die Sie sich selbst erarbeitet haben.

Sehen Sie sich die Responsequoten guter Organisationen aus Ihrem Bereich an und gehen Sie zunächst davon aus, dass Sie ein Viertel davon schaffen. Selbst das ist noch eine These, die Sie im Test belegen sollten, bevor Sie viel Geld in eine Aktion investieren.

4.1.6 Integriertes Marketing

Integriertes Marketing umschreibt eigentlich eine Selbstverständlichkeit. Integrieren bedeutet laut Duden, sich in ein übergeordnetes Ganzes einzufügen. Alle Aktionen im Marketing aufeinander aufzubauen ist nur leichter gesagt als getan. Das erfordert einen „general overview". **Welche Felder hängen zusammen?** Was für Auswirkungen hat es, wenn ich in bestimmten Feldern eine Aktion starte? Integriertes Marketing will diese Zusammenhänge im Blick haben.

Den Überblick behalten

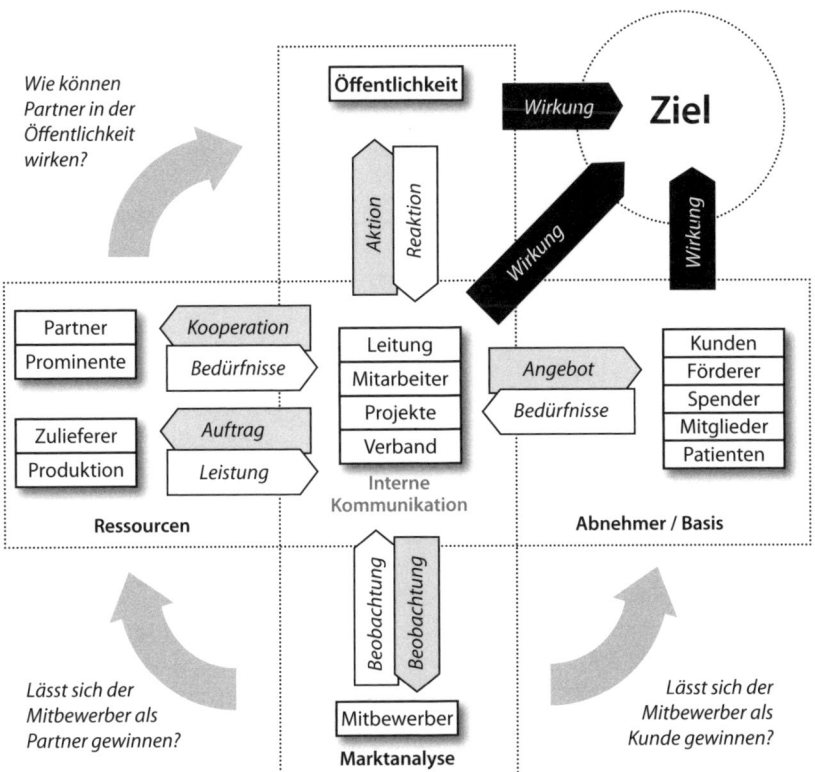

Abbildung 14 © Conta Gromberg

Eine Organisation bekommt Impulse und gibt Impulse. Integriertes Handeln **steuert das Gesamtverhalten** nach einer Auswertung aller betriebswirtschaftlich relevanten Impulse. Um dies zu können, ist die Sicht der Zulieferer, der Mitarbeiter, der Spender, Förderer, Kunden und der allgemeinen Öffentlichkeit in Beziehung zu setzen. Bei integrierten Aktionen werden alle organisatorischen Teilgebiete ausgewertet. Es kann während einer einzigen Kampagne **unterschiedliche Teilziele** im Gesamtsystem parallel geben: z.B. Kommunikationsziele, Fundraisingziele, Abverkaufsziele und politische Ziele (Lobbyarbeit).

Verschiedene Kommunikationsgattungen arbeiten zusammen

Integriertes Marketing **verknüpft Disziplinen** wie Direktmarketing oder Öffentlichkeitsarbeit.

Kommunikationskanäle werden vernetzt und aufeinander aufgebaut

Kommunikationskanäle sind nicht vereinzelte Gassen, sondern miteinander kommunizierende Röhren. Sie werden vernetzt und aufeinander aufgebaut. Mit wachsender Anzahl der Kommunikationskanäle wird das zu einer logistischen Herausforderung. Ein Teilbereich wie das Internet darf bei einer Aktion nicht außen vor bleiben. Organisationen, die Einzelbausteine geschaffen haben, kommen in Engpässe.

Verschiedene Abteilungen arbeiten zusammen

Mauern fallen lassen

Eigentlich sollte die Zusammenarbeit selbstverständlich sein. Alle Abteilungen haben ein Ziel vor Augen und schaffen gemeinsam optimale Lösungen.

Muss sich die Organisation einem neuen Prozess anpassen und sich Abteilungen deswegen verändern, wird die Innovationsfreudigkeit oft zäh. Integrative Organisationen sind **servicefreudig und kundenorientiert**. Es gibt keine Stars, es gibt keine muffeligen Mitarbeiter.

Verschiedene lokale Einheiten einer Organisation arbeiten zusammen

Einrichtungen zusammen spielen lassen

Viele Organisationen sind in Verbände, Ortsgruppen oder andere autonome Einheiten aufgeteilt – ohne gemeinsames Marketing. Jede Einrichtung geht eigene Wege und erfindet das Rad neu. Will der Gesamtverband mehr Kraft entfalten, kann er neue Wege gehen:

- **Das Marketing zentralisieren:** Hier wird zentral erarbeitet, was alle gemeinsam tun. Dies bietet sich an, wenn einzelne Einrichtungen nicht die Kraft haben, an einem Prozess kontinuierlich mitzuwirken. Die Deutsche AIDS-Hilfe entwickelt zum Beispiel gemeinsame Mailings für lokale AIDS-Hilfen in Deutschland. Die Zentrale wird Dienstleister und übernimmt Marketingaufgaben. Social Franchising wird in diese Richtung gehen.
- **Das Marketing integrativ aufbauen:** Hier werden die Maßnahmen einzelner Einrichtungen aufeinander bezogen. Dies ist anspruchsvoller und verlangt eine disziplinierte Zusammenarbeit mit einem hohen Willen zur Verbindlichkeit. Beispiel: Alle Einrichtungen beschließen an einem Tag ein Thema zu promoten. Durch vorgefertigte Kommunikationsbausteine fällt es den Einrichtungen leichter, die Aktion vor Ort professionell individuell voranzutreiben. Einzelne Einrichtungen steuern ihre Stärken zur Aktion bei.

- **Die Einzelprofile der Einrichtungen konsequent als Einzelmarken aufbauen**: Der Verband tritt hinter den einzelnen Gesichtern zurück. Bei Krankenhäusern, Museen oder anderen lokalen Größen wird stärker über die einzelne Marke vor Ort gearbeitet. Die Patienten oder Besucher interessieren sich nicht für den Verband. Der Verband kann aber „Content" zur Verfügung stellen, der in verschiedenem Gewand funktioniert. Wanderausstellungen sind dafür ein typisches Beispiel.

Hand in Hand

Achtung, Missverständnis: Integriertes Marketing und Multi-Channel-Marketing bedeuten nicht, immer auf allen Kanälen zu senden. So wie in einer guten Musikband nicht immer alle Instrumente mit voller Lautstärke spielen, so gilt auch im Marketing: Der Ton macht die Musik. Zwei Dinge sollten allerdings nicht passieren:
- Ein Instrument reißt aus und spielt ein unkontrolliertes Solo.
- Ein Stück beginnt, aber ein wichtiger Musiker sitzt noch gar nicht auf seinem Platz.

Beide Verhaltensweisen können den gesamten Auftritt gefährden. Wie viele Akteure zusammen handeln, ist eine Frage der Choreografie. Es kann wechselnde Besetzungen geben.

4.2 Die Datenbank

Das Herzstück digitaler Kommunikation ist die Datenbank. Sie steuert alle Prozesse. Keine Organisation kann heute ohne eine Datenbank überleben, selbst ein Sportverein mit 100 Mitgliedern wird nicht mehr mit Karteikarten verwaltet. Sie brauchen die Datenbank, weil
- die Geschwindigkeit der Vorgänge zugenommen hat,
- sich Daten wie Adressen immer häufiger ändern,
- pro Spender/Mitglied/Kunde immer mehr geleistet werden muss,
- Sie nur durch Automatisierung Kosten senken können.

Prozessoren steuern Prozesse

Die Anzahl von Datensätzen ist von der Größe abhängig, wobei das Wissen pro einzelner Adresse unterschiedlich ist:
- Kleine Vereine kommen schnell auf über 1.000 Datensätze,
- kleinere Organisationen liegen etwa bei bis 50.000 Datensätzen,
- mittlere Organisationen haben etwa 100.000 bis 500.000 Adressen im Bestand,
- große Organisationen haben über 1 Million Datensätze.

In der Datenbank bildet sich in den Adressen, Informationen und Zahlen der **Zustand Ihrer Organisation** ab. Pflegen Sie Ihre Datenbank nicht, wissen Sie in Wirklichkeit nichts über sich selbst.

Eine Datenbank sieht schärfer

Die Datenbank wird in größeren Organisationen zur Drehscheibe, über die alle wichtigen Prozesse laufen. Sie steuert Maßnahmen und liefert

Kennzahlen, anhand derer überprüft werden kann, ob Aktionen auf dem richtigen Weg sind.

4.2.1   Unterscheidung verschiedener Listen

Listen richtig managen

Es wird im **Adressmanagement** zwischen der „Houselist" und Fremdlisten unterschieden. Die Houselist umfasst alle Adressen, die der Organisation gehören. Anders sieht dies bei Fremdlisten aus. Diese werden z.B. für sogenannte Kaltmailings aus fremden Adressbeständen zugefüttert. Meist sind die Fremdlisten bei einem Broker gemietet und dürfen nur einmal genutzt werden.

Je länger eine Organisation arbeitet, umso größer wird die eigene Houselist. Häufig ist diese Liste größer, als Geld für Mailings im Etat steht. Dann muss die Houselist selektiert werden und es stellt sich die Frage: Wen schreibe ich an und wen nicht? Es wäre peinlich, wenn dabei aktive Förderer übersehen werden.

In der Regel wird meistens der **Aktivitätsgrad als Maßstab** bei Selektionen genommen. Unterschieden werden:
* hochaktive Förderer
* aktive Förderer
* seit kurzer Zeit nicht mehr aktive Förderer
* seit langer Zeit nicht mehr aktive Förderer

Data-Fitness

Die heutigen Datamining-Prozesse sind bei Selektionen hoch entwickelt. Entscheidend ist aber nicht die Technik, sondern die „Data-Fitness" einer Organisation. Hat sie überhaupt einen Adressbestand geschaffen, in dem relevante Daten stehen?

Im Beziehungsmarketing werden neben der Aktivität auch andere Kriterien zur Selektion herangezogen und eine Organisation fit gemacht, diese Informationen in der Datenbank zeitnah einzugeben.

4.2.2   Qualifizierung einer Datenbank

Daten in Wissen wandeln

Adressen können nach Kriterien wie Postleitzahl oder Namen gelistet werden. Dies sagt nur, in welcher Region ein Mensch wohnt. Bei vielen Aktionen interessiert dies im Marketing nicht primär. Sortierungen werden erst interessant, wenn noch weitere Kriterien wie Alter oder Spendenverhalten in der Datenbank erfasst sind. **Dann wird aus Zahlen Wissen**.

Je qualifizierter ein Datenbestand, umso wertvoller ist er

Viele Datenbanken sind „leere Riesen". Die Organisation hat nur die Postadressen und Zahlungseingänge erfasst. Es fehlen Geburtsdaten, Telefonnummern und weitere Kriterien. In einem ungepflegten Datenbestand kann Technik nicht weiterhelfen. Je qualifizierter, umso wertvoller ist ein Datenbestand. Daher ist die Akzeptanz der Mitarbeiter wichtig. Diese sorgen dafür, dass Informationen auch wirklich eingegeben werden.

Eine Datenbank ist nur so gut wie die Mitarbeiter,
die die Daten eingeben.

Sind die Adressen in einer Datenbank unqualifiziert, gibt es verschiedene Maßnahmen, um die **Adressen nachzuqualifizieren**:

- Vornamensanalyse, um das Alter der Adressen grob zu bestimmen
- Fragebogenaktionen zu Themen, bei denen auch einige persönliche Merkmale mit abgefragt werden. Beispiel: Bitte um Mitarbeit, um die Zufriedenheit von Mitgliedern mit der Organisation herauszufinden
- Preisausschreiben, Gewinnspiele mit Abfrage von persönlichen Merkmalen der Teilnehmer
- Abfrage von persönlichen Merkmalen beim persönlichen Kontakt am Telefon. Beispiel: *„Wir wollen in Zukunft einen kleinen Gruß zum Geburtstag versenden, dürften wir deswegen Ihren Geburtstag abfragen?"*
- Abfrage von persönlichen Merkmalen beim Eintritt oder Erstkontakt in die Organisation. Dies ist meistens der beste Zeitpunkt.

Daten qualifizieren

4.2.3 Was kann ich in einer Datenbank speichern?

In einer Datenbank sollten **so viele Fakten** zu einer Person abgelegt werden **wie möglich**. In der Regel werden Sie keine Probleme mit dem Datenschutz bekommen, da Sie so gut wie kein Wissen über Ihre Spender oder Kunden haben. Die meisten Datenbanken sind – wie gesagt – leere Riesen.

Beschreiben Sie Beziehungen

Der Name und die vollständige Postadresse ist das Minimum für einen Datensatz. Telefonnummern und Geburtstag sind die nächsten wichtigen Informationen. Wünschenswert wären Angaben zum Familienstand, Anzahl der Kinder und zum Beruf.

Diese Informationen beschreiben aber noch nicht die Beziehung der Person zur Organisation. Hierzu gibt es weitere Angaben:

- Erstkontakt (vgl. Kapitel Beziehungsmarketing)
- Teilnahme an Ereignissen
- Reaktionen wie Spenden, freiwillige Hilfe

Weitere Bemerkungen zur Person müssen den **Regeln des Datenschutzes** entsprechen. Intime Details wie z.B. Wissen über eine Krankheit oder Wertungen zur Person haben in einem Bemerkungsfeld nichts zu suchen.

Ziel der Datenverwaltung in einer sozialen Organisation ist es, die eigenen Prozesse besser zu steuern und die eigene Beziehung zum Förderer zu dokumentieren. Diese Daten werden niemals in die Öffentlichkeit gegeben, da der einzige Zweck die **interne Verarbeitung** ist. Dazu gehört auch die Vorbereitung einer gezielten Ansprache.

Ziel der Datenverwaltung ist es, die eigenen Prozesse besser zu steuern

Alle öffentlich zugänglichen Informationen über einen Prominenten können Sie ordnen und im Sinne einer Recherche erfassen.

Entscheidend ist, dass die gespeicherten Daten gegen Einsichtnahme von Dritten gesichert werden.

Die Maßnahmen sollten in einem angemessenen Verhältnis zum Schutzzweck stehen. Hier ist vor allem darauf zu achten, dass Mitarbeiter nicht

Datenbankbestände abziehen können. In großen Organisationen haben nur die Großspenderbetreuer Einblick in Notizen zu den entsprechenden Personen. Andere Mitarbeiter können die entsprechenden Datenfelder nicht einsehen.

Datenschutz beachten   Hat eine soziale Organisation mehrere Geschäftsbereiche, z.B. ein Altersheim und einen Kindergarten, dürfen nicht einfach Daten aus verschiedenen Geschäftsfeldern miteinander gemischt werden. Gerade in der **Arbeit mit Patienten** gibt es **schärfere Bestimmungen**, welche Daten wann wozu verwendet werden dürfen. Es kann dort nicht einfach davon ausgegangen werden, dass ein Patient auch einen Spendenaufruf erhalten darf. Größere Institutionen haben in der Regel einen Datenschutzbeauftragten, der Details kennt.

4.2.4   Wie finde ich die richtige Datenbank?

Nur eine funktionierende Datenbank ist eine gute Datenbank   Da die Datenbank eine zentrale Rolle einnimmt, ist dies der falsche Ort, um zu sparen. Junge Organisationen sollten von Anfang an mit einem System arbeiten, das ihnen beim Wachsen keine Probleme bereitet. Von Eigenprogrammierung ist abzuraten, da damit Sackgassen im wahrsten Sinne des Wortes „vorprogrammiert" sind. Haben Sie bereits eine Datenbank und sind damit unzufrieden, sollten Sie sich nach besseren Lösungen umsehen.

Auf Exportfilter achten

Können Sie sich die von Ihnen favorisierte Lösung noch nicht leisten, ist es möglich, vorläufig mit einer kleineren Datenbank arbeiten: Nehmen Sie mit der von Ihnen angestrebten Systemfirma Kontakt auf. Erfragen Sie die Bedingungen für den Import von Daten in die später gewünschte Applikation. Suchen Sie dann eine einfachere Datenbank, die entsprechende Exportfilter bereitstellt.

> Achten Sie darauf, dass Sie in der vorläufigen Datenbank die Daten so erfassen, dass sie später ohne Probleme übergeben werden können.

Daten vorausschauend organisieren   Sie werden in der kleineren Datenbank noch nicht alles wie gewünscht anlegen, können nun aber schon mit der Grundlagenarbeit anfangen. Informationen, für die in der vorläufigen Datenbank keine Datenfelder bestehen, legen Sie **nach festen Mustern** im Bemerkungsfeld ab. Von dort können sie in das Bemerkungsfeld der neuen Datenbank exportiert werden und dann „per Hand" in die entsprechenden Datenfelder umgesetzt werden.

Dies ist zwar ein Zwischenschritt, der händische Arbeit nach sich zieht, aber allemal besser, als Adressen nicht zentral zu erfassen oder ungeordnet in selbst gestrickten Datenbanken abzulegen.

Habe ich Exportfilter und die richtige Anordnung der Daten, kann ich jederzeit auf größere Lösungen umsteigen.

Poolen von Datenbanken

Fehlt Ihnen später immer noch das nötige Kapital für eine gute Lösung, ist als Alternative das Poolen mit anderen Organisationen zu überlegen. Hierbei werden in einer großen Datenbank Klienten angelegt. Die Adressbestände bleiben streng getrennt, aber die Funktionen der Datenbank stehen allen Organisationen zur Verfügung. Dadurch lassen sich auf Dauer Kosten sparen.

Durch ein solches Vorgehen können in Verbänden auch **bundesweite Aktionen** mit lokalen Aktionen synchronisiert werden. Dies wäre unmöglich, wenn jeder Landesverband den eigenen Adressbestand in einer separaten Datenbank pflegt.

Bundesweite Aktionen mit lokalen Aktionen synchronisieren

Empfehlung: Der Deutsche Fundraising Verband stellt auf seiner Internetseite www.fundraisingverband.de für Mitglieder ein Dokument zur Verfügung, das Hinweise gibt, wie ein geeigneter Anbieter gefunden werden kann (Guidelines für Softwareentscheidungen). Empfohlen wird auch die Diplomarbeit von Marcus Beck, „Anwendungsprobleme von Customer-Relationship-Management-Systemen am Beispiel von Fundraisingsoftware". Sie kann auf der Internetseite www.fundraising.de als PDF heruntergeladen werden (bei Suche Marcus Beck eingeben). Des Weiteren findet man Informationen auf der Seite www.social-software.de.

4.2.5 Segmentierung einer Datenbank

In der Praxis ist es unmöglich, bei jeder Versendung eine individuelle händische Versandliste zu erstellen. Früher oder später würde dies im Chaos enden. Wer gezielt Marketing betreibt, hat eine segmentierte Datenbank. Die Segmentierung der Adressen entscheidet darüber, wer welche Informationen bekommt. Dazu teilt man den Datenbestand in Untergruppen (Segmente) auf. **Eine Adresse kann in verschiedenen Segmenten gleichzeitig gelistet sein.** Die Segmente können schnell gezielt mit eigenen Informationen angesprochen werden.

Inseln schaffen

MÖGLICHE SEGMENTIERUNGSKRITERIEN

- Altersgruppen (z.B. Kinder, Jugend oder Senioren)
- Mitglieder/Nichtmitglieder
- Aktive Spender / Nichtaktive Spender
- Empfänger von bestimmten Rundbriefen/Informationen
- Regionale Gruppen / Sprachgruppen
- Teilnahme an einem bestimmten Programm
- Im Beziehungsmarketing Förderer Silber, Gold, Platin (o.Ä.)
- Kunde eines bestimmten Produktes

Ein **Segment** ist jedoch nur sinnvoll, wenn dafür auch **gesonderte Informationen** existieren. Schreiben Sie bundesweit alle Kontakte mit den gleichen

Segmente praktisch anlegen

Informationen an, ist eine Unterscheidung der Bundesländer überflüssig. Arbeiten Sie viel in regionalen Verbänden, ist eine lokale Segmentierung vor allem dann wichtig, wenn die Grenzen Ihrer lokalen Strukturen nicht mit den Grenzen der Bundesländer zusammenfallen.

> Lieber mit wenigen Segmenten konsequent starten, als zu viele Segmente einführen und diese nicht bedienen.

Zusätzlich werden im Datenbestand kleinere **Untergruppen** gepflegt, die einen **eigenen Informationsbedarf** haben. Zum Beispiel:

- Vorstand
- Presseverteiler
- fest angestellte Mitarbeiter
- Zulieferer

Segmente verinnerlichen   Eine Segmentierung arbeitet nur erfolgreich, wenn die eingebenden Mitarbeiter und die Leiter einer Organisation die Segmentierung verinnerlicht haben. Eine gelebte Datenbank erleichtert die Arbeit und führt zu einer klareren Kommunikation.

TEIL C

Praxis des Sozialmarketings

„Von einem Mitarbeiter erwarte ich nicht,
dass er morgens kommt und abends geht.
Ich erwarte von ihm Hingabe."

Axel Bauermann
Inhaber des Bestattungshauses Bauermann

Bestattungshaus
BAUERMANN

Haus der Zeit

Falls Sie an den Tagen der offenen
Tür nicht teilnehmen können, das
Haus der Zeit aber kennenlernen
wollen, vereinbaren Sie einen
telefonisch einen Termin für eine
individuelle Führung.

Telefon 04102 77

Bestattungshaus
BAUERMANN

Ahrensburg

Haus der Zeit

Haus der Zeit

Gut Wulfsdorf
Haus der Natur

Buchenkamp

B75

Einweihung
17. Juni 2005

Telefon

Der dritte Teil des Buches führt durch Praxisfelder der Kommunikation. Einige Bereiche spielen im sozialen Umfeld zwar noch keine Rolle, um jedoch Trends aufzuzeigen, wird dort ein Blick über den Zaun geworfen.

1   Corporate Design

Akzidenzen geben der
täglichen Kommunikation
einen Rahmen

Die praktische Arbeit beginnt mit der Gestaltung der wiederkehrend genutzten Materialien wie Briefpapier, Visitenkarten und Dokumentenvorlagen für Fax und E-Mail. Schon bei diesen Klassikern ist abzulesen, ob eine Organisation den **Willen** hat, **eine Persönlichkeit darzustellen**.

Legen Sie alles nebeneinander auf einen Tisch. Wenn Sie keinen Zusammenhang entdecken, stimmt etwas nicht.

ALLE TRÄGER DER INDIVIDUALKOMMUNIKATION MÜSSEN

- ein klares gemeinsames Bild ergeben,
- die gleiche Emotion vermitteln,
- (verhalten) eindrücklich sein zur Wiedererkennbarkeit,
- deutlich sagen, wer der richtige Ansprechpartner ist.

Wie viel ist Ihr
Erstauftritt wert?

Durchgehendes Design erzeugt hohe **Wiedererkennbarkeit**. Die wenigen Blickkontakte, die eine soziale Organisation hat, sind kostbar. Immer wieder erlebe ich, dass Organisationen noch altes Briefpapier oder Prospekte aufbrauchen wollen. Der Wert dieser alten Materialien beträgt wenige Euro. Ihr Ruf ist wesentlich mehr wert. Würden Sie Ihre Tochter beim ersten Schulbesuch alte Kleider auftragen lassen?

Die Grundlagen zu einem **einheitlichen Erscheinungsbild** sind
- Festlegung der Formen und Farben,
- Wille zu Wiedererkennbarkeit und gleichbleibender Qualität,
- Wille zur Darstellung einer Persönlichkeit.

Eine Organisation will vertraut sein. Deshalb muss sie ihre Persönlichkeit beibehalten und sollte ihr Aussehen nicht wechseln. Dabei spielt die Größe der Organisation keine Rolle.

Wer wirken will, muss wieder erkennbar sein.

Sie haben Stilfreiheit

Dazu signalisiert eine gute Gestaltung **Kompetenz**. Sehen Visitenkarte, Briefpapier und Internetseite selbst gebastelt aus, wird gefolgert, dass die Arbeit ebenso hemdsärmelig ist. Ein Corporate Design muss nicht „steril" aussehen. Ob Sie leger, streng, verspielt oder frech auftreten, liegt im eigenen

Ermessen. Gerade soziale Einrichtungen können hier ihrem Wesen gemäß gestalten.

> **DAS CORPORATE DESIGN UMFASST KLASSISCHERWEISE:**
>
> - Name und Logo
> - Claim (Qualitätsbehauptung), Wording (Wortwahl)
> - Farben
> - Formen und Gestaltungsraster
> - Typografie (Welcher Schrifttyp wird wann verwendet?)

Corporate ist das Lieblingswort der Agenturen. Die Vielfalt des Begriffes zeigt, wie tief Kommunikation derzeit mit der ganzen Organisation verbunden wird. Alle Bereiche kommen als Identitätsträger in Frage. „CI" steht für Corporate Identity und ist der Überbegriff.

Corporate Identity

Kleine Auswahl von Corporate-Begriffen:
- **Corporate Identity**: Was ist die unverwechselbare Identität?
- **Corporate Design**: Welche Gestaltung zieht sich überall durch?
- **Corporate Publishing**: Wie publiziert eine Organisation einheitlich?
- **Corporate Audio**: Welche Musik verwendet eine Organisation?
- **Corporate Communication**: Wie werden alle Kanäle aufeinander abgestimmt?
- **Corporate Behaviour**: Wie treten die Mitarbeiter einer Organisation auf?

1.1 Name, Logo, Claim, Wording

Name, Logo, Claim und Wording sind grundlegende Bausteine des Corporate Designs. Die Identität besteht aus vielen Bausteinen, aber in einem guten Turm haben die untersten Steine eine besondere Bedeutung.

Das eigene Terrain abstecken

1.1.1 Der Name

Der Name einer Organisation ist die erste Vorstellung der Persönlichkeit. Schon im Namen kann Energie gewonnen werden. Dies gilt nicht nur für die Gesamtorganisation. Jede Aktion, jede Kampagne und jedes Produkt sollten einen prägnanten Namen haben. Der Name ist der Griff, mit dem man den Koffer greift.

Was ist als Produktname besser: „Tempo" oder „Schnell ausfaltbares Papiertaschentuch"? Sie schmunzeln? Was halten Sie dann von Namen wie
- „Bundesverband Hilfe für das autistische Kind – Vereinigung zur Förderung autistischer Menschen e.V." oder
- „Interessenverband Unterhalt und Familienrecht ISUV/VDU e.V."?

Meiden Sie bürokratische Namen

Sie können hier weitere Namen von Krankenhäusern, Tagungshäusern und anderen sozialen Einrichtungen auflisten. Erklären Sie einmal einem Programmierer, wie er das Wort: „Bundesarbeitsgemeinschaft Rettungshundeführender Vereinigungen" in dem Formularfeld normaler Aufkleber unterbringen soll.

Schaffen Sie keine Kommunikationssackgassen durch behördlich korrekte Namen. Sie leben nicht für das Finanzamt, sondern für Menschen, die Sie verstehen sollen.

Sie können einen falschen Namen im Alltag kaum korrigieren. Die Flucht in Abkürzungen wie THW, ASB, AWO oder DBHW bringt Notlösungen hervor, keine Namen.

Ein neuer Name muss eine gute Internetadresse haben

Sehen Sie im Vergleich dazu folgende Namen an. Achten Sie auf das Zusammenspiel des Namens mit der Internetseite.

- **Sternenbrücke**: Kinderhospiz in Hamburg. Verein, der die letzte Wegstrecke mit einem Kind geht. Internetseite. www.sternenbruecke.de oder www.kinderhospiz.com
- **amnesty international**: Programm und Aktionsradius in zwei Worten auf den Punkt gebracht. Internetseite: www.amnesty.de
- **solidarnosc**: Der Name der unabhängigen polnischen Gewerkschaft wurde ab 1980 zusammen mit dem handgemalten Schriftzug in Form eines Demonstrationszuges weltberühmt.
- **Greenpeace**: Grüner Frieden. Können Sie es einfacher benennen? Internetseite: www.greenpeace.de
- **justiceF**: Eine junge Stiftung, die sich für Gerechtigkeit einsetzt. Internetseite: www.justicef.de
- **Vier Pfoten**: Tierschutzorganisation. Für wen die arbeiten, ist ziemlich klar. Internetseite: www.vierpfoten.de
- **Heilsarmee**: Über diesen Namen wird nicht gestritten. Er ist Kult. Internetseite: www.heilsarmee.de
- **Lebenshilfe**: Könnte es sein, dass diese Leute mir helfen? Internetseite: www.lebenshilfe.de
- **Robin Wood**: Klingt nicht nach einer Behörde. Bedarf Englischkenntnis, dass „Wood" Wald heißt. Internetseite: www.robinwood.de
- **Pfadfinder**: Was Jugendliche dort lernen, ist damit beantwortet. Internetseite: www.pfadfinder.de oder www.scout.net

Wolf im Schafspelz?

Fallbeispiel bp

Eine der spektakulärsten jüngsten Umbenennungen der Industrie ist der neue Name des Erdölkonzernes BP. BP stand früher für „British Petroleum". Das Logo war ein grünes Wappenschild mit den gelben Buchstaben BP, wie es auf den Schornsteinen der Supertanker mit der schmierigen schwarzen Fracht prangte. Aussage: Wir sind stark, wir sind britisch, wir sind Erdöl.

Im Jahr 2000 wurde der Konzern umbenannt. bp heißt heute „beyond petroleum". Das dazugehörige Logo „helios" ist eine dynamische, grün-gelbe Sonne, benannt nach dem griechischen Sonnengott. Kleine Buch-staben wurden für das Logo gewählt, weil die freundlicher wirken als die alte Schreibweise mit großen Buchstaben, die imperialistische Anklänge hervorrufen könnten. Die Kosten dieser Imagewende werden auf ca. 600 Millionen Dollar geschätzt.

bp erklärt die Veränderung auf seiner Internetseite wie folgt: „*bp aspires to be one of the world's great companies, with a sustainable long term future. This is captured by the phrase ¸beyond petroleum', reflec-ting our brand positioning today and our aspiration to meet the world's future energy needs.*" Ob bp auch die Gesinnung geändert hat, bleibt abzuwarten. In der Ausgabe August 2005 von National Geographic mit dem Titelthema „Was kommt nach dem Öl?" schaltete bp auf Seite 19 eine ganzseitige Anzeige mit dem Text: „*bp ist in Europa Marktführer für Solarenergie. Und hat in München die größte Solaranlage installiert, die je auf einem Flughafen gebaut wurde. Mit besten Aussichten. Schließ-lich scheint die Sonne noch circa 4,5 Milliarden Jahre.*" Damit ist eines sicher: Es gibt einen Mitbieter im Gerangel um die Energie von morgen. (*Quelle für die Zahlen zur Umstellung: Sharon Beder: „bp: Beyond Petro-leum?" in: Battling Big Business: Countering greenwash, infiltration and other forms of corporate bullying. Edited by Eveline Lubbers, Green Books, Devon, UK, 2002, pp. 26-32.*)

Einige Tipps zur Namensgebung

Namen sind Philosophien. Ihr Name ist die kürzeste Form Ihres Mission Statements. Daneben muss er einfach zu handhaben sein.

Kurzer Name, einfache Schreibweise

Folgende Empfehlungen sollten Sie beherzigen:
* Achten Sie auf einen einfachen, möglichst kurzen Namen.
* Die Schreibweise sollte sich aus dem Klangbild von selbst ergeben.
* Sie sollten die dazugehörige Internetseite haben. Und zwar möglichst sowohl die „.de"-Seite als auch die „.org"-Seite.

Wenn Sie einen falschen Namen haben, ändern Sie ihn. Dies geht auch bei großen Organisationen, wie es die ehemalige „Aktion Sorgenkind" mit der Namensänderung in „Aktion Mensch" im Jahr 2000 bewiesen hat. Wenn das nicht geht, versuchen Sie den Namen zumindest im Logo so zu verkür-zen, dass er einem besseren Sprachgebrauch entspricht.

Zur Not nur das Logo griffig verkürzen

DOMAINNAMEN

Prüfen Sie vorher, ob Ihre gewünschte Domain frei ist. Können Sie diese bei einer Neubenennung nicht bekommen, ist der Name nicht gut.

1.1.2   Das Logo

Die Wiedererkenner

Das Logo ist der **kleinste Baustein des Corporate Designs** und definiert den Wiedererkenner. Mit ihm identifiziert sich der Absender einer Botschaft. Entfernen Sie zum Beispiel das Logo vom Kühlergrill eines japanischen Autos, können viele Menschen nicht mehr sagen, ob vor ihnen ein Honda, ein Toyota, ein Mazda oder ein Mitsubishi steht.

Das **Markenzeichen** hebt das Fahrzeug aus der Menge der gleichen Formen heraus und gibt die Wertigkeit.

EINIGE GRUNDREGELN FÜR EIN LOGO

- Je einfacher ein Logo ist, umso stärker wirkt es.
- Wie emotional ein Logo sein darf, hängt von Ihrem Wesen ab.
- Sehen Sie das Logo nicht alleine, sondern im Kontext des Gesamtdesigns.

Das reine Symbol

Einige Wiedererkenner bestehen nur aus einem Symbol. **Das rote Kreuz** hat diese Qualität, es wird als Zeichen überall verstanden. Große Firmen schaffen es manchmal, dass ein Icon für die ganze Marke steht. Zum Beispiel der als „swoosh" bekannte Haken von Nike. Im sozialen Bereich gibt es wenige Organisationen, die ein reines Symbol so stark prägen konnten.

Schriftzug

Logos können unterschiedlich aufgebaut sein

Dies ist ein rein typografisches Logo wie z.B. bei **Greenpeace**. Der Name wird als feststehender Schriftzug optisch geprägt. Häufig wird ein Buchstabe verdreht, ein Teilbereich anders eingefärbt etc., damit der Schriftzug Einmaligkeit bekommt. Aber es geht auch ohne Gimmick, wie „siemens" zeigt. Je größer die Organisation, umso einfacher kann der Schriftzug sein.

Signet und Namenszug

Dies ist der Klassiker: Ein Signet (einfaches Bildelement) steht zusammen mit einem Schriftzug. Bei vielen Organisatonen ist eine Weltkugel zu finden, um den globalen Bezug zu unterstreichen.

Einfachheit ist Trumpf

Das Signet steht meist vor oder über dem Logo oder verschmilzt mit dem Namenszug. Hier ist Einfachheit Trumpf. Beispiel: das Logo des **WWF**. Das Signet des Pandabären steht über dem Schriftzug WWF.

Logo aus mehreren Elementen

Einige neuere Logos bestehen aus frei kombinierbaren Elementen. Die starke Formsprache führt zur Wiedererkennung. Für die **EXPO 2000** gab es z.B. viele Varianten des Logos.

Mischbare oder fraktale Logos verlangen eine hohe Disziplin und sind nichts für Anfänger. Vorteil: Sie eröffnen **starke Gestaltungsmög-**

lichkeiten. Nachteil: Diese Logos versagen häufig schwarz-weiß oder auf kleinsten Flächen.

Härtetests
Bevor Sie sich für ein Logo entscheiden, stellen Sie sich folgende Fragen:
- Wie sieht das Logo aus, wenn es durch ein Fax gesendet wurde?
- Wie sieht das Logo seitlich auf einem Kugelschreiber aus?
- Kann man das Logo einfarbig in Stoff sticken?
- Kann das Logo geplottet werden?

Beachten Sie die **Proportionen**: Ein zu hohes Logo funktioniert auf den meisten Internetseiten nicht. Ein zu breites Logo macht auf Autotüren Probleme. Natürlich kann es verkleinert werden, aber dies zerstört die Fernlesbarkeit. *Weniger ist manchmal mehr*

Die Beschränkung auf wenige **Farben** ermöglicht Plotts (geschnittene Aufkleber). Viele Farbübergänge, Schatten oder komplizierte Verläufe können nicht geschnitten oder lackiert werden, sie müssen dann auf Fahrzeugen mit bedruckten Aufklebern arbeiten.

1.1.3 Slogan/Claim/Abbinder
Begriffe wie Claim, Slogan, Motto oder Headline werden fast synonym verwendet. Sie stehen für einen **kurzen, prägnanten Merksatz**. *Sagen Sie es in einem Satz*

Slogan
Der wohl bekannteste Slogan der Geschichte des Sozialmarketings ist *„Jute statt Plastik"*. Die Schweizer Organisation „Erklärung von Bern" erfand ihn. Bekannt wurde er in Deutschland durch die gepa Ende der 70er-Jahre.

Abbildung 15: So fing alles an: „Jute statt Plastik" (Fotos: gepa Fair Handelshaus. Nähere Informationen: www.gepa3.de)

„Jute statt Plastik" steht für eine der erfolgreichsten Aktionen in der Geschichte des deutschen Sozialmarketings. Die gepa selbst hatte mit dem Erfolg nicht gerechnet. Bereits im ersten Halbjahr 1978 wurden 250.000 Taschen verkauft. Zum Erfolg trugen vor allem kirchliche Jugendverbände und Aktionsgruppen bei.

Wer weitere Slogans aus der ganzen Welt lesen möchte, siehe unter www.slogans.de, hier sind Agentur-Kampagnen gesammelt.

Ein Slogan bringt eine Qualität oder Emotion auf die Spitze, wird mit dem Markenkern verbunden und meist über lange Zeit verwendet.

Claim oder Abbinder

Emotionaler Untergrund

Der Claim oder Abbinder ist ein Satz, der die Emotion einer Marke oder einer Aktion noch einmal kurz und prägnant absetzt. Ein **Claim** ist im Gegensatz zum Slogan der **Abschluss einer Aussage**, während der Slogan eher die Speerspitze darstellt. Sie sehen z.B. das souveräne Foto eines Porsche. Unter dem Logo steht: „So baut man Sportwagen." Dieser Satz bringt die Kernbotschaft emotional noch einmal tiefer in das Gehirn.

Sie erkennen den Claim daran, dass er so gut wie immer in der Nähe des Logos steht (meist darunter). Ansonsten handelt es sich um Headlines. Claims werden zum Teil über kürzere Laufzeiten, auch nur für einen bestimmten Teilbereich angewandt.

Verzichten Sie auf Sätze ohne Mehrwert

Schlechtes Marketing führte zur Inflation von Claims. Sätze wie „Wir machen das Unmögliche möglich" bringen wenig. Verzichten Sie auf Sätze ohne **Mehrwert**.

Viele Claims sind englisch. Mehr als einmal wurde angemahnt, dass ein Claim in Deutschland deutsch sein sollte. Das ist so nicht richtig. Es kommt wie so häufig auf Ihre **Zielgruppe**, Ihr **Produkt** und natürlich auch auf den Claim an.

Ein Claim kann **Markenschutz** bekommen. So geschehen beim weltweiten Claim des WWF: „for a living planet".

Wenn Sie keinen Claim finden, lassen Sie diesen Baustein einfach weg. Einen Abbinder zu haben, ist keine Pflicht.

Kurz abgebunden

- Greenpeace energy – Strom, der es mir wert ist
- Deutsches Rotes Kreuz – Das Abenteuer Menschlichkeit
- Freiwillige Feuerwehr – retten, bergen, löschen
- Misereor – Das Hilfswerk
- amnesty international – Für die Menschenrechte
- Allmende Wulfsdorf – leben.gemeinsam.natürlich
- Christoffel Blindenmission – Rettet Augenlicht

Kurz abgebunden

- gepa – Fair Handelshaus
- WWF – for a living planet
- Bank für Sozialwirtschaft – Die Bank für Wesentliches
- Care – Für eine Welt ohne Armut
- AOK – Die Gesundheitskasse
- Klingt euch ein! – Musikschule Leipzig
- Mitten im Leben, mitten im Wald – Waldkindergarten Düsseldorf
- Hamburg hilft seinen Kindern – Altonaer KinderKrankenhaus
- Wir sind da – ADAC
- IKEA – Wohnst du noch oder lebst du schon?

1.1.4 Wording

Ihre Sprache verrät Sie. Gute Kommunikation legt **Sprache für Projekte** fest. Soziale Arbeit ist in der Regel komplex. In den Regalen steht meterweise Fachwissen. Die Versuchung ist groß, in eine „offizielle" Sprache zu verfallen.

Die Achillesferse der meisten sozialen Organisationen

Was ist eine *„Teilhabe am beruflichen Arbeitsleben"* oder *„eine praxisorientierte Qualifizierung mit unterschiedlicher Dauer"*? Wer im offiziellen Sprachmodus denkt, produziert **Sprachbandwürmer**. Anderes Beispiel: *„Der Widersprüchlichkeit von Strukturen und dem Drang des modernen Menschen nach Individualität im Zusammenhang mit suchtkranken Menschen will sich diese Tagung widmen."* Das ist schlecht.

Kontrollieren Sie Ihre Wörter. Was sagen sie aus?
Können Sie es einfacher ausdrücken?

Es geht. Ein Wort wie „Kindergarten" ist genial. Sie können auch „Kinderaufbewahrungsstätte" sagen. **Schaffen Sie Sprache, die den Kopf öffnet**. Schleswig Holstein ist „Ein Land mit Horizonten" (Regionalwerbung für Schleswig Holstein, 2004) und kein „Flaches Land".

Schaffen Sie Sprache, die den Kopf öffnet

WORDING-LISTE

Legen Sie für jedes Projekt eine Excel-Tabelle an, in der die wichtigsten Begriffe des Projektes in normales Deutsch umgeschlüsselt werden. Machen Sie es den Mitarbeitern zur Pflicht, diese Tabelle zu kennen, sie immer wieder zu lesen und aktuell zu halten. Verbannen Sie Abkürzungen aus Ihrer Sprache. Abkürzungen schließen andere Menschen aus.

1.2 Typografie, Grundfarben, Gestaltungsraster

Die Umgebung wirkt stärker als das Detail. Farben, Formen und die Komposition (die Anordnung zueinander) bilden den **Ersteindruck**, bevor Details wie Namen und Wörter wahrgenommen werden.

Die Umgebung wirkt stärker als das Detail

1.2.1   Typografie

Im Design spielt Schrift eine große Rolle. Schriften sorgen für **Lesbarkeit** und tragen **Emotion**. Sachlichkeit, Romantik, Klarheit, Innovation, all dies und viel mehr kann über Schrift ausgedrückt werden.

Die hohe Kultur der Verständigung

Viele gehen davon aus, dass mit dem Computer die unbegrenzte Schriftfreiheit begonnen hat. Dies ist eigentlich richtig, nur in der Praxis nicht. Elektronische Schriften verdrängten die Bleisatzsysteme, erzeugen aber bis heute meistens nicht die gleiche Qualität. Mit der Flut der PCs wuchs die Flut schlechter Typografie, denn:

* auf den Rechnern sind in der Regel wenig gute Schriften installiert
* nur wenige Anwender können mit Schrift gestalten
* PC-Programme haben in der Regel eine mindere Satzqualität
* häufig werden viele Schriften grausam kombiniert

Gute Gestaltung beginnt mit **disziplinierter Verwendung von Schrift**. Bis heute ist das Wissen um Typografie bei Entscheidern begrenzt. Sie gehen davon aus, dass jede Schrift auf jedem Rechner vorhanden ist. Dem ist nicht so. Hochwertige Fonts müssen extra erworben werden. Einer der größten und renommiertesten Schriftenanbieter in Deutschland ist die FontShop AG in Berlin (www.fontshop.de).

Schriftfonts haben wesentlichen Einfluss auf die Gestaltung

Für gute Schriften brauchen Sie Schriftlizenzen
In der Praxis wollen oder können sich soziale Organisationen teure Schriften nicht leisten. Dies ist ein finanzielles und administratives Problem. Mitarbeitern beizubringen, dass sie nur mit einer Schrift arbeiten dürfen, ist ein Kampf gegen Windmühlenflügel. Daher mischen sich in sozialen Projekten viele Schriften. Gerade mit guter Typografie kann aber ein Akzent gesetzt werden.

Schrift in der Individualkorrespondenz aller Mitarbeiter
Auf allen Rechnern werden entsprechende Schriften installiert. Lizenzen richten sich meist nicht nach Anzahl der Terminals, sondern nach der Anzahl der genutzen Drucker. Daher kann ein Büro mit einem Netzwerkdrucker mit nur einer Lizenz auskommen.

> Achten Sie auf das Kleingedruckte und lassen Sie sich von Profis beraten.

Mitarbeiter schulen

Wenn Sie keine Schrift kaufen wollen, wählen Sie mit Bedacht einen Standardzeichensatz oder aus dem Bereich der Freeware. Schulen Sie Ihre Mitarbeiter, diese Schrift konsequent einzusetzen.

Inhouse oder auslagern

Schrift bei professionell layouteten Materialien
Bei Prospekten, Jahresberichten, Mailings und anderen Drucksachen gibt es drei Möglichkeiten:

- Sie lagern das Design aus. Die Agentur oder der Grafiker sorgen für die Schriften. Achtung: Die Agentur darf nach Abschluss der Arbeiten die Schriftfonts nicht an die Organisation überspielen, damit würde sie Schriftlizenzen weitergeben.
- Sie produzieren inhouse und installieren auf Ihren Produktionsrechnern die entsprechenden Schriftsätze.
- Sie produzieren inhouse und extern zugleich und achten auf die Kompatibilität der Schriften. Mit einem guten Schriftmanagement kann sogar zwischen PC und Mac crossover produziert werden. Dafür brauchen Sie Schrifttypen mit gleicher Laufweite auf beiden Betriebssystemen.

Sonderfall Internet und andere Bildschirmgeräte
Bildschirmgeräte nutzen die Schriften, die im eigenen Betriebssystem vorhanden sind. Auf den Bildschirmen erscheint also doch wieder Verdana, Arial etc. Vermeiden Sie den Kurzschluss: Wenn ich im Internet Arial einsetze, nehme ich gleich überall Arial.

1.2.2 Grundfarben

Farben kommunizieren schneller als die Form. Aus der Entfernung sehen Sie zunächst die Hauptfarbe. Farben geben **Stimmungen** weiter. Der Farbton spielt eine ebenso wichtige Rolle wie die Intensität. Hier sind einfache Konzepte die wirkungsvollsten.

Das Leben bunt machen

> **Sag mir deine Farbe und ich sage dir, wer du bist**
> - das Technische Hilfswerk hat blaue Fahrzeuge
> - die Gelben Engel des ADAC fahren gelbe Fahrzeuge
> - die Grünen Schwestern tragen grüne Stationskleidung
> - die Feuerwehr fährt in Rot vor

Im Design-Manual wird für das Corporate Design ein Farbkanon festgeschrieben. Dieser umfasst **ein bis zwei Hauptfarben und dazu einige korrespondierende Unterfarben**. Die Farben werden gemäß Euroskala notiert (diese umfasst die Werte Cyan, Magenta, Yellow und Black) und die Umsetzung in den wichtigsten Schmuckfarben (HKS oder Pantone).

1.2.3 Kleidung

Kleidung von Mitarbeitern trägt Identität:
- **Kleidung beim Einsatz**: Eine professionelle Arbeitskleidung schafft Gemeinschaft und gibt sozialen Schutz. Die Träger der Kleidung werden als offizielle Repräsentanten gesehen und haben mehr Autorität, als wenn sie nur eine Armbinde tragen würden. Gemeinsame Jacken oder Overalls sind ein Anfang, Plaketten etc. erweitern die Montur.

  Einheitliche Kleidung schafft Gemeinschaft

- **Pressetechnische Bedeutung**: Wenn eine Organisation in Katastrophengebieten tätig ist, sollten Mitarbeiter auf Fotos eindeutig identifizierbar sein. Das Logo darf nicht zu klein sein. Das Foto eines Journalisten mit dem Namen der Organisation kann um die Welt gehen.

Sich über Kleidung
positionieren
- **Informelle Kleiderordnung**: Auch ohne offizielle Bekleidung wirkt Kleidung. Organisationen entwickeln ein bestimmtes Flair. Mitarbeitern ist häufig nicht bewusst, dass sie Signale setzen. Für sie ist der Arbeitsplatz ein privater Raum, den niemand stören soll. Spätestens, wenn Ihre Mitarbeiter in Hausschuhen rumlaufen, sollten Sie daran arbeiten, wie Sie gemeinsam „auftreten" wollen.
- **Accessoires wie ein Schal, eine Brosche, ein Rucksack**: Kirchentage und Festivals leben von Accessoires. Ob farbiges Halstuch, Taizé-Kreuz oder T-Shirts der Rockgruppe bei einem Konzert, all dies schafft Gemeinsamkeit.

1.2.4   Fahrzeuge

Flächen auf eigenen Fahrzeugen kosten nichts im Vergleich zu Werbeflächen. Es lohnt sich (auch finanziell), darüber nachzudenken, wie Fahrzeuge zur Kommunikation beitragen.

Offizielle Fahrzeuge der Organisation

Starke Flächen
Einsatzfahrzeuge eindeutig und auffällig zu lackieren bringt eine **hohe Bekanntheit**. Dies ist nicht nur bei Einsatzfahrzeugen von Rettungsdiensten der Fall. Jeder ambulante Pflegedienst hat ständig Fahrzeuge in Bewegung. Begutachten Sie Ihren Fuhrpark.

Verschenken Sie nicht tausende von Blickkontaken pro Tag.

Früher wurden Fahrzeuge in einer Farbe lackiert und der Name der Organisation – zum Beispiel auf der Tür – angebracht. Heute ist bei der Gestaltung eines Fahrzeuges so gut wie alles machbar. Wenn Sie einen fahrenden Walfisch wollen, ist dies möglich (inklusive Flossen).

TECHNISCH MACHBARE FAHRZEUGGESTALTUNG

- Großflächige Lackierungen von Signets und Schriftzügen
- Beklebungen mit einfarbigen Klebefolien (so genannte Plots)
- Beklebungen mit Bildmotiven auf Klebefolien
- Beklebungen der Fenster
- In der Nacht reflektierende Bilder und Schriften
- Sondertafeln als Gepäckträger auf dem Dach, Installationen

Vollverklebung meint das komplette Bekleben des Fahrzeuges bis hin zu Teilen der Fensterflächen.

Zu viele Details vermeiden
Achten Sie auf Atmosphäre, vermeiden Sie zu viele Details. Testen Sie die **Farbwirkung**. Dunkle Schrift auf Autoscheiben ist nicht lesbar, da Fenster dunkel wirken. Dann „verschwinden" Teile der Gestaltung.

Private Fahrzeuge / Fahrzeuge anderer Unternehmen

Die meisten Deutschen verbringen eine große Zeit ihres Lebens auf der Straße, das bedeutet, vor ihnen fährt meistens ein anderes Fahrzeug. **PKW-Rückscheiben sind ideale Kommunikationsflächen**. *Die Flächen anderer nutzen*

Wenden Sie sich an Unternehmen, die ihre Fahrzeuge nicht gestalten, und nutzen Sie die Flächen. Hier haben Sie folgende Alternativen:

- **Feste Aufkleber**: Bekannt ist der Regenbogen von Greenpeace oder „Ein Herz für Kinder". Einen festen Aufkleber auf ein Fahrzeug zu bekommen, ist schwer. Die Deutschen kleben immer weniger auf Lack oder Scheibe. Trotzdem schaffen es einige Aufkleber. Vor allem dann, wenn sie als Signal einer bestimmten Lebenshaltung stehen.
- **Wieder lösbare Aufkleber**: Wissen Sie, dass es ablösbare Aufkleber gibt? Zum Beispiel Softkleber aus weichem Material, die sich durch Glätte und statische Aufladung am Glas festsaugen. Sie können einfach wieder abgezogen und wiederholt auf dem Glas aufgebracht werden. Dies ist für Aktionen ideal.
- **Andere Asseccoires**: Sie können einem Auto nicht nur über Aufkleber Ihren Stempel aufdrücken. Wie wäre es mit einem Sonnenschutz mit Haftnoppen, der Ihre Botschaft trägt? Oder einem Anhänger für den Rückspiegel? Oder einer Frostschutzplane für die Windschutzscheibe im Winter, die Ihre Botschaft trägt?

1.2.5   Details

Kleinigkeiten haben Wirkung. Hier einige Tipps, wie Sie auf sich aufmerksam machen können: *Aufmerksamkeiten erhalten die Freundschaft*

Briefhüllen

Kaufen Sie keine Standard-Briefhüllen. Für wenig Geld können in Druckereien bedruckte Hüllen geordert werden. Bei hohen Auflagen macht sich der Aufdruck kaum bemerkbar. So erhält Ihre Standardpost Ihre Identität.

E-Mail-Footer

Sie versenden täglich E-Mails. Überlegen Sie, was Sie im Fuß der E-Mail an Zusatzinformationen mitgeben. Im so genannten Footer kann ein Claim, die aktuelle Kampagne oder wichtige Servicelinks stehen.

Pins, Sticker, Aufkleber

Kleine Pins oder Sticker sind immer wieder beliebt. Sie wirken auch dann, wenn Menschen sie nicht tragen oder aufkleben.

Kugelschreiber und andere Give-aways

Doch, sie wirken. Schöne kleine Gegenstände bleiben im Besitz der Beschenkten und wirken lange nach. Achten Sie auf Qualität.

Lieber schlicht und gut als aufwändige Produkte, die billig aussehen.

2   Klassische Kommunikation im Sozialmarketing

Die klassische Kommunikation sozialer Organisationen arbeitet über Print (Papier), Öffentlichkeitsarbeit und die persönliche Begegnung. Dazu gehören:

- Mitgliedsmagazine
- Prospekte/Jahresberichte
- Mailings
- Öffentlichkeitsarbeit
- Events, Basare, Aktionen

2.1   Die Information von Kunden, Mitgliedern und Spendern

Eine Organisation hat grob gesehen **zwei Kommunikationsaufgaben**:

- sich neuen Nutzern gegenüber vorstellen und um diese werben
- alten Mitgliedern laufend Informationen geben und sie halten

Dies ist ein Kreislauf. Ein neuer Spender, Patient oder Kunde kommt in die Organisation, wird eingeführt und ab dann fortlaufend betreut, bis er die Organisation wieder verlässt.

Die **Zyklen** sind länger oder kürzer: Ein Kind in einem Kindergarten hat eine andere **Verweildauer** als der Patient eines Krankenhauses oder das Fördermitglied eines Vereins.

Viele soziale Organisationen sind Betreuung gewohnt. Gerade Spenden sammelnde Werke pflegen ihre Spenderstämme. Andere Organisationen denken nicht als Betreuer. Sie verlieren ihre Nutzer aus den Augen, wenn diese „den Laden" verlassen – und verlieren damit täglich Beziehungen.

Wie sieht es mit der **Nachbetreuung** aus? Bekommen Patienten ein Jahr nach ihrem Aufenthalt einen netten Brief, mit der Frage, ob der Aufenthalt zufrieden stellend verlief? Jede größere Autowerkstatt schafft es, **Beziehungsreminder** zu senden. Ist ein Auto wichtiger als ein Mensch? In den USA werden häufig Absolventen eines Colleges lebenslang mit Informationen versorgt. Bekannt ist dies in der Form der **Alumni-Clubs**. Hier erhalten Abgänger Zugang zu einem besonderen Club. *(Nähere Informationen dazu unter www.alumni-clubs.net.)*

Der Nutzer einer Organisation ist das Rückgrat. Gäbe es diese „Gebraucher" nicht, würde die Arbeit sofort in sich zusammenfallen.

Nur wenn einer Organisation der Wert dieser Partner oder Kunden bewusst ist, wird sie in die Beziehung investieren.

2.1.1   Die kleine lokale Organisation

Kleine Einrichtungen wie Sportvereine, Kirchengemeinden oder eine *Nestwärme*
Seniorentagesstätte haben starken direkten Kontakt zu ihren Nutzern.
Viele Informationen werden direkt ausgetauscht. Es gibt:

- das persönliche Gespräch („man sieht sich")
- Anschlagbrett
- Fächer im Vereinsgebäude für Mitgliedsinformationen
- Mitgliedssitzungen für alle Mitglieder vor Ort
- Arbeitsgruppen vor Ort
- Treffen von einzelnen Mitgliedern im privaten Umfeld

Da es sich meist um ein Kontaktumfeld von 100 bis 500 Menschen und
einen Mitarbeiterkern von 5 – 30 Personen handelt, können sich die Mitarbeiter zusammensetzen und Aufgaben untereinander verteilen. Sollen
bestimmte Personen erreicht werden, geht man gemeinsam die Namen
durch und verteilt die Ansprache.

Dieser **unmittelbare Kontakt** ist die Stärke und das Alleinstellungsmerkmal kleiner Organisationen. Damit können Sie gegenüber großen
Werken punkten. Die Teilnehmer der Programme wissen sich persönlich
betreut. Es gibt eine Verbundenheit zu einem bestimmten Stadtteil oder
einer Landschaft.

Aber der mündliche Austausch ist auch hier nicht alles. Selbst kleinste *Anliegen professionell*
Organisationen brauchen heute bei **Erstkontakten** professionelles Mate- *darstellen*
rial. Sie stehen wie große Organisationen im Wettbewerb und müssen
schnell den Nutzen für neue Anwender vermitteln.

In der Betreuung verzichten kleine Vereine auf aufwendige Publikationen.
Es fehlen die nötigen Auflagen, damit sich entsprechende Produktionen
lohnen. Trotzdem ist die Kommunikation immer wieder zu überprüfen.

- Werden alle Beteiligten rechtzeitig und klar informiert?
- Wie werden neue Menschen angesprochen?
- Wie muss ein Jahresprogramm etc. kommuniziert werden?

2.1.2   Die mittlere oder große Organisation

Größere Organisationen können nicht mehr unmittelbar über persönliche *Beziehungen ohne*
Beziehungsgeflechte kommunizieren. Die Organisation steht mit einem *persönlichen Kontakt*
(kleinen) Mitarbeiterstab einer großen Gruppe von Nutzern gegenüber. Es
bedarf anderer Mittel, um die Beziehung aufrechtzuerhalten, z.B.:

- Mailings
- Rundbriefe, Mitgliedermagazine
- E-Mail-Newsletter
- Prospekte, Kataloge
- Internetseiten
- Anrufe der Organisation
- Jahresbericht, Weihnachtskarte, Jahresbedankung

Beziehungen steuern   Die Organisation steuert hierbei von Anfang an die **Beziehungstiefe**. Es gibt Gruppen, die eine lose Verbindung zur Organisation haben und hin und wieder Informationen lesen. Andere Gruppen, wie die Mitglieder eines Förderkreises, brauchen mehr Betreuung.

Es gilt, die Beziehung für beide Seiten optimal zu gestalten. Die Organisation möchte wenig Aufwand, Förderer oder Kunden wollen wahrgenommen werden. Ob es zu Enttäuschungen kommt, hängt davon ab, welcher Gruppe was versprochen wurde. In kirchlichen Kreisen gibt es immer wieder Spender, die zumindest sagen, dass sie mit wenig Information zufrieden sind. Es ist zu überprüfen, ob das stimmt und was sich Förderer und Kunden wünschen. Entscheiden Sie:

- Was für eine Beziehungstiefe wollen Sie eingehen?
- Aus welchen Elementen besteht die Beziehung?
- Was für Kommunikationsformen sind für die Beziehung notwendig?

2.1.3 Der Jahreskommunikationsmix bei Mitgliedern

Beziehungen planen   Unabhängig davon, welche Ziele Sie verfolgen, werden Sie einen **Kommunikationsplan** für das laufende Jahr aufstellen. In diesem legen Sie fest:

- Wie häufig soll wer erreicht werden?
- Was für eine Information wird zu welchem Zeitpunkt versandt?
- Was für Handlungsaufforderungen werden wann gegeben?

Im Jahresplan können **Aktionen, Mailings und Telefonanrufe kombiniert** werden. Die E-Mail wird sich nicht sofort einfach einfügen lassen, da eine Organisation nicht einfach bestehende Postadressen per E-Mail bedienen darf. Auch fehlen meist die notwendigen Adressen.

Wie viele Kontakte pro Jahr tragen eine Beziehung?   Im Sozialmarketing wird oft über die **Frequenz** diskutiert. Wie häufig sollte eine Organisation pro Jahr informieren?

- sechsmal im Jahr: Das ist zu wenig.
- achtmal im Jahr: Das ist für viele realistisch.
- zwölfmal im Jahr: Das wäre gut.

Mehr als 12 x im Jahr ist über E-Mail möglich. Per E-Mail können Sie bis zu einmal in der Woche Kontakt aufnehmen, abhängig von der Art der Beziehung zu Ihrem Kunden oder Förderer. Praktisch gut machbar ist eine **Mischung** aus einem grundlegenden Gerüst aus Mailings mit der Option für aktivere Gruppen, zusätzlich wöchentlich kurze News per E-Mail zu bekommen.

2.2 Festnetz-Telefonie

Das Telefon hat andere Stärken als ein Brief. Die Stimme des Gegenübers wird gehört und es kann auf Fragen reagiert werden. Alle technischen Dialogformen können dem **Gespräch** nicht das Wasser reichen.

Telefongespräche haben nur einen Nachteil: **Sie benötigen Zeit** – und die Zeit der Mitarbeiter ist kostbar. Daher muss der Kommunikationskanal Telefon sorgsam verwaltet oder an **Callcenter** abgegeben werden.

Unterschieden wird in:

Fernsprechen

- Individuelle Gespräche
- Inhouse-Callcenter – standardisierte Telefonate
- Externe Callcenter – standardisierte Telefonate
- Telefonkonferenzen

2.2.1 Strategien im Telefonmanagement

Soziale Organisationen haben in der Regel keine riesigen Verwaltungen. In den Geschäftsstellen sind häufig 5–10 Mitarbeiter zu finden.

> Gerade kleine Büros brauchen ein gutes Telefonmanagement.

Es ist ein Denkfehler zu glauben, dass nur große Institutionen ein geordnetes Telefonverhalten brauchen. Gerade **wenige Mitarbeiter** müssen **strenger mit der Zeit** umgehen. Wer sich den Tag ständig durch Telefonate zerschneiden lässt, hat keine Ruhe für wichtige Arbeit. **Fremdsteuerung** nennen Fachleute dies.

Ziel eines guten Telefonmanagements ist immer:

Telefonate ordnen

- selbst die Prozesse aktiv zu steuern (ich bleibe Herr meiner Zeit)
- dem Anrufer einen guten Service zu bieten (Erreichbarkeit)

Beide Anforderungen schließen sich leider gegenseitig aus: Ein Anrufer wird ungeduldig, wenn nicht sofort jemand abnimmt. Nehme ich selbst sofort ab, bin ich fremdgesteuert. Im Call-Center-Management gilt als gute **Erreichbarkeit**, wenn 80 Prozent der eingehenden Anrufe innerhalb von 20 Sekunden angenommen werden (viermal klingeln).

Es gibt verschiedene Vorgehensweisen, um mit diesem Problem umzugehen:

- **Abschottung**: Sie schotten Ihr Büro gegen Anrufer ab. Sie arbeiten fast ausschließlich mit Mailings. Die Telefonnummer wird nur ganz klein im Impressum kommuniziert. Dies kann wirtschaftlich sinnvoll sein. Entscheiden Sie sich für dieses Vorgehen, ist Ihre Position klar: **Wenig Beziehung, wenig Service**. Möglich ist dies bei überwiegend älteren kirchlichen Spendern, die selten selbst anrufen. Alternativ kann eine telefonische Erreichbarkeit nur für bestimmte Gruppen gewährt werden. Sie bekommen eine gesonderte Telefonnummer. Wenn Sie tiefere und flexiblere Beziehungen wollen, können Sie sich nicht abschotten. Sie müssen wenigstens zu bestimmten Zeiten eine gute Erreichbarkeit gewährleisten.

Dialog in Standardprozesse auslagern

Dialog steuern

- **Gute interne Struktur**: Der erste Schritt zur guten Erreichbarkeit ist eine Steuerung. Sie bestimmen, welche Anfrage wo auflaufen soll, und publizieren, welche Telefonnummer bei welchem Anliegen zu welcher Zeit erreichbar ist. Kommunizieren Sie nur die Nummer der Zentrale, provozieren Sie dort einen Betriebsstau. Spätestens bei großen Aktionen müssen Sie mit Sondernummern arbeiten. Es stellt sich dann die Frage, wo diese Servicenummern auflaufen.

Kapazität für systematische Telefonie schaffen

- **Aufbau interner Telefonkapazitäten**: Der nächste Schritt im Telefonmanagement ist die Auswahl von Vorgängen, die nicht von „wertvollen" Kernmitarbeitern der Organisation geleistet werden müssen. Diese Vorgänge werden aussortiert und zur Stapelverarbeitung vorbereitet. Ab dann können sie an Freiwillige oder spezielle Mitarbeiter im Hause übergeben werden.

- **Abgabe an ein Callcenter**: Nimmt die Anzahl der Standardvorgänge zu oder planen Sie Aktionen mit vorhersehbar hohen standardisierbaren Abläufen, ist es günstiger, diese Arbeiten an ein Callcenter zu übergeben. Diese übernehmen Datensätze meist in die eigene EDV und arbeiten mit optimierten Arbeitsabläufen. Die Anwahl der Nummern, der Wiederanruf, bis eine Nummer wirklich erreicht wurde, das Reporting der Abläufe, die Zuteilung auf freie Agents – all dies läuft hier datenbankgesteuert.

2.2.2   Systematisches Telefonmarketing

Telefonmarketing ist mehr

Gute Erreichbarkeit und gutes Verhalten am Telefon sind wichtige Schritte zur serviceorientierten Organisation. Das allein ist aber noch kein eigenes Telefonmarketing.

Systematisches Telefonmarketing beginnt dort, wo eine Organisation passive oder aktive Telefonmaßnahmen gezielt und wiederholt zur Steigerung der Kontaktzahlen nutzt.

Telefonmarketing **plant Anrufe** und arbeitet diese gezielt ab. In Kampagnen werden Interessenten aufgefordert, telefonisch Material anzufordern (**passives Marketing**), oder die Organisation ruft von sich aus an (**aktives Marketing**).

Sie können hierbei kurzfristig absatzorientiert denken und versuchen, mit einer Telefonaktion die Anzahl von Spendern oder Kunden zu erhöhen. Hier besteht jedoch die Gefahr, dass Angerufene ähnlich wie bei anderen Verkaufsanrufen genervt reagieren.

Daher besteht die Kunst darin, die Anrufe in die Gesamtbeziehung einzubinden. Dann kommt es zu einem natürlichen Fluss und die Anrufe werden als normal akzeptiert. Möglichkeiten hierzu:

- **Danksagung**: Bei höheren Spenden ruft ein Mitarbeiter an und bedankt sich persönlich.

- **Bitte um eine Spende / Teilnahme an einer Aktion**: Im Zuge einer Kampagne werden Mitglieder und Spender gebeten, für die Aktion tätig zu werden oder eine besondere Spende zu geben.
- **Upgrading**: Upgrading meint Aktionen, bei denen bestehende Nutzer zu höherer Aktivität angeregt werden sollen (vgl. Teil B, Beziehungs-marketing, Stichwort Upgrading). *Telefon ist bei Upgrading und Involvement stark*
- **Förderer- und Kundenrückgewinnung**: Laufen Beziehungen aus, kann diesen Beziehungen per Telefon nachgegangen werden (vgl. Teil B, Beziehungsmanagement, Stichwort Intervention).

2.2.3 Internes Telefonmanagement

Bevor eine Organisation auf ein Callcenter zugeht, sollte sie überlegen, was sie selbst leisten will. Bei aller technischen Überlegenheit eines modernen Callcenters werden Agents nicht die gleiche Identifikation mit der Organisation haben wie Mitarbeiter. Auch verlieren Sie einen Teil des „Boden-kontaktes", wenn Sie alle Anrufe nach außen geben. Beziehungsorientierte Organisationen achten darauf, sensible Bereiche der Mitgliederbetreuung im Hause zu behalten. *Selbst telefonieren*

> Große Aktionen gehören in ein Callcenter.
> Sensibler Bedarf bleibt inhouse.

Wenn im eigenen Hause systematisch telefoniert wird, bedarf es einer Pro-fessionalisierung. Ohne gute Ausstattung verlieren Sie unnötig Zeit.

Individualkommunikation – Einzelgespräche nach Tagesbedarf

Spielregeln ordnen die Abläufe. Wo irgend möglich, sollte (intern unter Kol-legen) die E-Mail vor dem Telefonat eingesetzt werden. Dies ist eigentlich bereits Standard in den meisten Organisationen und ermöglicht den Mit-arbeitern, ihre Tagesabläufe effizienter zu strukturieren. Sie können selbst entscheiden, wann sie die Mails bearbeiten. Telefonate „unterbrechen".

Systematische Aktion – Serie von Anrufen mit einem Ziel

Bei systematischen Telefonaktionen inhouse wird eine Gruppe von Adres-sen selektiert, bei denen ein Anruf sinnvoll erscheint. Es wird ein Vorgehen definiert und dann die Aufgabe an eine Arbeitsgruppe übergeben, die die Adressen systematisch abtelefoniert.

Volunteering

Standardanrufe sind eine gute Arbeit für Freiwillige: *Freiwillige als Agents einsetzen*
- Freiwillige kommen **für einige Stunden** in die Organisation, überneh-men einen Telefonarbeitsplatz und erledigen dort die für sie vorberei-teten Anrufe. Hierfür brauchen Sie nur wenige Telefonarbeitsplätze. Möglich ist z.B. ein Freiwilligenraum mit einigen Arbeitsplätzen, oder die Plätze sind bei den Servicemitarbeitern mit angeschlossen.

- Es wird eine Aktion **über einen begrenzten Zeitraum mit vielen Freiwilligen** durchgeführt. Diese werden zu Beginn en bloc zusammen intensiv geschult. Dann werden im Aktionszeitraum möglichst viele Telefonate geführt. Hier wird eine Reihe von Telefonen möglichst lückenlos besetzt (Schichtdienst) und mit einer hohen Stückzahl meist outbound telefoniert. Die Technik kann ein Callcenter stellen oder die Organisation verfügt selbst darüber. Der Vorteil ist eine gute Motivation in der Gruppe während der Aktion.

In den USA werden z.B. bei Campaigns Teile der Anrufarbeit an Freiwillige übergeben. Diese identifizieren sich von Anfang an als Freiwillige, nennen den Bezug zur Organisation und fragen im Namen der Organisation eine Spende für die Campaign an.

Könnten Sie da widerstehen?

„Mein Name ist Anja Musterfrau von der Musterorganisation Regenwaldschutz und ich rufe wegen der Regenwaldkampagne an. Störe ich gerade?" Bei Nein: „Ich bin eine Freiwillige, die für diese Aktion arbeitet, weil ich das Ziel des Schutzes des Regenwaldes wichtig finde. Haben Sie schon von der Kampagne gehört? (...)"

2.2.4   Callcenter

Hat eine Organisation keine Zeit, keine Mitarbeiter oder keine Technik für Telefonate, kann sie diese Leistung bei Callcentern einkaufen. Dies ist vor allem sinnvoll, wenn eine Organisation in einem kurzen Zeitraum viel Kapazität braucht, dann wieder lange nicht. Es wäre Unsinn, dafür eigene Technik aufzustellen. Eine ganze Reihe von Anbietern arbeitet mit sozialen Organisationen zusammen.

Bei Callcentern wird zwischen eingehenden (inbound) und ausgehenden Telefongesprächen (outbound) unterschieden.

Callcenter inbound
Inbound werden Callcenter genutzt, wenn sie den Rücklauf von Aktionen auffangen oder generell Serviceleistungen übernehmen. Folgende Anforderungen eignen sich besonders gut für Callcenter:
- hohe Rücklaufanruflasten in kurzen Zeiträumen (z.B. bedingt durch eine Fernsehsendung)
- sich ständig wiederholende Anforderungen mit geringem Beratungsbedarf
- Erreichbarkeit zu Zeiten, an denen das Büro der Organisation nicht besetzt ist

Anrufspitzen
Die Angst vor Anrufspitzen ist bei großen **Fernsehereignissen** und selten bei guten Radioaktionen berechtigt. Hier kann es zu hunderten von Anrufen pro Minute kommen. Am bekanntesten dürften Fernsehgalas sein:

Eine „Spendennummer" wird während der Sendung mehrmals markant eingeblendet. Der Moderator weist ausdrücklich auf die Rufnummer hin.

Hier wird in einem engen Zeitfenster eine hohe Anruflast bewegt. Die Adresse des Spenders, der Spendenbetrag und die Bankverbindung werden notiert. Es wird ein Bankeinzug ausgelöst. Zusätzlich kann Informationsmaterial versandt werden. Dies kann eine Organisation nicht selbst bewältigen.

Großereignisse müssen entsprechend gründlich geplant werden. Diese Massenlast tritt aber nicht bei anderen Aktionen auf. Analysieren Sie daher zunächst Ihren Bedarf.

Großereignisse gründlich planen

Serviceanwendungen

Im Gegensatz zu einem Fernsehevent sind Anrufe bei Serviceanforderungen auf längere Zeiträume gestreckt. Angenommen Sie verteilen Material mit der Aufforderung, telefonisch weitere Informationen anzufordern. Hier „tröpfeln" die Anrufe herein.

Das Callcenter nimmt den Anruf entgegen (auch zu Uhrzeiten, in denen Ihre Mitarbeiter schon zu Hause sind), notiert die Adresse und löst die Versendung der Informationen aus.

Sich den Rücken freihalten

> Für viele Menschen ist der Griff zum Telefonhörer einfacher als die Zusendung eines Coupons. Deshalb empfiehlt sich die zusätzliche Angabe einer Servicenummer.

Callcenter outbound

Soziale Organisationen dürfen nicht von sich aus aktiv unbekannte private Personen anrufen. Daher gibt es keine Callcenter-Aktionen zur Neugewinnung von Mitgliedern. Angerufen werden dürfen die Mitglieder der eigenen Organisation. Aktive Telefonate der Organisation mit ihren Mitgliedern werden in den USA häufiger genutzt als in Deutschland.

Auch hier gilt wie überall im sozialen Marketing: Je höher die Qualität der Beziehung, umso eher kann die Organisation auf die Mitglieder, Förderer oder Kunden mit Erfolg zugehen.

Vor aktiven Anrufen die Rechtslage klären

> ## WARNUNG VOR SCHNELLSCHÜSSEN
>
> Es kommt immer wieder vor, dass Callcenter, die bisher im Verkauf auf Quote telefoniert haben, auch im sozialen Markt Angebote unterbringen wollen. Meist werden Selbstständige angerufen. Solche Aktionen können mehr schaden als nützen. Unsensible Telefonakquisen sind Gift im Sozialmarketing. Kein Selbstständiger hat Bedarf an Standardartikeln wie Kugelschreibern oder anderen Dingen, die zugunsten einer sozialen Organisation verkauft werden. Anrufe sollten nur aus gutem Grund erfolgen.

2.2.5   Telefonkonferenz

Eine Konferenzschaltung verbindet viele Teilnehmer am Telefon miteinander.

Die interne Nutzung in Mitarbeiterstäben

Die wirtschaftlichste Form, Ich bin immer wieder erstaunt, dass Vorstände Telefonkonferenzen nicht
sich in kleinen Gruppen nutzen. Stattdessen fahren Mitarbeiter für Sitzungen durch ganz Deutsch-
direkt auszutauschen land. Folge: Zeitaufwand, Fahrtkosten, z.T. Übernachtung. Dies ist eine
Verschwendung von Ressourcen. Ein Großteil überregionaler Sitzungen
und Austausches in Leitungsgremien kann über Telefonkonferenzen
erfolgen.

Die Technik ist einfach und günstig: Entweder nutzen Sie Konferenz-
plattformen, die über Festnetz arbeiten (z.B. www.voicemeeting.de), oder
Sie sammeln Erfahrungen mit Voice over IP, also der Internettelefonie,
mittels Programmen wie Skype oder anderen. Niemand braucht heute
mehr eine mit Fixkosten verbundene, stehende eigene Konferenzschaltung.

Telefonkonferenzen sind günstig! Selbst bei lokalen Sitzungen
kann eine Telefonkonferenz schneller und billiger sein.

Erforderlich für eine Telefonkonferenz ist
* eine technische Plattform via Festnetz oder Internet,
* dass alle Beteiligten rechtzeitig die Zugangsdaten bekommen,
* eine straffe Tagesordnung,
* und ein guter Moderator.

Telefonkonferenzen gut Telefonkonferenzen haben eine andere Dynamik als ein Gespräch am
moderieren Sitzungstisch. Der **Moderator** braucht mehr Prägnanz, um die Zuhörer in
die Prozesse zu führen. Wenn er dies kann, sind Telefonkonferenzen sehr
effektiv, denn die Zuhörer befinden sich in höherer Konzentration. Neben-
sächlichkeiten wie Bewirtung, das Aussehen eines anderen Teilnehmers
oder anderes fällt weg.

Erfahrungsgemäß ist für Telefonkonferenzen eine Dauer zwischen 30
Minuten und einer Stunde sinnvoll. Mehr als eine Stunde ist nur in extre-
men Situationen anzuraten.

Die Nutzung für das Marketing

Telefonkonferenzen Telefonkonferenzen können noch mehr. Standard-Konferenzräume
können mehr können heute bis zu 500 Teilnehmer zeitgleich in einem Call bündeln.

Bei solchen **Massencalls** ist keine Kommunikation mehr zwischen allen
Teilnehmern möglich. Störgeräusche (Straßenlärm, klingelnde Handys
etc.) würden Gespräche verhindern. Aus diesem Grund wird die Masse
der Zuhörer stumm geschaltet. Nur ein kleiner Kreis bekommt das Recht
zu sprechen.

Massencalls sind eher wie eine Radiosendung. Drei bis vier Moderatoren führen ein Gespräch. Einige hundert Teilnehmer hören zu.

Massencalls eignen sich dafür, einem kleinen Kreis von Zuhörern (50 bis 500 Personen) ein besonderes Erlebnis zu vermitteln. Angenommen Sie haben überraschend einen prominenten Besucher, dann können Sie diesen in einem Call interviewen. Einen Tag vorher versenden Sie per E-Mail die Information über diesen Sondercall an Ihren engeren Förderkreis.

Massencalls sind ein ausgezeichnetes Instrument für Involvementstrategien und Krisenmanagement.

Massencalls sind ideale **Involvementereignisse**. Sondercalls können unter dem Siegel der Verschwiegenheit regelmäßig einem inneren Kreis angeboten werden. Interna Ihrer Organisation können in geschlossener Runde erläutert werden.

Calls sind Ereignisse mit einer höheren Nähe als Mailings

Ich kenne kein anderes Verfahren, das mit weniger Mitteln die gleiche Intensität entwickelt. In Massencalls lernen Förderer wichtige Personen der Organisation über die Stimme persönlich kennen, es entsteht eine tiefere Beziehung als über einen Brief oder eine E-Mail.

Ideal ist dieses Instrument auch in **Krisensituationen**. Sie können innerhalb weniger Stunden aktive Mitglieder persönlich informieren. Sie tun es in einem Call persönlich. Damit bekommt der Krisencall einen wesentlich höheren Stellenwert als eine Presserklärung oder eine formale E-Mail.

2.3   Das postalische Mailing

Postalische Mailings sind bei den meisten sozialen Organisationen das Hauptkommunikationsmittel. So gut wie jede Organisation mailt. Briefe waren das erste Massenkommunikationsmittel, das zu einem vernünftigen Preis personalisiert werden konnte.

Das Arbeitspferd

Da die persönliche Ansprache in der Beziehungspflege wichtig ist, haben personalisierte Mailings bis heute starke **Vorteile**:
* ein Brief hat nach wie vor eine hohe Wertigkeit (höher als E-Mail)
* ein Brief kann Tausende von Menschen auf einmal erreichen

Dem stehen **Nachteile** gegenüber: Mailings sind teuer und brauchen eine gute Vorbereitung. Druck und Porto schlagen zu Buche.

Im Sozialmarketing wird unterschieden zwischen:
* Mailings an bekannte Nutzer (an die so genannte **Houselist**)
* **Kaltmailings** an gemietete oder anders gewonnene Adressen

2.3.1   Verschiedene Mailingsituationen

Die **Houselist** umfasst alle Adressen von Förderern, Mitgliedern, Zulieferern und anderen Menschen, die im Laufe der Zeit im Kontakt mit der
Organisation standen.

Die Organisation hat nicht zu allen diesen Menschen die gleiche Beziehung: Einige Adressen sind alt und der Kontakt ist erloschen, andere reagieren seit einiger Zeit nicht mehr auf die Ansprache der Organisation,
daneben gibt es einen **aktiven Stamm**, der die Angebote der Organisation
schätzt. Aus diesem Stamm lebt die Organisation.

Unterlässt eine Organisation den Kontakt zur Basis, verliert sie jährlich
mehr Mitglieder/Spenden/Kunden, als sie durch Neuakquise gewinnen
kann. Folge: Die Organisation wird kleiner, die Spenden oder der Umsatz
sinken. Deshalb bedenken Sie:

> Bevor ich Neues gewinne, muss ich das Alte halten!

Um Beziehungen zu halten, werden Informationen zugesandt und mit
Angeboten kombiniert. Wie viele Spendenaufrufe, Bestellangebote,
Teilnahmen an Aktionen oder Ähnliches Sie in den Mailings unterbringen, hängt von der Frequenz ab, die sich in Ihrem Aufgabengebiet
bewährt hat.

Bei Mailings macht sich die Größe einer Organisation bemerkbar. Die
Wirtschaftlichkeit eines Mailings wächst mit der Höhe der Auflage. Ein
1.000er-Mailing im Offset zu drucken, zu personalisieren und über einen
Lettershop zu versenden, wird bei kleinpreisigen Angeboten/Spenden so
gut wie nie in eine Gewinnzone kommen. Erst wenn sich die Kosten von
Konzeption und Druck auf eine hohe Auflage verteilen, sinken die Stückkosten in einen wirtschaftlichen Bereich.

Dies heißt jedoch nicht, dass kleine Organisationen nicht mailen
können. Sie müssen nur anders vorgehen.

2.3.1.1   Eine kleine Organisation mailt an die Houselist

Sportvereine, lokale Sozialvereine, Schulen, kleinere diakonische Einrichtungen etc. mailen selten. Warum nicht? Gehen diese Einrichtungen davon
aus, dass ihre Nutzer nicht an der Einrichtung interessiert sind? Bedenken
Sie:

> Kleine lokale Organisationen genießen in der Regel
> ein hohes Ansehen. Die Mailings werden gelesen.

Gerade kleine lokale Organisationen haben eine **hohe Akzeptanz**. Ihre
Mailings wandern seltener in den Müllkorb als die hochauflagigen Mailings
bundesweit bekannter großer Werke. Menschen freuen sich über Informationen aus dem direkten Umfeld. Der Bericht über das Sportfest nebenan
ist näher als viele Nöte aus Übersee.

Sie sollten nur folgende Tipps beachten:

- Versuchen Sie nicht, große Organisationen zu kopieren.
- Stehen Sie für lokale Themen und Projekte.
- Reagieren Sie unmittelbar auf Themen mit lokaler Dringlichkeit.

So mailen kleine Organisationen

Große Organisationen können nicht auf lokale Themen reagieren. Weder hinsichtlich der Vorlaufzeit noch vom Wissen her kann eine bundesweite Organisation lokal gleichziehen.

Bleibt das Problem mit der **geringen Auflage**: Hier können kleine Organisationen die Kosten im Griff behalten, wenn sie „low budget" produzieren. Einer kleinen Organisation wird es nicht verübelt, wenn sie Mailings mit einfachen Mitteln herstellt.

Schlank produzieren

CHECKLISTE:
MAILINGS MIT EINER AUFLAGE UNTER 1.000

- Meiden Sie teure Vorlaufkosten in puncto Grafik etc.
- Halten Sie den Stückkostenpreis im Auge.
- Wählen Sie Briefumschläge schlicht weiß oder mit dem Logo vorgedruckt.
- Vermeiden Sie einen Prospekt.
- Arbeiten Sie mit drei DIN-A4-Blättern, die gefalzt werden.
- Schreiben Sie einfach gute Briefe mit einigen wenigen Fotos.
- Klares Konzept, einfache Ansprache, ruhige Grafik.
- Wählen Sie als Responseelement entweder einen Überweisungsträger oder ein DIN-A4-Formular.
- Kombinierter Überweisungsträger mit Einzugsermächtigungsformular kann in hoher Auflage für mehrere Mailings vorgedruckt werden.
- Adressliste aus eigener Datenbank generieren.
- Excel-Tabellen können so gut wie alle Letter-Shops verarbeiten.
- Produktion über Laser- oder Digitaldrucker (auch in Farbe möglich) oder Zusammenarbeit mit einem Onlinedrucker wie www.FlyerWire.de

Als Faustformel gilt:

- bis 1.000er-Auflage: Digitaldruck oder Laserdruck
- ab 1.000er-Auflage: Offsetdruck

Auch bei kleinen Auflagen sollten Sie jedoch folgende **Empfehlungen** berücksichtigen:

Auf Mindeststandard achten

- Fotokopierte Handzettel, schlechte Typografie, Rechtschreibfehler und konzeptlos aneinander gereihte Informationen sind tabu.
- Lassen Sie das Mailing – wenn möglich – kurz von einem Grafiker in einem Layoutprogramm setzen.
- Spätestens beim Einsatz von Bildern sollten Sie sich von Word verabschieden.

- Gestalten Sie Mailings nicht mit billigen Clip Arts.
- Drucken Sie nicht auf billigen Tintenstrahldruckern aus.

Verwechseln Sie „einfache Mittel" nicht mit einem schludrigen Auftritt.

2.3.1.2 Eine große Organisation mailt an die Houselist
Produktionstechnisch ist bei hohen Auflagen vieles möglich. In der Regel wird im Offset-Druck produziert.

Segmentieren oder nicht?

Grundsätzlich sind unterschiedliche Vorgehensweisen zu beobachten:
- Alle (aktiven) Adressen bekommen immer **das gleiche Mailing**. Gerade bei Organisationen bis ca. 50.000 Adressen kann dies sinnvoll sein. Dies vereinfacht das Vorgehen und hält die Stückkosten niedrig.
- Es werden **pro Mailing verschiedene Segmente** bedient oder Varianten des Mailings differenziert. Dafür wird die Houselist segmentiert und individuelle Mailingpläne für die Segmente erstellt. Einige Mailings im Jahr bekommen alle Adressen. Andere nur gezielte Gruppen. Andere werden mit unterschiedlichen Beilagen versehen. So können Sie gezielt Programme fahren.

2.3.1.3 Zu den Kosten von Kaltmailings
Sinkende Responsequoten bei Kaltmailings

In den letzten Jahren waren Mailings an bisher unbekannte Personen, auch Kaltmailings genannt, eine wichtige Methode, um neue Kontakte zu gewinnen. Dieser Weg war schon immer **teuer**. Der Spendenertrag oder Neuumsatz aus einem Kaltmailing reichte in der Regel aus, um die Kosten des Mailings zu decken – wenn überhaupt. Erst wenn der neu gewonnene Spender/Kunde der Organisation treu blieb, konnte im zweiten bis dritten Jahr ein Ertrag erzielt werden.

Als Faustformel galten **Responsequoten** von ein bis zwei Prozent als Grundlage vieler Planungen. In den Jahren 2004 und 2005 sanken in der Konsumflaute in Deutschland die Quoten so stark, dass eine Reihe großer Organisationen mit Kaltmailings ganz aufhörte (Stand Sommer 2005).

Auch andere Organisationen beginnen im Marketing-Mix Kaltmailings zugunsten anderer Wege zu kürzen. Eine Verlagerung ins Dialogmarketing, Telefonmarketing, Onlinemarketing und alle Formen des Beziehungsmarketings ist zu erwarten. Großspenderprogramme und Erbschaftsmarketing sind schon seit einiger Zeit neue Felder der Mittelsuche.

Etats wandern in individuellere Formen des Marketings

Auch im kommerziellen Marketing wandern derzeit Etats aus klassischen Bereichen in beziehungstiefere Ansprachen.

Ob sich die Responsequoten wieder erholen, ist von niemandem zu beantworten. Mailings zur Neugewinnung werden nie ganz aufhören. Aufgrund der geringen Rücklaufquoten ist es aber noch wichtiger, **Kaltmailings** außergewöhnlich **gut zu planen und zu gestalten**.

2.3.1.4 Eine kleine Organisation mailt an Kaltadressen

Kleine lokale Organisation können mit relativ wenig Aufwand in ihrer direkten Umgebung Adressen selbst sammeln. Dabei entscheiden sie aufgrund ihrer eigenen Kenntnis von Stadtteilen und anderen Merkmalen, auf was für Adressen sie sich konzentrieren. *Der unbekannte Nachbar*

Bevor Sie **Adressen sammeln**, beginnen Sie wie immer zunächst mit dem Produkt, denn das Produkt zieht den Erfolg:
- Was für ein Thema ruft die größte Zustimmung hervor?
- Für was würden sich Menschen (sofort) engagieren?
- An welcher Stelle besteht dringender Bedarf?

Fragen Sie, wie Sie auf den Bedarf reagieren können:
- Was bringt Ihre Organisation der näheren Umgebung?
- Für was für ein Angebot sind Sie bekannt?
- Wie funktioniert Ihr Produkt genau und wer will es haben?
- Was für ein Anlass kann Sie neu ins Bewusstsein bringen?

Dann suchen Sie entsprechende Adressen. Arbeiten Sie über **Telefonverzeichnisse**, **persönliche Listen** von Mitgliedern Ihrer Organisation und allen öffentlich zugänglichen **Registern**. *Adressen selbst qualifizieren*

Sie können zusätzlich in regionalen Blättern **Anzeigen** schalten, in denen angeboten wird, weitere Informationen anzufordern. So sammeln Sie weitere Adressen und bereiten die lokale Öffentlichkeit bereits auf Ihr Mailing vor.

> Unterschätzen Sie nicht den Aufwand, die Adressen zu ordnen und auf Aktualität zu überprüfen. Das ist ein Bereich, in dem Freiwillige immer willkommen sind.

2.3.1.5 Eine große Organisation mailt an Kaltadressen

Große Organisationen können nur dann mit guten Responsequoten rechnen, wenn sie **Adressen qualifizieren**, an die sich ein Neumailing lohnt. Dafür werden entweder qualifizierte Adressen von Adressbrokern oder anderen Anbietern gemietet, oder die Organisation gewinnt durch Aktionen selbst neue Adressen. *Fremdliste oder eigene Kaltadressen?*

Die Arbeit mit Fremdlisten

Bei Brokern, Verlagen und Direktmarketingagenturen sind Listen mit Adressen zu mieten. Die Anbieter qualifizieren ständig Adressen, gleichen diese mit Umzügen und anderen Veränderungen ab und halten so einen Stamm aktueller Adressen bereit.

Ob Listen richtig sind, muss selbst getestet werden. Die Mindest-
abnahmemenge liegt oft bei 5.000 Adressen. Viele Listen enttäuschen,
andere erweisen sich als einigermaßen ertragreich. Wunder sind aber
auf keinen Fall zu erwarten.

Um das Risiko zu verringern, arbeiten einige Anbieter mit **Datamining-
Programmen**, diese selektieren Teilgruppen. Gearbeitet wird meist mit
sogenannten **Milieudaten**. Auch hierbei gilt: Testen Sie die Verfahren,
bevor Sie große Summen investieren.

Achtung: Gemietete Adressen stehen nur für den einmaligen
Gebrauch zur Verfügung. Für jede weitere Nutzung muss neu
gezahlt werden.

Aktionen, um selbst Adressen zu gewinnen

Adressen selbst gewinnen

Selbst gewonnene Adressen haben Vorteile: Sie können sie mehrmals ohne
neue Mietkosten nutzen. In der Regel haben diese Adressen durch die
Aktion bereits einen Bezug zum Anliegen.

Folgende Aktionen eignen sich zur Adressgewinnung:
* **Coupons**: Coupons eignen sich für Freianzeigen, Flyer, Bäckereitüten
  und alle anderen Stellen, an denen Menschen sie sehen und mitneh-
  men können. Über einen Coupon werden weitere Informationen ange-
  fordert.
* **Spiele, Rätsel**: Der Mensch hat einen Spieltrieb. Ein einfaches Rätsel
  oder die Aussicht auf ein kleines Give-away bewegt Menschen, sich mit
  ihrer Adresse bei Ihnen zu melden. Unterschätzen Sie diese Möglichkeit
  nicht. Auch wohlhabende Menschen gehen dem Spieltrieb nach. Sie
  können Spiele im Internet, den eigenen Publikationen und in Publikationen von Kooperationspartnern durchführen.

Alle Möglichkeiten nutzen

* **Postkarte**: Viele Organisationen haben ein Format noch nicht entdeckt,
  das bei vielen Aktionen bis heute gute Rücklaufquoten hat: die gute
  alte Postkarte. Es gibt sie als DIN-A6-Klassiker oder in verschiedenen
  größeren, auch geklappten Varianten. Postkarten bringen neue Adressen, wenn auf der Karte ein witziges und spannendes Rätsel oder Spiel
  ist. Die Postkarte ist in sich das Response-Element. Ein weiterer Vorteil:
  Der Druck von Postkarten ist in hohen Auflagen günstig.
* **Events, Stände, Präsenz vor Ort**: Jedes Event braucht Aktionen, damit
  Interessenten ihre Adresse hinterlassen. Dies kann das Ausfüllen eines
  Gutscheines sein oder eine Materialanforderung. Schon allein aus die-
  sem Grunde sollten Sie überlegen, ob Sie Prospekte direkt aus der Hand
  geben oder ob nicht besser eine Anforderungskarte mit kurzen ersten
  Informationen verwendet wird, mit deren Hilfe der Interessent bei der
  Organisation die gewünschten Materialien beziehen kann.

Entwickeln Sie hier Fantasie, wie Sie die Adresse von Interessenten erhalten.

2.3.2   Zur Gestaltung von Mailings

Eine Reihe von Büchern und Methoden beschreibt, was bei Mailings zu beachten ist. Bevor Sie jede Anweisung als ehernes Gesetz betrachten, stellen Sie zunächst die Frage:

Das Rad nicht neu erfinden

> Was unterscheidet Sie von anderen und warum sind Sie besonders?

Wenn Sie dies herausgefunden haben, bringen Sie Ihr Anliegen in Ihrem Stil und Ihrem Wesen gemäß in bester Form auf Papier. Dies scheint der sicherste Weg zu sein, bei Menschen anzukommen. Aber erfinden Sie das Rad nicht neu. Gerade im Direct Mailing gibt es seit Jahren Erfahrungen. Anfänger versuchen häufig, auf Biegen und Brechen kreativ zu sein.

2.3.2.1   Grundsätzliche Formen von Mailings

Klassiker 1: Das Mailing-Pack 20 Gramm

Am verbreitetsten ist das DIN-lang-Mailing. In diesen kleinen Umschlag gilt es, mit wenig Gewicht so viel Emotion und Ansprache wie möglich zu versenden. In der Regel wird mit einem so genannten **Mailing-Pack** gearbeitet. Es gibt weitere Versandformen, die ebenso zum Einsatz kommen.

Das Mailing-Pack

Häufig werden in einem **Mailingplan** im Jahresablauf unterschiedliche Formate nacheinander eingesetzt.

Das Pack besteht aus:
- Umschlag
- Anschreiben
- weiteren Seiten des Anschreibens, Prospekt oder Flyer
- Response-Element (Überweisungsträger oder Einzugsermächtigung)
- Beilage (z.B. Aufkleber oder andere nette Kleinigkeit)

Klassiker 2: Das Mitgliedermagazin als Postvertriebsstück

Der zweite Klassiker ist das Mitgliedermagazin. Meist sind diese Vierfarbproduktionen DIN A4 oder Sonderformate und werden couvertiert in einem C4-Papierumschlag versandt.

Postvertriebsstücke

Immer häufiger sieht man als Alternative zum Papierumschlag auch **Transparenthüllen**. Diese verschweißten Hüllen sind sehr widerstandsfähig und wiegen so gut wie nichts. Außerdem gestatten sie den vollen Blick auf den Inhalt.

Wenn Sie Transparenthüllen verwenden, vergessen Sie nicht einen gut lesbaren Hinweis, mit was für einer Folie Sie arbeiten und wie sich diese in der Ökobilanz niederschlägt (meistens gut).

Anstelle eines Anschreibens liegt bei der Transparenthülle vor dem Magazin ein einzelner gedruckter Bogen mit personalisierter Adresse und dem zugleich personalisierten Überweisungsträger. Nur der vorgelegte Bogen wird in einem Durchgang an mehreren Stellen personalisiert. Damit ist das Magazin unpersonalisiert und kann in großer Stückzahl produziert werden.

Klassiker 3: Der Rundbrief im C5-Umschlag

Der Halbling

C5-Umschläge werden oft bei Rundbriefen mit kleiner Auflage eingesetzt. Im Inneren befindet sich dann meist ein im Copyshop kopierter Rundbrief, der von DIN A4 auf DIN A5 gefalzt und geheftet wurde, z.B. ein 8- oder 12-Seiter. Als Anschreiben kann ein halbes DIN A4 oder ein einmal gefalztes DIN A4 einfach mitgegeben werden. Porto spart dies nicht. Wer A5 versendet, kann ebenso A4 versenden.

Weitere Formate

Sonderformate

Neben den Klassikern gibt es:

- **DIN-A4-Mailings mit C4-Umschlag**: Werden häufig im Großspenderbereich mit hochwertigeren Inhalten versandt. Im Inneren befindet sich eine Mappe mit einer hochwertigen Projektbeschreibung.
- **Kataloge und Produktmailings mit C4-Umschlag**: Im absatzorientierten sozialen Direktmarketing gelten alle Regeln des Mailingversandes wie auch im normalen Direktmarketing. Hier laufen häufig DIN-A4-Mailings mit entsprechenden Katalogen oder Produktinformationen.
- **Sonderumschläge oder Päckchen**: Hin und wieder darf es hochwertig zugehen. Zum Beispiel werden besondere Gegenstände mitversandt (vgl. Fallbeispiel UNESCO im Kapitel Großspender).
- **Selfmailer ohne Umschlag**: Selfmailer sind Druckmaschinen, die einen Bogen so bedrucken, personalisieren, falzen und verkleben, dass die Briefhülle entfällt. Zum Beispiel wird der gewickelte Prospekt mit Klebepunkten versiegelt. Öffnet man die Verklebung, kann der Prospekt aufgefaltet werden. Des Weiteren können Taschen entstehen, Rückumschläge eingewickelt oder Klebesticker aufgebracht werden. Selfmailer eignen sich nicht für kleine Auflagen. Kommerziell werden viele Prospekte bereits als Selfmailer verschickt. Da das klassische Anschreiben unter den Tisch fällt, ist mit einer größeren Nutzung im Sozialmarketing nicht sofort zu rechnen.

2.3.2.2 Zur Gestaltung eines Mailings

Ein Mailing, das keiner liest, ist ein schlechtes Mailing.

Bei der Gestaltung eines Mailings gibt es zwei Vorgehensweisen. Die einen halten sich stark an die Vorgaben, wie sie von Prof. Siegfried Vögele zusammengestellt wurden, andere lösen sich aus diesen Vorgaben. Beide Wege sind möglich. Es hängt von Ihrem Publikum ab, was gut ankommt. Welcher Weg richtig ist, erkennen Sie in der Praxis am Erfolg.

Professor Vögele gründete das nach ihm benannte Siegfried Vögele Insti- *Siegfried Vögele Institut*
tut (kurz SVI). Er begann Ende der 70er-Jahre mit der **Entwicklung von Grundsätzen für die Gestaltung erfolgreicher Mailings**. 1980 nannte er seine Methode für erfolgreiche Mailings die **„Prof. Vögele Dialogmethode®"**.

Seine Kernthese: Die Akzeptanz eines Mailings folgt den gleichen Gesetzmäßigkeiten wie die eines **Verkaufsgespräches**. Oder anders ausgedrückt: Wie in einem Gespräch erzeugt ein Mailing auf der Seite des Lesers Reaktionen. Bricht der Dialog an einer einzigen Stelle ab, ist das Gespräch verloren und das Mailing wandert in den Papierkorb. Jeder Brief ist so gesehen eine in sich geschlossene Kommunikationskette.

Auf dieser Basis untersuchten Prof. Vögele und seine Mitarbeiter alle einzelnen Phasen des Mailing-Dialoges. Angefangen vom Briefumschlag, von den ersten Blickkontakten bis hin zur Reaktionszeit und vielen anderen Parametern. Bekannt wurden die Tests mit der Augenkamera. Das Siegfried Vögele Institut führt ständig Weiterbildungen zu Themen des Direktmarketings durch. *(Nähere Informationen unter www.sv-institut.de.)*

Im Folgenden sind die wichtigsten Kernpunkte der Prof. Vögele Dialogmethode® nach einer eigenen Ordnung dargestellt. Als Ausgangslage meiner Sichtung diente die Literatur von Prof. Vögele, Mitschriften und Materialien aus Seminaren, die von der Deutschen Post AG an Geschäftskunden versandten Unterlagen und nicht zuletzt die öffentliche Präsentation des Institutes auf dem Fundraising-Kongress in Magdeburg 2005.

AUFTEILUNG DER AKZEPTANZ NACH PROF. VÖGELE

Empfangsakzeptanz: Wird das Mailing geöffnet?
Absatzakzeptanz: Wird die Ansprache über Brief überhaupt akzeptiert?
Bedarfsakzeptanz: Wird der Bedarf an meinem Produkt akzeptiert?
Angebotsakzeptanz: Wird mein Angebot als besonders akzeptiert?
Anbieterakzeptanz: Werde ich als Anbieter akzeptiert?
Prozessakzeptanz: Werden die Liefer- und Zahlungsbedingungen akzeptiert?
(Quelle: www.sv-institut.de)

Mitte 2004 brachte das SVI eine Studie über Fundraising-Mailings heraus. *Studie Fundraising-*
Die Zusammenfassung der Ergebnisse wurde auf dem Fundraising-Kon- *Mailings 2004*
gress 2005 in Magdeburg vorgestellt. Wer die Ergebnisse im Detail bewerten möchte, kann die Studie beim Institut erwerben.

Die Studie „Gestalterische Erfolgsfaktoren im Fundraising" basiert auf einer Analyse von 100 Mailings inklusive Augenkameratests und psychologischer Tiefeninterviews.

Die Zusammenfassung der Studie besagt, dass Fundraising-Mails einige **Besonderheiten gegenüber anderen Direct-Mails** aufweisen:

Geringe Trash-Rate
- Die Bereitschaft, Spenden-Mailings zu lesen, ist laut der SVI-Studie hoch. Es gibt eine geringere Trash-Rate gegenüber anderen Direct-Mails. Nur 16 % der Briefe werden sofort weggeworfen. Der Branchenmittel im Vergleich dazu liegt bei 28 %. Mailings aus dem Sozialmarketing werden weggelegt und ein zweites Mal in die Hand genommen. Das oft gehörte Argument *„Mailings wandern doch sowieso in den Müllkorb"* ist demnach falsch.

Lange Betrachtungsdauer
- Spenden-Mailings haben nach der Studie eine überdurchschnittliche Betrachtungsdauer. Während der Branchendurchschnitt bei 20 Sekunden liegt, erreichen Social-Mails in der Untersuchung eine Betrachtungsdauer von durchschnittlich 99 Sekunden. Das ist fast fünfmal so hoch wie bei normalen Mailings!

Hohe Lesebereitschaft
- Ein weiteres Ergebnis der Studie: Es gibt eine hohe Lesebereitschaft. Die Kameratests ergaben, dass nicht nur die Bilder angesehen werden, sondern 60 Prozent aller Fixationen auf Textelementen lagen. Also spielt der Text eine große Rolle im Sozialmarketing. Spender wünschen demnach Informationen. Sie haben ein höheres Informationsbedürfnis, als dies in der normalen Werbung der Fall ist.

2.3.2.3 Ein Spendenmailing nach Prof. Vögele

Wenn man die Aussagen der Prof. Vögele Dialogmethode® für ein Fundraising-Mailing zusammenstellt, würde ein solches Mailing in etwa so aussehen:

OPTIMALES SPENDENMAILING NACH PROF. VÖGELE

Briefumschlag

Klassischer Umschlag
mit Verstärker
- Briefumschlag schlicht mit zurückhaltendem Teaser (nicht zu bunt)
- Teaser = Satz oder Grafik, der/die neugierig macht
- Weißanteil überwiegt vor Farbe
- Möglichst echte Briefmarke verwenden.
- Ein Fenster auf der Rückseite erlaubt einen Blick auf den Inhalt.
- Überschaubare Anzahl von Elementen im Briefumschlag
- Etwa drei bis fünf Einlagen im Briefumschlag
- Der Gebrauch eines Give-aways ist abhängig von der Organisation.

Anschreiben

Klassisches Anschreiben
- Adresse korrekt und vollständig
- Direkte persönliche Ansprache

- Klassische Briefform, nicht wie Prospekt gestaltet
- Normales weißes Papier. Ausnahme Umweltschutzverbände
- 2/3 Text zu 1/3 Bild
- Sprache einfach und aktiv
- Hervorhebungen sparsam einsetzen
- Unterschrieben am besten in Blau

Gesamtargumentation
- Eindeutige Darstellung des Spendenzweckes in Wort und Bild
- Je präziser die Mittelverwendung beschrieben wird, umso stärker die Akzeptanz
- Nur für ein Projekt anfragen
- Unterschiedliche Spendenhöhen ermöglichen

Verstärker
- Persönliche Schicksale/Geschichten
- Glaubwürdige Prominente mit direktem Bezug zur Organisation
- Darstellung von aktiven Helfern als Porträt

Negative Filter
- Unglaubwürdige Prominente
- Prominente ohne direkten Bezug

Aussendetermin
- Eintreffend Freitag oder Samstag (am Wochenende lesen)
- Eintreffend an einem besonderen Tag (Jahrestag/Kindertag/ Weihnachten)
- Etwa 20 % der Empfänger kritisieren eine Häufung zu Weihnachten, das heißt im Umkehrschluss: 80 % haben damit keine Probleme

(Die Angaben entsprechen einer eigenen Zusammenstellung und sind keine offizielle Aufstellung des Institutes. Vergleichen Sie mit den Materialien der Direktmarketing Center der Deutschen Post AG über Prof. Vögele und mit Literatur von Prof. Vögele, vgl. Literaturverzeichnis.)

Einfache, aktive Sprache

Präzise und eindeutig

Glaubwürdige Personen

Gutes Eintreffen

2.3.2.4 Dialogphasen im Mailing nach Prof. Vögele

Zum weiteren Standardwissen nach Prof. Vögele gehört die Aufteilung eines Mailings in **Dialogphasen**.

Grundsätzlich wird nach Prof. Vögele das gesamte Mailing-Pack als ein Dialog mit einem **Eingang** (= Briefhülle), einer **Erstansprache** (= Anschreiben) und einer **Führung** durch das ganze Mailing auf den **Abschluss** hin gesehen. In diesem Dialog möchte die Organisation überzeugen. Daher rät Prof. Vögele zu Aussagen, die beim Leser eine Zustimmung hervorrufen. Aussagen, die Skepsis oder Ablehnung erzeugen, gilt es zu meiden.

Aussagen machen, die beim Leser Zustimmung hervorrufen

Der erste Dialog mit einem Mailing-Pack – Dauer maximal 20 Sekunden

Zu Beginn steht das Öffnen des Briefumschlages und ein erstes kurzes Sichten des Inhalts. Es kommt zur **ersten Wegwerfwelle**. Die Erstbeschäftigung dauert nach den Untersuchungen des SVI maximal 20 Sekunden.

Zunächst muss das Mailing überhaupt geöffnet werden. Aus diesem Grunde ist der Briefumschlag der erste Verstärker oder Filter. Wenn der Umschlag geöffnet wird, genügt dem Betrachter ein kurzer Blick auf den Inhalt, um zu entscheiden, ob er sich näher mit dem Mailing beschäftigt.

Der erste Kurzdialog mit einer Seite – Dauer maximal zwei Sekunden

Haltepunkte für den Kurzdialog geben

Im ersten Dialog sind die Kurzdialoge mit den einzelnen Materialien enthalten. Gut erforscht sind über die Augenkamera-Tests des SVI die Blicksprünge.

Im ersten „Kurzdialog", so nennt Prof. Vögele die Erstbeschäftigung mit dem Anschreiben oder den Prospekten, überspringt der Leser die wichtigsten Merkmale. Dabei fixiert er ungefähr **zehn Haltepunkte pro DIN-A4-Seite**. Dieser Vorgang ist sehr schnell und dauert nur etwa zwei Sekunden pro Seite. Es ist noch kein wirkliches Lesen. Trotzdem glaubt der Betrachter, den gesamten Inhalt der Seite zu kennen. Aus diesem Grunde ist es entscheidend, ob der erste Kurzdialog zu einer Zustimmung oder Interesse beim Leser führt.

Im Anschreiben werden immer mit angesprungen: die eigene **Anrede** (Ist mein Name richtig geschrieben?) und die **Unterschrift** (Wer spricht mich an?). **Bilder** werden in der Regel vor Text fixiert. Größere Elemente werden in der Regel vor kleineren Elementen fixiert. Interessant ist, dass bei sozialen Mailings die Bereitschaft, sich im Kurzdialog bereits auf den Text einzulassen, höher ist als bei Mailings aus anderen Branchen.

Der zweite Dialog – Dauer variiert

Details argumentieren

Im „zweiten Dialog" wird die Leseschwelle überschritten. Der Betrachter hat bereits verstanden, worum es geht. Nun möchte er Genaueres wissen. Es beginnt die **Auseinandersetzung** mit dem Inhalt des Mailings.

Nun liegt es an den Details, ob der Leser dem Anliegen positiv gegenübersteht. Gefällt ihm die Lösung des Problemes? Ist ein Engagement vom Preis-Leistungs-Verhältnis her in Ordnung? Überzeugt die Qualität? Je höher die **Zustimmung** zu den einzelnen Details, umso höher ist die Wahrscheinlichkeit einer positiven Reaktion.

EIN OFFENES WORT ZUM POSTSKRIPTUM

Der kürzeste Textblock wird zuerst gelesen – egal wo er steht. In vielen Direktmarketing-Fachbüchern wird pauschal gesagt, das Postskriptum wäre die Erstleseoption.

Das stimmt jedoch nur, wenn das PS der kürzeste Textblock auf der Seite ist. Steht an anderer Stelle ein kürzerer Textblock, ist dieser die Erstleseoption. Sie brauchen also nicht zwingend ein Postskriptum, sondern einen kurzen Textblock, unabhängig von der Position. Dieser sollte die Kernbotschaft Ihrer Ansprache tragen.

Die dritte Phase – Der Abschluss

Nach Prof. Vögele ist die dritte Phase der Abschluss. Dieser dritte Schritt wird häufig stiefmütterlich behandelt. Aber gerade die Abschlussphase entscheidet über Erfolg oder Misserfolg.

Abschluss führen

Stimmt der Leser dem Mailing zu, sieht aber keine Handlungsaufforderung, kommt es zu keiner Reaktion. Die ganze Arbeit war umsonst. Wichtig ist deshalb die **klare Handlungsoption**, die in einem klaren, griffigen Response-Element gipfelt.

Kommentar zur Dialogmethode von Prof. Vögele

Die Untersuchungen des Siegfried Vögele Institutes sind hilfreich und der Boden, auf dem ein Marketingexperte steht. Wer wenig Erfahrungen hat, sollte sich an diesem Modell orientieren.

Wer weiß, was er tut, kann anders handeln

Bei einem starken eigenen Markenauftritt kann sich eine Organisation aber durchaus bewusst für einen farbigen Briefumschlag oder eine andere Gestaltung im Mailing entscheiden. Dies sollten aber Gestalter tun, die wissen, wie optische Elemente wirken. Die **Klarheit des Dialoges** gilt es zu wahren.

2.3.2.5 Wirkung von Mailings steigern

Nicht nur Prof. Vögele beschäftigt sich mit Mailings. Im Sozialmarketing gibt es eine Reihe erfahrener Praktiker. Barbara Crole sei hier stellvertretend genannt. Der beste Weg, um optimale Ergebnisse zu erzielen, lautet: testen. Dazu werden Testgruppen Varianten eines Mailings zugesandt und aus den Rückläufen die optimale Variante bestimmt. Wie solche Tests aufgebaut werden, ist am besten bei Barbara Crole, „Erfolgreiches Fundraising mit Direct Mail", nachzulesen. Auch zu empfehlen ist das Praxishandbuch Direktmarketing von Horst Löffler und Andreas Scherfke.

Testen, prüfen, optimieren

Bisherige Tests von Mailings beschränkten sich meist auf technische Details einzelner Mailings.

Klassischer Testaufbau

Verglichen wurde z.B., ob Mailing A mit Beileger X besser angenommen wird als Mailing B mit ansonsten gleicher Aufmachung, aber dem Beileger Y. Dabei wird so getan, als ob der Empfänger zum ersten Mal einen Brief von der Organisation bekäme.

Individuelle
Kommunikationsmuster
sind schwer zu testen

Beziehungsmarketing sieht aber anders aus. Hier steht das Mailing in einer **Kette von Maßnahmen** und auf dem Boden einer **gewachsenen Beziehung**. Aus diesem Grunde ist es wichtig, sich bei der Konzeption des Mailings nicht in Details zu verlieren.

Wichtiger ist beim Konzept die Frage nach der Beziehungstiefe:
• Welchen Grad hat die Beziehung erreicht?
• Gibt es in dieser Beziehung besondere Momente?
• Stimmt das Projekt oder Produkt noch, das angeboten wird?
• Gibt es eine Beziehungsfuge (Geburtstag), die zu beachten ist?
• Was für Angebote und Aufforderungen sollen in einem Jahr unterbreitet werden?

Im Beziehungsmarketing muss es **individuelle Passagen** geben. Hin und wieder sogar individuelle Briefe. Denn:

Je persönlicher Sie den Angesprochenen erreichen, umso eher wird er reagieren.

Dies gilt es in einen Mailingplan so zu integrieren, dass standardisierte Briefe und individuellere Briefe sich abwechseln. Dafür kann es keine richtigen Tests geben.

Überprüft werden kann aber, ob eine so betreute Gruppe sich besser entwickelt als eine Gruppe ohne Beziehungsprogramm.

GIVE-AWAY

Es wird kontrovers diskutiert, ob Beilagen wie Aufkleber oder andere Aufmerksamkeiten die Wirksamkeit von Mailings erhöhen. Wenn Sie eine gute Idee haben, sollten Sie es ruhig ausprobieren. Auch hier liefert erst der Test die richtige Antwort. Mailen Sie eine Teilgruppe mit und eine Teilgruppe ohne das Give-away an. Bewährt haben sich kleine, hilfreiche Aufkleber.

2.4 Öffentlichkeitsarbeit, Presse, Radio, Fernsehen

Umgang mit den
großen Medien

Öffentlichkeitsarbeit hielt in sozialen Organisationen eher Einzug als Sozialmarketing. Kirchen und viele Hilfswerke waren den Umgang mit Presse, Funk und Fernsehen schon früh gewohnt, schon früh gab es hier Pressesprecher, Redakteure und aktive Berichterstattung.

Öffentlichkeitsarbeit ist ein Heimspiel im Sozialmarketing.

Der Schwerpunkt lag zunächst auf thematischer, publizistischer Öffentlichkeitsarbeit. So ist ein Promotor des deutschen Sozialmarketings das

Gemeinschaftswerk Evangelischer Publizistik in Frankfurt. Öffentlichkeitsarbeit ist nach wie vor eine tragende Säule im Sozialmarketing.

> Öffentlichkeitsarbeit ist einer der kostengünstigsten Wege, die Sympathie anderer Menschen zu nutzen. Es ist zugleich eine Notwendigkeit, um in der Medienwelt nicht unterzugehen.

Die Wurzeln der PR liegen unter anderem in der Krisenkommunikation. *In der Krise reagieren* Wenn Betriebe Probleme bekommen, müssen sie sich den Vertretern der Presse stellen. Was sagt die Geschäftsführung zu einem Unfall?

Wirklichkeit ist heute auch immer eine **Medienwirklichkeit**. Die dingliche Welt wird mitunter von der Medienwelt aus den Angeln gehoben. Wird über ein Projekt in der Presse falsch berichtet, geht Energie verloren, im schlimmsten Falle scheitert es.

Negative Schlagzeilen bremsen den Erfolg

Eine der erfolgreichsten Kampagnen der gepa, „Jute statt Plastik", geriet 1984 durch eine Falschmeldung kurzfristig aus dem Tritt. Ein Artikel im „Spiegel" mit der Überschrift „Gift in der Jutetasche" führte dazu, dass der Verkauf der Taschen im Folgejahr um 45 Prozent einbrach. Obwohl die gepa-Jutetaschen nachweislich sauber waren, gingen die Käufer zunächst auf Abstand. (Prospekt 25 Jahre gepa, S.8)

Zum Erfolg gehört daher auch immer die **richtige Steuerung oder Initiation der Berichterstattung**. Wird keine Information in die Öffentlichkeit gegeben, wird im Zweifelsfalle nicht oder falsch berichtet. Öffentlichkeitsarbeit ist dabei über das Stadium der Reaktion lange hinaus.

Das Ruder selbst übernehmen

> Über ein gepflegtes Mediennetzwerk kann eine Organisation Themen aktiv in der Öffentlichkeit positionieren.

2.4.1 Ziele und Aufgaben der Öffentlichkeitsarbeit

In vielen Organisationen übernahm die Öffentlichkeitsarbeit viele Aufgaben des Sozialmarketings. Daher ist Öffentlichkeitsarbeit häufig ein Synonym für Sozialmarketing.

Informationen steuern

Derzeit gibt es eine Bewegung, viele Abteilungen als Fundraisingabteilungen umzustrukturieren. Damit wird das Augenmerk von der publizistischen Öffentlichkeitsarbeit zum systematischen Fundraising verschoben. Dies ist nicht für alle Organisationen eine Lösung.

Sinnvoll kann es sein, eine Abteilung Marketing zu schaffen und dort Öffentlichkeitsarbeit, Fundraising und andere Marketingmaßnahmen zu bündeln.

So oder so ist Öffentlichkeitsarbeit eine **zentrale Funktion** und die Drehscheibe der Informationspolitik einer Organisation. Die Öffentlichkeitsarbeit koordiniert die Weitergabe aller Informationen und **behält den Überblick**, wo es zu Überschneidungen kommt.

ZIELE UND AUFGABEN DER ÖFFENTLICHKEITSARBEIT

Berichten

Ziele
- Vertrauen schaffen
- Die Berichterstattung der Organisation leiten
- Ein eindeutiges Bild nach außen schaffen

Verknüpfen

Aufgaben in der internen Kommunikation
- Interne Abstimmung über offizielle Aussagen
- Freigabe von Artikeln, Texten, Interviews etc.
- Interne Information aller Mitarbeiter
- Interne Kommunikation wie Mitarbeitermagazin
- Pflege der Intrazone im Internet
- Pflege des Bildarchives
- Pflege des Audio- und Filmarchives
- Pflege des Textarchives

Aufarbeiten

Aufgaben im Bereich Presse
- Themen für Journalisten aufbereiten und weitergeben
- Selbst publizistisch tätig sein
- Eigene und Fremdberichterstattung überprüfen
- Den Überblick über Veröffentlichungen behalten
- Themen setzen und in die Öffentlichkeit tragen
- Den Ruf der Organisation thematisch aufbauen
- Das Timing von Kampagnen und Presseerklärungen setzen
- In Krisen weise reagieren und Schaden vermeiden

Pflegen

Aufgaben im Bereich Außendarstellung
- Herausgabe von Informationsmaterial
- Herausgabe von Periodika wie des Mitgliedermagazines
- Herausgabe des Jahresberichtes
- Pflege der Internetseiten

Senden

Aufgaben im Bereich Radio, TV
- Kontakte pflegen
- Themen anbieten, Interviewpartner stellen
- Mitarbeit bei Produktionen
- Betreuung von eigenen Formaten

Veranstalten

Aufgaben im Bereich Event
- Events initiieren
- Tag der offenen Tür, Wettbewerbe, Straßenfeste etc.
- Vortragsreihen, Podiumsdiskussionen, Filmabende etc.
- Besondere Ereignisse gestalten

Aufgaben im Bereich Lobbyarbeit
- Kontakte zu Entscheidern pflegen
- Kontakte zu Aktionen aktivieren
- Impulse geben und aufnehmen
- An Vorlagen mitarbeiten
- Teilnahme an Foren, Symposien, Fachtagungen
- Politische Aktionen starten

Betreuen

Bei so vielen Aufgaben besteht die Gefahr, dass nicht geklärt wird, wer in einer Organisation für die **Strategie** verantwortlich ist. Die Geschäftsführung verlässt sich auf die Öffentlichkeitsarbeiter, diese arbeiten nur gemäß Tagesanforderung – schon fährt das Schiff ohne Kurs.

Wer übernimmt die strategische Markenführung?

Klären Sie, wo Strategie, Produktentwicklung und
Marktanalyse angesiedelt sind.

Ein weiterer wichtiger Punkt ist die **kreative Direktion**. Häufig gibt der dienstälteste Journalist auch die Layouts frei. Gutes Corporate Design lebt aber von einer guten Art Direction. Nicht jeder Mitarbeiter ist auch ein kreativer Häuptling. Achten Sie auf **klare Kompetenzen**.

2.4.2 Praxis der Öffentlichkeitsarbeit

Meist denken Menschen bei Öffentlichkeitsarbeit zunächst an **Pressekonferenzen**. Diese ist jedoch eine eher seltene Maßnahme. Wo es möglich ist, sollten Sie Pressekonferenzen vermeiden, denn diese erreichen selten das, was von ihnen erwartet wird. Es gibt nichts Ärgerlicheres als eine perfekt vorbereitete Pressekonferenz ohne Journalisten.

Falsche Bilder von Öffentlichkeitsarbeit

Denken Sie eher in **Kooperationen**: Welcher Verlag, Sender, Titel wäre an welchem Thema interessiert? Wie kann das Material so aufbereitet werden, dass Redakteure die Veröffentlichung als Gewinn für die eigene Arbeit sehen? Wie und wann können Sie solche Kooperationen einfädeln?

Vermeiden Sie **Ankündigungsjournalismus**. Hier werden keine Neuigkeiten, sondern Absichten verlautbart. Die Medien interessieren keine Mission Statements. Sie wollen Katastrophen, Ereignisse, Geschichten, gute Bilder oder Erfolge sehen.

Senden Sie also nicht bei jedem hausinternen Kurswechsel eine
Pressemeldung, sondern nur dann, wenn Sie relevantes Material
haben, sonst ermüden Sie Ihre Kontakte.

Attraktives Material entsteht nicht von alleine. Regelmäßig vergessen Organisationen, **gute Projekte mit Fotos und Fakten** zu **dokumentieren**. Die Mitarbeiter vor Ort haben zu viel zu tun. Schaffen Sie Regelungen,

Attraktives Material schaffen

wie Hinweise über eine **gute Story** zur Öffentlichkeitsarbeit gelangen und wer dann für die Dokumentation verantwortlich ist. Bedenken Sie: Ein Augenblick kehrt nie wieder. Wer schreibt, bleibt – unveröffentlicht. Wer bildert, wird geschildert.

Stellen Sie Ihr **Material** Journalisten **als Download** im Internet zur Verfügung:

- mit einem eigenen Link zu jedem Projekt, den nur die Journalisten kennen
- in einem öffentlich zugänglichen Bereich „Presse"
- in einem passwortgeschützten internen Bereich

2.4.3   Aufbau von Bild-, Audio- und Filmarchiven

Bilder sprechen lassen

Zentrales Fundament einer attraktiven Außendarstellung ist ein Bildarchiv mit guten, aussagekräftigen Fotos. Die Zeit der Diaarchive geht ihrem Ende entgegen. Zukünftige Bildarchive werden rein digital auf Festplatte liegen. Auch kleine Organisationen sollten sich von ihren Schuhkartons trennen und **vorhandene Dias und Fotos digitalisieren**.

TIPPS ZUM AUFBAU EINES BILDARCHIVES

- Arbeiten Sie von Anfang an mit einer Bilddatenbank
- Verschlagworten Sie jedes Bild sauber
- Notieren Sie für jedes Bild sofort alle relevanten Informationen, wie z.B.:
  – Aufnahmedatum
  – Namen der Orte, Fotografierten, Gebäude, Schiffe etc.
  – Geschichte hinter dem Foto
  – Schlagworte zu Projektschwerpunkten
  – Name des Fotografen (Urheber) und Bildrechte (Nutzung)
- Notieren Sie für jedes Bild, das Sie verwenden, den Anlass, für den Sie es veröffentlichen
- Format: maximale Größe des Bildes bei 300 dpi
- Sorgen Sie dafür, dass Ihnen die Bildrechte aller Fotos gehören
- Wenn Sie nicht alle Bildrechte haben, notieren Sie ganz genau, was Sie dürfen
- Arbeiten Sie mit verlustfreien Kompressionstechniken (JPEG meiden)
- Geben Sie Standards für digitale Fotos Ihrer Mitarbeiter aus
- Verweigern Sie die Annahme von niedrigauflösenden Digitalfotos
- Vergeben Sie eindeutige Dateinamen mit strenger Konvention
- Versenden Sie Fotos mit einem Read Me inklusive Copyrightvermerk
- Unterscheiden Sie Masterdateien = Reinzeichnungen in RGB (oder anderen Farbräumen) und farbseparierte Dateien in CMYK. Im Namen der Bilddatei sollte der Farbraum immer mitgenannt werden. Also z.B. „baum_RGB.tif" oder „baum_CMYK.tif"

In einem guten Archiv wird auch vermerkt, welches Motiv zu welchem Anlass schon veröffentlicht wurde. Führen Sie eine **Hitliste** Ihrer besten Fotos. Dies sollten idealerweise Fotos sein, „die eine ganze Geschichte erzählen". Vielleicht gibt es einige Motive, die sich als Träger Ihrer Identität herausstellen.

Greenpeace stellt inzwischen Fotos als **eigene Bildagentur** professionell zur Verfügung. Greenpeace Images ist zu erreichen unter www.greenpeace-photo.de. Eine weitere schöne Seite zu sozialen Fotos ist www.facing-sustainability.org.

Ein Bildarchiv ist gerade auch kleineren Einrichtungen zu empfehlen.

Bilddatenbanken sind vergleichsweise günstig. Sie brauchen zunächst nur eine Einzelplatzversion, Festplatten sind günstiger denn je. Dies ist kein Luxus, sondern ein Handwerkszeug, das sich sehr schnell rechnet.

Ähnliches gilt für den Aufbau von **Audio- oder Filmarchiven**. In Zukunft werden solche Daten nur digital abgelegt. Haben Sie gute **Mitschnitte von Interviews und O-Tönen**, erleichtert dies Radioredaktionen die schnelle Erstellung von eigenen Beiträgen. Radiokampagnen sind erfolgreicher, wenn Sie **vorgefertigte Beiträge mitsenden**. Gleiches gilt für Filmmaterial.

2.4.4 Ereignisse schaffen

Erster Schritt einer guten Öffentlichkeitsarbeit ist die **Dokumentation der Ereignisse** und die Information darüber. Der nächste Schritt ist, die Ereignisse selbst zu **positionieren** und die **Medienwirksamkeit** zu **gestalten**.

In der Öffentlichkeit gestalten

Als Ausgangsbasis benötigen Sie eine relevante Information, diese Information ist Ihre Rohware. Zu klären ist, für welche Kreise die Information relevant ist. Dann erfolgt die **Schaffung eines attraktiven Ereignisses**:
- Wie kann die Information emotionalisiert werden?
- Wie kann die Emotionalisierung in ein Ereignis verwandelt werden?
- Wie können viele Menschen mit dem Ereignis verbunden werden?
- Welche Kooperationspartner vergrößern das Ereignis?

Es gibt je nach Art der Organisation verschiedene Techniken, die **Aufmerksamkeit der Öffentlichkeit** auf sich zu ziehen:
- medienwirksame Konfrontation
- eine Wette, ein Wettbewerb oder ein Rekordversuch
- ein Prominenter übernimmt eine symbolische Handlung
- Information, wo es etwas kostenlos gibt
- Menschen werden aufgefordert, sich zu beteiligen (Kerzenlauf, Kette bilden etc.)
- Umwandlung in ein großes Spiel
- die Dimensionen werden verändert
- Zeitpunkt ist ungewöhnlich

*Kleine Änderung,
große Wirkung*

Fallbeispiel Golfsburg

Zum Start des neuen Golfs 5 im September 2003 wurde Wolfsburg in Golfsburg umgenannt. Das besondere daran: Dies war eine offizielle Entscheidung der Stadt Wolfsburg. Oberbürgermeister Schnellecke zu dieser „winzigen" Änderung: *„Dies zeigt die Verbundenheit der Stadt mit VW."* Nicht nur die Ortseingangsschilder wurden mit dem neuen Namen überklebt, auch alle Briefe der Stadtverwaltung gingen von August bis Oktober mit neuem Briefkopf in die Versendung. Nur offizielle Dokumente wurden bei der Namensumstellung ausgelassen.

Die Aktion löste bundesweit Kontroversen aus. Die einen fanden es genial, andere wollten den Ethikrat anrufen, weil hier ein offizieller Stadtname zum PR-Gag würde.

Die Rechnung ging auf. Das Foto von dem Golfsburg-Ortsschild wurde fast überall in den Nachrichten gebracht. Ein Golf-Fan ging allerdings noch einen Schritt weiter. Er wechselte auch sein KFZ Kennzeichen aus und änderte es von „Wo" für Wolfsburg in „Go" für Golfsburg. Das fand die Polizei, die ihn aus dem Straßenverkehr zog, nicht mehr so lustig.

Die Masse schafft Gewicht

Fallbeispiel Big Jump

Am Sonntag, den 17. Juli 2005 brachten es zwei Informationen bis fast an die Spitze in den Nachrichten in ganz Europa, die als trockene Fakten sonst nur eine Fußnote wert gewesen wären:

- Die Wasserqualität einiger europäischer Flüsse hat sich verbessert.
- Es wurde ein Gesetz verabschiedet.

> **AUFGABE**
>
> Was hätten Sie getan, um diese beiden Informationen zwischen Terroranschlägen, außerplanmäßiger Bundestagswahl, dem Papstbesuch und steigenden Ölpreisen unter die zehn erstgenannten Nachrichten zu bekommen?

Einige der größten europäischen Umweltorganisationen starteten „Big Jump", bei dem am 17. Juli 2005 um 14.00 Uhr Zehntausende in ganz Europa zur gleichen Zeit in die wichtigsten Flüsse Europas sprangen. Die Botschaft dieses symbolischen Massensprunges:

- Gefeiert wurden erste Erfolge für saubere und lebendige Flüsse in Europa. Unter anderem schwimmen in der Themse wieder Lachse. Elbe und Rhein sind wieder annähernd sauber.
- Europa verabschiedet ein zukunftsweisendes Gesetz. Die Europäische Wasserrahmenrichtlinie verlangt von den EU-Staaten, dass Flüsse, Seen und Grundwasser bis zum Jahre 2015 insgesamt in gutem ökologischen Zustand sein müssen.

Träger des Big Jump ist das European Rivers Network (ERN) mit den europäischen Partnern EEB (European Environmental Bureau), dem WWF und
hunderten von regionalen Partnern wie z.B. der Deutschen Umwelthilfe.

Der europäische Flussbadetag, hat sich aus dem „Elbebadetag" in
Hamburg entwickelt. 100.000 Hamburger feierten 2002 die Erfolge in der
Wasserqualität der Elbe, dem einst schmutzigsten Fluss Europas. 2005
wurde in zehn europäischen Staaten an über 50 Orten gejumpt. Natürlich
war Hamburg auch 2005 am Big Jump beteiligt.

Der Big Jump schaffte es in die Nachrichten und war damit medientech-
nisch richtig platziert. Eine Wiederholung ist von Anfang an eingeplant.
Begleitend zur europäischen Wasserrahmenrichtlinie wird 2010 und 2015
wieder gejumpt. Die Aussage ist eindeutig: Die Anstrengungen um die
Wasserqualität dürfen nicht nachlassen.

*Massenjumps gehören
ab jetzt zum sozialen
Aktionsvokabular*

Die Aktion wird Schule machen. „Friends of the Earth Middle East"
initierte bereits am 10. Juli 2005 zur Rettung des Jordans einen gemeinsamen Jump von palästinischen, israelischen und jordanischen Bürgern.
Daher gehören Massenjumps ab jetzt zum sozialen Aktionsvokabular
dazu.

Manipulation der Öffentlichkeit oder der Kampf der Medien

Wenn Ereignisse von der Öffentlichkeitsarbeit geschaffen werden, sind
sie eigentlich nicht die richtige Wirklichkeit. Oder? Schon immer wird
diskutiert, inwieweit PR Manipulation ist. So hält sich bis heute aus guten
Gründen der Verdacht, dass der Beginn der Kampfhandlungen im Golf-
krieg Februar 1991 von den militärischen PR-Beratern bewusst auf die
Primetime der US-Fernsehsender gelegt wurde.

Schmale Gratwanderung

Verantwortliche im Sozialmarketing müssen um die Grenzen wissen.
Sozialmarketing meidet Manipulation und steht und fällt mit der
ethischen Grundhaltung. Dies schließt Versuche aus, falsche Informationen in die Presse zu geben oder mit billigen Tricks zu arbeiten. Bilder
und Aussagen müssen stimmen. Ziel der Handlung darf nicht die Eigendarstellung, sondern muss das soziale Ziel sein.

*Ziel einer Handlung muss
das soziale Ziel sein*

So ist eine Berichterstattung sozialer Organisationen an Katastro-
phenorten, an denen sie sonst nie tätig waren, zu hinterfragen, ebenso
Hilftransporte, die ohne Analyse mit dem Ziel losgesandt werden, als
Erste in die Kameras zu kommen.

Ethisches Handeln schließt aber nicht den Kampf aus. **Timing und
Überraschung spielen im Sozialmarketing eine wichtige Rolle.**

2.4.5   Radio

Hörfunk ist ein faszinierendes Medium. An sich auf den Ton beschränkt,
gelingt es diesem Medium, wie fast keinem anderen, **Emotion** direkt zu
erzeugen. Musik, Geräusche und Stimmen tragen häufig mehr Information in das Herz als schnelle Bilder.

*Die Augen kann man
schließen, die Ohren nicht*

Hinzu kommt, dass Radio günstig zu produzieren ist. Heute kann mit herkömmlichen Laptops, der richtigen Software, einigen Klangkonserven und einem Profimikrofon eine (fast) professionelle Sendung im Wohnzimmer geschnitten werden. Den Unterschied hört am Radio niemand. Dies macht den Einstieg auch für kleine Organisationen machbar.

Andreas Malessa, Radiojournalist, brachte es in einem Gespräch mit mir auf den Punkt: *„Vergleicht man Radio mit Fernsehen, ist das so, als wenn ich in eine verbaute Innenstadt voller Sackgassen muss. Auf der einen Seite starte ich mit einem Motorrad und auf der anderen Seite mit einem 40-Tonnen-Lastzug. Mit welchem der beiden Fahrzeuge bin ich flexibler?“*

Schlank produzieren

Radioproduktion | Wenn eine Organisation **Kontakte zu Radiosendern** hält und intern über
ist machbar | ein **gutes Produktionswissen** verfügt, gelingt der Sprung in Radiosendungen leichter. Es ist sinnvoll, bei Aktionen und Projekten so genannte **O-Töne** (Original-Töne) **vorzuproduzieren**. Dies sind Geräusche, Interviews, Statements von Betroffenen oder Fachleuten. Mit diesem Material kann ein Journalist schnell einen eigenen Beitrag zusammenstellen.

Noch weiter geht die Kirche, die über Radioagenturen Beiträge sekundengenau abliefert (ob die kirchlichen Beiträge immer gerne gehört werden, ist eine andere Frage). In jedem Fall ist eine **Zusammenarbeit** mit den Rundfunkagenturen der Kirchen möglich. Häufig werden dort auch Auftragsproduktionen angenommen. Ansonsten stehen viele freie Produktioner bereit.

Was ist das Ziel eines Radiobeitrages?

Gute redaktionelle | Bei Radio ist die Frage, was der Hörer „mitnehmen“ soll. Viele Menschen
Arbeit ist wichtig | hören während der Arbeit oder im Auto Radio. Im Zweifelsfalle ist kein Stift und Zettel zur Hand. Besser als eine Telefonnummer ist daher eine **merkbare Internetadresse**. Die einmalige Nennung einer (auch gut merkbaren) Telefonnummer bringt wenig. Wenn Telefonnummern bespielt werden, muss ein Radioteam die Energie eines ganzen Programmblockes auf diese Nummer legen. Dazu braucht es eines kräftigen Anreizes und der wiederholten **Aktion der Moderatoren**. Ohnehin erwarten viele Anfänger vom Radio Rücklaufquoten wie in Primetime-Fernsehsendungen. Diese sind nicht zu erreichen. Lokal ist aber das Radio häufig das interessanteste direkte Medium.

Radiospots

Planbare hohe Reichweiten | Über Radiospots kann terminlich exakt, parallel zu einer laufenden Kampagne eine hohe Bekanntheit erzeugt werden. Radiospots sind günstiger als Fernsehspots. Gehört werden Radiospots gerade von arbeitenden Menschen, die nicht ständig durch die Programme springen. Das Ziel sollte nicht der alleinige Spot (stand alone), sondern das Zusammenspiel von Radio, Internet, Mailings und anderen Maßnahmen sein. Dies hat sich bewährt.

2.4.6   Fernsehen

Fernsehen ist als meinungsbildendes Massenmedium eine Macht, spielt im Sozialmarketing für die meisten Organisationen aber (leider) keine Rolle, denn:

Das Königsmedium

- Fernsehsender haben eine starke eigene Programmpolitik
- bis auf wenige Auserwählte kommt niemand in das Programm
- eigene Formate zu finanzieren ist unrealistisch
- bleibt als planbare Größe der Fernsehspot – für viele ebenfalls zu teuer

Weil das so ist, wird Fernsehen in diesem Buch kürzer behandelt. Größere Organisationen wollen stärker ins Fernsehen (Humanitarian Broadcasting). Dies ist sinnvoll.

Um ins Fernsehen zu kommen, gibt es folgende Wege:
- Berichterstattung in Nachrichten, Magazinen, Talkshows
- eigene Formate und Kooperationen
- Spendenaufrufe im Katastrophenfall

2.4.6.1   Sich von Redaktionen einladen lassen

Der günstigste Weg für Organisationen ist, durch ein gutes Thema aufzufallen und in Sendungen eingeladen zu werden. Auftritte helfen, Bekanntheit aufzubauen, und verursachen keine eigenen Produktionskosten.

Durch Qualität auffallen

Voraussetzung ist eine **gleichbleibend gute Arbeit mit entsprechender Öffentlichkeitsarbeit**. Dies führt früher oder später zu Anfragen aus Redaktionen.

Natürlich hilft auch der persönliche Kontakt zu Journalisten. Regionalsender sind ein guter Einstieg in das „Broadcasting".

2.4.6.2   Eigene Formate und Kooperationen

In der Filmproduktion sind die Kosten gesunken. Schwer bleibt es, Sendeplätze zu finden. Ein eigenes Format regelmäßig in einem Sender zu platzieren, ist so gut wie aussichtslos. Es sei denn, Sie heißen Aktion Mensch oder haben ähnlich gute Verbindungen.

Filme sind vielseitig nutzbar

Möglich ist es, eigene Features zu drehen und Sendern zur Verfügung zu stellen. Ein eigenes **Filmarchiv**, das den Sendern bekannt wird, ist ein erster Schritt für Anfragen, ob Material verwendet werden darf.

Aber wenn Sender Filmbeiträge nicht wollen – warum nicht selbst verteilen? Eine **DVD-Pressung** ist nicht teuer. Sind Ideen für fernseh- oder videotaugliche Formate entstanden, ist es erlaubt, sich nach Kooperationspartnern umzusehen. Wer könnte Interesse haben, das Format zu zeigen oder es an anderer Stelle unterzubringen? Wo gibt es überall Fernsehbildschirme? Zum Beispiel steht auf jedem Hotelzimmer ein Gerät mit Videokanälen. Wäre es nicht spannend, Hotelgästen einen Sozial-Kanal anzubieten?

Der schnellste Weg in das Fernsehen ist aber das Weltgeschehen selbst.
Leider ist die Mega-Trittleiter ins Fernsehen die Katastrophe. Da der Katastrophenfall insgesamt speziell ist, folgt er als eigener Punkt.

2.4.7   Spendenaufrufe im Katastrophenfall

Menschen in Not sind
die dringlichste Form der
Ansprache

Große Katastrophen sind Auslöser für schnelle und viele Spenden. Für
Deutschland einschneidende Erlebnisse waren zum Beispiel:

* die Oderflutkatastrophe Juli/August 1997
* Kosovo-Krieg/Kosovo-Flüchtlinge 1999
* der Terroranschlag in New York am 11. September 2001
* Jahrhundertflut/Elbehochwasser August 2002
* die Tsunami-Flutwelle Dezember 2004
* der Hurrikan Katrina August 2005

Die Summen der Spenden waren in allen Fällen beachtlich. Bei der Jahrhundertflut spendeten die Deutschen laut DZI ca. 350 Millionen Euro, bei
der Tsunami-Flut wurde dieser Rekord mit über 500 Millionen Euro noch
einmal überboten. Die Überflutung von New Orleans durch den Wirbel-
sturm Katrina hatte eine gewaltige Berichterstattung und führte in den
USA zu Rekordspenden von weit über 700 Millionen Dollar.

ERFAHRUNGEN MIT KATASTROPHENSPENDEN

* Auslöser sind dramatische Ereignisse mit hohen Opferzahlen
* „Schleichende" Ereignisse wie Hungersnöte kommen seltener auf den
  Bildschirm
* Organisationen müssen sehr schnell reagieren, Reaktionszeiten von unter
  24 Stunden sind notwendig
* Entscheidende Rolle spielen Fernsehen, Radio und Tagespresse
* Ist ein Thema einmal fokussiert, baut es sich zu einem hohen Niveau auf
* Das Internet wird als Reaktionsmedium bei Katastrophen immer häufiger
  genutzt
* Unbekannte Organisationen haben wenig Chancen, genannt zu werden
* Aktionsbünde wie „Aktion Deutschland hilft" spielen eine Rolle
* In einer Katastrophenzeit haben es andere soziale Themen schwer
* Andere Organisationen verschieben dann z.T. Kampagnen etc.

Mit der Welle reiten

Wann sich ein Thema zu einer bundesweiten Emotion verdichtet, ist
nicht vorherzusagen. Entscheidend ist das **Interesse der Medien und die
gezeigten Bilder**. Als 1976 beim Erdbeben im chinesischen Tangham fast
so viele Menschen wie bei der Tsunami-Flutwelle starben (rund 240.000),
kam es in Deutschland zu kaum einer Reaktion. Die Region lag abseits, das
Fernsehen registrierte die Geschehnisse nur nebenbei. Heute würde dies
vielleicht anders sein.

Auch **schleichende Ereignisse** haben es schwer: Nicht jede afrikanische Hungersnot schafft es bis auf deutsche Bildschirme. Die Virusinfektion AIDS als eine der größten Katastrophen hat es bis heute schwer, ins Bewusstsein zu kommen.

Wenn ein Anlass die Medien elektrisiert, entsteht einer der wenigen Augenblicke, in denen die Medien den sozialen Organisationen Wind in die Segel blasen. Bei aller Kritik an einseitiger Berichterstattung: Erst durch die Medien kann Aktion an regierenden Kreisen vorbei entstehen. Die Pressefreiheit ist Voraussetzung dafür, dass überhaupt Geld und Kraft für soziale Not in dem Maße fließen, wie es zwischendurch passiert.

Wie gehen soziale Organisationen mit Katastrophen um? Katastrophen verlangen unterschiedliche Reaktionsmuster. Im Sozialmarketing ist die Katastrophe für einige Organisationen der herausragende Ereignisfall, für andere eher eine Ablenkung von ihren Themen. Wichtig ist, wo Sie als Organisation stehen: *Schnell und eindeutig handeln*

- **Sie sind ein Hilfswerk in der Katastrophenhilfe**:
  Die Katastrophe ist der Ernstfall. Sowohl operativ wie im Bereich des Fundraisings aktivieren Sie Ihre Notmaßnahmen. Zunächst ist Handeln angesagt. Hilfe und Presseerklärungen starten quasi gleichzeitig. Die gesamte Organisation inklusive des Marketings ist vorbereitet – sonst ist schnelle Reaktion nicht möglich. Die gewonnene Popularität kann im Nachgang für inhaltliche Arbeit genutzt werden. Zu achten ist darauf, dass die in der Emotion eingesammelten Mittel sinnvoll verwendet werden können. Sonst kommt es zum berüchtigten Effekt der „vergoldeten Rotorblätter".
- **Sie sind am Rande der Katastrophe tätig**:
  Katastrophenhilfe ist nicht Ihr eigentliches Profil. Sie haben aber Erfahrung vor Ort. Sie können in das Thema hineingehen und Hilfe anbieten. So reagierte die Christoffel-Blindenmission bei der Tsunami-Katastrophe direkt, da einige der CBM-Projekte unmittelbar betroffen waren. Mailings wurden entsprechend aktualisiert und über den Wiederaufbau der Projekte wurde fortlaufend berichtet. Auch Patenschaftsprojekte und eine Reihe anderer Organisationen können Hilfe anbieten.
- **Sie sind gar nicht in dem Bereich tätig**:
  Sie entscheiden, ob Sie in das Thema einsteigen, Spenden sammeln und diese einer im Katastrophengebiet tätigen Organisation übermitteln (wenn Ihre Satzung dies zulässt). Sind Sie z.B. im Kulturbereich tätig, könnten Sie z.B. eine Benefizveranstaltung organisieren. In der Regel fahren Sie Ihr eigenes Fundraising in der Katastrophenzeit zurück.

2.5 Events – Ereignisse gestalten

Der Bedarf in Deutschland an Erlebnissen ist bei weitem nicht gedeckt. In großen Organisationen gehören Events inzwischen als feste Größe *Marktplätze der Emotion* im Marketing dazu. Kleine Organisationen können über Events in ihrer unmittelbaren Umgebung Menschen und Geld neu bewegen.

FORMEN VON AKTIONEN UND EVENTS

• Tag der offenen Tür	• Messen, Jahrmärkte
• Sommerfest, Straßenfest	• Openairfestival
• Schulfest, Kindergartenfest	• Basare und Flohmärkte
• Benefizkonzert, Autoren-lesungen, Kleinkunst	• Kunstauktionen, Versteigerungen
• Galadiner, Tanz in den Mai, Partys, Feste	• Tauschbörsen
• Sportveranstaltungen, Turniere, Rekordversuche	• Tombola, Lotterien, Verlosungen
• Quietsche-Entchen-Wett-rennen auf einem Fluss	• Informationszentren, Erlebnisparks

---

2.5.1   Die Organisation zum Anfassen

Fun Factories

Bei einem Event sehen, riechen und fühlen die Teilnehmer etwas. Jeder ist mitten im Geschehen. Was wem Spaß macht, ist so verschieden wie die Menschen selbst. Der eine stöbert gerne auf einem Flohmarkt in alten Büchern, der andere fiebert lieber mit einer Sportmannschaft mit.

Eines ist klar: Ein Event muss **Spaß** machen, **Spannung** bringen und der entsprechenden Zielgruppe **etwas bieten**.

> Wenn ein Event gelingt, schlägt es in puncto Beziehungstiefe jedes andere Medium.

Die Menschen erleben wirklich etwas. Dazu gibt es auf guten Events jede Menge Möglichkeiten, mit den Veranstaltern ins **Gespräch** zu kommen. Aus diesem Grunde rechnet man Events zum **Dialogmarketing**.

2.5.2   Was gehört zu einem guten Event dazu?

Bezüge herstellen

Ein Event soll Erlöse für ein Projekt oder die Organisation erwirtschaften und informieren. Die **Verknüpfung** zwischen den „Fun-Elementen" und den Inhalten der Organisation ist die eigentliche Aufgabe. Bereits im Namen der Veranstaltung sollte ein **Ziel** zum Ausdruck kommen. Die Live-Aid-Konzerte von Bob Geldof waren z.B. eindeutig positioniert. Das Plakat zum ersten Live-Aid-Konzert 1985 zeigte eine E-Gitarre, deren Klangbrett in der Kontur des afrikanischen Kontinents war. Die Botschaft war unmittelbar und klar: Dieses Konzert ist für die Armen in Afrika.

Klarheit ist ein Faktor des Erfolges. Vorlaufende Kommunikation und die Veranstaltung selbst werfen sich hier gegenseitig die Bälle zu.

Vergessen Sie nicht den **Abschluss**. An welcher Stelle kann sich ein Besucher für Ihre Organisation verbindlich erklären?

Jedes Event braucht also ein Produkt im Produkt.

Beitritt zum Schulverein als Produkt im Produkt

Angenommen Sie veranstalten ein Schulfest, dann sollte dort der Beitritt zum Schulverein möglich sein. Wo kann besser die Attraktivität des Schulvereines dargestellt werden als auf einem attraktiven Schulfest? Wenn die Direktorin am Stand des Schulvereines persönlich die Hand schüttelt und für weiterführende Gespräche Stehtische mit Informationen und etwas zum Trinken und Essen bereitstehen, steigt die Wahrscheinlichkeit, dass Menschen den Schulverein wichtig nehmen. Denken Sie die Kommunikationskette von Anfang bis Ende konsequent durch:
- Wie wird dieser Stand noch attraktiver?
- Liegt dort das Gästebuch aus?
- Werden dort besondere Aktionskarten vergeben?
- Wie wird deutlich gemacht, dass noch Mitglieder gesucht werden?
- Wann soll der mögliche Teilnehmer zum ersten Mal vom Schulverein hören? (Bei der Einladung!)
- Wie wird der Beitritt auf dem Schulfest besonders attraktiv gemacht?
- Kann es einen Sekundärnutzen geben (ein kleines, aber begehrtes Give-away etc.)?
- Und ganz wichtig: Wie kann der Beitritt vor Ort einfach und schnell erfolgen?

Wie bei einem Mailing denken Sie von der Erstansprache bis zum Rücklaufelement alles durch, denn das **Produkt im Produkt** ist für Sie als Organisation das eigentliche Anliegen. Hier müssen **die besten Mitarbeiter** die gesamte Zeit des Events platziert sein und Gespräche führen. An einem verwaisten Counter wird nichts passieren. Die Faustregel lautet: Die wichtigsten Personen stehen an der Stelle, wo das Wichtigste passieren soll.

Die wichtigsten Personen stehen dort, wo das Wichtigste passieren soll

Die leitenden Personen, Fundraiser und Marketingleute kümmern sich um das Produkt im Produkt. Bei einem Event halten andere das Event am Laufen. Dies ist für Leiter von Organisationen häufig schwer. Als „Mutter der Nation" sind sie es gewohnt, alle Fäden in der Hand zu haben. Mit dieser Haltung gefährden sie aber den Erfolg.

2.5.3 Worauf geachtet werden muss

Benefizkonzerte, Galadiners und andere öffentliche Veranstaltungen sind aufwändig. Die größte und bekannteste deutsche Charity-Veranstaltung, „Der Ball des Sports" mit 2.000 geladenen Gästen aus den oberen Zehntausend, hat einen logistischen Unterbau, der nur noch mit professioneller Hilfe zu bewältigen ist. Auch eine kleinere Veranstaltung kann eine Organisation monatelang auf Trab halten.

Vorsicht vor überhöhten Erwartungen

Daher sind Aufwand und Nutzen ins Verhältnis zu setzen. Mehr als eine Benefizveranstaltung riss am Ende ein Loch in die Kassen. Hier gilt: **Ganz oder gar nicht**.

Kontinuität ist bei Events wichtig. Am Anfang wird auch eine erfolgreiche Veranstaltung nicht viel abwerfen. Am besten, Sie veranstalten das gleiche Event jedes Jahr. So entsteht Bekanntheit und der Erfahrungsschatz nimmt zu.

Jedes Jahr das gleiche Event

Wichtig ist die **gründliche steuerliche Klärung**. Eintrittsgelder, Verkauf von Getränken und so gut wie alle anderen Geldströme lösen in der Regel einen Wirtschaftsbetrieb aus. Eine Leistung wie beispielsweise ein Eintrittpreis darf auch nicht automatisch mit einer Spende verbunden werden (Zwang zur Spende).

Saubere Organisation ist Voraussetzung für Erfolg

In größeren Fällen kann es sich lohnen, für das (wiederkehrende) Event eine **Service-GmbH** zu gründen. Diese kann zusätzlich Merchandising, Sponsoring und andere Vertriebsfunktionen übernehmen. Wenn Sie mit Kooperationspartnern arbeiten, achten Sie auf eine gute Kontrolle aller Finanzen, damit nicht unbemerkt Gelder der Gastronomie oder anderes an Ihnen „vorbeifließt".

Beachten Sie auch **Versicherungen** und alle **Fragen der Sicherheit**. Im Zweifelsfalle sprechen Sie mit dem Ordnungsamt, welche Auflagen für Sie gelten. Lotterien, Ausspielungen, Verlosungen und Tombolas fallen unter das deutsche Lotteriegesetz und sind streng reglementiert. Hier sollte bereits vor der Planung eine Genehmigung eingeholt werden. Falls ein Antrag abgelehnt werden sollte, wäre sonst alle Planung umsonst.

Charity-Kunst-Auktion als Event im Internet

In der Vorweihnachtszeit führen die SOS-Kinderdörfer weltweit „SOS-Kunststück" durch, eine Kunst-Auktion über eBay®. Das Besondere ist der Modus der Versteigerung. Bekannt sind die Kunstwerke und auch die Namen der Künstler. Unbekannt bleibt, wer welches Kunststück geschaffen hat. Erst nach der Versteigerung erfahren die Käufer den Namen des Prominenten, der das Kunstwerk beigesteuert hat. Spannung ist daher von Anfang an angesagt. Damit der Aufwand für die Organisation gering bleibt, läuft die Auktion über eBay®. Von überall aus der Bundesrepublik kann geboten werden. 2003 begannen die SOS-Kinderdörfer mit „SOS-Kunststück". Im ersten Jahr kamen 70.000 Euro zusammen, 2004 bereits 133.000 Euro.

2.5.4   Feststehende Informationszentren

Öffnen Sie Ihr Event das ganze Jahr

Feststehende Informationszentren und **Erlebnisparks** können den Events zugeschlagen werden. In einem guten Informationspark wird quasi **ein Event fest installiert**. Ein gutes Beispiel hierfür ist Sea Life, das norddeutsche Meeresaquarium am Timmendorfer Strand in Zusammenarbeit mit Greenpeace. Dass für die ganze Familie naturnahe Action geboten wird, zeigt sich an der Aufmachung des Flyers für 2005: „Neu 2005! Schrecken der Meere". Darüber ist das Foto eines sehr bissigen Meeresbewohners zu sehen.

Gutes, bequemes Erlebnis aus einer Hand – das ist das Bedürfnis von Menschen in ihrer Freizeit.

2.6   Anzeigen und Beileger

Der teure Blätterwald

Deutschland ist ein Land der Zeitschriften, Zeitungen und Magazine. Es gibt kaum ein Thema, zu dem es keine Fachzeitschrift oder kein Hochglanzmagazin gibt. Anzeigen sind fester Bestandteil im kommerziellen Kommunikationsmix.

Die wiederholte Schaltung von Anzeigen ist teuer. Soziale Organisationen können sich dies nicht leisten. Daher gehen sie andere Wege, um per Anzeige präsent zu sein:

- Füllanzeigen
- geschenkte/gesponserte Anzeigen
- Kooperationen/Beileger
- Kampagnen nach Mediaplan

Anzeigen dürfen – ähnlich wie Plakate – nicht für sich alleine stehen. Sie müssen von einer guten Öffentlichkeitsarbeit und anderen Aktionen flankiert werden.

2.6.1   Füllanzeigen

Anzeigenleiter können nicht immer alle Werbeflächen vollständig belegen. *Die Hintertür* Es bleiben **Leerplätze**. Da weiße Löcher schlecht aussehen, sind Lückenfüller willkommen. Gemeinnützige Organisationen stellen seit Jahren Redaktionen hochwertiges Füllmaterial zur Verfügung. So kommen **kostenlose Anzeigen** häufig auf attraktive Plätze. Die Redaktionen informieren jedoch in der Regel nicht über die Schaltung.

TIPPS FÜR FÜLLANZEIGEN

- Bewährt haben sich kleinformatige Anzeigen.
- Die Formate sollten in übliche Gestaltungsraster passen.
- Das Motiv sollte in unterschiedlichen Hoch- und Querformaten vorliegen.
- Stellen Sie die Daten am besten digital auf einer CD zur Verfügung.
- Ideales Format: hochauflösende PDFs.
- Legen Sie Ausdrucke bei, damit ein schneller Überblick möglich ist.
- Halten Sie Kontakt zu den Redaktionen.
- Informieren Sie über Erfolge der Füllanzeigen.
- Sie können nicht voraussagen, wann eine Füllanzeige geschaltet wird. Eventuell taucht sie Monate später auf. Füllanzeigen müssen also zeitlos sein.
- Füllanzeigen eignen sich zur Adressneugewinnung.
- Sehr gut eignen sich Coupons zur Informationsanforderung.
- Füllanzeigen können thematisch an Leserschaften angepasst werden.

Coupons an Füllanzeigen

Füllanzeigen wirken anders als Plakate. Ist die Aufmerksamkeit erreicht, *Coupons wirken* hat der Leser Zeit. Daher kann mit Telefonnummern, Internetadressen und Coupons gearbeitet werden. Die Anforderung von Informationsmaterial hat sich als gute Möglichkeit erwiesen, um Kontakt zu neuen Interessenten aufzubauen.

Abbildung 16: Füllanzeigen aus der Informationskampagne „Schwarz-Rot-Bunt" des Internationalen Bundes. Ziel war es, die Arbeit des Internationalen Bundes in Deutschland bekannter zu machen. Unter anderem wurden 16 Prominente mit Hilfe der Agentur steinrücke+ich als Kampagnen-BotschafterInnen gewonnen, die sich für mehr Demokratie und Akzeptanz aussprechen (nähere Informationen www.Internationaler-Bund.de, Kampagne: steinrücke+ich. www.steinrueckeundich.de)

Dynamik der Füllanzeige

Die Füllanzeige muss zunächst durch das Sieb der Redakteure. Erst dann kann sie auf Leser wirken. Achten Sie bei der Kreation von Füllanzeigen auf **Motive, die der Redaktion zusagen**. Welche Aussage, welches Bild sehen die Redakteure als Gewinn für ihre Zeitung?

Füllanzeigen können Lesern Nutzen bringen

> ### Wie passe ich ins Bild?
>
> Angenommen Sie versenden Füllanzeigen an ein Gartenmagazin. Hier können Sie als Umweltschutzorganisation passende Informationen zum Garten anbieten. Ein starkes Key-Visual zieht die Aufmerksamkeit des Lesers an. Dann punktet die Anzeige durch die Möglichkeit, mit dem Coupon Informationen über „Wildblumen im Garten" anzufordern.

Erfolgskontrolle

Ermutigen Sie Spender und Förderer, abgedruckte Füllanzeigen mit Nennung des Zeitschriftentitels, des Erscheinungsdatums und der Seitenzahl an Sie zu senden. So erhalten Sie eine Erfolgskontrolle und können mit der Zeit feststellen, welche Motive von Ihnen besonders gerne von Redaktionen verwendet wurden.

> ### FÜLLANZEIGENARCHIV
>
> Stellen Sie Ihre besten Füllanzeigen als PDFs auf Ihre Internetseite in den Pressebereich und erlauben Sie pauschal die Veröffentlichung. Hier können Profijournalisten wie engagierte Laien die PDFs herunterladen. So kommen Ihre Anzeigen auch in kleine Vereinszeitschriften.
> Senden Sie per E-Mail den Link von Zeit zu Zeit mit Hintergrundinformationen an Anzeigenleiter und Redakteure. Geben Sie auf der Internetseite die Möglichkeit, sich in einen besonderen E-Mail-Verteiler „Starke Motive – Starke Füller" einzutragen. So erweitert sich der Kreis Ihrer Füllanzeigenanwender ständig.

2.6.2 Geschenkte oder gesponserte Anzeigen

Kostenlose Motive von einem Verlag sofort platziert zu bekommen, ist nicht unmöglich. Dies geschieht, wenn das Anliegen öffentlich stark präsent ist. Während der Jahrhundertflut druckten viele Zeitungen Anzeigen mit Spendenaufrufen für die Flutgeschädigten kostenlos ab, im Frühjahr 1999 schafften es die Motive der speziellen Füllanzeigenkampagne von CARE zur Flüchtlingshilfe im Kosovo (schnelle Hilfe für Flüchtlinge in den Kriegsgebieten). Über 50 Printmedien schalteten die Anzeige sofort kostenlos, darunter Titel wie die „Brigitte", die „taz" bis hin zu Wochenblättern (vgl. Fundraising, Handbuch für Grundlagen, Strategien und Instrumente, S. 651).

Ein aktueller Bezug erhöht die Wirkung

Auch möglich ist es, auf Förderer oder Sponsoren zuzugehen und sie von einer Anzeigenschaltung zu überzeugen. Kommt ein finanzieller

Für Anzeigen fundraisen

Grundstock zusammen, kann auf Zeitungen zugegangen werden und ein günstigerer Preis verhandelt werden. Für den Internetbrowser Firefox wurde von Spendern eine Anzeige in der „FAZ" finanziert, vgl. Fallstudie „Firefox und die Mozilla Foundation" am Ende des Buches.

2.6.3   Kooperationen

Zu Gast in einem guten Haus

Bei einer Kooperation begleitet eine Redaktion ein Projekt über mehrere Ausgaben.

> **MÖGLICHKEITEN EINER KOOPERATION MIT EINER REDAKTION**
>
> - Die Aktion bekommt einen Namen.
> - Hinweis des Chefredakteurs im Editorial
> - Artikel mit Text und Bild, idealerweise auf einer Doppelseite
> - Fortsetzungs-Berichterstattung über mehrere Ausgaben. Jeder Artikel zeigt einen anderen Aspekt des Projektes. Optimalerweise sind die Fortsetzungsartikel immer an der gleichen Position in der Zeitschrift mit Aktionsnamen als Wiedererkenner und identischer Gestaltung platziert.
> - In ein oder zwei der Ausgaben wird zusätzlich ein Beileger versandt.
> - Füllanzeigen oder geschenkte Anzeigen
> - Leserbriefe zum Thema werden veröffentlicht.
> - Der Verlag geht mit einer ersten Spende als Vorbild in die Aktion.
> - Interview mit einem Prominenten zum Thema
> - Homestory eines Beteiligten. Gut angenommen werden zum Beispiel Bildberichte, wie Kinder oder Familien in einfachen Verhältnissen in anderen Ländern leben.
> - Auslobung einer speziellen Abo-Prämie. Wer Neuabonnenten wirbt, kann seine Prämie in eine Spende umwandeln lassen.

Im Fallbeispiel zur Tigerkampagne des WWF am Ende des Buches wurde ein Teil der oben genannten Möglichkeiten mit der „Hörzu" umgesetzt.

2.6.4   Beihefter und Beileger

Beileger schlägt Beihefter

Unterschieden wird zwischen Beiheftern (diese sind fest in das Magazin eingebunden) und Beilegern. **Beileger erreichen die größere Aufmerksamkeit**. Leser sortieren am Anfang aus, welche Beileger sie lesen und welche nicht. Dabei ist die Wahrscheinlichkeit, dass ein sozialer Beileger zum Lesen zurückgelegt wird, hoch. Ein Beihefter dagegen wird zusammen mit dem Magazin entsorgt. Beihefter fallen per se nicht so stark auf, da sie nahtlos im Seitenfluss stehen. Beileger dagegen fallen in die Hand.

Beileger sind ein **Massenkommunikationsmittel**. Hohe Auflagen sorgen für **günstige Produktion** und **Response**. Die Beilagekosten sind in den Mediadaten der Verlage mit aufgeführt.

Für die **Gestaltung von Beilegern** gelten die gleichen Gesetze wie für Prospekte und Mailings. Sie sind quasi Zwitter aus beiden Formen. Es gibt zwar keine personalisierte Anrede, trotzdem sprechen Sie den Leser direkt an und holen ihn durch Information und Bilder in ein soziales Projekt hinein.

Entscheiden Sie, welchen **Handlungsimpuls** Sie mit Ihrem Beileger auslösen wollen:

- Teilnahme an einem Rätsel = Ziel Adressgewinnung
- Teilnahme an einer Aktion = Ziel Involvement, z.B. Unterschriftenaktion
- Spende auf ein Aktionskonto = Ziel Erstspende
- Mitglied werden = Ziel Förderer gewinnen
- Anmeldung = Ziel Teilnahme an einer Veranstaltung
- Anforderung von Informationen = Ziel Adressgewinnung
- Bestellung eines Produktes = Ziel Kunden gewinnen

MEHRDRUCK BEI BEILEGERN

Wenn Sie Beileger produzieren, ist Mehrdruck kein hoher Kostenfaktor. Gestalten Sie den Beileger so, dass eine Doppelnutzung möglich ist. Sie können damit gleichzeitig eine Postwurfaktion durchführen, die Beileger von Teams in Fußgängerzonen verteilen oder auf Veranstaltungen auslegen lassen.

2.6.5 Schaltung von Anzeigen nach Mediaplan

Freianzeigen setzen guten Willen der Medien voraus, daher kann niemand darauf fest bauen. Zwei Situationen führen zur klassischen Buchung, d.h., hier werden Magazine keine Anzeigenplätze verschenken: *In den sauren Apfel beißen*

- Sie planen eine strategische Kampagne und brauchen in einem exakten Kampagnenzeitraum eine hohe Anzahl von Kontakten.
- Sie haben nicht den Status der Gemeinnützigkeit und vermarkten ein unternehmerisches soziales Produkt. *Profit-Firmen haben keinen sozialen Bonus*

Wenn Sie Anzeigen regulär buchen, sollten Sie mit einer **Mediaagentur** zusammen ein **Konzept** enwickeln, wie Sie am sinnvollsten Schaltungen vornehmen. Im Anhang des Buches zeigt das Fallbeispiel der Tigerkampagne des WWF, wie eine solche Zusammenarbeit aussehen kann.

Sie müssen, wie jedes kommerzielle Unternehmen, einen Mediaplan erstellen: Zu welchem Zeitpunkt wollen Sie wie viele Kontakte in welcher Zielgruppe setzen?

Für sozial orientierte Firmen ist es oft nicht sinnvoll, in teuren Standardpublikationen Anzeigen zu schalten. Häufig wird über Insiderpublikationen und kleinformatige Anzeigen gearbeitet. Daher sehen soziale Mediapläne speziell aus.

2.6.6   Zur Gestaltung von Anzeigen

Grobe Kumpanen

Anzeigen müssen **schnell kommunizieren**. Der Leser entscheidet in Bruchteilen von Sekunden, ob er weiterblättert oder nicht. Sie haben nur ein bis zwei Sekunden, bis er dies entscheidet. Daher gibt es klare Regeln für eine Anzeige. Zu verspielte Konzepte sind wie bei Plakaten verlorene Liebesmühe.

ANZEIGENGESTALTUNG

Die Anzeige
- muss auffallen und einfach sein,
- braucht eine klare (emotionale) Botschaft,
- braucht eine klare Handlungsanweisung.

Die klassische Aufteilung ist:
- Headline
- Bildmotiv
- Copy (der Text unter der Anzeige)
- Absender mit Logo und Namen (evtl. Claim)

2.7   Außenwerbung

Ähnliches Vorgehen wie bei Anzeigen

Auch bei der Außenwerbung fehlen sozialen Organisationen die Etats, um regulär Flächen zu buchen. Durch Nutzung von Leerständen und durch Beziehungen können Sie versuchen, möglichst viele Flächen umsonst zu bekommen. Zusätzlich kann durch reguläre Buchungen zugefüttert werden.

2.7.1   Plakate

Plakate werden im sozialen Kommunikations-Mix oft gesehen. Lokal können A3- oder A2-Formate schnell in Geschäften, Kirchengemeinden und an anderen kostenlosen Stellen aufgehängt werden. Große Organisationen bemühen sich häufig um leerstehende Plakatwände und hängen imagewirksame 18/1 Formate.

2.7.1.1   Die Wirkung von Plakaten

Plakate wirken nicht allein

Wer sich allein auf Plakate verlässt, erzielt keine guten Ergebnisse. Plakate **stützen bestehende Aktionen** und bauen Bekanntheit auf. Stehen sie allein, sind sie in der Wirkung zu unverbindlich. Entscheidungen fallen selten mithilfe eines Plakates. Daher sind Plakate immer **Teamplayer** und stehen als eine Flanke im Kommunikations-Mix.

Um eine Entscheidung bei einem Menschen auszulösen, müssen Sie ihn etwa drei bis sieben Mal erreichen. Plakate können einen Teil dieser Kontakte liefern.

Bei Plakaten ist Einfachheit Trumpf. Autofahrer nehmen Plakate nur für Bruchteile einer Sekunde wahr. Ein gutes Plakat ist plakativ und trägt großformatig die wichtigsten Key-Visuals der Kampagne und Organisation. Ein Plakat geht also **keine eigenen Wege**. Der kleinzeilige Abdruck von Veranstaltungsprogrammen oder detailverliebte Gestaltungen sind wenig sinnvoll. Wichtig sind:

- ein einfaches Motiv,
- gute Fernwirkung,
- Emotion,
- klare Aussage,
- Information, wo es weitere Informationen gibt und
- eventuell eine Handlungsanweisung.

Die Handlungsanweisung ist bei einem Plakat nicht zwingend erforderlich. Plakate bauen häufig nur Bekanntheit auf.

Telefonnummern auf Plakaten führen zu keinen guten Responsezahlen. Kein Fußgänger oder Autofahrer merkt sich eine Telefonnummer. Anders sieht dies bei einer **guten Internetadresse** aus. Diese kann memoriert werden und zu einem späteren Zugriff auf die Internetseite führen.

Internet geht vor Telefon

Das Plakat erzeugt aber keinen direkten Response, sondern erinnert an eine Organisation oder Aktion. Kommt es an anderer Stelle zu einer direkten Ansprache, ist der Interessent viel schneller im Entscheidungsprozess als ein nicht Vorinformierter.

2.7.1.2 Plakate im Kommunikationsmix

Zu unterscheiden sind drei verschiedene Ausgangssituationen:

- eine kleine Organisation plakatiert lokal
- eine große Organisation nutzt Leerflächen
- eine große Organisation belegt regulär und gezielt Flächen

Kleine Organisation plakatiert lokal

An vielen Stellen können Plakate kostenlos aufgehängt werden. Erfahrungsgemäß eignen sich hierfür A3-Plakate. Größere Formate werden nicht gerne genommen.

Jede Fläche nutzen

Bei freier Hängung müssen Sie sich nicht an die DIN-Formate halten. **Sonderformate**, wie z.B. ein halbes Hochformat A3 (= 148,5 x 420 mm), sind spritzige Formate, die in viele Winkel passen.

Damit bei freier Plakatierung Plakate nicht nur in schlechten Ecken hängen, benötigen Sie ein **Netz von Plakatstellen**. Dafür müssen die entsprechenden Ansprechpartner und Plätze notiert werden. Optimal sind Wartezimmer von Ärzten, Räume von Physiotherapeuten, Kindergärten und andere „soziale Knoten".

Sie benötigen Routen und die Ehrenamtlichen, die laufen und die Plakate unterbringen. Der Zeitaufwand dafür darf nicht unterschätzt werden.

Wenn die Ehrenamtlichen während der Aktion noch ein **zweites Mal vorbeikommen**, sich **bedanken** und **eine Kleinigkeit mitbringen**, ist dies zugleich eine **Qualitätskontrolle**, denn häufig sagen Angesprochene nicht „Nein", sondern hängen die Plakate später einfach wieder ab. Auch hier zeigt sich: Nur gewachsene Beziehungen tragen.

WIE HÄNGT MAN EINE KLEINE ANZAHL 18/1-PLAKATE?

Um Kleinformate in einer Stadt zu ergänzen, können Sie gezielt einige 18/1-Plakatflächen (Großflächenformat) und Litfaßsäulen dazunehmen. Diese müssen meist gebucht werden, da man sich im Aktionszeitraum nicht auf einen Leerstand verlassen kann. Angenommen, Sie nehmen noch fünf 18/1-Flächen dazu, lohnt sich für diese geringe Stückzahl kein Druck von 18/1-Plakaten. So geht es trotzdem:

- Sie lassen die Plakatwände mit weißen Plakaten grundieren. Auf diese weißen Plakate malen Sie mit Plakatfarben einfache Motive und Botschaften. Die Grünen und viele kirchliche Gruppen haben dies bereits mit Erfolg praktiziert.
- Sie lassen die Flächen in einer Farbe grundieren, z.B. mit grünen Papieren. Auf die grüne Fläche können Sie von einem Werbeflächengestalter geplottete Headlines aufkleben lassen. Dies wirkt sehr professionell, da scharf gestochen. Auch Bilder können Sie einbinden, indem Sie wasserbeständige Großformatdrucke auf die Fläche kleben.
- Werden Sie plastisch. Kleben Sie einen alten Pullover auf, um auf eine Kleidersammlung hinzuweisen. Sorgen Sie noch für eine gute Headline und Copy und fertig ist das Installationsplakat. Sprechen Sie vorher mit dem Vermarkter der Flächen. Es wird zwar auch im kommerziellen Bereich bereits mit Schaumstoffelementen plastisch gearbeitet, trotzdem wird nicht jeder Gegenstand Begeisterung auslösen.

Große Organisation nutzt Leerstände

Mit starken Bildern auf die besten Plätze

Immer wieder kommt es bei weniger guten Standorten und konjunkturschwachen Zeiten zu Leerständen, vor allen in den Monaten Januar und August. Es gibt keine schlechtere Werbung für Werbeflächen als eine nackte Plakatwand. Daher belegen die Betreiber solche Leerstände mit kostenlosen Motiven. Gern genommen werden attraktive Bildmotive. Gute Bilder steigern die Chance, Flächen zu bekommen.

Bei Freiflächen können Sie meist weder Standort noch Zeitpunkt der Belegung bestimmen. Die Plakate müssen also eine **zeitlose Aussage** haben und dem Aufbau der Bekanntheit dienen. **Name und Logo** der Organisation sind hier noch wichtiger als sonst.

Große Organisation bucht regulär

Nur wer bucht, kann eine Wirkung vorhersagen

Brauchen Sie Plakate zu einem bestimmten Zeitpunkt, kommen Sie um verbindliche Buchungen nicht herum. Auch bei regulären Aufträgen können soziale Organisationen zusätzlich Leerstände dazugeschenkt bekommen.

Hier ist zur Zusammenarbeit mit einer **Mediaagentur** zu raten. Sie kann für Sie Türen öffnen und behält den Überblick, welche Flächen bezahlt werden müssen und welche geschenkt wurden. Ob die Mediaagentur dies selbst pro bono tut, also auf eigene Provisionen und Honorare verzichtet, oder nicht, hängt von Ihrer Beziehung zur Agentur ab. Bei den Fallbeispielen findet sich die Tigerkampagne des WWF, die mit regulären Buchungen und Freischaltungen im Herbst 2004 in Deutschland präsent war.

2.7.1.3 Die Plakattypen

Die Plakatformate gehen auf die DIN-Reihe zurück. Ausgangsformat ist der DIN-A1-Bogen (1/1-Bogen). Ein Großflächenplakat wird als 18/1-Bogen bezeichnet. Es besteht damit aus 18 DIN-A1-Bogen. Das kleinste Maß, welches noch als Plakat bezeichnet wird, ist der 1/4-Bogen. Dies entspricht einem DIN-A3-Plakat.

Plakate punkten in allen Größen

PLAKATFORMATE

Folgende Plakatformate sind Standards
- 1/4-Bogen = DIN A3 = 297 x 420 mm
- 1/2-Bogen = DIN A2 = 420 x 594 mm
- 1 Bogen = DIN A1 = 594 x 840 mm
- 18/1 Bogen = Großtafel, Großfläche oder Plakatwand genannt. Eine Plakatwand hat eine Grundfläche von etwa 9 qm.

Weitere Plakatformate und Plakatträger:
- **Lifaßsäule/Ganzsäule/CLP-Säule**: Litfaßsäulen werden gemischt belegt oder von einem einzigen Kunden genutzt. Im letzteren Fall nennt man die Nutzung „Ganzsäule". Die moderne Variante ist die verglaste und hinterleuchtete CLP-Säule.
- **Citylight-Poster und Megalights**: Das sind hinterleuchtete Plakatvitrinen. Häufig stehen Citylights an Bushaltestellen. Megalights sind die großen Brüder davon. Es sind Backlights im 18/1-Bogen-Format, auch Citylight Boards genannt.
- **Superposter**: Auch 40/1 genannt. Haben eine Fläche von fast 20 qm und übertreffen damit die Plakatwand (9 qm).
- **Blow Ups / Billboards / Megaposter**: Überformate, die an Baugerüsten oder großen leeren Gebäudewänden hängen. Sie müssen professionell von Fassadenkletterern gespannt werden und brauchen besondere Genehmigungen.

2.7.2 Besondere Formen der Außenwerbung

Abgesehen von Plakaten bieten sich als weitere Formen der Außenwerbung an:

*In der Öffentlichkeit
auffallen*

- **Taxi-Werbung**: In so gut wie jeder Stadt können die Türen der Taxis oder Flächen auf Dachständern belegt werden.
- **Verkehrsmittelwerbung**: Busse und Straßenbahnen werden immer häufiger großflächig attraktiv gestaltet. Die so genannte Rumpffläche der Busse ist im Format 883 x 50 cm definiert. Attraktiver ist aber eine Gesamtgestaltung des Fahrzeuges.
- **Bahnhofs- und Zugwerbung**: Bahnhöfe und Züge sind mögliche Werbeplätze, da hier Menschen in einer Reisesituation verweilen. Es gibt hier eine ganze Bandbreite unterschiedlicher Werbeformen.
- **Fußbodenwerbung**: Fast alle Formate können heute als rutschfeste Bodenbeklebungen realisiert werden. Enweder auf Asphalt (bis hin zu Gullydeckeln) oder in den Eingangshallen von Hotels, Einkaufspassagen, Bürogebäuden.
- **WC-Werbung**: In Kinos und Gastronomie sind auf den WCs Werbeflächen zu finden. Diese haben häufig Leerstände und können als Freifläche angefragt werden.
- **Litomobil/Werbemobile**: Litomobile tragen einen Aufbau mit einer 18/1-Plakatwand. Diese Fahrzeuge werden strategisch günstig geparkt oder fahren in Kolonne oder einzeln durch die Städte.

2.7.3   Installationen

Entfremden und stören

Steht ein Krankenhausbett in der Fußgängerzone, ist dies ein Störer. Verteilt dazu Pflegepersonal Handzettel an Passanten, ist der Zusammenhang klar.

Installationen erreichen hohe Aufmerksamkeit, sind aber auch aufwändig. Bestehende Objekte oder Umgebungen werden so **verfremdet**, dass sie eine neue Bedeutung bekommen, oder es werden Objekte installiert, die sonst so in der Umgebung nicht vorkommen.

So gut wie immer muss eine Installation vom Ordnungsamt genehmigt werden.

3   Neue Kommunikationskanäle im Sozialmarketing

*Tief greifende
Veränderungen unter
der Oberfläche*

Seit Ende des letzten Jahrhunderts sprechen Analysten von der „**New Economy**". Gemeint sind damit Firmen, die ihre Geschäftsprozesse fast ausschließlich über digitale Datenströme steuern.

Es entstanden in einem ersten Rausch tausende sogenannter Dotcoms (abgeleitet von der Endung .com), von denen viele im ersten Crash 1999 und 2000 wieder vom Markt verschwanden. Ein Irrtum wäre zu glauben, dass damit das Thema erledigt wäre. Firmen, die ihre Prozesse an dezentrale über das Internet laufende Strukturen anpassen, werden in Zukunft im Vorteil sein.

> **Wie sieht ein digitaler Buchladen aus?**
>
> Google, eBay® oder Amazon machen im Internet alte Vorgänge massenfähig. Amazon ist eigentlich ein Buchladen, eBay® eigentlich ein Auktionshaus, Google eigentlich eine Bibliothek. Aber nur eigentlich. Sie können schneller und umfangreicher als die „alten Insitutionen" Informationen verknüpfen.

Amazon, eBay® und Google repräsentieren Firmen, die von Anfang an alle Prozesse digitalisieren. Der größere Umbruch findet lautlos in vielen mittelständischen Firmen statt, die sich neu aufstellen. Der Umbruch betrifft sowohl Mitarbeiter als auch Kunden. Beide Gruppen profitieren von der schnellen Datenverfügbarkeit. Diese Umwälzungen bewegen sich auch auf **soziale Organisationen** zu.

Mehr können als klassische Institutionen

Die Diskussion dreht sich dabei nicht um futuristische Anwendungen. Ich kenne niemanden, der seinen Herd über sein Handy steuern will. Der **Umbruch** setzt **bei „normalen" Dingen** an, hauptsächlich im Bereich der **Kommunikation**. Sehen Sie sich Wikipedia (www.wikipedia.de) an. Ein Lexikon, das als Foundation mit Ehrenamtlichen Brockhaus schlagen wird. Das ist die Dynamik des Netzes.

3.1 Online-Marketing

3.1.1 Die Macht der Datenströme

Dass die Industrialisierung die Welt durch eine neue Form der Güterproduktion grundlegend verändert hat, leuchtet unmittelbar ein. Günstige Massengüter sind ein schlagendes Argument. Was passiert aber eigentlich in der **Informationsrevolution**? Wieso heben Informationen die Welt aus den gewohnten Angeln?

Neue Gleise für die Entscheider

> Unsere Welt hat sich in den Jahren 1994 bis 2004 grundlegend verändert. Diese zehn Jahre werden im Rückblick Geschichte schreiben, da hier ein Epochensprung stattfand.

Der Draht zwischen Menschen

Am Anfang stand das Kabel. Es begann mit der Entdeckung, dass man durch einen Draht über lange Strecken Stromsignale senden kann. Zunächst war das **Telegramm** schneller als der Zug. Dies war ein Fortschritt, aber noch keine Revolution.

Die Zeit-Raum-Grenze fällt

1858 kam es zu einem Ereignis, das die Psyche der Welt nachhaltig veränderte: Die Verlegung des ersten transatlantischen Seekabels wurde zum Impuls in eine neue Zeit. Ein einziges Kabel übersprang die **Zeit-Raum-Grenze**. Schiffe benötigten ein bis zwei Wochen zur Atlantikquerung. Ein

Telegramm legte durch das Kabel die gleiche Strecke innerhalb von Bruchteilen von Sekunden zurück.

Noch wog das Kabel pro verlegter Meile eine ganze Tonne. Auch sendete das erste Kabel nur vier Wochen. Aber die Entwicklung war unumkehrbar, **die Idee war angekommen**. Am Ende des 19. Jahrhundert lagen bereits zwölf Kabel zwischen der alten und der neuen Welt. Heute sind es tausende, die den Seeboden überdecken.

Die analoge Zeit

Analoge Signale führen die Medien nicht zusammen

Das Telegramm war die erste Form, die Entfernung außer Kraft zu setzen. Das **Telefon** wird der zweite Schritt zum bequemen Fern-Informations-Austausch. Die Sprachinformation wird zunächst mit analogen Signalen durchs Kabel geschickt. Die Zeit der analogen Datenübermittlung gipfelte in Höhepunkten wie analogen Plattenspielern, Kassettenrecordern und Video-Magnetbändern.

Das Problem dabei: Analoge Übertragungen haben **Datenverluste**. Mit jeder Kopie sinkt die Qualität. Auch waren andere Mediensträge noch auf Basis mechanischer Verfahren, z.B. Fotografie (Papierabzug), Dia (Durchlichtgeräte) oder Kino (Durchlichtverfahren durch Zelluidstreifen). Die einzelnen Bild- und Tonwelten fanden in einer analogen Welt schwer zusammen.

Voraussetzungen für den Quantensprung

Weitere Faktoren führten zum Quantensprung in die Multi-Media-Welt:

Alle Medien verstehen sich

- **Zurück in die Primitivität**: Das digitale Signal ersetzte das analoge Signal. An sich primitv, wurde die Länge der Signalketten gigantisch. Durch strenge Aufteilung in Blöcke wurden kleine **Informationscontainer** geschaffen. Die Welt der Bits und Bytes entstand. Durch nahezu perfekte Maschinenzugriffe wurde eine fehlerfreie Reproduktion möglich. Computer sind extrem schnelle Schreib- und Lesemaschinen. Mit ihrer Hilfe können in eigentlich primitiven Datenströmen (an ... aus ... an ... aus) komplizierteste Informationen untergebracht werden. Heute zerlegen Computer Filme in kleinste Informationsbausteine, speichern sie auf beliebigen Medien und können den gleichen Film fehlerfrei wieder abrufen und zusammensetzen. In einer Geschwindigkeit, die ein Mensch nicht mehr nachvollziehen kann.

Macht für normale Anwender

- **Einfache Anwendung**: Die elektronische Datenverarbeitung musste aufwändig gesteuert werden. Eine kryptische Aufgabe für einige Auserwählte, die Programmierer. Indem Firmen wie Apple begannen, die Arbeit am Bildschirm zu vereinfachen, wurden normale Menschen zum Anwender und **steuern Prozesse intuitiv** am Bildschirm. Kleine Fenster (Windows), Befehlmenüs und das skurrile Gerät namens Maus machen es möglich. Ähnliche Vereinfachungen erfolgten bei der Vernetzung durch das World Wide Web. Dessen Protokollsprache nutzt Bilder und grafische Seiten, die einfache Anwendung hatte gesiegt.

- **Wirklichkeitswandler**: Nun fehlten noch Geräte, um die Wirklichkeit digital zu zerlegen. Das erste bürotaugliche Bildeinlesegerät gab
es bereits, das **Fax**. Es wurde digitalisiert. Die nächsten Wirklichkeitswandler kamen dazu. Die heutigen **Scanner** wandeln alles, was sie
sehen, zu enorm günstigen Preisen in digitale Daten. **Digitalkameras,
Webcams** und viele andere Aufnahmegeräte folgten. Heute steckt ein
Reporter ein Mikrofon an einen **digitalen Recorder** und erzeugt mit
einem streichholzschachtelgroßen Gerät Aufnahmen, die vorherge-
hende Generationen von Journalisten vor Neid erblassen lassen.

*Alles rastern, scannen,
speichern*

- **Preisverfall bei Technik**: Die Hightech-Spielzeuge der Universitäten
und des Militärs wurden durch Massenproduktion für Privatanwender
und Firmen erschwinglich. Die Preise bei Speicherbausteinen, Festplatten und anderer Hardware fallen ständig. Damit wurde die neue Technik erschwinglich.

Preisverfall

Der Big Bang

Innovationssprünge kommen, wenn Kosten und Nutzen im sinnvollen
Verhältnis stehen. Zunächst breitete sich das Telefon aus. Die Anwendung war einfach und der Nutzen groß. In jedes Haus wurden Anschlüsse
gelegt. Als Computer begannen, über die ursprünglich für sie nicht vorgesehenen Telefonkabel Daten auszutauschen, trafen sich die großen Entwicklungen:

*Dann ging alles plötzlich
sehr schnell*

- Massenverbreitung des Telefons – flächendeckendes Kabelnetz
- billige Informationstechnik über Personal Computer
- bildorientierte einfache Informationsverarbeitung am Bildschirm

Die kritische Masse für die Zündung des Informations-Big-Bang war
erreicht. Firmen, Institutionen, private Haushalte – alle wollten plötzlich
ins Netz. Ab etwa 1994 begann der Siegeszug des Internets. Eine neue
Infrastruktur aus Servern entstand, die im Telefonnetz die Datenströme
lenken. 1993 gab es erst 50 Web-Server weltweit. **Nur fünf Jahre später
standen bereits über zwei Millionen Web-Server!** Der Informations-Big-
Bang war zugleich das Ende der klassischen Telefongesellschaft. Die Telefonleitungen wandelten sich zum Netz für alle Arten von Daten.

Der Big Bang

Der nächste Schritt ist die Mobilität. Über Funk kann man sich mit
immer mehr Geräten in die Netze einwählen. Wer einen Empfänger hat,
ist immer online. Die Zukunft könnte daraus bestehen, dass ein Mensch
am Morgen entscheidet, auf welches Endgerät er den Tag über seine Daten
„routet". Ab dann klingelt, vibriert oder leuchtet sein Laptop, Handy oder
Fernseher und er kann seine Nachrichten entgegennehmen. Wechselt man
den Standort, routet man seine Daten auf ein anderes Gerät. Oder nimmt
das Gerät einfach mit.

Mobilnetze gegen Festnetze

> Die Frage ist nicht mehr, was technisch möglich ist. Die Frage ist,
> was der Mensch in seine tägliche Gewohnheit integriert.

3.1.2   Veränderungen durch das Internet

Gesellschaftliche Änderungen

Die weltweite Vernetzung der Rechner verändert die Gesellschaft.

AUSWIRKUNGEN DES INTERNETS

Lokale Auswirkungen
- Internet wird das Medium für Entscheidungen und Suche
- So gut wie jede Entscheidung wird im Internet vorrecherchiert
- Das Internet ermöglicht den schnellen Vergleich
- Digitale Kompetenz wird ein Schlüsselfaktor für Erfolg
- Geschäftsprozesse dezentralisieren sich bei den Anwendern
- Geschäftsprozesse zentralisieren sich bei der Database
- Von jedem Platz der Welt besteht Einsicht auf die Firmendaten
- Austauschgruppen organisieren sich im Internet
- Immer mehr Strukturen entstehen virtuell
- Menschen können (vollwertig) von überall aus arbeiten
- Neue Kontakte entstehen über Internet

Internationale Auswirkungen
- In jedem Land stehen alle Informationen zur Verfügung
- Länder wie China können sich auf Dauer nicht mehr abschotten
- Man kann in Echtzeit mit Projekten vor Ort kommunizieren
- Man kann in Echtzeit international publizieren

Soziale Auswirkungen

Gesellschaftliche Spaltung

Nicht alle Menschen werden den Weg in die Digitalzeit mitgehen. Dies führt zur Spaltung der Gesellschaft in „Onliner" und „Offliner". Das ist einerseits eine Frage des Alters – nicht alle ältere Menschen gehen noch ins Internet –, andererseits eine Frage des Zugangs – nicht jeder Jugendliche kommt zu Hause oder in der Schule an Rechner. An armen Regionen fließt der Datenstrom vorbei.

Die Bedeutung für das Sozialmarketing

These von Tony Elischer

Wie verändert die Vernetzung der geschäftlichen und privaten Welt die Kommunikation? Tony Elischer hat dafür eine These geprägt. Auf dem Fundraising-Kongress in Magdeburg 2005 sagte er sinngemäß:

- **Epoche 1 – Teure Individualkommunikation**: Wir kamen historisch vor langer Zeit aus der Individualkommunikation der Vergangenheit. Dort sprachen die Menschen miteinander und dort schrieben sie selten einen einzelnen handgeschriebenen Brief. Die Briefe waren persönlich, der Transport teuer.
- **Epoche 2 – Günstige Massenkommunikation**: Dann kam die Zeit der Massenkommunikation im letzten Jahrhundert. Wir konnten Briefe maschinell erstellen. Die Portokosten sanken. Wir sendeten tausende

Briefe auf einen Schlag oder gestalteten eine Fernsehshow, die tausende von Menschen erreichte. Ein Sender – viele Empfänger. Die Briefe waren nicht persönlich, sondern personalisiert. Die Menschen, die uns hörten und sahen, konnten sich nur begrenzt rückmelden.

- **Epoche 3 – Günstige Individualkommunikation**: In Zukunft werden wir wieder auf die Individualkommunikation zurückfallen. Jeder einzelne Informationsvorgang wird individuell sein. Denn die Menschen werden nur noch Informationen annehmen, die etwas mit ihrer eigenen Person zu tun haben. Alles andere wird weggefiltert. Also müssen wir wenigstens teilweise aus der personalisierten in die persönliche Kommunikation zurück. Die Kunst wird sein, dass wenige Menschen (die Organisation) mit vielen Menschen (die Förderer oder Kunden) individuelle Prozesse abwickeln. Dabei spielt die Erreichbarkeit eine große Rolle. Denn ab jetzt sind die Angesprochenen in der Lage zurückzusenden.

3.1.3 E-Mail

Vor aller Fantasie der Multi-Media-Epoche steht die gute alte Textnachricht. Das Senden und Empfangen von E-Mails ist privat wie beruflich die **Hauptanwendung im Internet**. Gehen Sie davon aus, dass 70 Prozent aller Vorgänge im Netz der Versand oder der Empfang einer E-Mail ist. Erst danach kommt der Besuch anderer Internetseiten, Downloads, Chats etc. Viele Diskussionen über futuristische Anwendungen sind Schattengefechte. Der normale Mensch nutzt das Netz normal.

E-Mail ist die Hauptanwendung

Die E-Mail ist einfach. Sie schlägt bei Kurznachrichten jeden Brief in puncto Bequemlichkeit und Schnelligkeit. Es braucht nur einen Augenblick, bis die Mail am anderen Ende der Welt angekommen ist. Dazu kommt der Preis: E-Mails sind so günstig, dass buchhalterisch niemand den Stückpreis ermittelt. Die **Alltagskommunikation in der Berufswelt** ist bereits die E-Mail. Ein Brief wird hier nur noch für offizielle Dokumente versandt.

Eine E-Mail ist praktisch kostenlos und unschlagbar schnell

Individuelle E-Mails

Die einzelne Mail trägt meist eine kurze Information und klärt Termine oder Ähnliches. Wie in einem Gespräch werden häufig zu einem Vorgang mehrere Mails hin- und hergesandt. Damit ist die E-Mail ein Dialogmedium erster Güte. Mit Briefen wäre dies nicht möglich.

Dialogmedium

Der Vorteil gegenüber einem Telefonanruf: schneller, günstiger und stört das Gegenüber nicht in seinem Arbeitsablauf. In vielen Büros besteht inzwischen E-Mail-Pflicht. In Großraumbüros wird häufig miteinander gemailt, denn aufstehen, hinübergehen und reden stört alle Beteiligten.

Allgemeine Beobachtungen:
- die Masse der individuellen E-Mails besteht aus kurzen Texten
- die meisten individuellen Mails sind grafisch nicht besonders gestaltet
- ein Teil der Mails hat Anhänge (Dokumente, Bilder etc.)

Newsletter

Informationsmedium   Neben der individuellen Mail steht der Massenversand von Newslettern als derzeit interessanteste Form, um Informationen an Gruppen schnell und direkt weiterzugeben. Wer seine E-Mail-Adresse bei einem Anbieter hinterlegt, erhält als Abonnement aktuelle News.

Hier gibt es verschiedene Modelle:

- **Der Newsletter enthält ein einziges prägnantes Anliegen**, dieses wird kurz dargestellt. Ein Link führt zu weiteren Informationen auf der entsprechenden Website. Diese Form eignet sich für dringende, emotionale und wichtige Anliegen. Es wird **fokussiert**.
- **Der Newsletter enthält eine Reihe kurzer Appetizer**. Jeder Textblock hat am Ende weiterführende Links. Der Leser entscheidet pro Textblock, ob die Information ihn betrifft, und geht über den Link bei Bedarf auf die entsprechende Website.

Viele praktische Formen
für unterschiedliche
Situationen
- **Der Lese-Newsletter**: Dieser Newsletter kann einige Seiten Text umfassen und bringt richtige Artikel. Der Schreibstil unterscheidet sich von einer Printpublikation, die Sätze sind hier kürzer und müssen schneller auf den Punkt kommen. Der Empfänger liest entweder sofort am Bildschirm oder druckt sich den Artikel aus.
- **Der reine Rückverweis** auf ein Dokument im Internet. Der Betreiber einer Seite versendet den Hinweis, dass jetzt der neueste Newsletter als PDF auf der Internetseite eingestellt wurde.

E-Mail contra Mailing

Derzeit stellt sich bei sozialen Organisationen nicht die Frage, ob Briefempfänger auf E-Mail umgestellt werden, denn ältere Gruppen würden dies nicht akzeptieren und können nicht alle mit der neuen Technik umgehen. Das Risiko einer Umstellung wäre viel zu groß.

In „Fundraising professionell" wurde eine Studie der Post zitiert, dass in der Schweiz 60 Prozent der Befragten nach wie vor den Brief gegenüber einer E-Mail vorziehen. (Fundraising professionell, 1/2005, S. 5) Abgesehen davon, dass die Umfrage von der Post stammt, ist dies eine einseitige Argumentation.

> Wenn ich einen Menschen frage, ob er das Bestehende behalten will, wird er immer das Bestehende nennen. Niemand möchte sich verändern. Werden aber neue Strukturen geschaffen, gibt es gar keine Alternative.

E-Mails schaffen
neue Gruppen
Die Kommunikationsform E-Mail bedeutet, neben der bestehenden Klientel neue Strukturen für die Gruppen zu schaffen, die eine engere Beziehung wollen.

Die E-Mail hat eine andere Wertigkeit als der Brief. Es ist nicht Ziel, mailinggewohnten Menschen den Brief wegzunehmen.

MERKMALE VON E-MAILS

- die E-Mail ist schnell
- die E-Mail ist kürzer als ein Brief
- die E-Mail hat eine andere Sprache
- die E-Mail hat einen anderen Nutzen
- die E-Mail wird von Menschen erwünscht, die eine Beziehung wollen
- die E-Mail kann andere, neue Beziehungsarten schaffen

Per E-Mail kann eine Organisation **viermal im Monat** präsent sein. In einer dichten Aktionsphase sogar häufiger. Jeder Briefempfänger würde bei gleicher Frequenz erbost die Organisation anrufen, wie sie so viel Geld für Porto verschwenden kann. Ein E-Mail-Leser dagegen freut sich über den intensiven Kontakt. Vielleicht liest er nicht jeden Absatz. Aber er bemerkt, dass die Organisation ihn auf dem Laufenden hält.

Per E-Mail informierte Gruppen sind aktiver

Zum bisher eher passiven Briefspender kommt eine neue aktive Gruppe. Diese will am Puls der Zeit sein und mitbekommen, wie „ihre" Organisation arbeitet. Erste Studien weisen darauf hin, dass Gruppen, die sowohl E-Mail als auch Post bekommen, mehr spenden als reine Briefempfänger.

Überlassen Sie den Anwendern die Entscheidung

Sie werden niemandem mit einer hohen Frequenz auf die Nerven gehen. Normale Menschen bekommen nicht so viele E-Mails pro Tag wie die Verantwortlichen einer Organisation. Die Menschen ärgern sich zwar über „Spam" (unverlangter, massenhafter, meist strafbarer Versand von Nachrichten), freuen sich aber über „gute" E-Mails.

Sorgen Sie dafür, dass Sie „gute" E-Mails versenden.

Lassen Sie den Nutzer entscheiden. Ohnehin darf niemand ohne Zustimmung Newsletter zusenden. Newsletter werden bewusst abonniert. Jeder gute Newsletter kann mit einem Klick im Footer wieder abgemeldet werden. Solange ein Mensch seinen Newsletter empfängt, will er diesen auch.

Newsletter nerven nie

3.1.4   Verwaltung von E-Mail-Adressen

E-Mailer zu entdecken, fällt sozialen Organisationen schwer. Erst jetzt wird begonnen, E-Mail-Adressen zu sammeln. Aber es gibt wenige Konzepte, was anschließend per Mail gesendet werden soll. Um mit E-Mails sinnvoll zu arbeiten, brauchen Sie:
- eine **Strategie**, wie Sie E-Mail-Adressen qualifiziert sammeln
- eine **Technik**, wie Sie E-Mail-Adressen verwalten
- ein **Konzept**, was Sie per E-Mail senden wollen

Bevor Sie E-Mail-Adressen sammeln: Fragen Sie unbedingt, was Sie mit den
Adressen wollen. Was ist Ihr Angebot?
Eine E-Mail-Adresse ist nur dann gut bei Ihnen aufgehoben, wenn Sie sinnvolle
Informationen in angemessener Frequenz senden. Wenn Sie thematisch ver-
schiedene Beziehergruppen wünschen, ist ein anderes Vorgehen erforderlich,
hier reicht es nicht, unqualifiziert E-Mail-Adressen in einen Topf zu werfen.
Sie brauchen mehrere Listen.

Die Sammlung von E-Mail Adressen

E-Mail-Adresse abfragen   Grundsätzlich können Sie überall nach der E-Mail Adresse fragen. Entweder gibt es einen generellen Newsletter der Organisation, dann ist die Frage
einfach: *„Wenn Sie aktuelle Informationen über unsere Arbeit wollen, tragen
Sie sich in unseren Newsletter ein."*

Oder Sie bieten verschiedene thematische Newsletter an. Ob es sinnvoll
ist, Themen auseinander zu ziehen, hängt von Ihrer Kapazität ab, denn
Sie müssen bedenken: Jede getrennte Publikation verlangt personelle Ressourcen.

Abfrage der E-Mail-Adresse direkt auf der Startseite

Eingabefeld direkt auf der   Der einfachste Ort, E-Mail-Adressen zu sammeln, ist die eigene Internet-
Startseite im Internet   seite. Es sollte direkt auf der Startseite eine Eingabebox für den Newsletter
stehen.

Steht das Eingabefeld direkt auf der Startseite,
kommt es zu wesentlich höheren Anmeldezahlen.

Die Erfahrung zeigt:

- das Eingabefeld sollte auf jede Seite übernommen werden
- je einfacher die Eingabe ist, umso eher werden Newsletter abonniert
- je weniger Daten auszufüllen sind, umso eher wird abonniert
- der Nutzen des Newsletters sollte deutlich gemacht werden

Für den Nutzer ist die reine Eingabe der E-Mail-Adresse das Bequemste.
Hilft mir dies aber als Organisation?

Bei der E-Mail-Adresse „schatzimaus@gmx.de" wissen Sie nichts über
den Menschen dahinter. Nur ein Frauenfeind würde behaupten, dass der
Begriff „Maus" eindeutig auf eine Frau hindeutet. Im Zweifelsfalle sollten
Sie nicht antworten: „Liebe Frau Schatzimaus".

Eine richtige Kommunikation ist aufgrund dieser Datenbasis schwer.
Viele Nutzer haben im Internet eigene „Mülladressen" mit denen sie sich
in unterschiedliche Newsletter eintragen, z.B. eine Adresse wie „236junk@
web.de".

Sammlung reiner E-Mail-Adressen:

- **Vorteil**: Sie werden mehr Adressen bekommen als mit einer Formular-abfrage.
- **Nachteil**: Kein wirkliches Wissen über die Menschen hinter den Adressen. Kein Wissen, ob die Adressen zu Fremden oder Mitgliedern gehören. Häufiger Wechsel dieser Adressen.

Die Menge der abgefragten Daten filtert die Gruppe der Abonnenten

Sammlung von E-Mail-Adressen mit weiteren Informationen:
Hier muss der Abonnent mehr Daten eingeben. Bei dem Klick auf die Option „Newsletter" öffnet sich ein Formularfeld.

So könnte ein Abfrageformular aussehen
Geben Sie uns bitte folgende Informationen:
• Geschlecht: m w
• Vorname: _____
• Nachname: _____
• E-Mail-Adresse: _____
• Sind Sie bereits Mitglied von uns? ja nein

In diesem Formular wird Junk entstehen, d.h., einige Nutzer werden die Felder nur mit „abc", „12345" oder Ähnlichem ausfüllen. Der Rest wird qualifiziert Auskunft geben.

Raten Sie einmal: Bei welcher dieser beiden Nutzergruppen ist das Beziehungsinteresse größer? Folgefrage: Wer ist für Sie interessanter?

Je mehr Informationen Sie abfragen, umso **verbindlicher** wird der Vorgang. Wer sich darauf einlässt, ist an einer Beziehung interessiert. Somit filtern Sie durch die Abfragen.

Wer seine Adresse hinter-lässt, ist auch an einer Beziehung interessiert

PFLICHTFELDER

Vorsicht Falle: Das Teledienstedatenschutzgesetz (TDDSG) und der Medien-dienste-Staatsvertrag der Länder schreiben unter dem Stichwort „Datenspar-samkeit" vor, dass nur die Daten gesammelt werden dürfen, die zur Durchfüh-rung des Dienstes (Versand der E-Mail) notwendig sind. Alle anderen Daten müssen freiwillig gegeben werden.
Das heißt in der Praxis: Auch wenn Sie sich entscheiden, mit einem Formular zu arbeiten, dürfen die Felder keine Pflichtfelder sein. Der Dienst muss auch zugestellt werden, wenn die zusätzlichen Daten nicht gegeben wurden.
Dies gilt nicht für geschlossene Nutzergruppen wie Foren oder Chats in einer Intrazone.

Abfrage der E-Mail-Adresse bei jedem anderen Formular

Es kann bei jedem Formular die Frage nach dem Newsletter enthalten sein. Zunächst meldet sich der Nutzer z.B. bei einer Veranstaltung an. Kurz vor Ende der Transaktion steht die zusätzliche Frage: *„Wünschen Sie die Zusen-dung unseres Newsletters?"* Dahinter ist eine Checkbox.

*Opt-in ist Pflicht und sollte
im Sozialmarketing auch
Standard sein*

Diese darf laut Gesetz nicht mit „Ja" vorbelegt sein (was viele trotzdem tun). Der Nutzer muss durch eine aktive Handlung (Eintrag des Häk-
chens in die Checkbox oder Ähnliches) seinen Willen aktiv bekunden,
den Newsletter erhalten zu wollen. Dieses Verfahren nennt sich **„Opt-in"**.

Das Gegenteil ist „Opt-out", hier ist die Checkbox bereits belegt, d.h.,
der Nutzer muss den Haken herausnehmen, um die Handlung zu verhindern. **Opt-out ist nicht zulässig.**

Wichtig ist zudem, dass der Nutzer die **Frage deutlich sehen** kann. Eine
Erwähnung in den AGB (oder an anderer Stelle), dass jeder Teilnehmer
oder jeder Besteller auch automatisch einen Newsletter erhält, gilt nicht als
Zustimmung und ist Spam.

DOUBLE-OPT-IN

Wenn Sie die Anmeldung noch stärker filtern wollen, arbeiten Sie mit Double-
Opt-in. Hier erhält der Interessent nach Eintrag in den Newsletter oder nach
Absendung eines Formulares mit positiv angekreuzter Newsletter-Checkbox
eine nochmalige Abfrage in einer gesonderten Mail. Erst wenn der Interessent
hier bestätigt, erhält er in Folge den Newsletter. Bei verbindlichen Foren etc. ist
Double-Opt-in angebracht.

Abfrage der E-Mail-Adresse an anderen Stellen

*E-Mail-Adressen auch
offline sammeln*

Es gibt viele Plätze zu entdecken, an denen sich E-Mail-Adressen sammeln lassen. Für ein Tagungshaus integrierten wir kürzlich **auf dem
postalischen Anmeldeschein** auch die (freiwillige) Abfrage nach der
E-Mail-Adresse. Der Footer jeder E-Mail kann den Link zu Ihrer News-
letteranmeldung legen. Im Impressum Ihrer Publikationen und auf dem
Briefpapier ist immer Platz für den Hinweis, wo der Newsletter der Organisation zu bestellen ist.

SPENDEN-MAIL

E-Mails sind der schnellste Weg, um bei Katastrophen einen zusätzlichen
Spendenaufruf zu versenden. Haben Sie per Newsletter eine Vertrauensba-
sis geschaffen, können Sie die Abonnenten per E-Mail um Spenden bitten.
Technisch ist dies einfach, da per Link der Verweis auf Spendenformulare der
eigenen Website möglich ist. Dort können verschiedene Zahlarten angeboten
werden.
Praktiker wie Kai Fischer gehen jedoch – bei aller Vorläufigkeit der jetzigen
Erfahrungen – davon aus, dass ein monatlicher E-Mail-Spendenaufruf für die
Beziehung zu häufig ist (Kai Fischer, Multi-Channel-Fundraising, S. 139). Wie
überall im Fundraising ist die Akzeptanz eine Waagschale aus der Tiefe der
Beziehung und der Glaubwürdigkeit des Spendenanliegens.

Wird zu häufig gefragt, sinkt die Glaubwürdigkeit. Die Nutzung des Online-Kanals zur Spende wird aber zunehmen. Während der Tsunami-Flutkatastrophe im Dezember 2004 gingen bereits weltweit 25 % aller Spenden online ein.

Stand-alone-Lösungen

Die Sammlung von E-Mail-Adressen in größerem Umfang stellt besondere Anforderungen. Es gibt eine **höhere Fluktuation** als im Postbereich.

Sie können hier eine getrennte Liste von reinen E-Mail-Adressen ohne Bezug zum Adressstamm in der normalen Database pflegen. Solche Listen ermöglichen jedoch kein Beziehungsmarketing. Diese „gesichtslosen" Adressen können mit einem General-Newsletter angemailt werden. Eine personalisierte Anrede ist nicht vorgesehen, da Namen nicht bekannt sind. Dies ist einfach und die sinnvollste Lösung, wenn redaktionell wenig Kapazitäten zur Verfügung stehen.

Für solche Newsletter gibt es viele Stand-alone-Lösungen, die gut funktionieren, sowohl in den herkömmlichen E-Mail-Programmen (z.B. Outlook) als auch als Desktop-Programm oder als spezielle Server-Lösung.

Welche Technik wird zum E-Mail-Versand benötigt?

Entscheidungskriterien für den **Umstieg auf eine Server-Lösung** sind:

- **Anzahl der Datensätze**: Ab 3.000 Adressen ist zu speziellen Server-Lösungen zu raten, da sonst das Bounce-Management per Hand durchgeführt werden muss.
- **Die Frage der Zustellbarkeit**: Spezielle Server haben eine höhere Zustellrate, da sie wegen höherer Preise nicht von Spammern genutzt werden.
- **Anforderung an die Personalisierung und Individualisierung**: Je differenzierter die Kommunikation, desto eher die Entscheidung für eine Server-Lösung.
- **Die Auswertung**: Häufig verfügen nur Server-Lösungen über eine hinreichende Statistikfunktion, um Aussagen über die Nutzung der einzelnen E-Mails machen zu können.
- **Event-gesteuerte Kommunikation**: Nur gute Server-Lösungen bieten die Möglichkeit, E-Mails nach definierten Ereignissen automatisch zu versenden (z.B. Geburtstagsgrüße).

Verknüpfungen mit der Database

Soll die E-Mail-Adresse mit Stammdatensätzen in der Database verknüpft werden, sind Schnittstellen nötig, denn es kann vorkommen, dass eine Person mehrere E-Mail-Adressen hat, oder es gibt Datensätze, bei denen nur eine E-Mail-Adresse, aber so gut wie keine persönlichen Daten bekannt sind.

Die Verwaltung ist so zwar aufwändiger, aber es gibt große Vorteile: Mails können personalisiert werden, und in der Kontaktchronologie der

Optimal ist die Zuordnung von E-Mail-Adressen zu Stammdatensätzen

Database wird vermerkt, wer welche Mails erhalten hat. Gruppenbildungen etc. sind wie bei klassischer Selektion möglich.

Bounces

*Was tun, wenn E-Mails
zurückkommen?*
Wichtiges Thema ist das Bounce-Management. Bounces sind **nicht zustellbare E-Mails**. Die Gründe dafür sind vielfältig:

- Nutzer wechseln häufiger ihre Adresse
- SPAM-Filter blocken
- Tippfehler
- Postfächer der Empfänger sind überfüllt

In diesen Fällen wird meist die E-Mail als unzustellbar zurückgespiegelt. Die nicht erreichbaren Adressen einfach zu löschen, wäre ein Fehler, da ein großer Prozentsatz der Empfänger den Newsletter nach wie vor haben möchte. Viele dieser Rückläufer sind so genannte **„Soft-Bounces"**. Das Postfach des Empfängers ist nur vorübergehend nicht erreichbar. Senden Sie später die E-Mail erneut, sind diese Adressen wieder erreichbar.

Bounces automatisch bearbeiten können herkömmliche Datenbanken in der Regel nicht. Zu Beginn reicht eine **händische Bearbeitung**, früher oder später jedoch braucht es Routinen, wie mit Bounces **automatisiert** oder **halbautomatisiert** verfahren wird.

Ab einer höheren Last ist zu E-Mail-Servern zu raten, hier können Bounces direkt verarbeitet werden.

> ## SCHNITTSTELLEN KLÄREN
>
> Die Schnittstellen zum Newsletterversand und E-Mail-Serienversand werden in der Zukunft die wichtigsten Schnittstellen einer Datenbank. Klären Sie gründlich, was Ihre Datenbank in Zukunft braucht und welches Vorgehen Ärger und Kosten vermeidet.

3.1.5 Der eigene Auftritt im Internet

Sich im Netz bewegen
Die eigene Kommunikation im Internet ist nach der E-Mail das zweitwichtigste New-Media-Thema der nächsten Jahre im Sozialmarketing. Zum Online-Marketing gehören:

- der eigene Auftritt im Internet (über eine oder mehrere Domains)
- die Kooperation mit anderen Internetauftritten (Vernetzung)
- das Zusammenspiel von Web und anderen Kommunikationsformen
- das Suchmaschinenmarketing
- Online-Promotion (Werbung im Internet)
- die Schaffung virtueller Gemeinschaften
- die Verlagerung von Prozessen in Web-Interfaces
- die Entstehung von virtuellen Firmen/Organisationen

Kommunikation ohne eigenen Internetauftritt gibt es nicht mehr. Eine Organisation wird über eine Domain weltweit per Klick erreichbar. Der Besucher zahlt seinen Besuch selbst. Dies nicht zu nutzen, wäre Unsinn.

Ohne Homepage kein Online-Marketing

Der Name der so genannten First-Level- oder Top-Level-Domain ist das erste Glied in der Online-Kommunikationskette.

Warum ist die **Internetadresse erfolgreicher** als die Telefonnummer? Ganz einfach: Sie kommt dem Gehirn des Menschen entgegen. Ein Wort kann man sich merken, eine Nummer nicht. Es gibt inzwischen genug Domain-Endungen, sodass jeder einen passenden Namen finden kann.

Einige Domainendungen haben bestimmte Bedeutungen:
* firma.**com** = commercial
* organisation.**org** = Organisation wie NPOs, Regierung, NGOs
* organisation.**de**/.at/.ch = Länderkennungen

In der Praxis verwischen diese Grenzen. Sie können eine com-Adresse als NPO nutzen, ohne gleich als kommerziell angesehen zu werden. „com" hat inzwischen eher die Bedeutung „international".

Meistens wird die Länderkennung oder die Endung „org" bei sozialen Organisationen vorgezogen. Sie sollten keine Länderkennung eines anderen Landes verwenden. Dies würde zur Verwirrung führen.

Der erste Schritt im Online-Marketing besteht in der Wahl der richtigen Internetadresse.

> Die Internetadresse ist inzwischen ebenso wichtig wie die Wahl des eigentlichen Namens der Organisation.

Im nächsten Schritt muss die **Hauptadresse** in allen Kommunikationsmaterialien veröffentlicht werden. Auf jedem ausgehenden Brief, jedem Fax und jeder E-Mail muss man die Webadresse finden.

Kommunizieren Sie Ihre Internetadresse

Große Firmen und Organisationen belegen einen Fächer von Adressen, darunter auch Schreibfehler, damit möglichst alle Interessierten sie sofort finden können. Beworben wird aber nur die Hauptadresse. Für Greenpeace böte sich hier an:
* www.greenpeace.de/.com/.org/.info
* www.grenpeace.de (vergessener Buchstabe)
* www.greenpaece.de (Buchstabendreher)
* www.green-peace.de (Bindestrich)

3.1.6   Der Aufbau der Internetseite

Im Internet hängen Struktur und Gestaltung eng zusammen. Welche Vorgänge wollen Sie darstellen? Dann erst folgt die Gestaltung.

Es gibt verschiedene Nutzerführungen auf Internetseiten. Sprachliche Anmerkung: Im Webdesign wird der Begriff Seite in doppelter Hinsicht verwendet. Einmal meint dies den Gesamtauftritt (die Seite der Organisation), zum anderen die einzelnen Seiten dieses Auftritts.

Statische Seite

Einfacher Unterbau

Hier werden die Unterseiten per HTML oder einer anderen statischen Programmiersprache erstellt und vom Programmierer einzeln ins Netz gestellt. Jede Seite muss bei einer Änderung vom Programmierer wieder „angefasst" werden.

Häufig werden solche Seiten leider zu Kommunikationsfriedhöfen. Alte Informationen bleiben monatelang unverändert im Netz, weil niemand programmieren kann.

Abhilfe schaffen so genannte **Editoren**. Mit ihrer Hilfe können auch Anwender ohne Programmierkenntnisse Seiten erstellen. Der Editor wirft den fertigen Code aus.

Für kleine Vereine und Aktionen ist eine statische Seite ein guter Weg, schnell und kostengünstig ins Netz zu kommen. Auch können solche Seiten einiges, wie das Fallbeispiel Nutzmüll e.V. am Ende des Buches zeigt.

> ## KOSTENLOSE SOFTWARE
>
> Sie müssen als gemeinnützige Organisation nicht jede Software kaufen. Firmen wie Microsoft, Adobe und Macromedia geben teilweise kostenlose Lizenzen an NPOs ab. Fragen Sie nach, bevor Sie Software anschaffen.

CMS-Seite

Inhalte automatisch verwalten

Soll im Internet häufig aktualisiert werden, wird meist zu einem Content Management System geraten. Mit einem CMS können Redakteure Inhalte ohne Programmierkenntnisse schnell aktualisieren.

Es gibt viele verschiedene CMS-Systeme. Vor Installation fragen Sie sich, ob Ihre Anforderungen nicht doch einfacher über eine statische Lösung zu erreichen sind, denn High Tech will gepflegt sein, Low Tech rechnet sich oft eher.

Des Weiteren muss bei einer Entscheidung berücksichtigt werden, ob die Seite von einer Agentur komplett administriert wird (inklusive Gewährleistung) oder die Organisation das Know-how selbst stellt. Hier gilt die Faustformel:

Eine Website ist nur so gut wie der Programmierer.

Ist Ihr Programmierer ehrenamtlich tätig und nicht ständig erreichbar, ist früher oder später zu einer Professionalisierung zu raten.

Als dritte Lösung gelten so genannte ASP-Lösungen. Hier werden auf einem Application-Service-Provider Systeme zur Verfügung gestellt, die eine Organisation mitnutzt. Hierfür fallen monatliche Mieten an.

VORSICHT FALLE

Viele CMS-Systeme denken nicht wie Suchmaschinen. Zwar können Redaktionen dort Texte beliebig einstellen. Ob diese Texte aber im Code richtig stehen und die Anordnung der Seiten für Suchmaschinen optimal ist, sei dahingestellt. Aus diesem Grunde arbeite ich nur noch mit CMS-Systemen, die einerseits einfach zu bedienen sind und die andererseits suchmaschinengerecht positionieren. Viele komplexe Systeme helfen Ihnen hier wenig. Lassen Sie sich daher vor einer Entscheidung beraten, was ein CMS in puncto Suchmaschinen können muss.

CRM-Systeme

CRM steht als Kürzel für **Customer Relationship Management**. Diese Softwaresysteme sind für Beziehungsmanagement optimiert und stellen häufig eine Kombination aus Datenbank und Internetauftritt dar. Dort ist meist auch ein CMS integriert.

CRM bezeichnet Beziehungsmarketing

Soziale Organisationen haben in der Regel bereits eine Datenbank. Die Aufgabe ist hier eher, die bestehende Datenbank weiter für Beziehungsmanagement zu optimieren und mit der Internetseite zu synchronisieren.

Wer sich eine komplette CRM-Software anschaffen will, sollte diese auf Herz und Nieren prüfen, ob sie die **Sonderanforderungen** des Sozialmarketings abdeckt.

Dynamische Seiten

Dynamische Seiten zeigen Besuchern nicht immer das Gleiche. Der Internetauftritt greift auf eine Datenbank zurück und spielt die Inhalte auf, die gerade wichtig sind.

Seiten, die leben

Ein CMS ist bereits eine dynamische Seite, da hier Inhalte über eine Datenbank eingestellt und auch terminiert werden können, zum Beispiel kann am Sonntagvormittag ein besonderer Text auf der Startseite stehen. Dies sind redaktionelle Vorgaben.

Eine weitere Dynamisierung entsteht, wenn **Interaktionen** zwischen Organisation und Besucher entstehen:
- Inhalte werden an Bedürfnisse des Besuchers angepasst
- Inhalte verändern sich durch die Nutzung
- Chats, Foren oder Blogs erlauben Austausch
- Bestellungen und Buchungen erfolgen über einen Shop
- Transaktionen werden abgewickelt

Nicht jeder sieht dasselbe Kind

Für ein Patenschaftsprogramm wird ein Kind mit Namen und Hintergrundinformation gezeigt. Fordert ein Interessent die Unterlagen für dieses Kind an, verschwindet das Kind von der Seite und ein anderes wird ab jetzt angezeigt.

3.1.7   Kooperation mit anderen Internetseiten

Wer nimmt mich Huckepack?

Internetseiten mit hohem Traffic sind ideale Medienpartner. Seiten wie www.ebay.de, www.bahn.de, www.t-online.de haben eine Unmenge an Kontakten pro Tag. Es gilt das Gesetz der **gleichwertigen Kooperationspartner**: Große Organisationen kommen eher auf große Seiten, mittlere Organisationen kommen eher auf mittlere Seiten, kleine Organisationen kommen eher auf kleine Seiten.

- Suchen Sie nach einer Internetseite mit (für Sie) hohem Traffic, dies können auch lokale Seiten wie die einer Bank sein.
- Analysieren Sie die Seite. Was könnte hier für eine gemeinsame Aktion möglich sein?
- Bieten Sie dem Partner die Aktion an. Bei dieser wird ein Link auf Ihre eigene Internetseite gelegt.

Viele kleine Partner ergeben ein Zuweisungsumfeld

Sie können einmalige Kooperationen mit einem einzigen Partner aufbauen oder **Grassroot-Aktionen** ausrufen. Eine typische Grassroot-Aktion wäre der Aufruf, bei möglichst vielen (kleinen) Internetseiten ein Aktionssignet Ihrer Seite zu integrieren.

3.1.8   Aufgaben einer Internetseite

Das Internet nimmt in der Kommunikation eine besondere Stellung ein.

Die Internetseite zur grundlegenden Information

Der ständig aktuelle Prospekt mit unbegrenzten Möglichkeiten

Grundlage ist die Publikation der Internetadresse auf allen anderen Kommunikationsmedien wie Brief, Fax, E-Mail etc. Die Internetadresse ist eine **Handlungsaufforderung**. Sie sagt: Hier kann sich jeder grundlegend informieren.

Alle Medien mit kurzen Blickkontaktzeiten wie Plakate sollten zuerst die Internetadresse tragen. Wenn hier die Wahl zwischen Telefonnummer und Internetadresse fallen muss, fällt die Entscheidung zugunsten der Internetadresse. Auch im Abspann eines Kinospots ist die merkfähige Internetadresse sinnvoller als eine Telefonnummer, die sich dort niemand notiert.

Die Internetseite als Responsekanal

Professionell Rückläufe einsammeln

Im zweiten Schritt bieten Sie **Handlungsoptionen** immer auch parallel im Internet an. Beispiel: Das Mailing hat einen Überweisungsträger, verweist aber gleichzeitig auf die Spendenmöglichkeit im Internet. Im Internet können Sie per **Dialog** den Nutzer gezielter führen.

Bei immer mehr Aktionen wird heute schon das Internet als starker **Rücksendeweg** in Anspruch genommen. Der Kontakt erfolgt über ein anderes Medium, der Rücklauf erfolgt im Internet. Interessenten nutzen den Weg, der am wenigsten Arbeit bereitet. Das Ausfüllen eines Web-Formulares ist für internetgeübte Menschen leichter, als einen Kugelschreiber zu zücken, einen Überweisungsträger auszufüllen und diesen zur Bank zu tragen.

Die Internetseite als Landing Base der gesamten Aktion

Die gesamte Kommunikation bündelt hier die Energie auf der Internetseite. Ein Interessent kann an einer Aktion gar nicht teilnehmen, wenn er nicht auf die Seite geht. Auf dieser Seite: *Die zugespitzte Interaktion mit einer Seite*

- stehen nähere Informationen zur Aktion
- kann an einer Aktion aktiv teilgenommen werden
- kann ein Rätsel gelöst werden
- ist der Zugangscode zu einer Telefonkonferenz

Definieren Sie genau, was auf der Seite geschehen soll. Wenn Sie eine Person auf die Seite bekommen, gilt es, mit dieser Person möglichst eine **Beziehung** zu **beginnen**. Kann sich der Interessierte das PDF mit Informationen einfach herunterladen? Dies wäre ein Fehler. Dann wissen Sie nicht, wer auf der Seite war. Fragen Sie z.B. kurz vor dem Download, ob die Person ab jetzt den Aktions-Newsletter bekommen möchte. Ideal ist es, wenn der Besucher: *Nutzer an die Seite binden*

- seine E-Mail-Adresse hinterlässt
- einen Newsletter abonniert
- seine postalische Adresse hinterlässt
- Teilnehmer in einer Gruppe wird

3.1.9 Die Führung im Internet

Um durch das Angebot einer Seite zu führen, gibt es verschiedene grundlegende Ansätze.

One Home

Der Zugang zur Internetseite geht über **eine Startseite**. Von dort sind alle anderen Seiten in Untermenüs zu finden. Dies ist der am häufigsten zu findende Seitentyp. *Alles geht über die Startseite*

Vorteil: Sie können sich auf eine Seite beschränken. Die Seite selbst ist komplex, das Marketing ist einfacher. Wollen Sie auf einen Unterbereich verweisen, veröffentlichen Sie einen so genannten Deep Link.

> **So funktioniert ein Deep Link**
>
> Die Hauptseite heißt z.B. www.organisation.de. Der spezielle Verweis auf eine Aktion www.organisation.de/frisches-wasser.html oder ähnlich. Die Unterseite „frisches-wasser" bleibt im Design der Gesamtseite.

Special-Interest-Seiten

Hier gibt es für Themen eigene Domains, zum Beispiel kann es eine Kinderseite mit einem anderen Layout geben.

Unterscheiden Sie Domains, können Sie gezielter auf spezielle Nutzer eingehen und gezielter Marketing betreiben. Sie müssen aber auch für die neuen Seiten eigenen Traffic generieren.

Vorschaltdialoge

Eine taktische Variante sind Vorschaltdialoge: Über kurze Seitensequenzen können Interessenten einer Marketingmaßnahme durch einen Seiteneinstieg auf die Hauptseite geführt werden. Die Interessenten erleben zunächst eine eigene Argumentation (Seitenfolge wie in einer Galerie). Sind die Interessenten auf der Hauptseite, kommen sie in den Aktionsdialog nicht mehr zurück, sondern navigieren nur noch in der Hauptseite.

Intrazones

Intrazones sind Seiten, die nur nach **Eingabe eines Passwortes** zugänglich sind. Um den internen Bereich zu nutzen, muss sich ein Besucher registrieren. Dies schafft eine **Hemmschwelle**. Daher eignet es sich nicht für flüchtige Interessenten.

Dieses Verfahren hat andererseits große **Vorteile**: Hat sich ein Teilnehmer registriert, können in der Intrazone gezielt individualisierte Informationen präsentiert werden. Intrazones sind ein Muss für Patenschaftsprogramme, um Paten über ihr Projekt zu informieren, oder für andere Involvement-Strategien.

In Zukunft wird die Mitgliederinformation verstärkt in Intrazones stattfinden. Zur Zeit fehlen vielen klassischen Datenbanken Schnittstellen, um zwischen einer Web-Intrazone und der Stammdatenbank zu synchronisieren. In der Synchronisation der Web- und Stammdaten liegt daher eine wichtige Aufgabe.

3.1.10 Online-Promotion

Eine Seite zu haben, heißt im Internet erst einmal, dass sie dort draußen sehr einsam sind. Das Problem ist nicht, eine Seite zu erstellen. Das Hauptthema im Online-Marketing ist, **Traffic** auf dieser Seite zu erzeugen. Dies kann auf zwei Arten geschehen:
- **aktiv**: Sie sprechen Menschen direkt an und weisen auf Ihre Seite hin
- **passiv**: Sie legen Spuren im Internet, damit Interessenten Sie finden

Online-Marketing offline

Eine Internetseite wird im klassischen Marketing mitbeworben. Drucken Sie die Internetadresse wo irgend möglich ab. Der Interessent merkt sich die Adresse und gibt sie später hoffentlich in seinen Browser ein.

Ideal wäre es natürlich, wenn Sie Interessenten direkt vor einem Rechner erreichen. Eine gute Guerilla-Taktik wäre, in Internetcafés auf den

Bildschirmen Aufkleber mit Ihrer Adresse aufzukleben (natürlich mit Genehmigung ...). Aus diesem Grunde verteilen viele Firmen als Give-away Mousepads mit der eigenen Internetadresse. Mousepads liegen direkt neben dem Rechner. Aber auch alle andere Formen sind möglich: Bedrucken Sie z.B. Telefonkarten mit einer starke Handlungsaufforderung und Ihrer Internetadresse.

Spezielle Promotions führen auf die Seite

Ab dann beginnt klassisches Offline-Marketing. Wie bringen Sie das Material unter Menschen? Sie können über alle bisher genannten Marketingformen Menschen auf Ihre Internetseite verweisen.

Mit nur wenig Fantasie können viele Aktionen
zu Online-Kampagnen werden.

Fallbeispiel: Online-Kampagne Ballonwettfliegen

Nehmen wir zum Beispiel das beliebte Ballonwettfliegen: Bei einem Open-airfest lassen Festgäste mit Gas gefüllte Ballons fliegen. Die Ballons tragen an der Schnur eine Postkarte mit der Kennung des Teilnehmers und der Bitte an den Finder, die Postkarte in den nächsten Briefkasten zu werfen. Der Ballon, der am weitesten fliegt, gewinnt. Bis dahin ist das Vorgehen bekannt. Je mehr Ballons starten, umso wahrscheinlicher ist es, dass einige wirklich weit kommen. Aber auch die anderen gehen irgendwo nieder.

Aus fast jeder Aktion kann eine Online-Aktion werden

Nutzen Sie nun Ihre Fantasie, diese Standardsituation zu erweitern:

- Zum einen hängen Sie an den Ballon nicht nur eine Karte, sondern eine Klappkarte mit Perforation, Sie gewinnen damit **Platz für Informationen** zu einem sozialen Anliegen. Damit beziehen Sie den Kartenfinder in das Anliegen ein. Zum anderen wird auf der Karte der Satz für den Kartenfinder vermerkt: *„Wenn Sie wissen wollen, welcher Ballon bei dieser Aktion wohin flog – wir veröffentlichen alle Rückläufer auf www.organisation.de."* Damit besteht eine weitere **Handlungsoption** für den sonst unbeteiligten Kartenfinder. Wenn er neugierig ist, wird er in das Internet gehen. Dort gibt es auf der Startseite den Link „Rücklaufliste unserer Ballonflieger".

Den Kartenfinder miteinbeziehen

- Wenn Sie noch interaktiver werden wollen, können Sie die Finder des Ballons einbeziehen und ihre Geschichte erzählen lassen. Dann lautet die Handlungsoption: *„Erzählen Sie uns im Internet Ihre Geschichte mit diesem Ballon. Text schreiben oder Bild hochladen unter www.organisation.de."* Nun erhalten Sie Storys, wie Ihre Ballons gefunden wurden. Natürlich wird die Möglichkeit gegeben, für den Aktionsanlass zu spenden.

Zusätzliche Information und Zusatznutzen im Internet

- Das Gleiche tun Sie natürlich auch mit den **Ballonstartern**. Sie bekommen ebenfalls eine Karte in die Hand, wie sie im Internet nachschauen können, ob ihr Ballon gewonnen hat. So bringen Sie Kartenfinder und Ballonstarter auf Ihre Internetseite.

Gewinnen Sie
Kooperationspartner
- Sie können noch weiter gehen: Wenn Sie aus der Aktion integriertes Marketing machen wollen, holen Sie sich **Kooperationspartner A**, der einen Preis für den weitesten Flug und einen Preis für die beste Geschichte auslobt und beim Openairfest mit weiteren Aktionen präsent ist. Der Text auf der Karte lautet dann: *„Erzählen Sie uns im Internet Ihre Geschichte mit diesem Ballon. Text schreiben oder Bild hochladen unter www.organisation.de – die beste Geschichte gewinnt."* So fügen Sie einen Handlungsverstärker hinzu.

Begeistern Sie Prominente
für Ihre Aktion
Bitten Sie **Prominente**, den Start zu begleiten. Mögliche **Großspender** werden angeschrieben, ob sie bei dem Fest dabei sein wollen und in einer speziellen VIP-Lounge mit den Prominenten zusammentreffen wollen.

Eine Aktion für die Neugewinnung von Mitgliedern läuft per Kalt-Mailing und hat einen Gutschein für den Besuch des Openairfestes beiliegen. Natürlich inklusive eines unaufgeblasenen Ballons mit dem aufgedruckten Aktionsmotiv. Wer stiftet die auf dem Gutschein vermerkte Bratwurst? **Kooperationspartner B**.

Die Kooperationspartner A und B und die Prominenten werden fotografiert und im Internet veröffentlicht. Einer der Großspender wird ebenfalls **interviewt**. Der Kartenfinder sieht die Fotos und beginnt zu überlegen, ob er die gelungene Aktion durch eine weitere Spende aufpolstert.

Informieren Sie die Presse
Die besten Geschichten (Ballon flog bis Weißrussland) werden an die lokale **Presse** gegeben. Natürlich mit dem Hinweis, dass im Internet unter www.organisation.de das Foto des glücklichen Finders zu sehen ist. Und so weiter und so fort.

Wenn Sie dem Ganzen einen zugkräftigen Namen geben, ist aus dem einfachen Ballonstart echte Marketingarbeit geworden. Interaktion ist nicht schwer zu denken. Die Ausführung ist allerdings Arbeit, mitunter harte Arbeit.

Achtung: Ballonstarts müssen genehmigt werden.
Es kann sonst eine Gefahr für den Flugverkehr bestehen.

Falls eine Organisation diese Idee aufgreift, würde mich eine Rückmeldung freuen, wie sie funktioniert hat. Die Idee funktioniert nur beim Start wirklich vieler Ballons.

Online-Marketing im Internet

Ein Netz von
Zuweisern stricken
Das World Wide Web besteht aus Hinweisschildern, genannt (Hyper-)Links. Diese einfachen **Querverweise** müssen Sie ernst nehmen, da sie fast synonym für **Traffic** stehen.

Je mehr Links auf Ihre Seite weisen, umso mehr Besucher können Sie erwarten. Online sind Sie immer nur einen Klick weit entfernt.

Links können unterschiedlich gestaltet und positioniert sein: Es gibt Textlinks, Banner, Buttons, Pop-ups und alle anderen Schaltflächen, die bei einem Klick Ihre Seite im Browser aufrufen.

SO BEKOMMEN SIE VERWEISE AUF IHRE SEITE	
• Banner buchen • Freibanner anfragen (funktioniert wie Freianzeigen) • Inhalt/Content an andere Seiten geben mit Rückverweis auf Ihre Seite • Private Internetnutzer bitten, Aktionsbanner unterzubringen • Linktausch mit anderen Seiten	• Öffentlichkeitsarbeit/Publikationen im Internet • Sich in Verbandsseiten eintragen lassen • Sich in andere Linklisten eintragen lassen • Sich in Foren und an anderen Stellen zu Wort melden

3.1.11 Suchmaschinenmarketing

Die meisten Internetnutzer gehen über **Suchmaschinen** in das Internet. Über 70 Prozent der Surfer finden eine neue Seite durch eine Suchmaschine. Gemeint sind damit alle Nutzer, die Ihre Internetadresse nicht bereits kennen, sondern mit einer offenen Fragestellung in das Internet gehen und dann Ihre Seite als Lösung finden.

Suchmaschinen:
Autobahnen im Internet

> Suchmaschinenmarketing dreht das Marketing um. Es geht nicht mehr darum, Interessierte zu finden, sondern von Interessierten gefunden zu werden.

Die „Findbarkeit" Ihrer Seite macht sich daran fest, ob sie in Google und den anderen Suchmaschinen gelistet wird. Konzentrieren Sie sich zunächst auf Google, diese Suchmaschine deckt den Löwenanteil aller Suchanfragen ab.

Wann wird eine Seite gefunden?
Das hängt davon ab, was gesucht wird. Die Suchmaschine hat ein Eingabefeld, in das ein Suchwort eingetragen wird. Um diese **Keywords** dreht sich alles im Suchmaschinenmarketing. Hierzu ein Beispiel.

Radikal vom Nutzer
her denken

Beim Suchbegriff „Kindernothilfe" erscheint bei Google an erster Stelle die Kindernothilfe, danach die Seiten von zwei regionalen Kindernothilfen: Kindernothilfe Karlsruhe und die Kindernothilfe in Chemnitz.

Aber das Suchwort „kindernothilfe" interessiert wenig. Darauf, dass die Internetseite der Kindernothilfe eventuell www.kindernothilfe.de heißt, kommen Interessenten von allein. Sie geben solche Adressen auf Verdacht direkt in den Browser ein (aus diesem Grunde sollte Ihre Internetadresse exakt Ihrem Namen entsprechen).

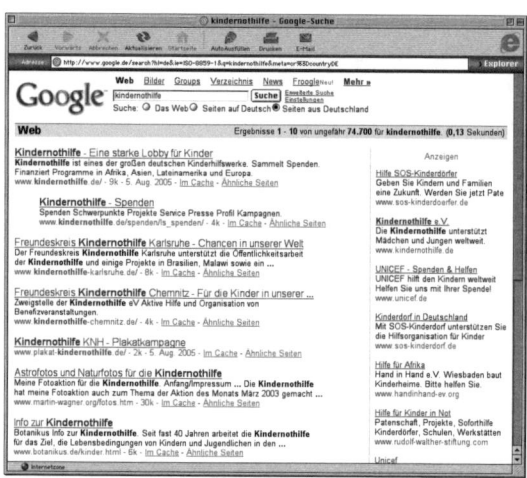

Abbildung 17: Suchtreffer Google am 07.08.2005 bei Eingabe des Stichwortes „kindernothilfe"

Wonach wird gesucht?   Interessanter sind Menschen, die die Kindernothilfe noch nicht kennen. Da denen der Name nicht bekannt ist, werden sie auch nicht nach „Kindernothilfe" suchen.

Die alles entscheidende Frage ist: Wonach sucht ein Suchender?

Geben Sie zum Beispiel die Keywordkombination „kinder in not" ein, erscheint gleich ein gänzlich anderes Bild in der Suchmaschine:

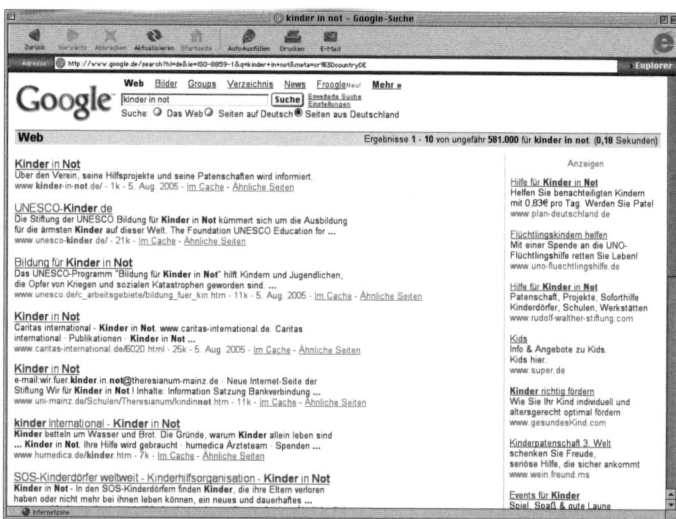

Abbildung 18: Suchtreffer Google am 07.08.2005 bei Eingabe des Stichwortes „kinder in not"

Die Kindernothilfe schafft es jetzt nur noch mittels einer Anzeige in das Suchfenster. In der eigentlichen Trefferliste der Suchmaschine sehen Sie an erster Stelle einen kleinen, unbekannten Verein namens „Kinder in Not".

Dieser wird so häufig an Stelle der Kindernothilfe gefunden, dass er sich direkt auf seiner Startseite gegen eine Verwechslung wehrt: *„Die Aktionsgruppe „Kinder in Not" e. V. in Windhagen/Westerwald hat mit Gruppen ähnlichen Namens in anderen Orten oder Städten keinerlei Verbindung."* Danach kommen UNESCO und Caritas, also zwei große Mitbewerber der Kindernothilfe.

Was wären sinnvolle Keywords für die Kindernothilfe? Alle Keywords, die zu **Schwerpunkten der Arbeit** passen und zugleich so „spannend" sind, dass Menschen sich darüber informieren.

Was sind Ihre Keywords?

Die Kindernothilfe hat eine Reihe von Themen, die sich dafür besonders gut eignen, zum Beispiel:

- Straßenkinder
- AIDS-Waisen
- Kindersoldaten
- Kinder im Krieg

Geben wir das Wort „kindersoldaten" in die Suchmaschine ein, ist die Kindernothilfe nicht im normalen Suchfeld unter den ersten Plätzen zu sehen. Sie erscheint wieder nur als Anzeige rechts oben im Bereich von AdWords, dem Anzeigenprogramm von Google. Hier kann die Kindernothilfe ihr **Suchmaschinenmarketing optimieren**.

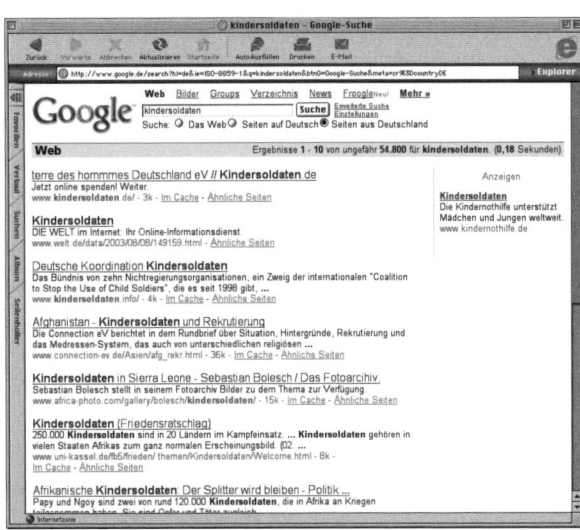

Abbildung 19: Suchtreffer Google am 07.08.2005 bei Eingabe des Stichwortes „kindersoldaten"

Insgesamt ist bei Kampagnen zu fragen, was für Keywords sich einprägen, und darauf zu achten, dass die Internetseite bei diesen Schlüsselwörtern besonders stark aufgestellt ist.

ZUSAMMENGESETZTE ANFRAGEN

Viele Suchanfragen bestehen aus zusammengesetzten Anfragen. Positionieren Sie sich auch auf zusammengesetzte Begriffe wie z.B.:

- Kinder im Krieg
- Kinder und Gewalt
- Kinder mit AIDS

Wie funktioniert eine Suchmaschine?

Ihre Seite muss den Suchmaschinen schmecken

Eine Suchmaschine ist eine Firma wie Google, die den Bestand aktueller Internetseiten analysiert und die Ergebnisse bei Suchanfragen in Listen nach Relevanz sortiert ausgibt. Die Analyse des Webs erfolgt selbst mit Programmen. Kein Mensch könnte die Menge an Text im Internet noch erfassen.

Suchmaschinen können nicht lesen, sie können nur analysieren.

Das Softwareprogramm der Suchmaschine – auch **Spider** genannt – wählt sich in das Internet ein und lädt sich Seiten in den Arbeitsspeicher des Computers, auf dem das Analyseprogramm läuft, und nimmt dann die geladenen Daten unter die Lupe.

HINTERGRUNDINFORMATION FÜR INTERNETANFÄNGER

Wenn die Adresse einer Seite im Browser eingegeben wird, ist dies der Befehl an andere Rechner (die so genannten Web-Server), eine Datei zu senden. Habe ich diese Seite aufgerufen, befindet sich diese im Arbeitsspeicher meines Rechners. Der Browser liest die Seite aus dem Arbeitsspeicher aus und stellt sie als Seite dar. Technisch gesehen gehe nicht ich ins Netz, sondern das Netz kommt zu mir. Es sendet mir Daten, die ich im Browser betrachte. Suchmaschinen schlucken also Fremdseiten und lassen dann ihr Analyseprogramm über die Daten laufen. Daher werden Suchmaschinen bisweilen auch als „Datenstaubsauger" bezeichnet.

Was tun Suchmaschinen-Analyseprogramme?

Suchmaschinen-Algorithmen sind die bestgehüteten Geheimnisse der Welt. Auch ändern sich diese ständig. Daher soll dieser Überblick nur ein Grundverständnis vermitteln:

Suchmaschinen zählen die Buchstabenanzahl

- Suchmaschinen zählen die Anzahl der Buchstaben eines Textes. Mehr Text sagt: Diese Seite hat mehr Informationen als andere.

- Sie bewerten den **Umfang des Programmiercodes im Vergleich zum Textinhalt**: Je schlanker der Code im Verhältnis zur Textmenge, umso eher geht die Suchmaschine davon aus, dass diese Seite textlastig sind. Und textlastig ist für eine Suchmaschine gut.
- Sie bewerten die Größe des gesamten Webauftrittes: Je mehr **Unterseiten** vorhanden sind, umso wichtiger wird die Seite sein.
- Sie analysieren die **Anzahl der eingehenden Links** von anderen Seiten: Je mehr Links von anderen (hochrangigen) Seiten auf eine Seite verweisen, umso wichtiger wird diese sein.
- Sie analysieren die **Aktualität der Seite**. Dabei werten die Suchmaschinen nicht mehr das Datei-Datum aus, denn viele haben als Trick alte Seiten einfach nur neu auf die Server gespielt. Deswegen ignorieren Suchmaschinen Datumsangaben. Sie „merken" sich Textmuster und vergleichen einfach einige Tage später, ob der Text noch genauso aussieht wie beim Besuch davor. Ist der Text gleich geblieben, ist dies eine langweilige Seite und wird nicht mehr so häufig gescannt. Hat sich der Text verändert und ist es auch noch eine wichtige Seite, kann es sein, dass der Spider täglich die Seite einsaugt und analysiert.
- Die Suchmaschine unterscheidet in „gut" und „böse". Wer versucht sie zu betrügen, wird abgewertet. Seiten, die mit solchen schlechten Seiten verlinkt sind, gehen ebenfalls in der Bewertung nach unten.

Viele Text, viele Unterseiten, ständig aktualisiert

Betrug wird bestraft

Alle diese Vorgänge führen zu einem so genannten **Page Ranking**. Je höher das Ranking, umso höher ist die Position in der Trefferliste, wenn ein entsprechendes Suchwort in der Seite vorkommt.

Dazu analysiert die Maschine auch den **Mikrotext**, also die nähere **Textumgebung** des Suchwortes. Wortkombinationen müssen also dicht „geclustert" sein, damit der Roboter einen Zusammenhang sieht.

Für jedes Keyword treten andere Seiten mit ihren Page Rankings gegeneinander an

---

Genaue Übereinstimmung des Keywords

„Die Planung meines Vaters begann schon früh, dass wir in unserem großen Haus am Fluss eine große Familie werden sollten" ist beim Keyword „Familienplanung" nicht so relevant wie das Wort „Familienplanung" selbst. Je näher die Worte „Planung" und „Familie" zusammenstehen, umso relevanter würden sie.

Daher entscheiden zwei Dinge über die Position:
- die gesamte **Aufstellung und Pflege** der Seite
- die **Textarbeit** auf der Seite: Kommen überhaupt Keywords vor?

Suchmaschinenmarketing ist also ein **Auftrag an die Redaktion**. Schreibt eine Redaktion Texte, die viele Keywords enthalten? Journalisten schüttelt es dabei. Gewohnt flüssige Texte zu schreiben, müssen sie auf einmal wie in einem Lexikon Schlüsselbegriffe aneinander reihen. Aber es hilft nichts.

Suchmaschinenoptimierung ist eine Aufgabe der Redaktion

Wenn Sie gefunden werden wollen, müssen Sie umdenken.

In der Praxis ist ein gesundes Mittelmaß zu empfehlen: Schreiben Sie mit einem Auge für die Suchmaschine und mit dem zweiten Auge für den Leser. Oder gliedern Sie Infoboxen mit lexikalischen Einträgen aus. Weitere Tipps zur guten Textgestaltung finden Sie in der entsprechenden Literatur.

Arbeit mit Keywords

Denken Sie in Begriffsteppichen

Große Firmen arbeiten im Suchmaschinenmarketing inzwischen mit mehreren tausend (!) Keywords. Sie legen quasi einen Teppich von Begriffen, die zum Produktsortiment ihrer Seite führen. Sie müssen nicht mit 1.000 Keywords arbeiten. 100 sollten es aber schon sein.

Früher wurden solche Keywords bei Suchmaschinen „angemeldet". Dies spielt heute keine Rolle mehr. Besser sind Kooperationen mit trafficstarken Seiten. Zusätzlich können Sie **Keyword-Anzeigen** schalten. Zahlen Sie immer nur Pay per Click, sonst haben Sie keine Kontrolle über die Kosten.

SO POSITIONIEREN SIE KEYWORDS

- Sammeln Sie Begriffe, nach denen Interessenten im Netz suchen
- Auch möglich sind verwandte Themengebiete
- Gewichten Sie die Keywords und erstellen Sie Keyword-Listen
- Richten Sie dann Ihre redaktionelle Textarbeit nach diesen Keywords aus

---

3.1.12 Die Schaffung virtueller Gemeinschaften

Das Internet ist das Medium der Communities

Zu Beginn des Buches wurde über Wertegemeinschaften gesagt: *„Es sammeln sich zu verschiedenen Lebenszyklen verschiedene Menschen, um verschiedene Werte für eine bestimmte Zeitstrecke über verschiedene Austauschformen zu teilen."* Wo kann eine Organisation mit wenig Kosten solche Gemeinschaften kurzfristig schaffen? Im Internet. Die technischen Formen können Foren, Chatrooms oder Blogs sein. Sehen Sie aber zunächst von technischen Details ab. Wenn Sie nur einen Chatroom einrichten, passiert dort noch lange nichts.

VORÜBERLEGUNGEN ZU VIRTUELLEN GEMEINSCHAFTEN

- Fragen Sie sich, um welches Thema sich Menschen sammeln könnten. Was ist von Interesse?
- Was für Informationen und Austausch braucht diese Gruppe?
- Was davon kann einfach im Internet ausgetauscht werden?
- Was für gemeinsame Aktionen können im Netz entstehen?
- Was wäre die einfachste technische Umsetzung?

- Welche Qualitätskontrollen sind notwendig?
- Haben Sie einen guten Moderator, der die Gruppe am Leben hält?

Interessengruppen

Unter Förderern und Kunden gibt es **Teilgruppen**. Diese sind hinsichtlich des Alters und der Interessen verschieden. In der Papierkommunikation kommen Sie an Grenzen, wenn Sie jeder Gruppe eine eigene Heimat geben wollen. Im Internet verursachen Gruppen weniger Arbeit, da die Interessenten den Bereich mitpflegen. Häufig sind es einfache Dinge, die zusammenführen. Kochbegeisterte tauschen Rezepte aus, Auto-Fans informieren über aktuelle Termine, Modellbauer veröffentlichen Fotos ihrer Exponate.

Interesse an einem Thema

Soziale Institutionen haben **viele Themen** anzubieten. Aber Vorsicht: Sie brauchen **Moderatoren**, die die Gruppe zusammenhalten. Internet-Moderator ist eine gute Position für Ehrenamtliche. Eine Erfahrung zeigt, dass virtuelle Gemeinschaften tragfähig werden und sich durchaus bei persönlichen Treffen im „echten" Leben fortsetzen.

Arbeitsgruppen

Immer mehr Arbeitsgruppen arbeiten dezentral. Die Teilnehmer wohnen nicht am gleichen Ort. Hier ist eine **Intrazone** ideal. Soziale Institutionen können für jeden Förderkreis und jede Arbeitsgruppe eine Intrazone zum Austausch schaffen: Adressen sind in einem passwortgeschützten Bereich einzusehen, Nachrichten können aneinander versandt werden, Protokolle und News werden hinterlegt. Dies ist eine Vorstufe des Projektmanagements.

Eine Aufgabe verbindet

Meinungsbildende Gruppen

Sie können in einer Intrazone **meinungsbildende Prozesse** anstoßen. Öffentliche Foren leiden häufig unter anonymer Oberflächlichkeit. Im geschlossenen Bereich erhält ein Chat oder ein Forum von Anfang an eine andere Qualität.

Gehobenes Involvement

Im Sinne des Involvement können Sie ausgesuchte Förderer und Mitarbeiter mischen. Wenn dann noch ein Prominenter mit im Chat ist, erhöht sich die Bereitschaft, auf ein höheres Niveau zu gehen. Stellen Sie die Teilnehmer mit Foto und Kurzprofil vor. Geben Sie eine **Aufgabe** in die Gruppe.

Verlagerung von Prozessen ins Internet

New-Economy-Firmen sind Firmen, die Geschäftsprozesse digitalisieren. Sie handeln eventuell noch mit klassischen Produkten, haben aber kein einziges Ladengeschäft mehr. Möglichst viel läuft datenbankgesteuert über Schnittstellen im Internet. Wo möglich, wird auf Papier verzichtet.

Händische Arbeit in Luft auflösen

So bekommen Sie in vielen Dotcoms Rechnungen und Belege nur als automatisch generierte PDFs.

> **Wie gut berät ein Roboter?**
>
> Bei amazon.de geben Kunden die Bestellungen selbst ein. Die Beratung erfolgt allein mittels datenbankgesteuerter Suchmaschine mit Shopsystem. Kein Verkäufer spricht ein einziges Wort mit dem Buchsuchenden. Neue Vorschläge passender Bücher geschehen automatisch über den Abgleich mit alten Bestellungen (collaborative filtering).

Aufgaben, die Mitglieder über das Internet selbst übernehmen können, sind beispielsweise:

- Aktualisierung der eigenen Adresse bei einem Umzug
- Aktualisierung der eigenen E-Mail-Adresse
- Aktualisierung der eigenen Telefonnummer
- Änderung von Beträgen bei der Einzugsermächtigung
- Beginn von Mitgliedschaften
- Beendigung von Mitgliedschaften
- Auswahl, welche Informationen sie bekommen wollen
- Hinterlegung von thematischen Vorlieben
- Hinterlegung eines Profiles
- Geburtsdatum einpflegen

Es ist besser, wenn tausende ein wenig Arbeit haben, als wenn ein Einzelner tausendmal wenig arbeitet

Wenn die Mitglieder selbst in der Datenbank arbeiten, warum sollten sie nicht selbst ihre eigene Adresse qualifizieren? Selbst wenn nicht alle diese Funktionen nutzen, bei denen, die es tun, sind Sie einen Schritt in der Beziehung weitergekommen und haben Daten, die Sie sonst nie bekommen würden.

In Zukunft werden die Organisationen einen Vorsprung haben, die möglichst viel Arbeit an ihre Nutzer abgeben.

Die Entstehung von „virtuellen" Organisationen

Sich selbst neu erfinden

Wie würde eine Organisation aussehen, die komplett alle Prozesse in das Internet verlagert? Eine bestehende Organisation kann nicht einfach vollständig auf virtuelle Prozesse umschalten.

Bei Neugründungen von sozialen Organisationen besteht dagegen die Möglichkeit, eine „Internetorganisation" zu schaffen. Dazu werden alle Prozesse digital reduziert. Eine solche Organisation vermeidet Papiervorgänge und ist nur über Internet erreichbar.

Soziale Organisationen benötigen dafür:

- ein soziales Produkt, das im Internet darstellbar ist
- einen Prozess, der ausschließlich über Internet laufen kann
- eine Verwaltung, die die gleiche Database wie das Internet nutzt

Dieses Modell ist nicht für alle Menschen attraktiv, für viele ist es aber attraktiver als traditionelle Organisationen.

Noch gibt es keine bedeutende soziale Organisation, die eine reine Internetorganisation ist. Es ist eine Frage der Zeit, bis erste Modelle zu sehen sind.

3.2 Mobilfunk, Audiotex, Games

Im Sozialmarketing spielen mobile Telefon-Empfangsgeräte bis heute keine Rolle. Es gab so gut wie keine Aktion, die auf Handys oder anderen mobilen Empfangsgeräten aufsetzte. UNICEF ist eine der ersten Organisationen, die mit einer Spende per SMS experimentiert.

Mobil und interaktiv

Der gesamte Mobilfunk und interaktive Systeme wie Audiotex und Games sollten **im Auge behalten** werden, da hier die größten Verhaltensänderungen in der Gesellschaft zu beobachten sind.

3.2.1 Mobilfunk-Telefonie

Mit der Jahrtausendwende begann in Deutschland ein Umbruch in der Telefonie. 2000 überrundete die Anzahl der Mobilfunkverträge zum ersten Mal die Anzahl der privaten Festnetzanschlüsse und stieg seitdem ständig. Fast jeder Deutsche hat inzwischen ein Handy. Länder wie Schweden und Italien haben Anschlusszahlen von über 90 Handys auf 100 Einwohner. Deutschland liegt mit knapp über 70 Handys pro 100 Einwohner „nur" im europäischen Mittelfeld. (Zahlen 2005; Quelle: Verband der Anbieter von Telekommunikations- und Mehrwertdienste www.vatm.de). Die Telefongesellschaften verlieren immer mehr Festnetzgeschäft und halten ihren Gewinn nur noch durch Zukäufe von Mobilfunknetzen.

Mobilanwendungen ziehen am Festnetz vorbei

Der Wandel vom Festnetz- zum Mobilfunktelefon findet vor allem bei Jugendlichen, bei jungen Familien und bei Geschäftsleuten statt. Das Handy wird zum wichtigen Begleiter, um unterwegs mit dem sozialen oder beruflichen Netzwerk verbunden zu bleiben.

Der Wandel ist nicht abgeschlossen

Für soziale Organisationen ist das Handy schwer zu greifen. Zu wechselhaft sind die Mobilfunknummern, zu privat die Atmosphäre, zu teuer und kompliziert die Kosten der Anrufe. Aber die Bewegung ist nicht abgeschlossen. Daher ist der Mobilfunk die **unbekannte Aufgabe der Zukunft**. Die nachwachsenden Generationen gehen selbstverständlich mit der neuen Technik um, der alte Mensch von morgen wird sich nicht mehr so verhalten wie der alte Mensch von heute.

Der individuelle Anruf auf Handy ist derzeit kaum anwendbar. In den meisten Datenbanken fehlen Handynummern. Handynummern wechseln häufig und sind selten veröffentlicht. Der mobile Anruf ist wesentlich privater als der Anruf auf einem Festnetzanschluss. Daher ist zum Anruf

Noch keine große Verhaltensänderung im Sozialmarketing

nur zu raten, wenn dies der Handynutzer ausdrücklich will. Ohnehin ist ein Anruf nur erlaubt, wenn eine Beziehung zum Angerufenen besteht.

3.2.2   SMS

Interessanter ist die SMS (Short Message Service), also die Textinformation des Mobilfunkes. Handys dürfen ebenfalls nicht einfach „angesimst" werden. Aber es ist eine anonymere Form und es können automatische Dienste eingerichtet werden. Kommen wird die **Spende per SMS**.

Kleine Botschaften

Eine SMS ist eine kurze **Textnachricht**, die auf einem Handydisplay lesbar ist. Die erste SMS wurde 1992 in England verschickt. 1994 brachte Nokia das erste SMS-Handy auf den Markt. Ab dann begann der Siegeszug der kleinen Nachrichten.

Die alte SMS kann in der Regel nur 153 Zeichen umfassen. Dies verhindert eine wirkliche Informationsweitergabe. Kryptische Abkürzungen stehen für die Fantasie der Nutzer. Dies wird sich mit den neuen UMTS-Handys ändern, dann können lange Texte gesendet werden.

Nur wenige soziale Organisationen arbeiten derzeit mit SMS. Noch stehen Nutzen und Kosten im schlechten Verhältnis. Der Massenversand von SMS ist teuer. Unterscheiden Sie zwischen:

- der Einzelversendung einer SMS (Individual)
- der Massenversendung von SMS (Broadcasting)
- der Zahlfunktion per SMS

Massenversand von SMS

SMS-Dienste können immer mehr. Hier abonniert der Handynutzer einen Dienst mit einer **Initial-SMS**, ab dann werden ihm Informationen auf das Handy gesandt und ihm bei so genannten premium rate services dafür besondere Telefongebühren berechnet.

Diese Dienste werden im sozialen Bereich bisher wenig angewandt. Wir begleiteten mit Spendwerk die Einführung zweier SMS-Dienste für kirchliche Anwender, bei „bless ya" wurden z.B. unterschiedliche Segen für Jugendliche jeden Morgen auf das Handy der Abonnenten gesandt.

Für SMS-Dienste wird eine **Broadcastplattform** benötigt, die datenbankgesteuert an die hinterlegten Handynummern SMS versendet. Zu diesem Broadcast-Tool gehört eine Schnittstelle im Internet. Damit kann bestimmt werden, welche Handynummern zu welchem Zeitpunkt welche Information bekommen. Versendungen können auf Termin gelegt werden.

Spende per SMS

Die Spende per SMS scheiterte bisher daran, dass die Anbieter keine über alle Funknetze mehrwertsteuerbefreiten Nummern einrichten wollten. UNICEF bietet inzwischen eine Spende per SMS an. Wenn sich die Transaktionskosten verbessern, wird die Spendenfunktion ein spannendes **SMS-Feature der Zukunft**.

> ## MITTEN INS GESCHEHEN
>
> SMS-Dienste eignen sich für zeitkritische Informationen: Anders als bei der E-Mail erreicht die SMS den Angesprochenen dort, wo er sich gerade aufhält. Organisationen, die z.B. über den aktuellen Verlauf einer Protestaktion informieren, haben mit SMS dazu die Möglichkeit, sie brauchen keine Funkgeräte. Einzige Voraussetzung ist die Hinterlegung der Handynummern der Aktionsteilnehmer in einem Broadcastprogramm.

3.2.3 UMTS

Mobilfunkanbieter erwirtschaften mit SMS hohe Profite. Sie versprechen sich noch mehr vom Nachfolger, der MMS. Die MMS kann Bilder, Musik und Videoclips auf ein UMTS-Handy senden.

Mobilfunk wird erwachsen

Hier die wichtigsten Abkürzungen im Überblick:
- **UMTS – Universal Mobile Telecommunications System**: UMTS ist der Mobilfunkstandard der dritten Generation. Er arbeitet mit hohen Übertragungsraten. Dadurch können auch Bilder und Filmclips empfangen werden. MMS ist erst mit einem UMTS-Handy möglich.

  Das neue Handy

- **EMS – Enhanced Message Service**: Vorläufer der MMS. Hat sich nicht durchgesetzt.
- **MMS – Multimedia Message Service**: Der Nachfolger der SMS mit unbegrenzter Zeichenzahl und Formatierungsmöglichkeiten für Text. Bilder, Musik und Clips können integriert werden. MMS setzt auf den neuen UMTS-Handys auf.

  Nachfolger der SMS

- **IM – Instant Messaging**: IM sind ursprünglich Internetdienste. Chatter sehen sofort, wer als Gesprächspartner online ist. Instant Messaging in der Telefonie heißt: sehen, ob jemand mit Voice over IP online oder ob das Handy eingeschaltet ist. Der Dienst listet, wer gerade auf Empfang ist. Die Vision der Entwickler ist eine persönliche Liste, bei der man sieht, welche Bekannten auf welchem Medium (Handy, Festnetz, E-Mail) gerade erreichbar sind. Dann kann gleich der richtige Kanal gewählt werden. Dies ist allerdings eine Vision, noch keine Realität.

  Wissen, ob der andere da ist

- **UMS – Unified Messaging**: Unified Messaging bedient über eine Plattform im Internet alle neuen Kommunikationsformen in einem System: Fax, Festnetz, Mobilnetz, SMS (MMS), E-Mail. Dafür werden Dienste-Gateways mit Internetbrowsern verknüpft. Die gesamten Nachrichten sammeln sich hier und der Nutzer versendet alles von einer Stelle. Gute Datenbanken werden in Zukunft UMS-fähig sein.

  Auf allen Kanälen senden

- **MIM – Mobile Instant Messaging**: Services, bei denen der Aufenthaltsort eine Rolle spielt. Das Handy gibt eine so genannte Presence-Information, also eine Auskunft über Aufenthaltsort und Erreichbarkeit. Der Handybesitzer kann dann mitgeteilt bekommen, ob ein Kollege in der Nähe ist, wo das nächste Taxi steht etc.

*Weg vom Festnetz hin
zum mobilen handlichen
Empfang aller Daten auf
das Laptop*

Einschätzung der Entwicklung: Die Industrie will aus dem Handy eine Bildmaschine machen. Animierte Banner sollen Werbung bringen, Stadtpläne erleichtern die Orientierung und die gestresste Mutter spielt dem Baby im Kinderwagen zur Beruhigung kurz einen Videoclip der Sesamstraße vor. Die Mobilfunkanbieter hoffen, durch größere Datentransfers höhere Profite einzuspielen.

Diese Rechnung geht aber nur auf, wenn der Nutzer wirklich für die gesendeten Bilder auch mehr bezahlen will. Jupiter Research zweifelte dies in einer Studie vom Mai 2005 an (www.jupiterresearch.com). Sie sehen auch das UMTS-Handy in der näheren Zeit als **sprachzentriertes Gerät**. Ihrer Meinung nach werden weniger Nutzer für Bilder und Videos zahlen, als sich dies die Anbieter vorstellen.

*Einstieg ist die sprach-
zentrierte Nutzung*

Wenn das stimmt, ist die Kamerafunktion an den Handys zwar nett, soziale Organisationen sollten sich im Marketing aber **zunächst auf textbasierte Anwendungen konzentrieren**. Textbasierte SMS-Newsletter oder SMS-Infodienste, später auch mit Grafik, sind als erste Schritte zu empfehlen.

3.2.4 Spenden-Hotlines, Infotelefone

Spende mit Anruf

Es gibt zu Callcentern eine Alternative: Automatisierte Anrufplattformen, in der Fachsprache **Audiotex-Systeme** genannt, ermöglichen automatische Ansagen und Zahlfunktionen. Die Systeme führen viele Telefonleitungen auf einen Computer, der zeitgleich hunderte von Telefonaten abarbeiten kann. Der Computer „nimmt ab" und steuert den Anrufer durch einen maschinellen Dialog.

Werden gleichzeitig **Zahlfunktionen** verknüpft, wird von so genannten **Mehrwerttelefonnummern** gesprochen. Im Sozialmarketing gibt es zwei große Anwendungsgebiete für diese Technik:
- automatisierte Spenden-Hotlines
- automatisierte Infotelefone

3.2.4.1 Automatisierte Spenden-Hotlines

*Das Callcenter für den
schmalen Geldbeutel*

Mehrwerttelefonnummern sind im allgemeinen Sprachgebrauch als die „0190er"-Nummern bekannt geworden. Sie waren die ersten Rufnummern, über die frei wählbare Zahlfunktionen ausgeführt werden konnten. Darunter auch umsatzsteuerbefreite Spendenabbuchungen.

Die 0190er-Nummer hatte nicht den besten Ruf. Betrugsfälle und unweises Handeln der RegTP (Regulierungsbehörde Telekommunikation und Post) führten zu einem Misstrauen gegenüber der Nummer. Im Zuge der EU-Telefon-Regulierung wurde die 0190er-Nummer abgeschafft. Sie läuft an einigen Stellen noch aus. **An ihre Stelle tritt die 0900**.

Am 5. August 2000 schaltete zum ersten Mal eine deutsche Organisation eine automatisierte Spenden-Hotline. Es war das DRK, Anlass war die EXPO in Hannover. 30 DM konnten automatisch gespendet werden.

Kurz danach wurde mit der Spendwerk GmbH eine deutsche Telefon-produktionsgesellschaft in Hamburg gegründet, mit der Aufgabe, diese Telefontechnik für den sozialen Bereich zu testen und, wenn möglich, zu adaptieren. In diesem Zusammenhang wurden 2001 mit über 30 Organisationen Spenden-Hotlines realisiert. Die Erfahrung zeigte, dass die Nummern **stabil laufen und stabil abbuchen**, die Akzeptanz aber nicht hoch genug ist, um die Nummern als wirklichen „Star" im Fundraising zu nutzen.

Die 0190er-Nummern schafften den Durchbruch nicht

Die Gründe für die geringe Anzahl der Calls auf den Nummern lagen in zwei Bereichen:

- Das allgemeine Misstrauen gegenüber der 0190er-Nummer übertrug sich auf die Spenden-Hotlines.
- Die Organisationen machten sich die Kommunikationsarbeit häufig zu leicht und arbeiteten nicht richtig mit der Nummer. Wurde die Nummer konsequent beworben, konnten auch kleinere Organisationen, wie z.B. die Berliner Stadtmission, befriedigende Resultate erzielen.

Nicht nur Spendwerk experimentierte mit Spenden-Hotlines. Bekannt wurde 2001 die kontrovers diskutierte Plakataktion des Förderkreises für das Holocaust-Mahnmal in Berlin. *„Den Holocaust hat es nie gegeben!"*, stand auf dem Plakat, danach in kleinen Lettern: *„Es gibt immer noch viele, die das behaupten."* Dazu war eine Spenden-Hotline angegeben, die gute Anrufraten brachte. Ein Anzeichen dafür, dass **Entrüstung in der Öffentlichkeit auch Rücklauf** erzeugt. Aufrufe von Jürgen Fliege brachten in seinen Sendungen ebenfalls hohe Anzahl von Calls über automatisierte Mehrwertnummern.

Mit der 0900er-Vorwahl beginnt die Diskussion um automatisierte Spenden-Hotlines noch einmal von vorne. Inzwischen sind die **Sicherungsmechanismen** der RegTP gegenüber schwarzen Schafen **verschärft** worden. Dazu kommt eine **verbesserte Technik**. War früher nur die Wahl einer Spendenhöhe umsetzbar, sind heute Nummern möglich, bei denen Spender zwischen verschiedenen Spendenhöhen entscheiden können.

Die neue 0900 eröffnet die Diskussion für eine zweite Runde

Wichtig ist es, eine eingeführte Spenden-Hotline ständig zu kommunizieren.

Nachteil ist, dass alle Spenden **anonym** eingehen, einlaufende Beträge werden vom Dienstleister summiert ausgeschüttet. Daher kann die Organisation über diese Spenden auch keine Zuwendungsbestätigungen ausstellen.

Anonyme Spenden

Soll ein Bezug zum Spender hergestellt werden, kann die Aufsprache der Adresse ermöglicht werden. Die Adressen werden abgehört und auf richtige Schreibweise geprüft. Die Rate der Aufsprache von Adressen liegt jedoch deutlich niedriger als die Anzahl der Spendenanrufe.

Vorteile der Spenden-Hotline sind die **geringen laufenden Kosten**. Die Organisation hat eine Anrufkapazität hinter der Telefonnummer „stand by", die sonst nur von Callcentern erreicht wird. Sie ist quasi ein günstiges Massen-Call-Medium.

Sollte eine Organisation überraschend zu einem Radiointerview geladen werden oder sollte es zu einem anderen Medieneinsatz kommen, kann diese Nummer sofort genutzt werden.

3.2.4.2 Infotelefone

Service-Rufnummern in Verbindung mit Audiotex-Systemen

Rund um die Uhr erreichbar

Was wäre, wenn Sie rund um die Uhr zu einem speziellen Thema erreichbar wären, Sie dafür aber kein Geld ausgeben und auch keinen Mitarbeiter abstellen müssten? Das ist möglich über **Service-Rufnummern in Kombination mit einem Audiotex-System**.

Service-Rufnummern ziehen mehr Geld ein, als die Telefongebühr ausmacht, erwirtschaften also Geld, mit dem das Audiotex-System bezahlt werden kann. Die Plattform informiert mit professionell gesprochenen Texten zu einem Thema.

Die wichtigsten Service-Rufnummern im Überblick (alle Angaben gelten aus dem Festnetz der Deutschen Telekom):
- 0800 = Organisation übernimmt die Kosten (Freephone)
- 01802 = 6 Cent pro Anruf
- 01803 = 9 Cent pro Minute
- 01804 = 24 Cent pro Anruf
- 01805 = 12 Cent pro Minute (Das ist die bekannteste Service-Rufnummer; sie reicht in der Regel aus, um einen Dienst kostenneutral laufen zu haben, Einrichtungskosten sind dabei nicht berücksichtigt.)

Mehrsprachige Anwendung

Fallbeispiel: Mehrsprachiges Infotelefon von pro familia

Automatisierte Infotelefone eignen sich besonders für **sensible Themen**, bei denen der Anrufer anonym bleiben möchte. Automatisierte Bandansagen erfüllen diese Anforderung. Pro familia ist in Deutschland im Bereich der Sexualpädagogik die führende Organisation. Im Oktober 2004 startete pro familia das „Pille-danach-Infotelefon". Es ist Teil der Kampagne *„Sie haben 72 Stunden Zeit – pro familia für die rezeptfreie Pille danach"*, die der Bundesverband 2002 begann. (Konzeption, Design der Marketingmaterialien und Umsetzung des Infotelefones erfolgte über die Spendwerk GmbH.)

Die Besonderheiten dieses Infotelefons:
- alle Beratungsstellen von pro familia bewerben es gemeinsam
- es ist viersprachig ausgelegt: deutsch, türkisch, englisch, russisch
- es läuft über ein Audiotex-System und ist daher anonym.

Abbildung 20: Papierkarten im Format von Telefonkarten.
(Kampagne: Conta Gromberg/Spendwerk. www.spendwerk.de)

Beworben wurde das Infotelefon vor allem über die Beratungsstellen der
pro familia. Intern kam das Projekt gut an. Die ersten 150.000 Papierkarten
waren in kurzer Zeit vergriffen. Insgesamt wurden bis August 2005 ca.
400.000 Papierkarten verteilt und 6.000 A3-Plakate aufgehängt. Dazu
wurde mit lokalen Pressemitteilungen gearbeitet. Erste Auswertungen
zeigen, dass das Telefon kontinuierlich angenommen wird.

Das automatische Infotelefon hat sich als wirtschaftlichste Lösung für
die Aufgabe herausgestellt.

3.2.5 Soziale Spiele

Von vielen wenig bemerkt, überholt eine Branche Hollywood: Videogames *Wetten, dass Spiele*
und Spielkonsolen machen inzwischen mehr Umsatz als die Kinoindustrie. *funktionieren?*
Die Bildoptik der Computerspiele prägt die jüngeren Generationen und
steht inzwischen in engem Austausch mit der Bildsprache des Kinos.

Ein eigenes Videogame zu schaffen, ist für eine soziale Organisation
kaum finanzierbar. Videogames kosten in der Produktion bis zu mehreren
Millionen Euro. **Spiele** sind aber ein **wichtiger Trend**, der nicht unbemerkt bleiben darf. An welchen Stellen können Spiele helfen, Ihr Anliegen
voranzutreiben oder Beziehungen aufzubauen?

> Der Spieltrieb ist dem Menschen ureigen und
> im Marketing ein mächtiger Motivator.

Spiel-Ebenen

Es gibt verschiedene Ebenen, auf denen ein Spiel ablaufen kann:

- live als Erlebnis auf einem Event
- klassische Spiele zum Ankreuzen/Ausfüllen auf Papier
- elektronische Spiele (Videogames)

Schon einfache Ideen bringen viel Fun

Low Budget im Bereich der Spiele korrespondiert direkt mit einer einfachen Idee. Eine gute Möglichkeit ist es, ein **bekanntes Spielmuster** (Mensch ärgere dich nicht, Memory etc.) auf ein anderes Medium (Event, Internet etc.) zu übertragen und dort um ein oder zwei neue Gimmicks zu erweitern. Fragen Sie sich einfach: Was würde Menschen Spaß machen und was lässt sich mit wenigen Mitteln umsetzen?

Fallbeispiel Internet-Gewinnspiel des WWF

Das folgende Gewinnspiel des WWF ist von der Technik her sehr einfach aufgebaut. Beim Besuch der WWF-Hauptseite (www.wwf.de) öffnete sich im Zeitraum Juni bis Juli 2005 ein Pop-up-Fenster mit folgendem Text:

WWF Gewinnspiel vom 29.06. bis 10.07.05
Warum auch auf Papieren „FSC" stehen sollte
Weltweit wächst der Bedarf an Papier stetig. Über 40 Prozent des weltweit industriell geschlagenen Holzes wird benötigt, um Papierprodukte aller Art herzustellen. Damit ist die Papierindustrie eine Schlüsselindustrie, wenn es um die Zukunft unserer Wälder geht.

Wie viele Bäume werden weltweit täglich als Papier die Toilette hinunterge-spült oder in Form von Taschentüchern weggeworfen?
☐ *50.000*
☐ *170.000*
☐ *270.000*

Sie wissen nicht weiter? Informieren Sie sich hier:
Kein Kahlschlag für Klopapier. (Weiterführender Link)
Unter allen richtigen Einsendungen verlosen wir zehn auf FSC-Papier gedruckte Taschenbücher der Random-House-Verlagsgruppe GmbH.

Es folgte ein zweiteilig aufgebautes Formular

Vorname: _____
Nachname: _____
E-Mail: _____
☐ *Ja, ich möchte den WWF-Info-Newsletter bestellen.*

☐ *Ja, ich bin an weiteren Informationen über den WWF interessiert.*
Straße: _____
PLZ: _____
Ort: _____

Diese Art eines Gewinnspieles ist sehr einfach umzusetzen. Es bedarf hierfür nur einer **stimmigen Idee** und der **Formularfunktion**. Das Formular muss noch nicht einmal mit einer Datenbank verknüpft sein. Kleinere Organisationen können sich die ausgefüllten Formulare als einzelne E-Mails zusenden lassen.

In dieser Form kann ein solches Gewinnspiel in sehr kurzer Zeit und mit wenig technischem Aufwand aufgebaut werden. Es kann auch ohne Pop-up auf einer eigenen Unterseite stehen. Dann benötigen Sie einen „Störer" auf der Startseite, der auf das Gewinnspiel hinweist.

3.2.6 Ausblick auf die Zukunft

Die Informationstechnologie wird weiter voranschreiten. Zu vermuten ist, dass die Endgeräte weiter zusammenwachsen und dass die Fernbedienung zur Maus wird.

Die Welten wachsen zusammen

Das weitere Zusammenwachsen von Endgeräten

Die Mauern zwischen Geräten fallen: Schon jetzt gibt es Computer, auf denen man TV sieht, ein Handy, das zugleich Fotoapparat ist, einen Kopierer, der den Scanner ersetzt, dann zum Netzwerkdrucker mutiert und inzwischen per Knopfdruck E-Mails versenden kann. Warum dann nicht auch einen Fotoapparat bauen, auf dem man gleichzeitig fernsehen, scannen, ausdrucken und mailen kann?

Technisch wird alles möglich. Die Frage ist mehr, welche Anwendung eine **Massenverbreitung** bekommt und das Verhalten dauerhaft verändert.

Im Auge zu behalten sind E-Mail und SMS: Werden SMS und E-Mail ein einziges Format? Wenn Endgeräte zusammenwachsen und jeder Anwender von überall längere Texte digital senden und empfangen kann, würde dies zum **nächsten Mediensprung** führen. Mit einer Reihe von Fragen:

Sind E-Mail und SMS in Zukunft ein und dasselbe?

- Wohin lassen Nutzer sich dann ihre Mails senden? Auf den PC, auf das Handy, auf den Fernseher? Oder liegen sie ab dann zentral im Internet (Unified Messaging)?
- Drucken sich die Nutzer diese Mails aus oder lesen sie nur noch am Bildschirm?
- Was für Funktionen können in solche Mails eingebaut werden?

Die Fernbedienung wird zur Maus

Der Fernseher steht an einer **kritischen Schwelle**. Die DVD löst die CD-Rom ab. Mit der DVD können Organisationen nicht nur Briefe, sondern auch Filme versenden.

Welche Rolle wird das Bewegtbild spielen?

Filme haben höhere emotionale Qualität als ein Brief. Wenn die DVD in den Fernseher eingelegt und das Internet parallel im Fernseher aufgerufen werden könnte, wäre es möglich, in Filmsequenzen Sofortaktionen per Link zu hinterlegen. Der Betrachter könnte per Fernsteuerung direkt seine Meinung, seine Bestellung oder seine Spende senden.

Welche Interaktion wird   Oder die Filme kommen gleich über superschnelle Datenleitungen direkt
selbstverständlich?   aus dem Internet. Bekommen dann Fernseher zusätzliche Tastaturen? Oder
                                 wird es andersherum laufen: Die PCs bekommen Fernsehbildschirme?

Werden Fernseher eine eigene E-Mail-Adresse bekommen, sodass Filme von Organisationen gezielt zu einer bestimmten Zeit auf bestimmte Geräte gesandt werden (dann wäre die Oberhoheit der Fernsehanstalten in Gefahr)? Jede soziale Organisation, auch kleinere, könnte dann ein eigener Fernsehsender werden.

Die Stellwerke bleiben die   Es ist nicht abzusehen, welche Lösungen kommen. Manche Technik wird
Datenbanken   überholt sein, bevor sie Breitenwirkung entfaltet. All das bleibt abzuwarten.

Unter dem Strich bleibt immer die gleiche Herausforderung bestehen: Schafft es eine Organisation, ein Anliegen zur richtigen Zeit einem Interessenten attraktiv vorzustellen? Schafft sie es, Beziehungen so aufzubauen, dass die Interessenten von sich aus (über den von ihnen gewählten Kanal) wieder kommen oder wieder einschalten? Schaffen es Organisationen, die wachsende Menge von Rückmeldungen zu ordnen und individuell zu antworten?

Die **Datenbank in Kombination mit dem Internet** wird eine zentrale Rolle spielen. Unabhängig davon, auf welchem Bildschirm ein Service oder eine Information angeboten wird: Sie wird von einer Datenbank aus versandt (**Push-Dienste**) oder abgerufen werden (**Pull-Dienste**).

Nicht die Technik, sondern   Letztlich wird nicht die Technik über das soziale Marketing entscheiden,
die beste Lösung wird sich   sondern die **Bedürfnisse**, manchmal auch die Not **von Menschen**. Dort
durchsetzen   wo Bedarf entsteht, werden die besten Lösungen sich durchsetzen.

„Besser" wird in Zukunft heißen: einfach erreichbar, emotional hochwertig und mit individueller Beziehungs- und Informationstiefe. Oder anders ausgesprochen:

> Wer bietet die beste Lösung (international, vor Ort, persönlich) in Form eines guten Angebotes oder eines gemeinschaftsbildenden Prozesses?

4 Fallstudien

Erfolgsgeschichten   Die folgenden Fallbeispiele haben alle eines gemeinsam: Jedes der Beispiele ist eine **Erfolgsstory**. Immer wurden die gesetzten Ziele erreicht.

4.1 Die Tigerkampagne 2004 des WWF

Im Herbst 2004 bündelte der WWF Deutschland seine Kommunikationsarbeit für drei Monate in einer **Schwerpunktkampagne**. Dabei wurde von

Mitte September bis Mitte November auf allen Kommunikationskanälen der Umweltstiftung in Deutschland nur ein Thema gesendet: *„Rettet die Heimat des Sumatra-Tigers! – 3 Euro stoppen die Säge."* Es wurde für den Schutz der vom Aussterben bedrohten letzten 500 Sumatra-Tiger geworben. Den Tigern fehlen zusammenhängende Waldstücke, da durch Holzfällungen der Urwald in Sumatra schwindet.

Konzentration auf ein Thema

An dieser Stelle sei Olav Bouman, Mitglied der WWF-Geschäftsleitung, für seine Mithilfe gedankt. Olav Bouman ist Leiter Marketing und zuständig für die Bereiche Direktmarketing, Major Donor, Mitgliedschaftsprogramme und Marketingkommunikation.

4.1.1 Vorentscheidungen und Laufzeit der Kampagne

Die **Vorlaufzeit** der Kampagne betrug zwölf Monate, wenn man erste Vorentscheidungen und Gespräche mitrechnet, und etwa acht Monate, wenn man die intensive Ausarbeitung betrachtet.

Hauptphase kurz vor der Weihnachtszeit

Die gesamte Zeit waren mindestens zwei Mitarbeiter des WWF mit der Kampagne beschäftigt. In der Aktionszeit arbeiteten mehrere Mitarbeiter aus den Bereichen Marketing, Kommunikation und Naturschutz an der Realisierung. Die Mitarbeiter des Spenderservices, die Neuzugänge und Neuspenden erfassten, hatten streckenweise sehr viel zu tun.

Hauptphase der Kampagne war Mitte September bis Mitte November. Das Kampagnen-Mailing lag vor der üblichen Weihnachtszeit, der Response lief aber deutlich bis in den Dezember hinein.

Abbildung 21

Der **Vorlauf der Kampagne** umfasste:

- Auswahl des Motives
- Klärung der fachlichen und politischen Ebene
- Erstellung des Konzeptes für das Marketing
- Erstellung des Fundraisingkonzeptes
- Pitch von drei Agenturen

Wahr, dringend, emotional   Das Kampagnenmotiv musste **drei Anforderungen** erfüllen:

- Es musste wahrhaftig und nachprüfbar sein, d.h., jede Aussage musste belegbar sein,
- es sollte Bedrohung (emergency) ausdrücken, also dringenden Handlungsbedarf signalisieren,
- es musste emotional sein, hier verwirklicht durch den Tiger; der Jäger wird gejagt.

4.1.2   Strategisches und taktisches Gerüst der Kampagne

Die Kampagne des WWF war strategisch und taktisch sauber gearbeitet und klar positioniert. Dass ein gutes Handwerk zu guten Ergebnissen beiträgt, zeigen die späteren Ergebnisse.

Positionierung

Kampagne trifft beide   Der WWF ist in der öffentlichen Wahrnehmung vor allem auf zwei Themen
Hauptthemen des WWF   positioniert: Artenschutz und Regenwald.

Die Kampagne positioniert sich im Artenschutz, hat aber zugleich den gesamtökologischen Aspekt, da der Tiger nur durch Erhalt seiner Biosphäre überleben kann.

Strategie und Taktik

Wachstumsstrategie   Die Kampagne verfolgte eine eindeutige **Wachstumsstrategie** (Growth). Der WWF hat einen Bestand von ca. 280.000 Förderern. Die Kampagne sollte neben den anderen Kommunikationsmaßnahmen des Jahres 2004 den üblichen Bestandsverlust ausgleichen und überkompensieren. Durch eine breit angelegte Kampagne sollten möglichst viele neue Fördermitglieder oder Spender gewonnen werden.

Konkrete **Ziele** der Kampagne waren:

- Bekanntheitsgrad als Umwelt- und Naturschutzorganisation stärken
- neue Mitglieder gewinnen
- neue Erstspender gewinnen

Taktiken der Kampagne:

- publikumswirksames **attraktives Projekt** in der Öffentlichkeit breit streuen
- Hebelwirkung durch **Kooperationen**
- **prominente Person** wirbt für die Kampagne

- **Niedrigpreistaktik**: Lieber eine monatliche kleine Spende als Einstieg als eine einmalige hohe Summe. Aus diesem Grunde wurde konsequent der Betrag 3 Euro kommuniziert.

Einstieg mit wenig Engagement möglich

Der Aufbau der Kampagne lässt sich unterteilen in die **Awareness-Phase** (Medienpräsenz aufbauen) und die **Ernte-Phase** (Entscheidungssignale verstärken, z.B. durch Mailings).

Als Key Visuals dienten:
- Regenwald
- Sumatra-Tiger
- Kettensäge

Als hässlicher Störer sägt eine Kettensäge quer durch das Bild. Dabei zersägt die Säge nicht die Bäume, sondern die gesamte Bildfläche. Hier wird mit zwei Wirklichkeiten gespielt. Im Kinospot fällt die obere Hälfte der zersägten Wand dann nach vorne in das Publikum. Das Motiv wurde streng in allen Medien gleich angewandt.

Starkes Key Visual

4.1.3 Budgetierung

Entscheidend war eine **hohe Bekanntheit** im Kampagnenzeitraum. Erste Gespräche mit Medienexperten ergaben die Rückmeldung, dass für eine bundesweite Präsenz mindestens zwei bis drei Millionen Euro, besser aber vier Millionen Euro in Medialeistung investiert werden müssten.

Dies war für den WWF nicht machbar. Realistisch standen für die Kampagne maximal rund 10 % dieser Summe für alles, also auch die Kreation und Vorbereitung, zur Verfügung. Um mit den vorhandenen Ressourcen eine möglichst große Wirkung zu entfalten, wurde anders vorgegangen.

Nur 10 % der benötigten Mittel zur Verfügung

Konzentration auf die Städte
Die Kampagne wurde nicht flächendeckend geplant, sondern konzentrierte sich auf die Ballungsräume in Deutschland.

Ballungszentren

Bezahlte kreative Arbeit und keine Pro-bono-Leistungen
Wegen der Größe des Projektes wurde nicht ausschließlich auf Pro-bono-Leistungen von Agenturen zurückgegriffen. So war ein wirklicher **Einfluss auf die kreative Leistung** und eine Steuerung der Arbeiten bis in das Detail möglich.

Professionalität hat Vorrang

Dazu Olav Bouman: *„Wir wollten nicht endlos mit der Agentur diskutieren, sondern dass unsere Vorgaben möglichst 1:1 umgesetzt werden. Hier auf Gnade angewiesen zu sein, wäre bei der Größe des Projektes ein Risiko gewesen."* Es erfolgte ein bezahlter Pitch, den die Berliner Agentur Select gewann.

Wichtig war ein sehr **gutes und ausführliches Briefing i**m Vorfeld des Pitches an die Agenturen.

Hebelwirkung durch gute Kooperationen
Dazu wurde die Wirkung der Kampagne durch Kooperationen verstärkt.
Hier baute der WWF auf gewachsene und neue Beziehungen.

Kooperationspartner waren:

Agenturkooperation • Mediaagentur Carat, Wiesbaden / FAW Fachverband Außenwerbung:
Carat übernahm die gesamte Schaltung der Werbeflächen über die
Bundesrepublik. Dabei konnte Carat viele Flächen zu sehr günstigen
Konditionen bekommen. Auch der Fachverband Außenwerbung steu-
erte seine Beziehungen bei der Belegung der Flächen bei.

Verlagskooperation • Magazin „Hörzu" als Medienpartner:
„Hörzu hat" eine Reichweite von 10 Millionen Lesern im Altersseg-
ment 40 Jahre aufwärts mit einem guten Einkommen. Die Kooperation
umfasste mehrere Elemente: Die „Hörzu" berichtete über die Aktion,
es gab mehrere Kampagnenbeileger, außerdem lobte die „Hörzu" als
Abo-Geschenk neben üblichen Prämien auch eine Social-Prämie aus:
Wer ein neues „Hörzu"-Abo abschloss, konnte die Abo-Prämie von 50
Euro in 50 Metern Tigerstraße anlegen.

Sonderwerbestrang Zug • Deutsche-Bahn-Werbung:
Es wurde in allen IC-Zügen der Klasse 1 und 2 das Kampagnenmotiv als
Plakat gehängt. Kleiner Nebeneffekt: Die Plakate blieben teilweise bis
Mitte 2005 hängen. Neben der Zugwerbung wurden im Fernbahnhof
Frankfurt große Fundamentflächen belegt.

• Filmverleih Tobis / Kinostart „Zwei Brüder":
Der Kinostart des Films „Zwei Brüder" von Jean-Jacques Annaud („Der
Bär", „Der Name der Rose") wurde mit der Kampagne verbunden. „Zwei
Brüder" erzählt die märchenhafte Geschichte der Tiger Kumal und
Sangha. Der französische Oscar-Preisträger hat seinen Film mit ech-
ten Tigern gedreht. Der Film vermittelt die Botschaft: Lasst den Tigern
ihren Lebensraum! Vor dem Filmstart verteilten die Umweltstiftung
WWF und der Filmverleih TOBIS einen kostenlosen Unterrichtsleit-
faden an 20.000 Schulen.

Glaubhafte Prominente • Sandra Maischberger:
Sandra Maischberger konnte als Fürsprecherin für die Kampagne
gewonnen werden und fiel durch eine unkomplizierte und glaubhafte
Zusammenarbeit auf. Sie spricht in den Spots die Zuschauer direkt
an. Die Moderatorin blickt auf eine lange Zeit im Hörfunk sowie als
Moderatorin verschiedener TV-Magazine zurück und nahm zuletzt
bei n-tv die Herausforderung an, sich pro Tag auf einen Interviewgast
zu konzentrieren. Sie bekam den deutschen Fernsehpreis, den Hanns-
Joachim-Friedrichs-Preis sowie den Bayerischen Fernsehpreis.

4.1.4 Kommunikationskanäle

Die Kommunikation ruhte auf folgenden Säulen:
*   Klassische Außenwerbung: Plakat/TV/Kino/Radio
*   Pressearbeit: Zeitungen/Radio
*   Kooperationen: Hörzu/Bahn/Tobis
*   Direktmarketing: Mailings/Mitgliederzeitschrift
*   Internet: Webauftritt
*   Testimonial: Sandra Maischberger

Außenwerbung:
*   23.000 Infoscreens
*   15.000 Citylight-Poster
*   6.000 Großflächenplakate
*   80 Megalights
*   10 Großbildprojektoren

Radio: Es liefen Radiospots, insbesondere auf Radio RTL.

TV-Spots

Der TV-Spot hatte eine Laufzeit von 30 Sekunden. Er zeigt den Wald, in ihm ist der Tiger zu sehen. Plötzlich dringt von links eine Kettensäge in das Bild und zerschneidet es. Der Tiger flüchtet vor dem Eindringen der Säge. Es liefen insgesamt 1.324 Spots auf Sat1, Pro 7, RTL und auf Spartenkanälen.

Kino-Spot

Der Kino-Spot lief in einer etwas längeren Fassung mit einer Laufzeit von 45 Sekunden. Gezeigt wurde er in 98 Kinosälen, vor allem in Cinemaxx. In den Filmspots spielte Sandra Maischberger als Testimonial eine große Rolle.

Emotionaler Kinospot

Die Spots können eingesehen werden unter: www.wwf.de/aktive-hilfe/kampagne/sumatratiger.

Direktmarketing / Flankierende Maßnahmen

*   Mailing an die Houselisten und Kaltmailings. Die Auflage der Mailings war siebenstellig.
*   Beilagen
*   Mitgliedermagazin
*   Material für Schulklassen (Auflage 20.000)

Handlungsauslöser mit hochauflagigen Mailings

4.1.5 Beispiele aus der Print-Kommunikation

Es folgen als Beispiele aus der Kampagne:
*   das Plakatmotiv
*   das Mailing
*   allgemeiner Informationstext

Abbildung 22

WWF Deutschland | Tel.: 069/7 91 44-142
Fax: 069/7 91 44-112
Rebstöcker Straße 55 | info@wwf.de
60326 Frankfurt a. M. | www.wwf.de

065534

F.: 123456789/12345P

Martin Geiger
Projektleiter Tesso Nilo

Frau
Maria Mustermann
Musterstr. 99

99999 Musterstadt

19.10.2004

Stoppen Sie die Säge – retten Sie die Heimat des Sumatra-Tigers

Sehr geehrte Frau Mustermann,

voller Panik und mit langen angstvollen Sprüngen flüchtet der Sumatra-Tiger vor dem bedroh-
lichen Kreischen der Motorsägen. Doch er findet keinen sicheren Platz. Denn am Rande der
breiten Schneisen, die die Sägen und Äxte in den dichten Tesso Nilo-Regenwald schlagen, lauern
die Wilderer auf ihn.

Der seltene Sumatra-Tiger ist vom Aussterben bedroht. 560 Hektar seines Lebensraumes
werden Tag für Tag zerstört. Das entspricht der gigantischen Fläche von 32 Fußballfeldern pro
Stunde! Nur wenige Regenwald-Inseln sind von der Säge verschont geblieben. Doch schon bald
werden auch diese letzten Hektar Regenwald abgeholzt und der Tiger ohne Heimat sein – wenn
wir heute tatenlos zusehen!

Deshalb, sehr geehrte Frau Mustermann, schreibe ich Ihnen und bitte Sie eindringlich um Ihre
Spende. Schon 20 € helfen, den Regenwald zu retten und den Tiger zu schützen.

Auch jetzt, während Sie diesen Brief lesen, fressen sich Sägen in die mächtigen Baumriesen.
Regenwald und Tiger werden nur überleben, wenn wir diese hemmungslosen Rodungen be-

Bitte lesen Sie weiter →

Abbildung 23

Testimonial
Sandra Maischberger

Abbildung 24

3 Euro stoppen die Säge

Retten Sie die Heimat des Sumatra-Tigers!

Noch vor 20 Jahren bedeckten 500.000 Hektar Tieflandregenwald die weiten Ebenen Zentral-Sumatras. Heute fällen kreischende Motorsägen Baum um Baum. Unzählige LKW transportieren das Holz der Bäume zu gigantischen Papier- und Zellstoff-Fabriken. Der artenreichste Tieflandregenwald der Erde muss Platz machen für riesige Plantagen für Zellstoff und Ölpalmen, um die immense Gier nach Rohstoffen zu stillen. Von diesem einzigartigen Wald sind nur einzelne Regenwald-Inseln von den Kettensägen verschont geblieben. Viel zu wenig für die letzten Tiger Sumatras. Umso wichtiger sind die grünen Korridore, die die Regenwaldflächen miteinander verbinden. Sie sind Teil der Tiger-Pfade und bieten den Großkatzen Schutz auf ihren Streifzügen.

Jeden Tag werden allein in der Provinz Riau auf der indonesischen Insel Sumatra über 560 Hektar Regenwald gefällt, geschreddert und verbrannt. Das entspricht einer Fläche von 32 Fußballfeldern pro Stunde!

Noch leben etwa 500 Sumatra-Tiger auf der indonesischen Insel. Doch Tiger brauchen zum Jagen und für den Fortbestand einer genetisch gesunden Population ein großes zusammenhängendes Revier. Dieses Revier haben die Sägen längst zerstört. Auf ihren Streifzügen durchqueren die Tiger deshalb häufig Plantagen, die den Regenwald durchschneiden. Dort werden sie von Arbeitern gejagt, die Angst um ihr Leben und das ihrer Haustiere haben. Weitere Gefahr droht den Großkatzen von skrupellosen Wilderern. Sie lauern ihnen entlang der Tiger-Pfade auf und stellen ihnen heimtückische Fallen – denn ein toter Tiger ist eine begehrte Trophäe!

Die letzten 500 Insel-Tiger werden aussterben, wenn wir heute tatenlos zusehen. Deshalb erhöht der WWF den Druck auf die Papier- und Palmölmultis, die Rodungen zu stoppen. Darüber hinaus bilden wir Wildhüter aus und installieren Tigerkameras, um die Wanderungen der Tiger zu dokumentieren. So können wir die seltene Großkatze besser schützen.

Deshalb bitten wir Sie sehr: Spenden Sie! Denn nur mit Ihrer Hilfe haben Regenwald und Tiger eine Chance zu überleben! Helfen Sie uns mit Ihrer Spende, die folgenden Maßnahmen umzusetzen:

- grüne Korridore zu erhalten, die die verbliebenen Wälder miteinander verbinden, damit die Tiger auf ihren Streifzügen Schutz haben und der Genaustausch ermöglicht wird,
- Tiger-Patrouillen einzusetzen, die gefährliche Schlagfallen auf den Tiger-Pfaden auffinden und einsammeln,
- Druck auf Regierung und Firmen auszuüben, den rücksichtslosen Raubbau zu stoppen und den verbliebenen Regenwald als Schutzgebiet zu erhalten.

Bitte helfen Sie und spenden Sie. Jetzt oder nie! Denn nur mit Ihrer Hilfe werden wir den Tiger und seine Heimat erfolgreich schützen! Herzlichen Dank!

Abbildung 25: Offizieller Text zur allgemeinen Information von WWF Deutschland

4.1.6   Ergebnisse und Fazit

Die Tigerkampagne war für den WWF ein **Erfolg**:

Deutlich höhere Media-
leistung, als bezahlt wurde

- Durch das starke Engagement der Partner konnten mehr Werbeflächen gewonnen werden, als von dem Budget hätten bezahlt werden können. Am Ende der Kampagne war ein **Mediawert von 4,2 Millionen Euro** geschaltet. Dies entsprach ziemlich genau der Größe, die am Anfang von Experten als notwendig vorausgesagt worden war. Zur Verdeutlichung: Von diesen Flächen wurde nur ein Bruchteil bezahlt.
- **677 Millionen Kontakte** kamen in der Zeit zustande. Zum Vergleich: Der WWF hat sonst im Durchschnitt pro Jahr etwa 800 Millionen bis eine Milliarde Medienkontakte. Hier wurde also in drei Monaten fast das erreicht, was der WWF sonst in 12 Monaten schafft.
- **22.000 Förderer** für das Tigerprojekt konnten gewonnen werden. **8.000 neue WWF-Mitglieder** zeichneten aufgrund der Kampagne.

Die gesamte Kampagne
war ein Erfolg

- Auch finanziell hat sich die Kampagne mehr als gerechnet. Vor allem wenn der Lifetime-Value der neuen Mitglieder in die Betrachtung einbezogen wird.

Eine spannende Beobachtung:

Internet schlägt Callcenter
als Rücklaufkanal

Im Gegensatz zu früheren Kampagnen kam ein Großteil des **Rücklaufes** über Internet herein. Der Rücklauf wurde zwar durch das Mailing ausgelöst (mit der Versendung des Mailings begann die Response und zog sich bis in den Dezember hinein). Aber der Großteil der neuen Mitgliedschaften wurde im Internet gezeichnet! Es gab in der Zeit alleine 56.000 Zugriffe auf die Internetseite. Callcenter und Brief blieben dagegen als Responsekanal weit zurück. Dies belegt den Trend: **Sendekanal klassisch, Rücklaufkanal Internet.**

4.2   Firefox und die Mozilla Foundation

Der folgende Artikel erschien im April 2005 in der w&v (w&v 17/2005, S. 86 f.), der Autor ist Michael Hase. Der Artikel wird im Folgenden ungekürzt und im Originalwortlaut wiedergegeben. Wir bedanken uns für die Abdruckgenehmigung beim Magazin „Werben und Verkaufen". Das Fallbeispiel zeigt, dass Sozialmarketing auf jede Produktkategorie anwendbar ist, sogar auf Software. (Querverweis: Auch Wikipedia – www.wikipedia. org – ist eine Foundation.)

4.2.1   Kampf den Trojanern

Stiftung entwickelt
Konkurrenz zu Microsoft

Der **Web-Browser Firefox** bedrängt den Internet-Explorer. 99 Tage nach dem Start surften schon 25 Millionen Nutzer mit dem Programm.

Besser kann ein Start kaum verlaufen: Knapp 100 Tage nachdem die Version 1.0 des Web-Browsers Firefox im vergangenen November veröffentlicht worden war, surften weltweit bereits 25 Millionen Internet-Nutzer mit dem Programm. Ende Februar erreichte das Produkt nach Zahlen des niederländischen Instituts Onestat einen Marktanteil von 8,5 Prozent. Ein eher bescheidener Wert angesichts der Dominanz des Internet-Explorers von Microsoft. Doch immerhin sorgte der Newcomer dafür, dass der Marktanteil des Quasi-Monopolisten seit Ende Mai 2004 von knapp 95 auf 87,3 Prozent sank.

Der Browser ist ein so genanntes **Open-Source-Produkt**. Der Quellcode, das Herzstück des Programms, ist – wie bei dem freien Betriebssystem Linux – für jeden offen zugänglich. Hunderte von Programmierern entwickeln die Software gemeinsam weiter, ohne dafür einen materiellen Lohn zu erhalten. Der Kontrast zum Branchengiganten Microsoft, Inbegriff des hermetischen, profithungrigen Konzerns, könnte kaum größer sein.

Open-Source-Produkt

Die Markenrechte an Firefox hält die kalifornische **Mozilla Foundation**, eine Non-Profit-Organisation, die zugleich die Weiterentwicklung koordiniert. Konsequent prägt der ehrenamtliche Charakter des Mozilla-Projekts Stil und Inhalte der Kommunikation. Das illustrieren auch die beiden Printmotive, die zur Einführung von Firefox 1.0 in der „New York Times" und der „Frankfurter Allgemeinen Zeitung" (FAZ) geschaltet wurden.

Die Marke gehört der Mozilla Foundation

Unter der Überschrift „Feuer" hieß es in der FAZ-Anzeige vom 2. Dezember 2004: *„Hunderte von Programmierern entwickeln gemeinsam einen revolutionären Internet-Browser. Sie arbeiten ehrenamtlich und schenken ihn der ganzen Welt."* Darunter die Namen von 2.403 Spendern, die mit ihrem Beitrag von insgesamt 48.000 Euro das Erscheinen der Anzeige ermöglicht hatten. In den USA trugen die Spender 250.000 Dollar zusammen, mit denen die Schaltung eines zweiseitigen Motivs finanziert wurde.

Spender finanzieren Anzeige

In Deutschland durften die Unterstützer mitbestimmen, wo die Werbung erscheinen sollte. *„Das entspricht dem Geist von freier Software, dass die Teilnehmer dieser Spendenaktion selbst entscheiden können, in welcher Tageszeitung die Anzeige geschaltet wird"*, begründet Tristan Nitot, Präsident von Mozilla Europe, das Verfahren. Die FAZ erhielt mit 58 Prozent den Zuschlag.

Michael Bona, Vorstand des Berliner IT-Dienstleisters Skilldeal, handelte ganz spontan, als er auf die US-Initiative aufmerksam wurde. In enger Abstimmung mit Mozilla Europe rief Bonas Unternehmen im November 2004 die „Firefox kommt"-Kampagne ins Leben. Deren Hauptziel hieß, Geld für eine Zeitungsanzeige aufzutreiben. Flankierend entwickelten die Berliner IT-Spezialisten die Website firefox-kommt.de, deren Server sie selbst betrieben.

Während der **zehntägigen Sammelaktion** stellte Skilldeal drei der acht festangestellten Mitarbeiter komplett für das Projekt ab. *„Mit unserem Engagement wollten wir der Open-Source-Bewegung etwas zurückgeben"*, begründet Bona den Einsatz. Denn sein Unternehmen verdient Geld damit, dass es andere Unternehmen dabei unterstützt, ihre IT auf Open-Source-Systeme umzustellen. Darüber hinaus dürfte der PR-Effekt für die kleine Firma beträchtlich gewesen sein.

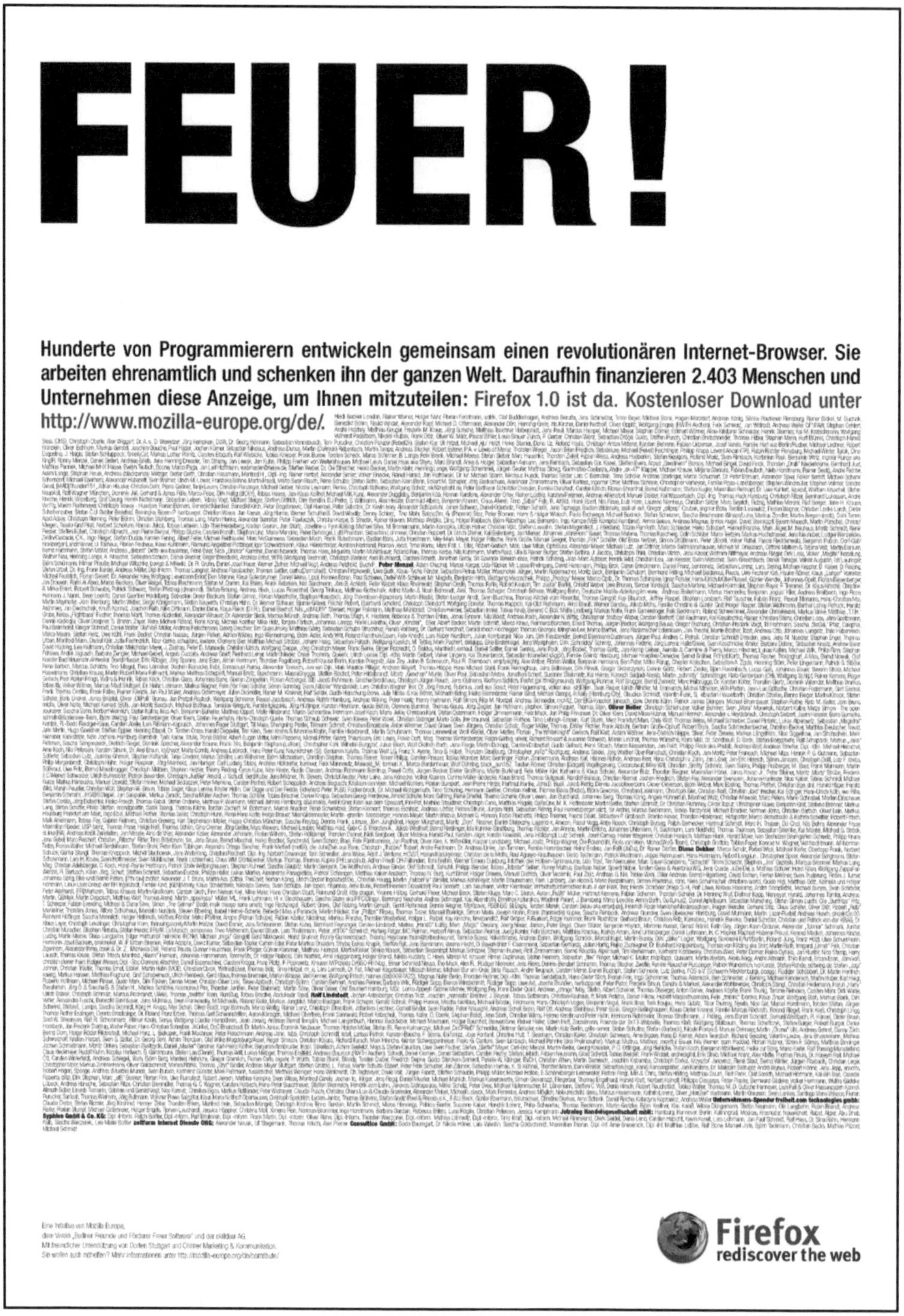

Abbildung 26: Anzeige in der FAZ am 2. Dezember 2004. Grafik: Dorten.

Einen Kommunikationsdienstleister musste Skilldeal nicht suchen. Die Stuttgarter Agentur Dorten bot sich an, das Printmotiv zu gestalten, kostenlos. Der Agentur war an dem Projekt gelegen, weil es zu ihren visionären Zielen zählt, das Open-Source-Prinzip auf die Kommunikation zu übertragen.

Trotz der **nur einmaligen Schaltung** hatte die Anzeige einen nachhaltigen **PR-Effekt**: Über 100 Veröffentlichungen zählte die Berliner PR-Frau Katrin Ohlmer, die die Pressearbeit des Projekts betreute. *„Um den gleichen Effekt durch eine reine Medienkampagne zu erzielen, hätten wir ein Vielfaches an Geld einsetzen müssen"*, betont Dorten-Konzepter Andreas Milles.

Die hohe Zahl der Berichte spricht dafür, dass die Offensive die Verbreitung des Browsers beschleunigt hat. Zu den Titeln, die über die „Firefox kommt"-Initiative schreiben, zählten auch „Spiegel", „Zeit" oder „Financial Times Deutschland".

Schätzungen zufolge soll der Marktanteil des Newcomers in Deutschland über dem weltweiten Durchschnitt liegen. Als großes Plus gegenüber dem Internet-Explorer gilt, dass Surfer mit dem Firefox besser vor Viren und Trojanern geschützt sind.

Revanche für den „Browser-Krieg"

Unter den Lesern von Spiegel Online etwa stieg sein Anteil vom 15. Dezember 2004 bis 1. März 2005 von 25,3 auf 28,3 Prozent, im selben Zeitraum ging der Anteil der Explorer-Nutzer um zwei Prozentpunkte auf 64 Prozent zurück.

Der Siegeszug von Firefox könnte zur späten Revanche für die Niederlage von Netscape im „Browser-Krieg" werden. Software-Riese Microsoft hatte den Internet-Pionier in den Neunzigern vom Markt gedrängt, als er den Internet-Explorer mit seinem Betriebssystem Windows koppelte. Der einstige Shootingstar Netscape, der 1999 von AOL geschluckt wurde, kapitulierte und gab den Quellcode des Navigator-Browsers frei. So entstand die Mozilla-Bewegung, die sich der verwaisten Software annahm.

Mozilla-Präsidentin Mitchell Baker wird zwar nicht müde zu betonen, sie sei *„nicht darauf aus, Microsoft zu schaden"*. Im selben Atemzug weist sie aber darauf hin, dass sie eine Monokultur im Internet für ungesund hält. Dies verhindere Innovationen und schränke die Freiheit der Konsumenten ein. So gesehen ist der Firefox-Claim „Take back the web" zugleich Programm.

4.2.2   Organisation

Das Mozilla-Projekt entstand 1998, als der Browser-Pionier Netscape entschied, den Quellcode seiner Communicator-Suite als freie Software zu veröffentlichen. Seither entwickelt die Open-Source-Community die Produkte unabhängig von Netscape weiter. 2002 begann die gemeinschaftliche Arbeit an einem neuen, schlankeren Browser, aus

Gestaltung pro bono

Hohe Wirkung trotz einmaliger Schaltung

Mozilla-Bewegung startete nach der Kapitulation von Netscape

Take back the web

2003: Gründung der Mozilla Foundation

der schließlich im Februar 2004 die Marke Firefox hervorging. Neben dem Browser entstand das E-Mail-Programm Thunderbird. Im Juli 2003 wurde die Mozilla Foundation gegründet, die das Open-Source-Projekt mit rund einem Dutzend Mitarbeitern organisatorisch, juristisch und finanziell unterstützt.

Das Büro der Non-Profit-Organisation befindet sich im kalifornischen Mountain View. Die europäische Schwesterorganisation Mozilla Europe, Paris, ist als Verein eingetragen.

4.2.3   Ausgangslage

Start ohne Marketing-Etat

Die Mozilla Foundation gab am 9. November 2004 den Open-Source-Browser Firefox 1.0 frei. Da die Non-Profit-Organisation über keine größeren Marketingmittel verfügt, um den Markteintritt der neuen Version zu flankieren, hatte die ehrenamtliche Initiative „Spread Firefox" im Oktober einen Spendenaufruf gestartet. Ziel war die Schaltung einer Anzeige in der „New York Times". Die US-Offensive ermunterte den Berliner IT-Dienstleister Skilldeal, unter dem Slogan „Firefox kommt" in Deutschland eine ähnliche Sammelaktion zu initiieren.

4.2.4   Agentur

Dorten wurde im Mai 2002 von den beiden Geschäftsführern Oliver Schmid (Beratung und Operations) und Christian Schwarm (Kreation) in Stuttgart gegründet. Das Unternehmen bezeichnet sich als strategisch arbeitende Kreativagentur, die „Kommunikationsformate und keine Kampagnen entwickelt". Ihr Dienstleistungsspektrum reicht von klassischer Werbung über virales Marketing bis zu Workshop-Konzepten.

Für die „Quelle-Taste", konzipiert für den Fürther Versandhändler, erhielt die Agentur den Dialogmarketing-Preis 2005 in Gold. Mit einem 24-köpfigen Team betreut Dorten außerdem Unternehmen wie die Hypo-Vereinsbank, Boehriner Ingelheim und Loyalty Partner (Payback).

4.2.5   Ergebnisse

Über 100 Presseberichte zum Start in Deutschland, darunter „Spiegel", „Zeit" und „Financial Times Deutschland"

An der Aktion beteiligten sich in den USA rund 10.000 Spender, die insgesamt 250.000 Dollar aufbrachten. In Deutschland kamen 48.000 Euro zusammen. Die 2.403 Spender entschieden sich mehrheitlich für eine Anzeige in der FAZ, die von der Stuttgarter Agentur Dorten konzipiert wurde. Zugleich war die „Firefox kommt"-Kampagne ein PR-Erfolg: Die Initiatoren zählten mehr als 100 Presseberichte über die Aktion, darunter in Titeln wie „Spiegel", „Zeit" und „FTD".

Derweil wurde Firefox bis Mitte Februar 2005, also innerhalb von 99 Tagen, weltweit 25 Millionen Mal aus dem Netz heruntergeladen. Der Marktanteil der Software lag Ende Februar nach Zahlen des niederländischen Instituts Onestat bei 8,5 Prozent. Viele Nutzer surften zwar schon zuvor mit vorläufigen Firefox-Versionen. Unterm Strich bleiben aber 6,4 Prozent Marktanteilsgewinn seit Mai 2004.

4.3   Online-Marketing beim Nutzmüll e.V.

Online-Marketing ist auch **für kleine Organisationen** möglich. Im Folgenden wird die Internetseite des Nutzmüll e.V. vorgestellt. Auf dieser
Seite passiert wirklich etwas – ohne dass der Verein tief in die Tasche
greifen musste. Die Internetseite von Nutzmüll e.V. ist zu erreichen
über www.nutzmuell.de. Ich bedanke mich bei Christian Budde und
Kai Fischer für die Informationen.

Nutzmüll schafft auch im Internet hohen Nutzen für Anwender

4.3.1   Ausgangssituation

Der Hamburger Nutzmüll e.V. verbindet **soziale mit ökologischen Anliegen**: Gegenstände, die noch nutzbar sind, werden mit Arbeitskräften des
zweiten Arbeitsmarktes wieder aufbereitet und verkauft. So wird Müll
vermieden und Menschen eine sinnvolle Arbeit gegeben. Es werden vorwiegend Menschen mit Behinderungen, Langzeitarbeitslose und andere
Menschen, die als schwer vermittelbar gelten, beschäftigt.

Mit Kräften des zweiten Arbeitsmarktes werden Gegenstände recycelt

Aufbereitet werden vor allem Vollholzmöbel, Fahrräder und Computer.
Darüber hinaus betreibt Nutzmüll mit der Recycelbar einen Restaurati-
onsbetrieb und mit der bahrena eine Kultureinrichtung (der Nutzmüll e.V.
ist in Hamburg-Bahrenfeld ansässig, daher der Name). Auch die Stadtteil-
pflege ist ein Arbeitsbereich von Nutzmüll, zusätzlich organisiert Nutzmüll
Angebote für Arbeitslose wie den Job-Club, und schließlich organisiert
Nutzmüll Schulgeld-Patenschaften vorwiegend für Mädchen in Gambia.

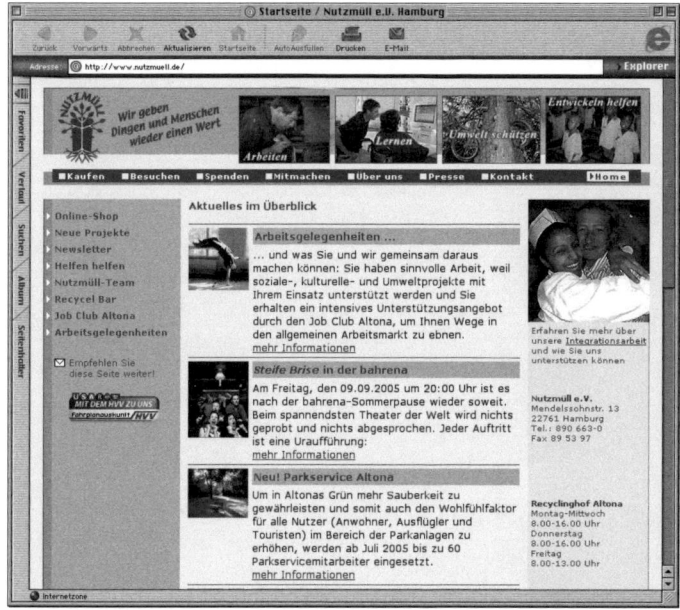

*Abbildung 27: Startseite von www.nutzmuell.de. Konzept und Grafik:
AMM GmbH (www.amm-gmbh.de)*

4.3.2   Finanzierung

Nutzmüll finanziert sich durch Zuwendungen aus verschiedenen öffentlichen Haushalten sowie durch die Bundesagentur für Arbeit. Hinzu kommen Erlöse aus dem Verkauf der Waren. Ergänzt wird die Finanzierung durch Spendeneinnahmen.

4.3.3   Online-Strategie

Ausrichtung an möglichen Handlungen

Strategisches Ziel der Website ist, Nutzer der Website anzuregen, aktiv zu werden. Denn: Wer handelt, macht sich schneller die Ziele der Organisation zu Eigen und leistet einen Beitrag zur Finanzierung der Organisation.

Schlüssel für den Erfolg der Seite war die taktische Überlegung, welche Aktivität der Nutzer der Seite ausführen soll. Als wichtigste **Handlungsfelder** wurden identifiziert:

- Produkte kaufen
- Informationen über Veranstaltungen der Recycelbar und der bahrena beschaffen
- Nutzmüll durch Sach- und Geldspenden unterstützen
- Newsletter bestellen
- sich grundlegend über Nutzmüll informieren

Einfache Logik

Die **Konzentration auf diese Aktivitäten** hat Vorteile: Die Besucher wissen, was von ihnen erwartet wird. Dadurch ist die Logik der Seite für alle transparent und einfach. Es lassen sich Kriterien für den Erfolg formulieren und messen (z.B. der Abverkauf von Ware).

4.3.4   Webshop

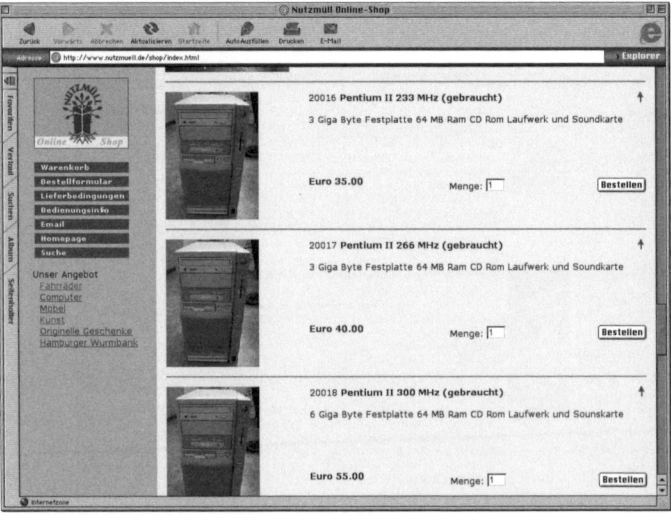

Abbildung 28: Eine Seite aus dem Webshop von Nutzmüll e.V. Konzept und Grafik: AMM GmbH

Der **Webshop** ist zentrales Element der Seite. Recycelte Produkte können recherchiert und direkt gekauft werden. Die von Nutzmüll selbst hergestellte Wurmbank – ein wichtiges Utensil für das Recycling von Bio-Müll auf dem Balkon – ist dabei ein Bestseller und wird bundesweit vertrieben.

Aber auch Möbel, Computer und Fahrräder können recherchiert und bestellt werden. Wer die Produkte in Augenschein nehmen möchte, ist eingeladen, dies vor Ort zu tun. Sonderangebote oder auch exklusive Angebote stellen zusätzliche Kaufanreize dar.

Zentrale Interaktion läuft über den Webshop

4.3.5 Sach- und Geldspenden

Damit Nutzmüll recyceln kann, sind **Sachspenden** von gebrauchsfähigen Produkten notwendig. Über die Website kann man Nutzmüll seine Sachspenden anbieten. Sollte Nutzmüll Verwendung haben, können sie abgeliefert werden oder sie werden abgeholt. Über die Seiten werden Nutzmüll e.V. wöchentlich etwa fünf Sachspenden angeboten. Von diesen ca. 250 Anfragen im Jahr ist etwa die Hälfte sinnvoll. Die Seite ist also ein Vorfilter und führt dazu, ohne großen Aufwand jährlich **über 100 „gute" Sachspenden** zu identifizieren.

Die Seite filtert effektiv Sachspendenangebote

Des Weiteren können die Besucher der Website **spenden**: sowohl für Nutzmüll als auch in Form einer Schulgeld-Patenschaft. Spenden kommen über die Seite weniger. Diese folgen meist, wenn der persönliche Kontakt mit dem Verein aufgebaut ist. Diese persönlichen Kontakte fördert die Seite.

Persönliche Kontakte werden gefördert

4.3.6 Newsletter

Wichtiges Element zur Bindung von Interessenten und Käufern ist der Newsletter. Vierteljährlich werden **Sonderangebote** oder **exklusive Produkte** angeboten. Bisher wurden die angebotenen Produkte immer auch verkauft. Der Erlös deckt die Kosten für den Versand. Darüber hinaus berichtet der Newsletter über aktuelle Projekte und andere Neuigkeiten. Der Newsletter wird auch eingesetzt, um auf besondere Fundraising-Projekte wie die Traumfänger-Auktionen (www.traumfaenger-auktion.de) hinzuweisen. Durch die Traumfänger-Auktionen gelingt es, Menschen auf Nutzmüll und seine Programme aufmerksam zu machen.

Newsletter zur Nutzerbindung

4.3.7 Technik der Seite

Die Internetseite von Nutzmüll ist ein Beispiel, wie mit **wenig Technik** Kommunikations- und Marketingziele im Internet erreicht werden können. Der Grundaufbau und die Strategie wurde von der AMM GmbH in Hamburg erstellt. Kai Fischer gelang hier eine kostengünstige Lösung für einen kleinen Verein: Bis auf die Shopseiten sind alle Seiten statische HTML-Seiten. Christian Budde, der Leiter von Nutzmüll e.V., pflegt diese Seiten mit dem Programm Dreamweaver (einem HTML-Editor). Der Shop selbst ist über das Shop-System eines günstigen Providers aufgebaut. Er läuft über PHP und eine MySQL Datenbank.

Einfache Programmierung

Fazit: Die Seite kommt ohne ein CMS aus und ist trotzdem immer aktuell. Will der Verein umfangreichere Änderungen vornehmen, wird die Agentur informiert und es kann einfach nachprogrammiert werden. Dieser Aufbau führt zu einem sehr kostenschlanken Betrieb.

4.3.8   Erfolg der Seite

50.000 Zugriffe im Jahr und 10 % des Umsatzes über die Seite

Die Seite wird sehr gut angenommen. Zur Zeit hat sie knapp 50.000 Zugriffe im Jahr. Das sind täglich 130 Zugriffe, monatlich 4.000. Der durchschnittliche Online-Besucher verweilt ca. vier Minuten. Dabei werden durchschnittlich vier Seiten abgerufen.

Die Seite erwirtschaftet pro Jahr einen Warenumsatz von 10.000 bis 15.000 Euro. Das entspricht in etwa sieben Prozent des Gesamtumsatzes von Nutzmüll e.V. In der Realität bringt die Seite noch mehr, da bei Fahrrädern und Möbeln die Kunden die Angebote im Netz sehen, dann aber rausfahren, um Probe zu fahren oder sich umzusehen. Daher kann von einem Umsatz von weit über zehn Prozent ausgegangen werden.

Es gibt immer wieder Lob für die **einfache Handhabung** und die **Inhalte** der Seite von Kunden, Unternehmen und auch Pressevertretern. Daraus entstehen wieder Handlungen: Spende, Bericht, Reportage, Besuch … Das Hauptziel, der Verkauf von Ware, wird am meisten angenommen. Insgesamt wird die Seite vom Verein als voller Erfolg gewertet.

4.4   Die Kindersachenbörse in Naumburg

Perfektion im Detail – die Kindersachenbörse der Familienbildungsstätte Naumburg.

4.4.1   Ausgangssituation

Im Handbuch Fundraising der Bundesarbeitsgemeinschaft katholischer Familienbildungsstätten ist der Start einer Kindersachenbörse 1996 in Naumburg beschrieben. Für dieses Buch wurde gefragt, was sich von der Idee bis 2005 gehalten und bewährt hat. Ich bedanke mich für das Interview mit der Tagungsstättenleiterin Barbara Lohfink.

Knapper Haushalt

Die Familienbildungsstätte Naumburg in Sachsen-Anhalt wurde 1993 von einem eigenständigen Verein gegründet und befindet sich seit 2005 in Trägerschaft des Familienbundes im Bistum Magdeburg e.V. Die **Mittel** für den Betrieb kommen vom Land, einem kleinen Zuschuss des örtlichen Jugendamtes, Kursgebühren und Zuwendungen der Stadt. Die Bildungsstätte ist für ihren Haushalt verantwortlich und bekommt so gut wie keine Mittel von der Kirche. Das **Team** der Bildungsstätte besteht aus zwei Frauen.

1994 wurde nach einer Idee gesucht, das **Budget zu erhöhen**. Das folgende Beispiel zeigt, wie mit wenigen Mitteln eine hohe Qualität einer Aktion erreicht werden kann.

Naumburg liegt in Sachsen-Anhalt, dem Bundesland mit der **höchsten Arbeitslosigkeit in Deutschland**. Familien müssen hier auf jeden Cent achten. Fundraising über Spendenbitten schien vor diesem Hintergrund nicht sinnvoll.

Plattes Fundraising ging nicht

Eine Kursteilnehmerin brachte die Idee auf, eine **Verkaufsbörse für gebrauchte Kinderbekleidung** durchzuführen. Die Idee für die Kindersachenbörse war geboren.

4.4.2 Erfolgsfaktor für die Aktion – ein sauberes Produkt

Der Erfolg der Kindersachenbörse beruht auf dem **praktischen Vorgehen** der Mitarbeiter. Sie nahmen die Idee nicht direkt in Angriff, sondern erkundigten sich zunächst bei Kolleginnen, wie diese eine Tauschbörse organisieren würden. Diese Kolleginnen hatten schlechte Erfahrungen gemacht. Eine Gefahr bestand darin, am Ende auf einem Berg „Müll" sitzenzubleiben. Einfach nur Tische zu vermieten, an denen die Verkäuferinnen ihre Sachen selbst anbieten, hatte sich ebenfalls nicht bewährt. Hier bestand die Gefahr, zu einem Flohmarkt zu verkommen.

Erst die Recherche, dann das Konzept

Also was tun, um es besser zu machen? Es wurde an einem eigenen System gefeilt, um die Qualität der Börse von Anfang an auf ein hohes Niveau zu stellen. Heraus kam ein **einfaches, aber ausgeklügeltes System**:

- Die Kindersachenbörse sollte, um Kosten zu sparen, in den eigenen Räumen stattfinden. Auch sollten die Frauen die Räume der Bildungsstätte durch die Börse kennen lernen. Das begrenzte den Ausstellungsplatz. Es wurde überschlagen, wie viele Kleidungsstücke und Spielsachen maximal in den Räumen sauber präsentiert werden können. Das Ergebnis: **zwischen 4.000 und 5.000 Stücke**.

Die eigenen Räume als Ausgangsbasis

- Diese Zahl wurde auf so genannte Verkaufsnummern umgebrochen: Nur 150 Familien dürfen jeweils 35 Stücke einreichen (= 5.250 Stücke). Durch die Begrenzung auf 35 Stücke müssen sich alle auf ihre **besten Waren** beschränken. Die 150 Verkäufer bekommen je einen Stapel mit 35 Etiketten mit ihrer Verkaufsnummer. Die Etiketten müssen von den Verkäufern selbst im Büro der Bildungsstätte abgeholt werden. Die Verkäufer bekommen 80 Prozent der Einnahmen, die Familienbildungsstätte 20 Prozent. Die Preise werden von den Verkäufern selbst festgelegt und auf dem Etikett vermerkt. Wer seine Sachen zu kleinen Preisen anbietet, kann mit einem guten Erlös rechnen.

System Verkaufsnummern

- Die Verkäufer dürfen nicht selbst präsentieren. Durch die Etiketten sind die Stücke anonymisiert. Ein Team von 25 Freiwilligen **sortiert** die Stücke nach **Sortiment**. So kann sich jeder auf der Börse sofort orientieren, was insgesamt an Hosen, Jacken oder anderen Sachen im Angebot ist. Wichtiger Nebeneffekt: **Schlechte Stücke werden aussortiert**, nur wirklich gute Ware – ca. 4.500 Stücke – kommen auf die Tische und Kleiderständer.

Anonymisierung und Prüfung der Ware führt zu hoher Qualität des Sortiments

Durch dieses System erreichte die Kindersachenbörse in Naumburg von Anfang an eine sehr **hohe Warenqualität**, eine **gute Übersichtlichkeit** und **saubere Präsentation**.

Gebraucht ist gut für Kinderhaut

Zum **ökologischen Aspekt**: Das Projekt wirkt der Wegwerfmentalität entgegen. Familien werden ermutigt, qualitativ hochwertigere Sachen zu kaufen, die weiter verwertbar sind. Bei Babysachen gibt es noch einen Vorteil: Chemische Schadstoffe aus der Herstellung sind aus getragenen Sachen bereits ausgewaschen.

4.4.3   Die Kommunikation

Der Nutzen ist so hoch, dass wenig Marketing nötig ist

Die erste Kindersachenbörse wurde im Rahmen eines Festes gestartet. Seitdem läuft die Börse seit nun über zehn Jahren zweimal im Jahr fast von alleine. Die Familienbildungsstätte Naumburg **investiert** insgesamt mit den Etiketten und selbst kopierten Handzetteln **etwa 100 Euro pro Börse**. Raumkosten und andere Kosten fallen nicht an. Termin ist immer ein Samstag, 9.00 bis 12.00 Uhr, damit Eltern auch ohne Kinder kommen können, da das Gedränge groß ist.

Hauptkommunikation ist das Verteilen von **Handzetteln** während der normalen Kursangebote der Familienbildungsstätte. Dazu kommt **Mundpropaganda** unter den Familien und jeweils eine Ankündigung in der örtlichen **Presse**.

Einige wenige **Aushänge**, beispielsweise in Kindertagesstätten, ergänzen die Werbung:

> *Kindersachenbörse*
> *Baby- und Kinderkleidung, Spielzeug und vieles mehr.*
> *Samstag, den xx September 200x*
> *von 9.00 – 12.00 Uhr*
> *(Anschrift)*

Die Kommunikation für die Verkäuferinnen ist ebenfalls einfach: *„Wenn Sie Ihre gut erhaltene Kinderkleidung verkaufen möchen, erhalten Sie weitere Informationen in der Familienbildungsstätte (Anschrift). Sie erhalten 80 % vom Gesamtumsatz. Wir führen 20 % einem sozialen Zweck zu.“*

Börse wird zum Erlebnis

Der Samstag selbst hat **Festcharakter**. Neben den Kindersachen gibt es einen Kuchenbasar und Getränke. Austausch wird groß geschrieben. Und natürlich wird über das Programm der Familienbildungsstätte informiert.

4.4.4   Das Ergebnis

Die Börse ist bis heute ein großer Erfolg:

Es gibt mehr Interessenten, als Plätze frei sind

- Für **Verkäuferinnen**: Die 150 Verkaufsnummern sind begehrt. Nur Familien aus dem Umkreis der Familienbildungsstätte haben überhaupt eine Chance, an eine der Nummern zu kommen. Nur wenn eine Familie ihre Nummer zurückgibt oder nicht wahrnimmt, rücken andere Frauen nach.

- Für **Käuferinnen**: Etwa 400 bis 500 Frauen besuchen die kleinen Räumlichkeiten der Familienbildungsstätte in den drei Stunden der Börse. Da die Auswahl am Anfang am größten ist, stehen manche ab 6.00 Uhr morgens an!
- Der **Erlös**: In den drei Stunden wird etwa 60 bis 70 % der Ware verkauft. Das Umsatzvolumen pro Börse beträgt ca. 7.500 Euro. 1.500 Euro bleiben davon für die Familienbildungsstätte. Dies sind 3.000 Euro zusätzliche Einnahmen im Jahr. Dazu Barbara Lohfink: *„Wenn man die Arbeitszeit der Mitarbeiter gegenrechnen würde, ist der eigentliche finanzielle Gewinn nicht riesig. Dann bleiben unter dem Strich vielleicht einige Hundert Euro übrig. Aber hier verbindet sich eine sinnvolle Arbeit mit einer hohen Bekanntheit, die sich auch noch rechnet. Und wir wären ja so oder so vor Ort. Daher sind wir mehr als zufrieden."*

Hoher Erlös in nur drei Stunden

Die Bekanntheit der Arbeit ist durch die Kindersachenbörse in der Hauptzielgruppe – junge Familien – gestiegen. Auch das normale Programm wird besser angenommen. Die Kindersachenbörse in der Familienbildungsstätte ist in Naumburg eine feste Institution geworden.

Starke Wirkung für die Gesamtarbeit der Bildungsstätte

4.4.5 Einige Erfahrungen

Der Erfolg der Börse macht sich im Detail fest: So schrieb ein Vater ein eigenes kleines Softwareprogramm, um die etwa 4.500 Kleidungsstücke zu verbuchen. Dadurch bleibt die Abrechnung der Erlöse der 150 Verkäuferinnen einfach. Während nach dem gemeinsamen Mittagessen der größte Teil der Helferinnen die nicht verkauften Sachen in die Stapelboxen zurücksortiert, läuft die Abrechnung auf Hochtouren. Zwischen 16.00 und 17.00 Uhr können die Verkäufer schon ihre nicht verkaufte Ware und das Geld abholen.

Praxisbewährte Organisationsabläufe

Ein zweiter wichtiger Aspekt ist die Arbeit der **25 ehrenamtlichen** (meist) **Frauen**. Ohne diese wäre die Sortierung und Präsentation der Ware nicht möglich. Als Dankeschön dürfen die 25 Frauen die besten Stücke aus dem Sortiment als Erste kaufen. Dies ist ihr unmittelbarer Nutzen und für viele attraktiv. Der Kreis der 25 Frauen ist daher ein **begehrtes Gremium**. Nachrücken können Frauen nur, wenn eine andere diesen Kreis verlässt.

Für die Zusammenarbeit der Helferinnen wurden einige Regeln aufgestellt. Barbara Lohfink: *„Es gab am Anfang vereinzelte Fälle, dass Frauen am Freitag kurz erschienen, ein wenig mitarbeiteten, sich die schönsten Stücke herausnahmen, diese zwar bezahlten, aber dann nicht mehr zur weiteren Arbeit kamen. Das demotiviert natürlich."* Also wurde eine Regel vereinbart, dass die Ware erst sortiert und komplett aufgestellt wird, und erst wenn alles fertig ist, dürfen die ehrenamtlichen Frauen ihre Stücke kaufen.

Volunteering mit klaren Regeln und Nutzen

Eine zweite Regel lautet: Nur wer sowohl am Freitag als auch am Samstag mithilft, darf mitsortieren. Kann eine der Frauen an einem der Tage nicht, darf sie in dem Jahr nicht ehrenamtlich tätig sein, eine andere Frau nimmt ihre Stelle ein.

Den Schwung des Erfolges gleich für das nächste Jahr nutzen

Ein Tipp von Barbara Lohfink: *„Es hat sich als hilfreich erwiesen, dass die 150 Verkäuferinnen ihren Platz für das nächste Jahr reservieren dürfen. Wir wissen also schon, wer im nächsten Jahr wieder mitmachen will. Treten einige Personen von ihrer Verkaufsnummer zurück, können wir in Ruhe die Nummer neu vergeben. Vor der nächsten Börse gibt es einen Stichtag. Bis zu diesem Stichtag müssen die Frauen ihre Etiketten im Büro abholen. Werden die Etiketten nicht abgeholt, geht die Verkaufsnummer an eine andere Frau. Dieser Stichtag macht die Organisation sehr einfach."*

4.4.6   Weitere Informationen

Nähere Informationen zur Familienbildungsstätte Naumburg finden Sie unter: www.fbs-naumburg.de und im Handbuch „Fundraising für Katholische Familienbildungsstätten" (1999, Hrsg. Bundesarbeitgemeinschaft Katholischer Familienbildungsstätten, Bestellmöglichkeit: www.familienbildung-deutschland.de). Der Ringordner ist ein sehr guter Erstleser zum Fundraising kleiner Einrichtungen. Die Zahlen sind zwar noch in DM, ansonsten stecken im Ordner viele wertvolle Hinweise.

4.5   Interview mit justiceF

Gerechtigkeit schaffen

justiceF ist eine junge deutsche **Stiftungsneugründung** mit Sitz in Oberhausen. Im September 2002 wurde sie als gemeinnützige und selbstständige Stiftung anerkannt. Für mehr Gerechtigkeit hat sich justiceF der internationalen Entwicklungshilfe verschrieben und fördert menschliche Entwicklung, Ausbildung und unternehmerische Projekte. *(Nähere Informationen unter www.justicef.org.)*

Das Interview führte Ehrenfried Conta Gromberg (ECG) mit Uwe Schulz, einem der Vorstandsmitglieder von justiceF.

Abbildung 29: Uwe Schulz, Kuratorium justiceF

ECG: *Uwe, du bist im Vorstand von justiceF und warst bei den Vorarbeiten für die Gründung der Stiftung mit dabei. Mit wie vielen Personen habt ihr justiceF gegründet? Wie lange hat der Findungsprozess gedauert?*

Die „Kerntruppe", die justiceF aus der Taufe gehoben hat, umfasste etwa 15 Personen. Die Gründung von justiceF als unselbstständige Stiftung im Frühjahr 2000 hatte nur einen Vorlauf von etwa einem halben Jahr. Wir haben uns recht schnell zusammengefunden, ein paar Leute sind abgesprungen, ein paar kamen hinzu, es war aber recht schnell klar, wer dabei sein würde und worum es geht.

Erste Gründungsphase in nur sechs Monaten

ECG: *Was waren im Rückblick die größten Probleme beim Start von justiceF?*

Ich würde drei Bereiche nennen: (1) Anders als bei anderen Vereinen und Stiftungen, die sich der Entwicklungshilfe verschreiben, kam unser „Gründungsimpuls" aus den Philippinen, also aus einem Entwicklungsland selbst. Nach anfänglicher Euphorie über die Kooperation haben wir sehr schnell festgestellt, dass die kulturellen Unterschiede sehr schwer zu überbrücken sind, trotz Telefon, E-Mail und gegenseitigen Besuchen. Das war problematisch. (2) Die Kernidee unserer Stiftung, Unternehmen zu gründen und diese als „money spinner" für Entwicklung zu nutzen, hat viele Menschen überzeugt. Aber ein Leuchtturmprojekt auf die Beine zu stellen, das kommunizieren kann: „It works!", hat sich für uns ehrenamtlich arbeitende Menschen mit eigenen Karrieren und Familien bisher als schwierig erwiesen. (3) Das Zusammenbringen des Stiftungskapitals hat zwei Jahre benötigt. Seit September 2002 gibt es justiceF als selbstständige Stiftung.

Nicht alles konnte wie geplant umgesetzt werden

ECG: *Was ist dir aus der Vorphase am eindrücklichsten in Erinnerung? Was war ein Schlüsselpunkt für eure Entwicklung?*

Das war sicher die Klärung, dass wir die Kooperation mit den philippinischen Mitstreitern nicht im Sinne eines gemeinsamen Projekts mit einem gemeinsamen Konto und einem einheitlichen Corporate Design durchführen – das war aus heutiger Sicht zu viel verlangt. Wir haben gelernt, dass eine zentrale Steuerung nicht so wichtig ist. justiceF ist ein internationales Projekt und seine einzelnen Teile müssen unabhängig arbeiten und die beteiligten Personen zeitnah entscheiden können, solange das gemeinsame Ziel nicht aus dem Blick gerät. Zum anderen der Übergang von der unselbstständigen zur selbstständigen Stiftung und das Gefühl: Wow, jetzt geht es richtig los.

Internationale Arbeit mit unabhängigen Kooperationspartnern

ECG: *Wenn ihr bei justiceF in einem Satz umschreiben müsstet, was „sozial" bedeutet, wie würde dieser Satz lauten?*

Arme und häufig benachteiligte Menschen in Entwicklungsländern durch Bildung, Ausbildung und Beschäftigung in die Lage zu versetzen, wirtschaftlich aktiv zu werden, und dadurch einen Beitrag zu einer

Vernünftige Verteilung von Wohlstand durch wirtschaftliche Aktivitäten

gerechteren und vernünftigeren Verteilung von Wohlstand und menschlichen Lebenschancen zu leisten – das ist sozial für justiceF. Das war ein Satz, oder?

ECG: Was siehst du als größten Vorteil einer kleinen Stiftung, wie justiceF dies noch ist? Wollt ihr auf Dauer eine kleine Stiftung bleiben?

Professionalität verlangt Größe

Small can be beautiful – man kennt sich, man mag sich, man kann Dinge schnell entscheiden. Andererseits wird die Arbeit ehrenamtlich getan und bleibt auf zu wenigen Schultern verteilt. Deswegen wollen und müssen wir uns weiter professionalisieren und dazu gehört, Personal einstellen zu können, das sich voll auf die Projekte konzentrieren kann. Die Umsetzung unserer Ziele muss im Mittelpunkt stehen – darum ist es sicher ratsam, zu wachsen.

ECG: Was wäre das Beste, was justiceF in der nächsten Zeit passieren könnte?

Freiwillige mit hoher Kompetenz

Erfahrenes, fähiges Personal für eine gewisse Zeit zu gewinnen. Jemand, der sowohl über privatwirtschaftliche Erfahrung, Unternehmenserfahrung, verfügt, sich aber auch in kulturell herausfordernden Zusammenhängen in Afrika oder Asien sicher bewegen kann. Jemand, der über einen gewissen Zeitraum unsere Ideen umsetzen kann!

ECG: Angenommen jemand würde dir 100.000 Euro zur Verfügung stellen, die du nur innerhalb von Deutschland und auch nur ausschließlich für Marketing ausgeben dürftest: Was würdest du damit anfangen?

Partner ins Netzwerk ziehen

Ich würde damit zwei verschiedene Agenturen beauftragen, gemeinsam ein Konzept und seine Umsetzung für justiceF zu erarbeiten. Es ginge dabei darum, im Ruhrgebiet eine Netzwerkstruktur von strategischen Partnern für den Aufbau eines Unternehmensprojekts auf den Philippinen – alternativ in Senegal – einzurichten. Diese Netzwerkstruktur stellt anteilig Manpower und Know-how zur Verfügung – und erhält dafür von justiceF einen Gegenwert, indem die Corporate Social Responsibility der am Netzwerk beteiligten Partner so flächig wie möglich zum Ausdruck gebracht wird.

ECG: Was ist das für ein Gefühl, bei der Schaffung von justiceF mit dabei zu sein? Was bedeutet es dir persönlich?

family and tribe

justiceF mit zu gründen hat viele wichtige Erfahrungen gebracht. Ich habe das Gefühl, daran gewachsen zu sein. Zum einen fachlich mit Blick auf das, was wir in justiceF machen und wie wir es machen. Zum anderen persönlich in Form von Freundschaften, gemeinsamen Ideen und dem guten Gefühl, tatsächlich ganz handfeste Verbesserungen für andere Menschen erreichen zu können. justiceF ist für mich „family and tribe" – eine Gemeinschaft mit einem solidarischen Sinn für das größere Ganze.

Teil D

Service

„Ich bin ein Mensch, der die ganze Welt als sein Vaterland, ja als eine einzige Stadt und sich selber als einen Verwandten oder Mitbürger aller anderen Menschen ansieht."

Michael Richey
Mitbegründer der Patriotischen Gesellschaft

SeitenWechsel®
Lernen in anderen Arbeitswelten

Preis für Denkmalpflege 2005

Tolerant denken – gemeinnützig handeln

Sigrid Schambach
Aus der Gegenwart die Zukunft gewinnen

Die Geschichte der Patriotischen Gesellschaft von 1765

Patriotische Gesellschaft von 1765

1   Verzeichnis der Fallbeispiele

2   Alle im Buch erwähnten Links

3 Weiterführende Links

Weiterbildung

www.fundraisingverband.de
  Seite des Deutschen Fundraising Verbandes
www.philanthropy.iupui.edu
  The Fund Raising School, The Center of Philanthropy, Indiana University
www.fundraising-akademie.de
  Fundraising Akademie, Frankfurt

Berater / Agenturen

www.thinkcs.co.uk
  Seite von Tony Elischer mit vielen Impulsen
www.fundraising.de
  Seite von Kai Fischer mit vielen Querverweisen
www.spendwerk.de
  Hier gibt es die CRECK-Liste als Download

Verbände

www.bdvv.de
  Bundesverband deutscher Verbände und Vereine
www.stiftungen.org
  Seite des Bundesverbandes Deutscher Stiftungen
www.spendenrat.de
  Seite des Deutschen Spendenrates
www.dzi.de
  Seite des Deutschen Zentralinstitutes für soziale Fragen

Informationen über den sozialen Bereich

www.social-times.de
  Nachrichten rund ums Engagement
www.sozialpolitik-aktuell.de
  Informationen des Institutes für Soziologie der Universität Duisburg/Essen
www.dritter-sektor.de
  Online Forum über Zivilgesellschaft und den dritten Sektor. Deutscher Teil des H-Net
  (Humanities Network) der Michigan State University
www.sozialbank.de
  Seite der Bank für Sozialwirtschaft mit vielen Hintergrundinformationen

4   Abkürzungsverzeichnis

Abkürzungen von Organisationsformen:

AG:	Aktiengesellschaft
AGB:	Allgemeine Geschäftsbedingungen
eG:	eingetragene Genossenschaft
e.V.:	eingetragener Verein
GmbH:	Gesellschaft mit beschränkter Haftung
KdöR:	Körperschaft des öffentlichen Rechts
NGO:	Nichtstaatliche Organisationen
NPO:	Non-Profit-Organisationen

Abkürzungen aus dem Marketing:

CRM:	Customer Relationship Management
CSR:	Corporate Social Responsibility
RoI:	Return of Investment
USP:	Unique Selling Proposition – Alleinstellungsmerkmal

Abkürzungen Telekommunikation und Internet:

ASP:	Application Service Provider
CMS:	Content Management System
EMS:	Enhanced Message Service
GEMA:	Gesellschaft für musikalische Aufführungs- und mechanische Vervielfältigungsrechte
IM:	Instant Messaging
MIM:	Mobile Instant Messaging
MMS:	Multimedia Message Service
RegTP:	Regulationsbehörde Telekommunikation und Post
SMS:	Short Message Service
UMS:	Unified Messaging
UMTS:	Universal Mobile Telecommunications System

Organisationen:

CBM:	Christoffel-Blindenmission
DGzRS:	Deutsche Gesellschaft zur Rettung Schiffbrüchiger
DRK:	Deutsches Rotes Kreuz
DTHW:	Deutsches Tierhilfswerk
DZI:	Deutsches Zentralinstitut für soziale Fragen
EEB:	European Environmental Bureau
EPEA:	Environmental Protectional Encouragement Agency
ERN:	European Rivers Network
FSC:	Forest Stewardship Council
HAB:	Hamburger Arbeit Beschäftigungsgesellschaft
MSC:	Marine Stewardship Council
PETA:	People for the Ethical Treatment of Animals
RAL:	Deutsches Institut für Gütesicherung und Kennzeichnung e.V.
UNICEF:	United Nations International Children's Emergency Fund
WWF:	World Wide Fund

 Fallbeispiel

5   Literaturliste

Strategie

Warwick (1999): Warwick, Mal: The Five Strategies for Fundraising Success, A Mission-Based Guide to Achieving Your Goals (Jossey-Bass Nonprofit & Public Management Series), San Francisco 1999

Ries / Trout (1999): Ries, Al / Trout, Jack: Marketing fängt beim Kunden an, Bottom-Up Marketing – Taktik geht vor Strategie, 2. Auflage, Frankfurt am Main 1999

Sozialmarketing und Fundraising

Fundraising Akademie (Hrsg.) (2001): Fundraising, Handbuch für Grundlagen, Strategien und Instrumente, Wiesbaden 2001

Indiana University, Center on Philanthropy (2001): Principles and Techniques of Fund Raising, Indianapolis 2001

Urselmann (1998): Urselmann, Michael: Fundraising, Erfolgreiche Strategien führender Nonprofit-Organisationen, 2. Auflage, Wien 1998

Hohn et al. (Hrsg.) (2005): Prof. Dr. Hohn, Bettina / Bank für Sozialmarketing AG, Neues Handeln GmbH: Arbeitshandbuch für den sozialen Bereich, Von der öffentlichen Förderung zur zukunftsorientierten Finanzierungsgestaltung, Hamburg 2005

Deutscher Fundraisingverband e.V. (Hrsg.) (2005): Fundraising professionell 1/2005, Frankfurt am Main 2005

Badelt (Hrsg.) (2002): Badelt, Christoph: Handbuch der Nonprofit Organisation, Strukturen und Management, 3. Auflage, Stuttgart 2002

Timmer (2005): Timmer, Karsten: Stiften in Deutschland, Gütersloh 2005

Fischer (2000): Fischer, Walter: Sozialmarketing für Non Profit Organisationen, Zürich 2000

Krzeminski / Neck (Hrsg.) (1994): Krzeminski, Michael / Neck, Clemens: Praxis des Social Marketing, Erfolgreiche Kommunikation für öffentliche Einrichtungen, Vereine, Kirchen und Unternehmen, Frankfurt am Main 1994

Onlinemarketing und neue Medien

Fischer / Neumann (2003): Fischer, Kai / Neumann, André: Multi-Channel-Fundraising, clever kommunizieren, mehr Spender gewinnen, Wiesbaden 2003

Hohn (2001): Hohn, Bettina: Internet-Marketing und -Fundraising für Nonprofit- Organisationen, Wiesbaden 2001

Conta Gromberg (2001): Conta Gromberg, Ehrenfried: Das Spenden-Hotline Handbuch, Hamburg 2001

Stuber (2004): Stuber, Lukas: Suchmaschinen-Marketing, Direct Marketing im Internet, Zürich 2004

ARD/ZDF (2004): ARD/ZDF-Online-Studie 2004, Institut ENIGMA GfK für Medien- und Marktforschung, Wiesbaden 2004

Andere Themen des Sozialmarketings

Reimann/Rockweiler (2005): Reimann, Michaela / Rockweiler, Susanne: Handbuch Kulturmarketing, Strukturierte Planung, erfolgreiche Umsetzung, Innovationen und Trends aus der Kulturszene, Berlin 2005

Backhaus-Maul (2004): Backhaus-Maul, Holger: Corporate Citizenship im deutschen Sozialstaat, Aus Politik und Zeitgeschichte, Bundeszentrale für politische Bildung (B 14/2004), Bonn 2004

PaySys GmbH (1997): LETSysteme und Tauschringe, Ein Handbuch über Formen und Ausgestaltungsmöglichkeiten lokaler Verrechnungssysteme, 4. Auflage, Frankfurt am Main 1997

Direktmarketing

Vögele (2002): Vögele, Prof. Siegfried: Das Verkaufsgespräch per Brief und Antwortkarte, 12. Auflage, Landsberg 2002

Vögele (1998): Vögele, Prof. Siegfried: 99 Erfolgsregeln für Direktmarketing, Praxisratgeber, 4. Auflage, Landsberg 1998

Crole (1998): Crole, Barbara: Erfolgreiches Fundraising mit Direct Mail, Strategien, die Geld bringen, Regensburg, Bonn 1998

Deutsche Post AG (1997): Die Dialog-Methode für erfolgreiche Mailings, Gestaltung und Technik dialogorientierter Mailings nach Prof. Siegfried Vögele, Bonn 1997

Löffler / Scherfke (2000): Löffler, Horst / Scherfke, Andreas: Praxishandbuch Direktmarketing, Instrumente, Ausführung und neue Konzepte, Berlin 2000

Praxis Kommunikation

Trout / Rivkin (1999): Trout, Jack / Rivkin, Steve: Die Macht des Einfachen, Warum komplexe Konzepte scheitern und einfache Ideen überzeugen, Wien 1999

Böhm (2004): Böhm, Michael: Wie man mit schmalem Budget erfolgreich wirbt, Grundlagen, Instrumente, Strategien, Anwendungsbeispiele, Berlin 2004

Fischer's Archiv (2004):Jahrbuch Dialogmarketing-Trends 2004/2005, Hamburg 2004

Langen / Bentlage (Hrsg.) (2000): Langen, Claudia / Bentlage, Ulrike: Das Lesebarometer – Lesen und Mediennutzung in Deutschland, Gütersloh 2000

Klußmann (2000): Klußmann, Niels: Lexikon der Kommunikations und Informationstechnik, Telekommunikation, Datenkommunikation, Multimedia, Internet, 2. Auflage, Heidelberg 2000

Gestaltung

Maxbauer (2002): Maxbauer, Andreas / Maxbauer, Regina: Praxishandbuch Gestaltungsraster, Mainz 2002

Forssmann / de Jong (2004): Forssmann, Friedrich / de Jong, Ralf: Detailtypografie, Nachschlagewerk für alle Fragen zu Schrift und Satz, 2. Auflage, Mainz 2004

Motivation

Lundin et al. (2003): Lundin, Stephen C. / Paul, Harry / Christensen, John: Fish, Ein ungewöhnliches Motivationsbuch, 6. Auflage, München 2003

Decker (1999): Decker, Charles L.: Das Beste ist nie genug, Die 99 Erfolgsregeln von Proctor & Gamble, Landsberg 1999

Johnson (2000): Spencer Johnson: Die Mäuse – Strategie für Manager, Veränderungen erfolgreich begegnen, München 2000

6   Stichwortverzeichnis

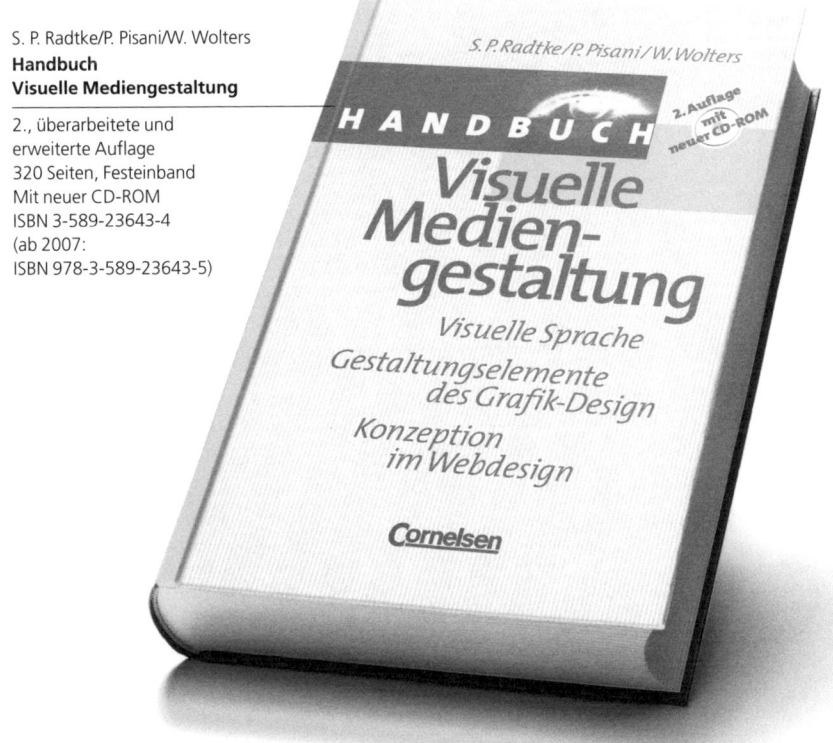